"十二五"普通高等教育本科国家级规划教材

U0184951

画法几何
及工程制图

第六版

● 西安交通大学工程画教研室 编 ● 唐克中 郑 镁 主编

中国教育出版传媒集团

高等教育出版社·北京

内容提要

本书是在第五版的基础上,根据教育部高等学校工程图学课程教学指导分委员会 2019 年制订的《高等学校工程图学课程教学基本要求》、近期发布的与机械制图有关的国家标准以及吸收近年来最新的教学改革成果修订而成的。

本书分 11 章,外加附录。主要内容有制图基本知识,正投影法基础,换面法,组合体,轴测图,机件形状的基本表示方法,零件图,常用标准件和齿轮、弹簧的表示法,装配图,计算机绘图基础,立体表面的展开。

本书附有一些可视资源,如概念讲述、解题过程、三维立体模型、部件工作原理等,读者可通过扫描二维码进行观看。另有一些资源,如授课 PPT、习题解答等,读者可登录数字课程资源网进行下载。

与本书配套的习题集也同时修订出版。

本书及配套习题集可作为高等学校本科各专业工程制图、机械制图及机械基础系列图学课程(课内学时数少于 80)的教材,也可供职工大学、电视大学、职业技术学院等其他类型院校的师生选用。

图书在版编目(C I P)数据

画法几何及工程制图／西安交通大学工程画教研室编;唐克中,郑镁主编. --6 版. --北京:高等教育出版社,2023.12(2024.9重印)

ISBN 978 - 7 - 04 - 061371 - 1

Ⅰ.①画… Ⅱ.①西… ②唐… ③郑… Ⅲ.①画法几何-高等学校-教材②工程制图-高等学校-教材 Ⅳ.①TB23

中国国家版本馆 CIP 数据核字(2023)第 213668 号

Huafa Jihe ji Gongcheng Zhitu

策划编辑	薛立华	责任编辑 薛立华	封面设计 李树龙	版式设计 马 云
责任绘图	黄云燕	责任校对 高 歌	责任印制 高 峰	

出版发行	高等教育出版社	网 址	http://www.hep.edu.cn
社 址	北京市西城区德外大街 4 号		http://www.hep.com.cn
邮政编码	100120	网上订购	http://www.hepmall.com.cn
印 刷	固安县铭成印刷有限公司		http://www.hepmall.com
开 本	787mm×1092mm 1/16		http://www.hepmall.cn
印 张	24.25		
字 数	590 千字	版 次	1983 年 7 月第 1 版
插 页	1		2023 年 12 月第 6 版
购书热线	010-58581118	印 次	2024 年 9 月第 3 次印刷
咨询电话	400-810-0598	定 价	47.90 元

课程绑定说明页

计算机访问：

1. 计算机访问 https://abooks.hep.com.cn/61371。

2. 注册并登录，点击页面右上角的个人头像展开子菜单，进入"个人中心"，点击"绑定防伪码"按钮，输入图书封底防伪码（20位密码，刮开涂层可见），完成课程绑定。

3. 在"个人中心"→"我的图书"中选择本书，开始学习。

手机访问：

1. 手机微信扫描下方二维码。

2. 注册并登录后，点击"扫码"按钮，使用"扫码绑图书"功能或者输入图书封底防伪码（20位密码，刮开涂层可见），完成课程绑定。

3. 在"个人中心"→"我的图书"中选择本书，开始学习。

课程绑定后一年为数字课程使用有效期。受硬件限制，部分内容无法在手机端显示，请按提示通过计算机访问学习。

如有使用问题，请直接在页面点击答疑图标进行问题咨询。

扫描二维码
进入Abooks

https://abooks.hep.com.cn/61371

第 六 版 序

本书是在第五版的基础上,根据教育部高等学校工程图学课程教学指导分委员会2019年制订的《高等学校工程图学课程教学基本要求》,参考近几年新发布的与机械制图有关的国家标准,吸收一些新的教学改革成果修订而成的。本书自1983年第一版发行以来,在全国广受欢迎。

第六版在以下几方面有较大变化:

1. 增加了较多可视资源(扫描书中的二维码查看),如概念讲述、解题过程、三维立体模型、部件工作原理等,便于读者自学和复习;

2. 第7章零件图对线性尺寸公差ISO代号体系(原极限与配合)、几何公差等内容作了较大调整;

3. 根据最新颁布的与机械制图有关的国家标准,更新了相应的教材内容;

4. 根据出版要求,教材中90%以上的插图用AutoCAD软件进行了重绘;

5. 更正了第五版中的文字和图样错误。

出于设备更新考虑,本书的"计算机绘图基础"一章仍主要介绍AutoCAD 2016版的二维绘图内容。

除此之外,第六版继续保持并继承了前几版一贯的特点:

1. 贯彻少而精的原则,加强基础,突出重点;

2. 画法几何内容的确定以满足制图需要为依据,突出画法几何原理在投影制图中的应用;

3. 在组合形体的视图选择、绘制、尺寸标注中,强调了形体分析法,在读图中还加强了线面分析法;

4. 在便于学生自学的前提下,力求表述简练。精心设计和选用图例,将文字说明和图例紧密配合,使描述重点突出,条理分明。对于基本的、重点的问题,则要全面而详细地交代清楚。

本书的第一代作者,很多已经去世,健在的也都是耄耋老人。正是前辈们卓有成效的工作,才使得本书在全国同类教材中有了较高地位。后辈们定向前辈们学习,与时俱进,努力工作,弘扬伟大的西迁精神,保持本书经久不衰。

本书第六版由郑镁、罗爱玲、许睦旬、张四聪等参与修订,其修订工作由郑镁主持。

中国矿业大学江晓红教授审阅了本书并提出了许多宝贵的意见和建议,尤其是指出了图样中的诸多错误。西北农林科技大学李卓群副教授对本书的可视资源提出了许多宝贵的意见和建议。在此一并表示衷心感谢。

本次修订过程中,编者走访了部分使用本书的高校,采纳了教学一线教师的合理建议,使内容更加丰富,教材更加好用。此外,还参考了一些近期的国家标准资料和其他相关教材。在此一并表示衷心感谢。

另外,还要感谢西安交通大学陶唐飞、高琳、梁庆宣、刘飞、吕晓庆等师生,他们的大力帮助使得本书的修订工作顺利进行。

由于编者水平有限,书中缺点和错误在所难免,欢迎读者批评指正。

编　者

2022 年 12 月

第 一 版 序

本书是在我室编写的电类各专业用讲义的基础上,根据1980年5月审订的高等工业学校四年制无线电类等专业(60~80学时)试用的《画法几何及工程制图教学大纲(草案)》,和1982年2月高等学校工科基础课程教材编审委员会工作会议的精神,并参照1982年6月高等学校工科制图教材编审委员会昆明会议对上述讲义的评审意见修编而成的。

在编写过程中,我们努力按照"打好基础,精选内容,逐步更新,利于教学"的要求处理本书的内容、系统、文字叙述和插图等问题。力求做到如下几点:

一、以本门课程的"主要目的是培养学生绘图和读图的能力"为依据,遵循"少而精"的原则,确定本书的内容。特别注意阐明制图的基本理论和基本知识。因此,我们根据制图的需要,确定画法几何内容的深、广度,为使学生能正确绘制和阅读比较简单的机械图样,提供足够的投影理论基础。对组合体的画图和看图,以及常用的视图、剖视、剖面等投影制图内容,也给予足够的重视。在机械制图部分,适当介绍了电器产品的图样及其表达特点。并严格贯彻与制图有关的国家标准。

二、根据本门课程各部分之间的内在联系,按照循序渐进的原则,处理本书的系统,注意前后紧密配合,每章每节所介绍的内容和要求目的明确,并尽量做到突出重点,分散难点,力求对学时不同,深、广度要求有别的专业都能适用,同时又注意贯彻理论与实际相结合的原则。因此,本书在介绍点、线、面及其各种相对位置的投影知识的过程中,由浅入深、由简到繁地介绍平面立体的作图方法,并把截交线的画法和相贯线的画法与相应组合体的作图方法结合起来,以利于培养学生分析问题和解决问题的能力。

在使用本书时,教师可以根据自己的经验和条件,把"组合体视图的尺寸注法"和"看组合体视图的方法"两节提到"截交线的画法"之前来讲授。把编在第八章最后的"公差与配合"内容,提前到适当的教学阶段来贯彻。

三、在文字叙述上,既注意准确地阐明基本理论和基本知识,也注意通过各种结构形式的组合体和机件讲清绘图和看图的基本方法,为学生进一步提高绘图和看图能力打下比较坚实的基础。为了便于自学,我们力求从大多数学生的实际水平出发,酌情处理文字叙述的详、略和图例的复杂程度。在图例的选用上,既注意形体结构清晰,重点突出,又考虑到繁简适中,能说明问题,使多数学生能真正体会到按照文字叙述的方法和步骤进行绘图和看图的重要性。

与本书配套使用的,还有一本由西安交通大学工程画教研室徐凤仙、温伯平、朱同钧选编的《画法几何及工程制图习题集》,也由高等教育出版社出版。这套教材除供高等工业学校无线电类等专业使用外,还可供各类学校和自学青年学习机械制图时参考。

本书由唐克中、朱同钧主编,参加编写的还有白世清、洪曼君、朱燕萍和刘毅夫等。我们教研室有不少同志参加了本书的绘图等工作。

本书经高等学校工科制图教材编审委员会1982年昆明会议评审,同意出版,并委托华东纺织工学院张九垣同志和同济大学分校何铭新同志再次审阅，同志们对初稿提出了许多宝贵意见和建议，对本书的定稿工作起了很大作用，谨此致谢。

由于编者水平有限，书中肯定有一些缺点和错误，诚恳希望使用本书的同志和其他有关同志批评指正。

编　者
1983.4

目　　录

绪　　论

　　本课程是一门研究绘制和阅读机械图样的理论和方法的基础技术课程，主要内容是正投影理论、机械图样的表达理论和方法、国家标准《技术制图》和《机械制图》的有关规定等。

　　在机械制造业中，机器设备是根据图样加工制造的。如果要生产一部机器，首先必须画出表达该机器的装配图和所有零件的零件图，然后根据零件图制造出全部零件，再按装配图装配成机器。在工程技术中，人们通过图样来表达设计思想。图样不但是指导生产的重要技术文件，而且是进行技术交流的重要工具。因此，工程图样是每一个工程技术人员必须掌握的"工程界的共同技术语言"。

　　机械图样表达的内容主要包括机器(或零、部件)的结构形状、尺寸、材料和各种技术要求等，这几项内容的确定，还需要依靠机械设计、制造工艺等相关的专业知识。本课程主要介绍图样中如何表示好这些内容。关于机械设计和制造工艺等知识，有待在后续课程及工作中深入学习和掌握，本书只作简单的介绍。

　　本课程的主要任务如下：

　　1. 掌握正投影法的基本理论、图样表达的基本方法和国家标准中有关制图的规定。

　　2. 能够绘制和看懂简单的零件图和装配图。所绘制的图样应做到：投影正确、视图选择和配置恰当、尺寸齐全、字体工整、图面整洁，且符合国家标准规定。

　　3. 培养空间想象和空间分析的初步能力。

　　4. 能够正确使用绘图仪器和工具，掌握用仪器和徒手作图的技能。

　　5. 学会用计算机绘图软件绘制二维图形的基本方法。

　　6. 培养认真细致的工作作风和严格遵守国家标准规定的品质。

　　本课程是一门实践性较强的课程，学习方法上应注意下列各点：

　　1. 掌握基本理论，搞清楚空间几何元素(点、线、面)和体与它们的投影之间的联系。

　　2. 掌握形体分析法、线面分析法和投影分析方法，提高独立分析和解决读图、画图等问题的能力。

　　3. 认真完成作业。通过作业掌握投影理论及其应用和有关分析方法；严格遵守国家标准规定；正确使用绘图仪器和工具，采用正确的作图步骤和方法；掌握计算机绘图的基本操作。所画的机械图不但要正确，而且图面要整齐、清洁。

　　4. 要注意结合生产实际，多看、多思、多画。

第一章 制图基本知识

§1-1 机械制图基本规定

图样作为"工程界的共同技术语言",必须有统一的规定,才能用来交流技术思想,顺利地组织工程产品的生产。为此我国制定并实施《技术制图》和《机械制图》国家标准,从图纸幅面和格式、图线、字体,到图样中每项内容的表示方法和方式等都做了明确规定。技术制图国家标准是工程界各专业(包括机械、建筑等)领域制图统一的通则性基本规定,比各专业制图国家标准高一层次;机械制图国家标准是为了适应机械领域自身的特点,在选用技术制图国家标准中若干基本规定,或不违背技术制图标准规定的前提下做出一些必要的具体补充。随着生产技术的进步和对外技术交流的发展,制图标准也会适时进行修订。本节摘要介绍新的国家标准中有关图纸幅面和格式、比例、字体、图线和尺寸注法等部分,其余部分将在后面有关章节中摘要介绍。<u>每一个工程技术人员必须以严肃认真的态度遵守国家标准规定。</u>

一、图纸幅面和格式(摘自 GB/T 14689—2008)[①]

1. 图纸幅面和图框格式

绘制图样时,应优先采用表 1-1 中规定的基本幅面,必要时允许选用加长幅面。加长幅面的尺寸由基本幅面尺寸的短边成整倍数增加后得出,具体尺寸可参看国家标准规定。基本幅面图纸的尺寸特点是:长边和短边的尺寸比为 $\sqrt{2}:1$;大于 A4 图纸的每一号图纸,可以裁成两张比它小一号的图纸。

表 1-1 基本图纸幅面及图框尺寸 mm

幅 面 代 号	A0	A1	A2	A3	A4
$B \times L$	841×1 189	594×841	420×594	297×420	210×297
e	20			10	
c		10		5	
a			25		

---

① "GB/T 14689—2008"是国家标准《技术制图 图纸幅面和格式》的编号,"GB/T"表示推荐性国家标准,是 GUOJIA BIAOZHUN(国家标准)和 TUIJIAN(推荐)的缩写,如果"GB"后没有"/T",则表示强制性国家标准,"14689"是该标准的顺序号,"2008"表示该标准的批准发布年号。"国家标准"简称"国标"。

在图纸上，必须用粗实线画出图框，用来限定绘图区域，其格式分为不留装订边（图1-1）和留有装订边（图1-2）两种。同一产品的图样只能采用一种格式。加长幅面的图框尺寸按所选定的基本幅面大一号的图框尺寸确定。

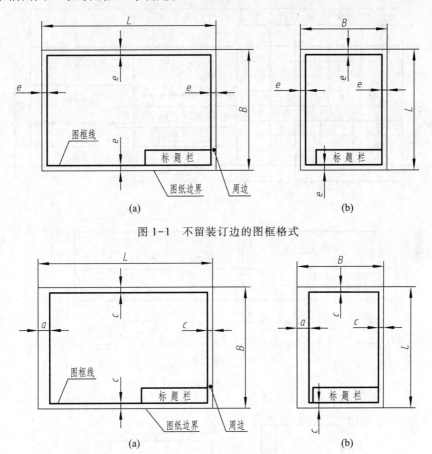

图 1-1　不留装订边的图框格式

图 1-2　留有装订边的图框格式

2. 标题栏及其方位

每张图纸上都必须画出标题栏。标题栏一般位于图纸的右下角，如图 1-1 所示。标题栏的基本要求、内容、尺寸和格式应遵守 GB/T 10609.1—2008 的规定，如图 1-3a 所示。本书将标题栏作了简化，如图 1-3b 所示，建议在作业中采用。

根据视图的布置需要，图纸可以横放（长边位于水平方向，X 型）或竖放（短边位于水平方向，Y 型），标题栏应位于图框右下角，如图 1-1、图 1-2 所示，这时看图与看标题栏的方向一致。但有时为了利用预先印刷好图框和标题栏的图纸，允许将图纸逆时针旋转 90°使用，标题栏位于图框右上角，如图 1-4a 所示，此时看图方向与看标题栏的方向不一致。为了明确绘图与看图时的图纸方向，应在图框下边的中间位置（对中符号处①）画一个方向符号——细实线

①　对中符号：从图纸四边的中点画入图框内约 5 mm 的粗实线段（线宽不小于 0.5 mm），通常作为缩微摄影和复制的定位基准标记。

的等边三角形，其大小和所处的位置如图 1-4a 所示。当对中符号处在标题栏范围内时，伸入标题栏的部分省略不画，如图 1-4b 所示。

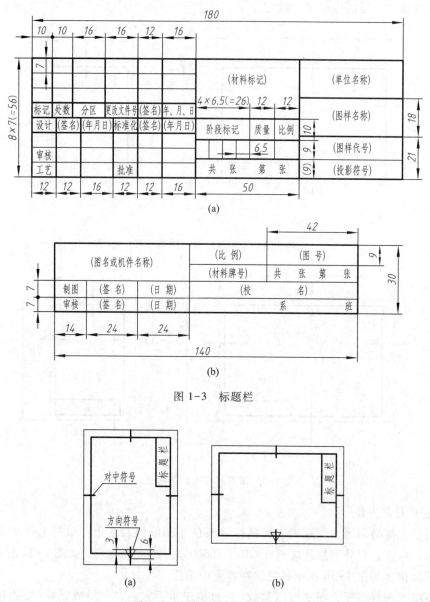

图 1-3　标题栏

图 1-4　允许配置的标题栏方位

二、比例（摘自 GB/T 14690—1993）

图中图形与其实物相应要素的线性尺寸之比，称为比例。比值为 1 的比例称为原值比例，比值大于 1 的比例称为放大比例，比值小于 1 的比例称为缩小比例。

需要按比例绘制图样时，应由表 1-2 左半部规定的优先选用比例中选取适当的比例，必要时也允许选用此表右半部所列的比例。

表 1-2　标准比例系列

种　　类	优先选用比例		允许选用比例	
原值比例	1:1			
放大比例	5:1　2:1		4:1　2.5:1	
	$5\times10^n:1$　$2\times10^n:1$　$1\times10^n:1$		$4\times10^n:1$　$2.5\times10^n:1$	
缩小比例	1:2　1:5		1:1.5　1:2.5　1:3　1:4　1:6	
	$1:2\times10^n$　$1:5\times10^n$　$1:1\times10^n$		$1:1.5\times10^n$　$1:2.5\times10^n$　$1:3\times10^n$　$1:4\times10^n$　$1:6\times10^n$	

注：n 为正整数。

　　绘制同一机件的各个图形应尽可能采用相同的比例，并在标题栏的"比例"栏内填写，如"1:1""2:1"等。当某个图形需要不同的比例时，必须按规定另行标注。

　　图 1-5 所示为同一五角星采用不同比例所画的图形。在图 1-5a 的 1:1 图形中，外接圆直径画成实际大小 20 mm，而在图 1-5b 的 2:1 图形中，外接圆直径画成 40 mm，但两个图形所注的尺寸都是实际尺寸"20"。

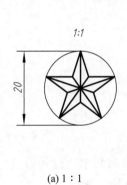

(a) 1:1　　　　　　　　　　　　(b) 2:1

图 1-5　用不同比例画出的图形

三、字体（摘自 GB/T 14691—1993）

1. 技术图样及有关技术文件中字体的基本要求

（1）书写字体必须做到：字体工整、笔画清楚、间隔均匀、排列整齐。

（2）字体高度（用 h 表示）的公称尺寸系列为：1.8 mm，2.5 mm，3.5 mm，5 mm，7 mm，10 mm，14 mm，20 mm（此数系的公比为 $\sqrt{2}$）。若有需要，则字高可按 $\sqrt{2}$ 的比率递增。字体高度代表字体的号数。

（3）汉字应写成长仿宋体字，并应采用国务院正式公布推行的简化汉字。汉字的高度 h 不应小于 3.5 mm，其字宽一般为 $h/\sqrt{2}$。

（4）字母和数字分 A 型和 B 型。A 型字体的笔画宽度（d）为字高（h）的十四分之一，B 型字体的笔画宽度为字高的十分之一。在同一图样上，只允许选用一种型式的字体。

（5）字母和数字可写成斜体和直体。斜体字字头向右倾斜，与水平基准线成 75°。一般都用斜体，但在下列场合则应采用直体。

① 计量单位符号：如 A(安)、N(牛)、m(米)。

② 单位词头：如 k(10^3,千)、m(10^{-3},毫)、M(10^6,兆)。

③ 化学符号：如 C(碳)、N(氮)、Fe(铁)、H_2SO_4(硫酸)。

④ 数学符号：如 sin、cos、lim、ln。

（6）汉字、拉丁字母、数字等组合书写时，其排列格式和间距都应符合国家标准规定。

2. 常用字体示例

（1）汉字　写长仿宋体字的要领是：横平竖直，注意起落，结构均匀，填满方格。长仿宋体字的基本笔画及写法和字体示例见图1-6。

(a) 长仿宋体字的基本笔画及写法

字体工整　笔画清楚
间隔均匀　排列整齐

横平竖直　注意起落　结构均匀　填满方格

(b) 长仿宋体字示例

图 1-6　汉字

（2）拉丁字母和数字　表1-3示出了斜体大写、小写拉丁字母和数字的结构型式，初学者要通过分格线弄清每个字的各部分宽度和高度的比例关系，以求写得正确。

表 1-3　斜体字母和数字示例

拉丁字母	A型	大写	ABCDEFGHIJKLMNOP QRSTUVWXYZ
		小写	abcdefghijklmnopq rstuvwxyz

阿拉伯数字和直径符号	A型	*0123456789* *⌀*
	B型	*0123456789* *Φ*
罗马数字	A型	*IIIIIIIVVVVIVIIVIIIIXX*

（3）用作指数、分数、极限偏差、注脚等的数字及字母，一般应采用小一号的字体，应用示例见图1-7。

$$10^3 \quad S^{-1} \quad D_1 \quad T_d \quad 7°^{+1°}_{-2°} \quad \frac{3}{5}$$

图1-7　字体组合应用示例

（4）图样中的数学符号、物理量符号、计量单位符号以及其他符号、代号，应分别符合国家的法令和标准的规定，示例见图1-8。

$$l/mm \quad m/kg \quad 460\,r/min$$
$$220\,V \quad 5\,M\Omega \quad 380\,kPa$$

图1-8　直体字母应用场合示例

四、图线及其画法（摘自 GB/T 17450—1998、GB/T 4457.4—2002）

图线是图中所采用的各种型式的线。国家标准规定图线的基本线型有15种，所有线型的图线宽度（d，单位为 mm）应按图样的类型、图的大小和复杂程度在数系：0.13，0.18，0.25，0.35，0.5，0.7，1，1.4，2 中选取，此数系的公比为 $\sqrt{2}$（≈ 1.4）。

机械图样通常采用表1-4列出的9种图线，按线宽图线分为粗线和细线两种，宽度比为 2：1。在本课程作业中，粗线宽度一般以 0.7 mm 为宜。

表 1-4 机械图样中采用的图线

图线名称	图线型式	应用举例
粗实线		可见轮廓线，剖切符号用线
细实线		尺寸线，尺寸界线，剖面线，重合断面的轮廓线，引出线，可见过渡线
波浪线（细）		断裂处的边界线，视图和剖视图的分界线
双折线（细）	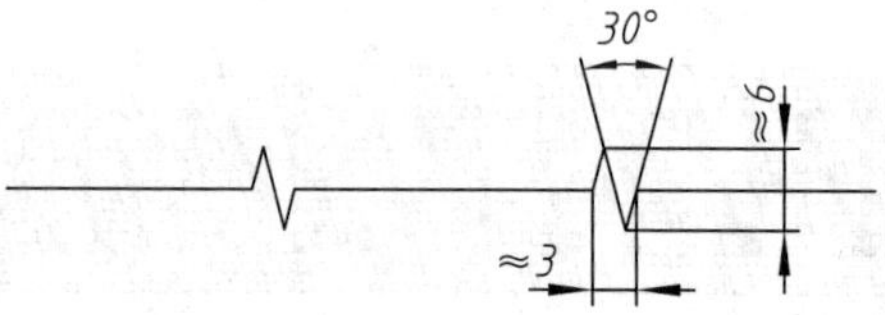	断裂处的边界线
细虚线	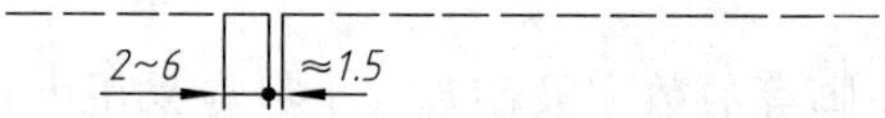	不可见轮廓线，不可见过渡线
粗虚线		允许表面处理的表示线
细点画线	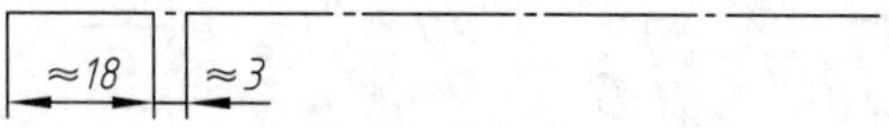	轴线，对称中心线，剖切线
粗点画线	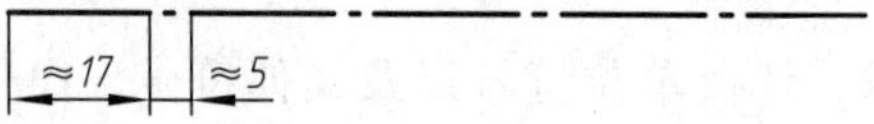	有特殊要求的线或表面的表示线，限定范围表示线
细双点画线	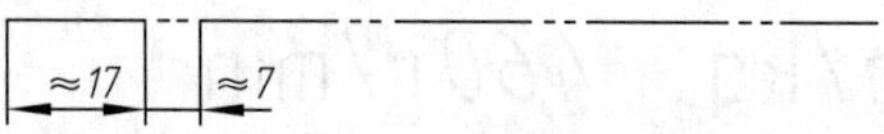	相邻辅助零件的轮廓线，可动零件的极限位置的轮廓线，中断线

注：细虚线中的"画"和"短间隔"，点画线和双点画线中的"长画""点"和"短间隔"的长度，国标中有明确规定。表中所注的相应尺寸，仅作为手工画图时的参考。

图 1-9 所示为图线的应用示例。

对图线的画法有如下要求：

（1）在同一图样中，同类图线的宽度应一致。同一条虚线、点画线和双点画线中的短画、短间隔、长画和点的长度应各自大致相等。点画线和双点画线的首、尾两端应是长画而不是点。

（2）画圆的对称中心线（细点画线）时，圆心应为长画的交点。细点画线两端应超出圆弧或相应图形 3~5 mm，如图 1-10a 所示。

（3）在较小的图中画细点画线或细双点画线有困难时，可用细实线代替，如图 1-10a 所示。

（4）当图线相交时，应是长画相交。当细虚线在粗实线的延长线上时，在细虚线和粗实线的分界点处，细虚线应留出间隙，如图 1-10b 所示。

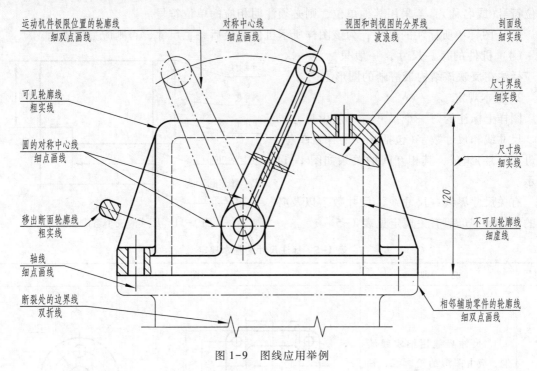

图 1-9　图线应用举例

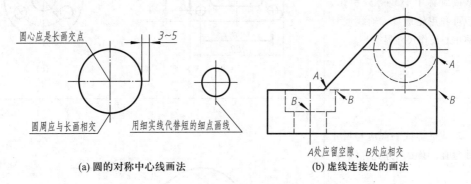

(a) 圆的对称中心线画法　　(b) 虚线连接处的画法

图 1-10　图线画法举例

五、尺寸注法（摘自 GB/T 4458.4—2003）

图样上的尺寸主要是线性尺寸和角度尺寸，还有弧长尺寸。线性尺寸是指物体某两点间的距离，如物体的长、宽、高、直径、半径等，角度尺寸是两相交直线或相交两平面所形成的夹角。

下面介绍国家标准《机械制图　尺寸注法》的基本规则和基本规定的主要内容。

1. 基本规则

（1）机件的真实大小应以图样上所注的尺寸数值为依据，与图形的大小及绘图的准确度无关。

（2）图样中（包括技术要求和其他说明）的尺寸，以 mm（毫米）为单位时，不需标注计量单位符号（或名称），若采用其他单位，则必须注明相应的单位符号。

（3）图样中所标注的尺寸，为该图样所示机件的最后完工尺寸，否则应另加说明。

（4）机件的每一尺寸，一般只标注一次，并应标注在反映该结构最清晰的图形上。

2. 基本规定

图样上标注的每一个尺寸，一般由尺寸界线、尺寸线和尺寸数字（包括必要的计量单位、字母和符号）组成，其相互间的关系如图 1-11 所示。

有关尺寸界线、尺寸线、尺寸数字以及必要的符号和字母等有关规定见表 1-5。

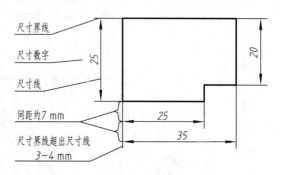

图 1-11 尺寸的三个组成部分

表 1-5 标注尺寸的基本规定

项目	说　　明	图　　例
尺寸界线	1. 尺寸界线用细实线绘制，应由图形的轮廓线、轴线或对称中心线等处引出，也可利用轮廓线、轴线或对称中心线作尺寸界线	(a)　　　　　(b)
	2. 尺寸界线一般应与尺寸线垂直，必要时才允许倾斜	
	3. 在光滑过渡处标注尺寸时，必须用细实线将轮廓线延长，从它们的交点处引出尺寸界线	

项目	说　明	图　例
尺寸线	1. 尺寸线用细实线绘制，其终端有两种形式： （1）箭头：箭头的形式和大小如图 a 所示。在机械图样中一般采用这种形式。 （2）斜线：斜线用细实线绘制，其方向和画法如图 b 所示。采用这种形式时，尺寸线与尺寸界线必须相互垂直	d为粗实线的宽度　≥6d (a)　　h=尺寸数字高度　45° (b)
	2. 当尺寸线与尺寸界线相互垂直时，同一张图样中只能采用一种尺寸线终端形式	
	3. 标注线性尺寸时，尺寸线必须与所标注的线段平行	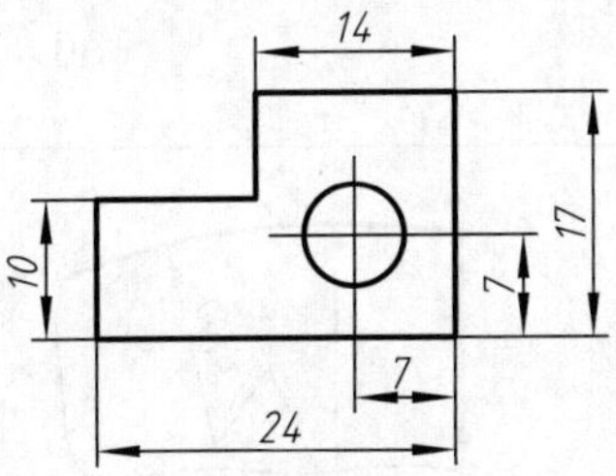 14　17　10　7　24　正确 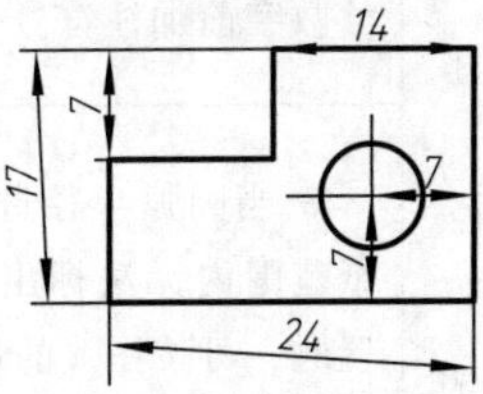 14　17　7　7　7　24　错误
	4. 尺寸线不能用其他图线代替，一般也不得与其他图线重合或画在其延长线上	
尺寸数字	1. 线性尺寸的数字一般应注写在尺寸线的上方，也允许注写在尺寸线的中断处	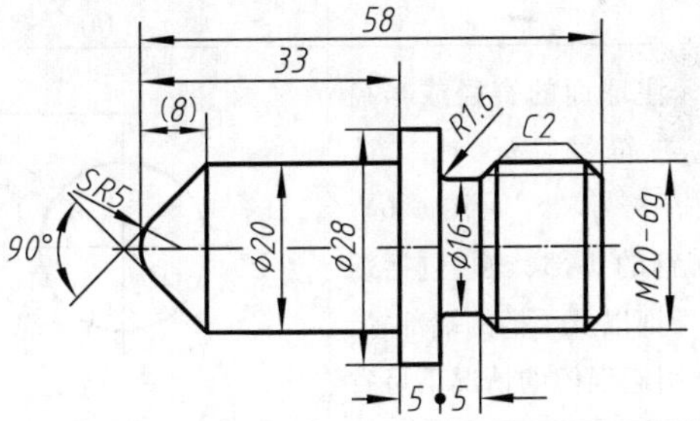 58　33　(8)　R1.6　C2　SR5　90°　$\varnothing20$　$\varnothing28$　$\varnothing16$　M20-6g　5　5
	2. 标注参考尺寸时，应将尺寸数字加上圆括弧	
	3. 线性尺寸数字的方向，一般应按图 a 所示的方向注写，并尽可能避免在图示 30° 范围内标注尺寸。当无法避免时，可按图 b 或图 c 或图 d 的形式标注。在不致引起误解时，也允许采用另外一种方法注写，写法可参看国家标准。但在同一张图样中，应尽可能采用同一种形式注写	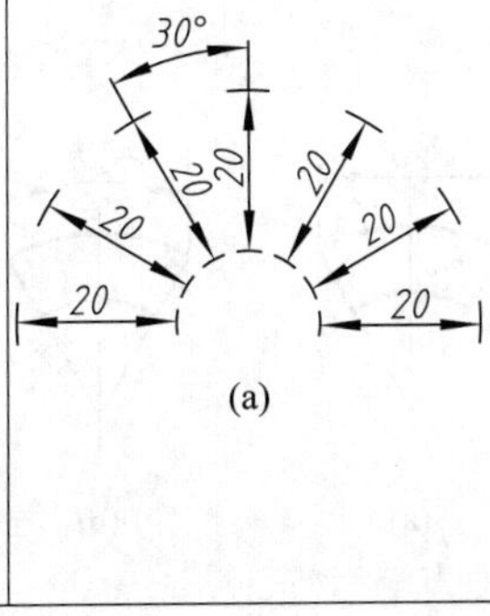 30°　20　20　20　20　20　20 (a) 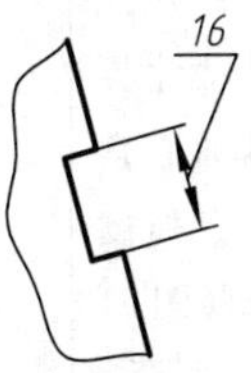　　16 (b) 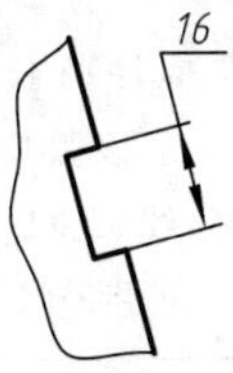　16 (c) 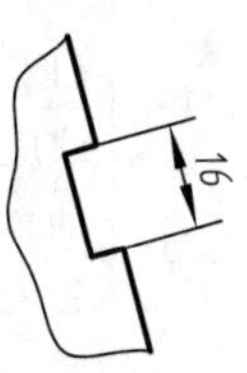　16 (d)

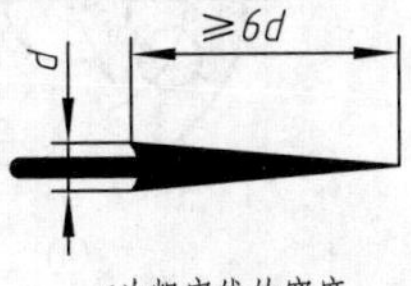

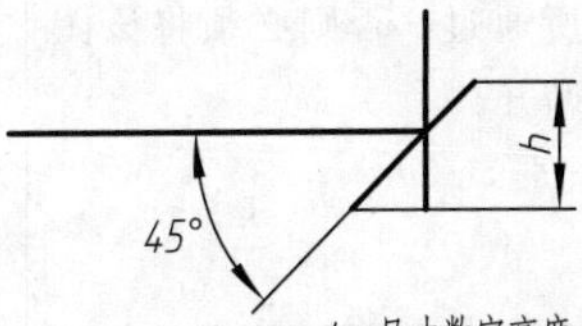

项目	说　明	图　例
尺寸数字	4. 尺寸数字不可被任何图线所通过，否则必须将该图线断开	 粗实线、细点画线断开　　剖面线断开　45 18　φ40　φ20　细点画线断开 (a)　　　　　　(b)
直径与半径	1. 标注圆的直径和圆弧半径的尺寸线，应通过圆心画成放射方向。标注直径时，应在尺寸数字前加注符号"φ"；标注半径时，应在尺寸数字前加注符号"R"	 φ30　φ26 φ40　R18　R16 (a)　(b)　(c)　(d)
	2. 当圆弧半径过大或在图纸范围内无法标出其圆心位置时，可按图 a 的形式标注。不需要标出其圆心位置时，可按图 b 的形式标注	 R100　SR120 (a)　　　　　(b)
	3. 标注球面的直径或半径时，应在符号"φ"或"R"前再加注符号"S"（图 a、b）。对于铆钉的头部、轴（包括螺杆）的端部以及手柄的端部等，在不致引起误解的情况下可省略符号"S"（图 c）	 Sφ32　SR30　R10 (a)　　(b)　　(c)
弦长与弧长	1. 标注弦长的尺寸界线应平行于该弦的垂直平分线（图 a）。标注弧长的尺寸界线应平行于该弧所对圆心角的角平分线（图 b）。当弧度较大时，可沿径向引出（图 c） 2. 标注弧长时，应在尺寸数字前面加注符号"⌒"（图 b、c）	 26　⌒28　150 ⌒485 R170 150 (a)　(b)　(c)

项目	说　明	图　例
角度	1. 标注角度的尺寸界线应沿径向引出；尺寸线应画成圆弧，其圆心是该角的顶点 2. 角度的数字一律写成水平方向，一般注写在尺寸线的中断处。必要时也可注写在尺寸线的上方或外面，狭小处可引出标注	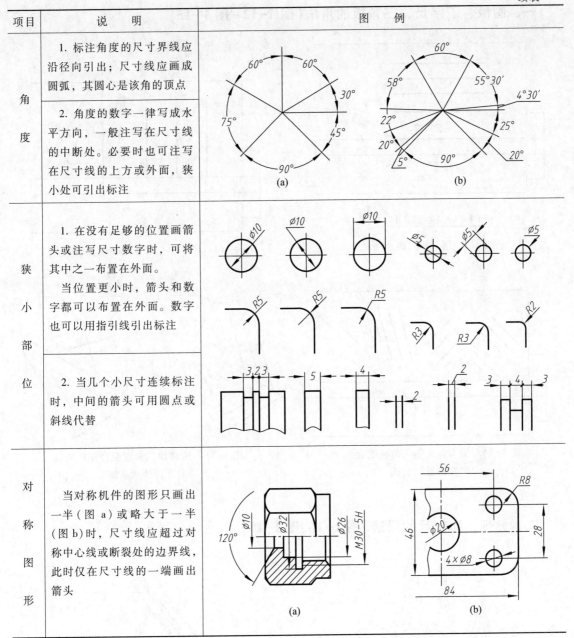
狭小部位	1. 在没有足够的位置画箭头或注写尺寸数字时，可将其中之一布置在外面。 当位置更小时，箭头和数字都可以布置在外面。数字也可以用指引线引出标注 2. 当几个小尺寸连续标注时，中间的箭头可用圆点或斜线代替	
对称图形	当对称机件的图形只画出一半（图 a）或略大于一半（图 b）时，尺寸线应超过对称中心线或断裂处的边界线，此时仅在尺寸线的一端画出箭头	

§1-2　尺规绘图工具和仪器的使用方法

　　要提高手工绘图的准确度和绘图效率，必须正确地使用各种绘图工具和仪器。常用的手工绘图工具和仪器有图板、丁字尺、三角板、比例尺、圆规、分规、直线笔、曲线板等。下面介绍常用尺规绘图工具和仪器的用法。

一、图板、丁字尺、三角板的用法（图 1-12~图 1-15）

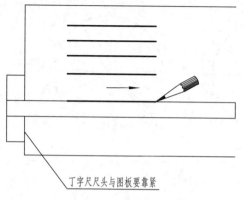

丁字尺尺头与图板要靠紧

图 1-12　用丁字尺画水平线

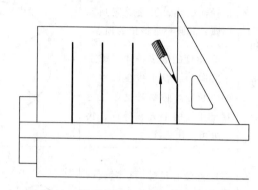

图 1-13　用丁字尺和三角板配合画竖直线

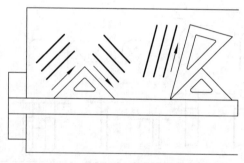

图 1-14　用丁字尺和三角板配合画
15°整倍数的斜线

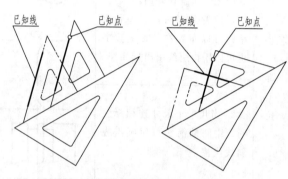

图 1-15　用两块三角板配合作已知线
的平行线或垂线

二、分规、比例尺的用法（图 1-16、图 1-17）

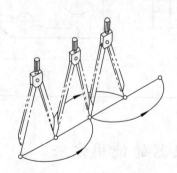

图 1-16　用分规连续截取等长线段

图 1-17　比例尺除用来直接在图上度量
尺寸外，还可用分规从比例尺上量取尺寸

三、圆规的用法(图 1-18~图 1-20)

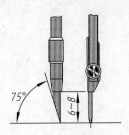

图 1-18　铅芯脚和针
脚高低的调整

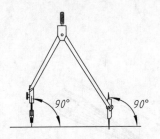

图 1-19　画圆时,针脚和
铅芯脚都应垂直于纸面

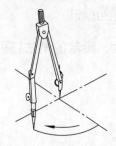

图 1-20　画圆时,圆规应按
顺时针方向旋转并稍向前倾斜

四、曲线板的用法(图 1-21)

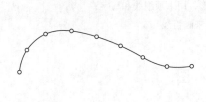

(a) 用细线通过各点徒手连成曲线

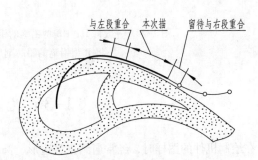

(b) 分段描绘,在两段连接处要有一小段重复,
以保证所连曲线光滑过渡

图 1-21　曲线板的用法

五、针管绘图笔和鸭嘴笔的用法(图 1-22、图 1-23)

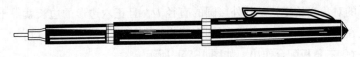

图 1-22　针管绘图笔

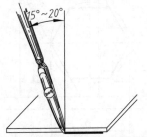

(a) 用直线笔画墨线图。画线时,
直线笔要向前进方向稍作倾斜

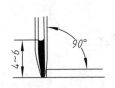

(b) 直线笔的两片都要和纸面接触,
才能保证画出的图线光滑

图 1-23　直线笔的用法

针管绘图笔和鸭嘴笔(又称直线笔)是用墨水按照铅笔画出的原图绘成底图,用以制成复制图。一支针管绘图笔只能画出固定宽度的图线;而鸭嘴笔笔头两钢片的张开宽度可以调节,以便画出不同宽度的图线。

六、铅笔的削法(图 1-24)

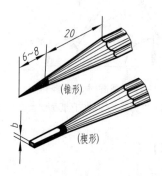

图 1-24 一般将 H、HB 型铅笔的铅芯削成锥形,用来画细线和写字;
将 B 型铅笔的铅芯削成楔形,用来画粗线

§1-3 几 何 作 图

在绘制机件的图样时,经常遇到正多边形、圆弧连接、非圆曲线以及锥度和斜度等几何作图问题。现将其中常用的作图方法介绍如下:

一、正多边形的画法

1. 正六边形

(1)根据对角线长度作图(图 1-25)

由于正六边形的对角线长度就是其外接圆的直径 D,且正六边形的边长就等于这个外接圆的半径,因此以半径长在外接圆上截取各顶点,即可画出正六边形,如图 1-25a 所示。正六边形也可以利用丁字尺与 30°-60°三角板配合作出,如图 1-25b 所示。

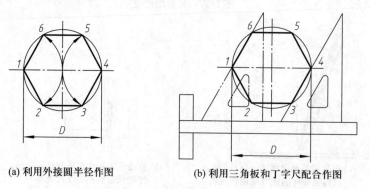

(a) 利用外接圆半径作图　　　　(b) 利用三角板和丁字尺配合作图

图 1-25 已知对角线长度画正六边形的方法

(2) 根据对边间的距离作图(图1-26)

先从正六边形的中心画出对称中心线，根据对边距离 s 作出一对平行边，再用30°-60°三角板配合丁字尺，使三角板的斜边通过正六边形的中心，就可在这对平行边上得到四个顶点，如图1-26a所示。然后完成正六边形，如图1-26b所示。

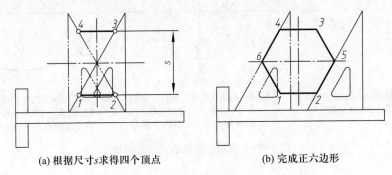

(a) 根据尺寸 s 求得四个顶点   (b) 完成正六边形

图1-26 已知对边间的距离画正六边形的方法

2. 正五边形

已知正五边形的外接圆，其作图方法如图1-27所示。

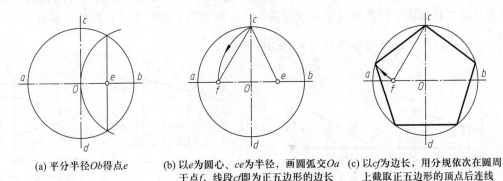

(a) 平分半径 Ob 得点 e   (b) 以 e 为圆心、ce 为半径，画圆弧交 Oa   (c) 以 cf 为边长，用分规依次在圆周
　　　　　　　　　　　　　　于点 f，线段 cf 即为正五边形的边长　　　　　上截取正五边形的顶点后连线

图1-27 已知外接圆作内接正五边形的方法

3. 正 n 边形

已知正 n 边形的外接圆作正 n 边形的方法，一般可用试分法，就是在画出外接圆后，估计正 n 边形的边长，用分规在圆周上进行试分，试分准确后即可找出各顶点，然后画出正 n 边形。

二、椭圆的近似画法

椭圆有多种不同的画法。为了作图方便，这里只介绍根据长、短轴用圆规画椭圆的近似画法——"四心圆弧法"，具体作图方法如图1-28所示。

三、斜度和锥度

1. 定义及图形符号

(1) 斜度　一直线(或平面)对另一直线(或平面)(称为参考线或参考面)的倾斜程度称为

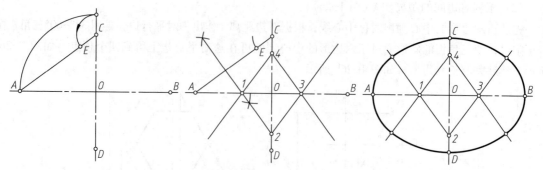

(a) 画长、短轴*AB*、*CD*，连接
   AC，并取*CE=OA−OC*

(b) 作*AE*的中垂线，与长、短轴
   交于*1、2*两点，在轴上取*1、2*
   的对称点*3、4*，得四个圆心

(c) 以*2C(或4D)*为半径画两个大圆弧，
   以*1A(或3B)*为半径画两个小圆弧，
   四个切点在有关圆心的连线上

图 1-28 用四心圆弧法画近似椭圆

斜度。斜度就是它们夹角的正切值。例如图 1-29a 中，直线 *CD* 对直线 *AB* 的斜度 $=\dfrac{T-t}{l}=\dfrac{T}{L}=\tan\alpha$。斜度图形符号如图 1-29b 所示。

（2）锥度   正圆锥底圆直径与圆锥长度之比称为锥度。正圆台的锥度则可用两底圆直径差与圆台长度之比算出。锥度取决于圆锥角的大小，例如图 1-30a 中，正圆锥与圆台的锥度 $=\dfrac{D}{L}=\dfrac{D-d}{l}=2\tan(\alpha/2)$。锥度图形符号如图 1-30b 所示。

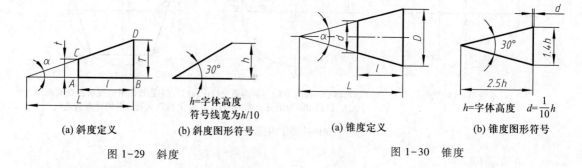

(a) 斜度定义

(b) 斜度图形符号

h=字体高度
符号线宽为*h*/10

图 1-29 斜度

(a) 锥度定义

(b) 锥度图形符号

h=字体高度 $d=\dfrac{1}{10}h$

图 1-30 锥度

2. 标注方法

（1）斜度的标注（图 1-31a）   斜度一般以 1：*x* 的形式表示，写在斜度图形符号后面。指引线从被标注的"斜线"引出，标注斜度的基准线则和参考线平行。图形符号的方向应与图形的斜度方向一致。

（2）锥度的标注（图 1-31b）   锥度一般以 1：*x* 或 1/*x* 的形式写在锥度图形符号后面，该符号配置在基准线（与圆锥轴线平行）上，并靠近圆锥轮廓线，指引线从圆锥轮廓线引出，图形符号的方向应与圆锥方向一致。

3. 画法

斜度和锥度作图步骤分别如图 1-32 和图 1-33 所示。

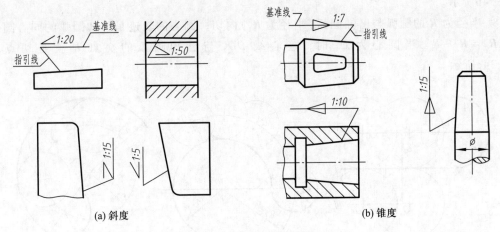

(a) 斜度

(b) 锥度

图 1-31 斜度和锥度的标注方法

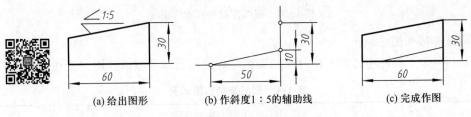

(a) 给出图形

(b) 作斜度1：5的辅助线

(c) 完成作图

图 1-32 斜度的作图步骤

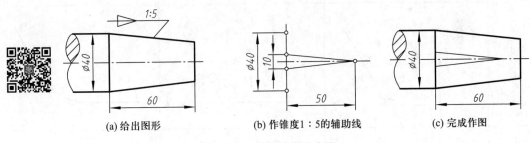

(a) 给出图形

(b) 作锥度1：5的辅助线

(c) 完成作图

图 1-33 锥度的作图步骤

四、圆弧连接

用已知半径的圆弧光滑连接(即相切)两已知线段(直线或圆弧)，称为圆弧连接。这段已知半径的圆弧称为连接弧。画连接弧前，必须求出它的圆心和切点。

1. 圆弧连接的基本作图

先弄清已知半径的圆弧与一条已知线段相切时，该圆弧圆心的轨迹和切点的求法。

① 半径为 R 的圆弧与已知直线 I 相切，圆心的轨迹是距离直线 I 为 R 的平行线 II 或 III。当圆心为 O_1 时，由 O_1 向直线 I 所作垂线的垂足 K 就是切点，如图 1-34a 所示。

② 半径为 R 的圆弧与已知圆弧(半径为 R_1)外切，圆心的轨迹是已知圆弧的同心圆，其半径 $R_2 = R + R_1$。当圆心为 O_1 时，连心线 OO_1 与已知圆弧的交点 K 就是切点，如

图 1-34b 所示。

③ 半径为 R 的圆弧与已知圆弧(半径为 R_1)内切，圆心的轨迹是已知圆弧的同心圆，其半径 $R_2 = R_1 - R$。当圆心为 O_1 时，连心线 OO_1 与已知圆弧的交点 K 就是切点，如图 1-34c 所示。

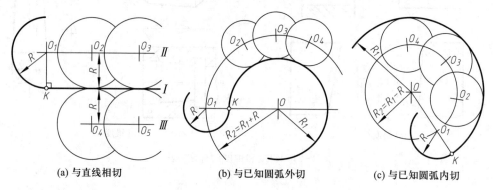

| (a) 与直线相切 | (b) 与已知圆弧外切 | (c) 与已知圆弧内切 |

图 1-34 圆弧连接的基本作图

2. 圆弧连接作图举例

表 1-6 列举了四种用已知半径为 R 的圆弧来连接两已知线段的作图方法和步骤。

表 1-6 圆弧连接作图举例

连接要求	作图方法和步骤		
	求圆心 O	求切点 K_1、K_2	画连接弧
连接相交两直线			
连接一直线和一圆弧			
外接两圆弧			

连接要求	作图方法和步骤		
	求圆心 O	求切点 K_1、K_2	画连接弧
内接两圆弧			

§1-4　平面图形的画法和尺寸注法

一个平面图形由一个或几个封闭图形组成，有的封闭图形由若干彼此相切或相交的线段（直线、圆弧）组成。要正确绘制平面图形和标注其尺寸，必须掌握平面图形的尺寸分析和线段分析。

一、平面图形的尺寸分析

尺寸是确定平面图形形状和大小的必要因素，按其作用可分为定位尺寸和定形尺寸两种。

1. 定位尺寸　确定平面图形中所含的封闭图形之间，以及组成封闭图形的线段之间的相对位置的尺寸。作为定位尺寸起点的点和直线称为定位尺寸基准，简称尺寸基准。在图 1-35 中，轮廓线 AB 和 $\phi 12$ 圆的竖直中心线，分别是高度（上、下）方向和长度（左、右）方向的尺寸基准。尺寸 22、4、40 为圆心的定位尺寸。

2. 定形尺寸　确定平面图形中各封闭图形的大小和形状的尺寸，包括圆的直径及组成封闭图形的线段长度和圆弧半径等。图 1-35 中，$\phi 12$、$R13$、$R26$、$R8$、$R6$、48 和 15 都是定形尺寸。

由于分析方法不同，有时同一个尺寸可以看作定形尺寸，也可以看作定位尺寸。

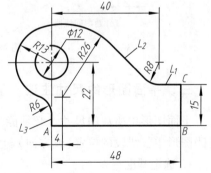

图 1-35　平面图形的线段分析

二、平面图形的线段分析和画图步骤

根据平面图形中所标注的尺寸和线段间的连接关系，图形中的线段分为以下三种：

1. 已知线段　根据所注的尺寸，就能直接画出的圆、圆弧或直线。对于圆和圆弧，必须用尺寸确定直径（或半径）和圆心的位置；对于直线，必须由尺寸确定线上两个点的位置或一点和直线的方向。当直线的方向与基准线方向一致时，定向尺寸不注。

2. 中间线段　除图形中注出的尺寸外，还需根据一个与已定线段的连接关系或通过一个已确定的点才能画出的圆弧或直线。

3. 连接线段　需要根据两个与已定线段连接或过定点才能画出的圆弧或直线。

图 1-35 中，圆 $\phi12$、圆弧 $R13$、直线 L_3、AB、BC 和 L_1 是已知线段；圆弧 $R26$、$R8$ 是中间线段；圆弧 $R6$ 和直线 L_2 是连接线段。

通过平面图形的线段分析，显然可以得出如下绘图步骤：<u>首先画出基准线，随后依次画出各已知线段、中间线段，最后画连接线段</u>。图 1-36 所示为图 1-35 的画图步骤。

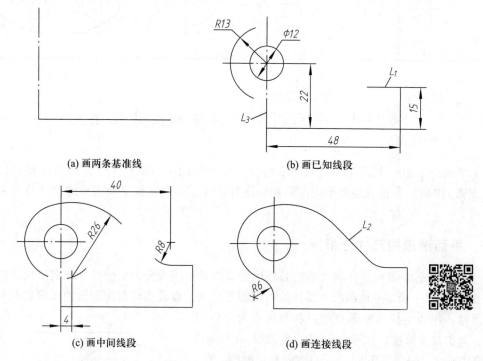

(a) 画两条基准线　　　　　　　　　(b) 画已知线段

(c) 画中间线段　　　　　　　　　(d) 画连接线段

图 1-36　平面图形的画图步骤

三、平面图形的尺寸注法

平面图形中所注的尺寸，必须能唯一地确定图形的形状和大小，即所注的尺寸对于确定各封闭图形中各线段的位置（或方向）和大小是充分而必要的。标注尺寸的方法和步骤是：

1. 选定基准

一般按直角坐标原理，在长度和高度方向各选一条直线作为尺寸基准；通常选择图中的对称线、较长的直线或过大圆弧圆心的两条中心线作为基准。有时也以点为基准。

2. 确定图形中各线段的性质

根据图形中各线段的作用，将线段进行分类，分别确定已知线段、中间线段和连接线段，如图 1-37a 所示。

3. 按已知线段、中间线段、连接线段的次序逐个标注尺寸

三类线段中的圆或圆弧，其定形尺寸——直径或半径都须直接注出，其定位尺寸——圆心

位置可通过以下任意一种方式确定：

① 用尺寸确定圆心位置

圆心位置所需的两个定位尺寸可直接或间接地进行标注，图 1-37b 中的尺寸 36 和 3 即为 $R6$ 圆弧圆心的两个定位尺寸。若图中已表明圆心在一条已确定的水平线或竖直线上，即等于间接告知了圆心的一个定位尺寸。

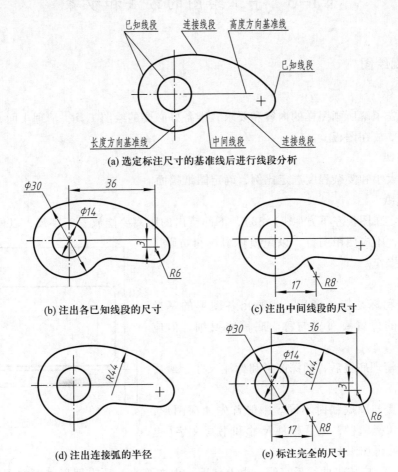

(a) 选定标注尺寸的基准线后进行线段分析

(b) 注出各已知线段的尺寸   (c) 注出中间线段的尺寸

(d) 注出连接弧的半径   (e) 标注完全的尺寸

图 1-37 平面图形的尺寸注法

② 用几何关系确定圆心位置

一个几何关系(如通过一个已知点、与已被确定的相邻线段相切等)能起到一个定位尺寸的作用。图 1-35 中圆弧 $R8$ 的圆心定位，一个依靠尺寸 40，另一个则依赖其与直线 L_1 相切的关系。

中间线段需要利用一个几何关系确定其圆心位置，而连接线段则需要利用两个几何关系确定。

直线不需标注半径。用几何关系确定直线方位时，和已定圆弧的一个相切关系就能确定直线上的一个点。

图 1-37 为平面图形的尺寸注法示例。

从上面线段分析获得的画图步骤中，可以得出如下结论：在圆弧和直线连接（相切）形成的曲线或封闭图形中，两个已知线段之间只能有而且必须要有一个连接线段，但可以有也可以没有中间线段。

§1-5 手工绘图的方法和步骤

一、尺规绘图

1. 准备工作

画图前应先了解所画图样的内容和要求，准备好必要的绘图工具，清理桌面，暂时不用的工具、资料不要放在图板上。

2. 选定图幅

根据图形大小和复杂程度选定比例，确定图纸幅面。

3. 固定图纸

图纸要固定在图板左下方（图 1-38），下部空出的距离要能放置丁字尺，以便操作。图纸要用胶带固定，不应使用图钉，以免损坏图板和妨碍丁字尺、三角板操作。

4. 画底稿

画出图框和标题栏轮廓后，先画出各图形的基准线，注意各图的位置要布置匀称。底稿线要细，但应清晰。

5. 检查并清理底稿后，加深图形和标注尺寸，最后完成标题栏。

加深的步骤与画底稿时不同。一般首先加深图形，其次加深图框和标题栏，最后标注尺寸和书写文字（也可在注好尺寸后再加深图形）。

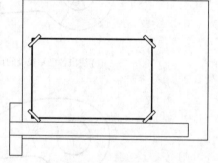

图 1-38　固定图纸

加深图形时，应按先曲线后直线，由上到下，由左到右，所有图形同时加深的原则进行。在加深粗直线时，应将同一方向的直线加深完后，再加深另一方向的直线。细虚线、细点画线也需要加深，但要注意线条的宽度，细线的线宽是粗线的一半。

6. 全面检查图纸

描图步骤与加深步骤相同，一般先描粗线，后描细线。

二、徒手绘图

用目测和徒手的方法按一定要求绘制的图，称为草图。草图上各部分的大小比例，应近似反映实物对应部分的比例关系。在设计、测绘、修配机器时，都要绘制草图，所以徒手绘图是和使用仪器绘图同样重要的绘图技能。

练习徒手绘图时，可先在方格纸上进行，尽量使图形中的直线与分格线重合，这样不但容易画好图线，并且便于控制图形的大小和图形间的相互关系。在画各种图线时，手腕要悬空，小指轻触纸面。为了顺手，还可随时将图纸转动适当的角度。图形中最常用的直线和圆的画法如下：

1. 直线的画法（图 1-39）

画直线时，眼睛要注意线段的终点，以保证直线画得平直，方向准确。

对于具有 30°、45°、60° 等特殊角度的斜线，可根据其近似正切值 3/5、1、5/3 作为直角三角形的斜边来画出。

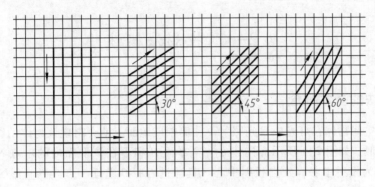

图 1-39　徒手画直线的方法

2. 圆的画法（图 1-40）

画小圆时，可按半径先在中心线上截取四点，然后分四段逐步连接成圆，如图 1-40a 所示。画大圆时，除中心线上四点外，还可通过圆心画两条与水平线成 45° 或 135° 的直线，再取四点，分八段画出，如图 1-40b 所示。

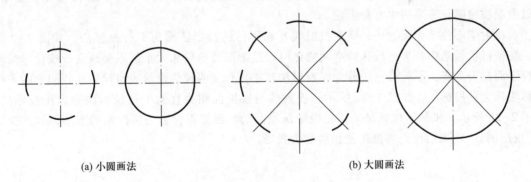

(a) 小圆画法　　　　　　　　　　(b) 大圆画法

图 1-40　徒手画圆的方法

画草图的步骤基本上与用仪器绘图相同。但草图的标题栏中不能填写比例，绘图时也不应固定图纸。完成的草图图形必须基本上保持物体各部分的比例关系，各种线型应粗细分明，字体工整，图面整洁。

第二章　正投影法基础

§2-1　投影法概述

一、投影法的基本概念

大家知道，空间物体在灯光或日光照射下，墙壁或地面上就会出现该物体的影子，投影法与这种自然现象类似。如图 2-1 所示，先建立一个平面 P 和不在该平面内的一点 S，平面 P 称为投影面，点 S 称为投射中心；发自投射中心 S 且通过 $\triangle ABC$ 上任一点 A 的直线 SA 称为投射线；投射线 SA 与投影面 P 的交点 a 称为 A 在投影面上的投影。同理，可作出 $\triangle ABC$ 上每一点包括 B、C 两点在投影面 P 上的投影 b、c 和 $\triangle ABC$ 的投影 $\triangle abc$，也可作出一个物体在投影面上的投影。投射线通过物体，向选定的面投射，并在该面上得到图形的方法，称为投影法。

在图 2-1 中，所有投射线都汇交于一点的投影法（投射中心位于有限远处）称为中心投影法。用中心投影法得到的投影图，其大小与物体的位置有关，当 $\triangle ABC$ 靠近或远离投影面时，它的投影 $\triangle abc$ 就会变大或变小，且不能反映物体表面的真实形状和大小，作图又比较复杂，所以绘制机械图样不采用中心投影法。

若投射中心位于无限远处，所有投射线互相平行的投影法称为平行投影法，如图 2-2 所示。在平行投影法中，当平行移动空间物体时，投影图的形状和大小都不会改变。按投射方向与投影面是否垂直，平行投影法分为斜投影法和正投影法两种，投射线与投影面相倾斜的平行投影法称为斜投影法，如图 2-2a 所示；投射线与投影面相垂直的平行投影法称为正投影法，如图 2-2b 所示。机械图样就是采用正投影法绘制的。根据正投影法所得到的图形称为正投影（正投影图）。本书后面通常把正投影简称为投影。

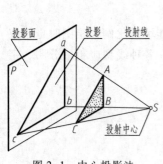

图 2-1　中心投影法

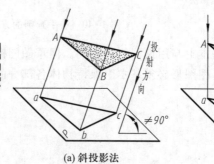

(a) 斜投影法　　　　(b) 正投影法

图 2-2　平行投影法

二、平面和直线的投影特点

正投影法中，平面和直线的投影有以下三个特点。

① 如图 2-3a 所示，物体上与投影面平行的平面 P 的投影 p 反映其实形，与投影面平行的线段 AB 的投影 ab 反映其实长。

② 如图 2-3b 所示，物体上与投影面垂直的平面 Q 的投影 q 成为一直线，与投影面垂直的直线 CD 的投影 cd 成为一点。投影的这种性质称为积聚性。

③ 如图 2-3c 所示，物体上倾斜于投影面的平面 R 的投影 r 成为缩小的类似形[①]，倾斜于投影面的线段 EF 的投影 ef 比实长短。

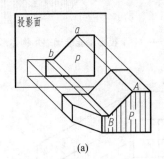 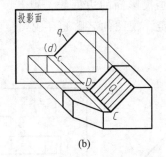 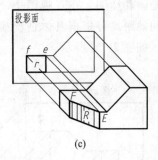

(a)　　　　　　　　　　(b)　　　　　　　　　　(c)

图 2-3　平面和直线的投影特点

物体的形状是由其表面的形状决定的，因此绘制物体的投影，就是绘制物体表面的投影，也就是绘制物体表面上所有轮廓线的投影。从上述平面和直线的投影特点可以看出：画物体的投影时，为了使投影反映物体表面的真实形状，并使画图简便，应该让物体上尽可能多的面和直线平行或垂直于投影面。

§2-2　三视图的形成及其投影规律

图 2-4 表示两个形状不同的物体，但在同一投影面上的投影却是相同的，这说明仅有一个投影是不能准确地表示物体形状的，因此必须采用多面正投影（多面正投影图）。把物体放在三个互相垂直的平面所组成的投影面体系（图 2-5a）中，这样就可得到物体的三面投影。

在三投影面体系中，三个投影面均为基本投影面，其分别称为正立投影面（简称正面，用 V 表示）、水平投影面（用 H 表示）和侧立投影面（简称侧面，用 W 表示）。物体在这三个基本投影面上的投影分别称为正面投影、水平投影和侧面投影。它们是物体的多面正投影图。

机械图样中的图形就是机件的多面正投影图。绘图时，通常把投射线看作无限远处观察者的视线，根据有关规定，将所绘制的多面正投影图称为视图。将物体置于观察者与投影面之间，由前向后投射所得到的正面投影称为主视图，由上向下投射所得到的水平投影称为俯视

---

① 类似形不是相似形，它的图形基本特征不变。例如多边形的投影仍为多边形，其边数不变；椭圆的投影仍为椭圆，但长、短轴的关系会改变。

图，由左向右投射所得到的侧面投影称为左视图。图2-5a中，将这三个视图的投射方向简称主视方向、俯视方向和左视方向。

在视图中，规定物体表面的可见轮廓线的投影用粗实线表示，不可见轮廓线的投影用细虚线表示，如图2-5a的主视图所示。

为了使三个视图能画在一张图纸上，国家标准规定正面保持不动，把水平投影面向下旋转90°，把侧面向右旋转90°，如图2-5b所示。这样，就得到展开在同一平面上的三面视图（简称三视图），如图2-5c所示。为了便于画图和读图，在三视图中不画投影面的边框线，视图之间的距离可根据具体情况确定，视图的名称也不必注出，如图2-5d所示。

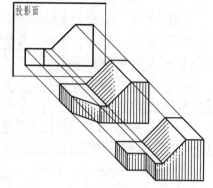

图 2-4　一个投影不能准确表示物体形状

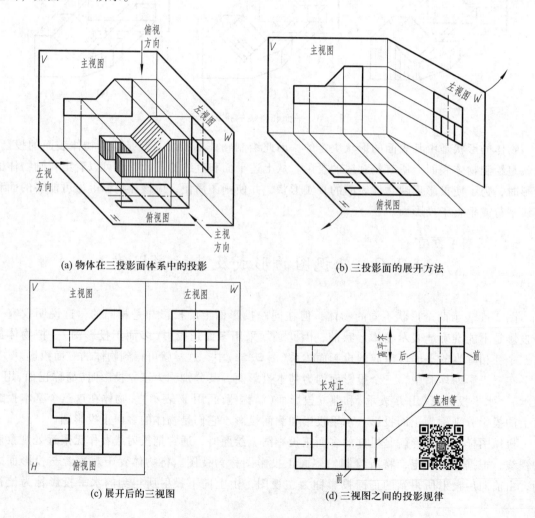

(a) 物体在三投影面体系中的投影　　　　(b) 三投影面的展开方法

(c) 展开后的三视图　　　　(d) 三视图之间的投影规律

图 2-5　三视图的形成和投影规律

根据三个投影面的相对位置及其展开的规定，得出三视图的位置关系为：以主视图为基准，俯视图在主视图的正下方，左视图在主视图的正右方。如果把物体左右方向度量的尺寸称为长，前后方向度量的尺寸称为宽，上下方向度量的尺寸称为高，那么主视图和俯视图都反映了物体的长度，主视图和左视图都反映了物体的高度，俯视图和左视图都反映了物体的宽度。因而，三视图间存在下述关系(参看图2-5d)：

主视图与俯视图　长对正；
主视图与左视图　高平齐；
俯视图与左视图　宽相等。

"长对正、高平齐、宽相等"是三视图之间的投影规律，它不仅适用于整个物体的投影，也适用于物体的每个局部的投影。例如，图示物体左端缺口的三个投影，也同样符合这一规律。在应用这一投影规律画图和读图时，必须注意物体的前后位置在视图上的反映，在俯视图和左视图中，靠近主视图的一边都反映物体的后面，远离主视图的一边则反映物体的前面。因此，在根据"宽相等"作图时，不但要注意量取尺寸的起点，而且要注意量取尺寸的方向。

§2-3　平面立体三视图的画法

表面由平面组成的立体，称为平面立体，基本平面立体(平面基本几何体)只有两种：棱柱和棱锥。以基本立体为基础，通过挖切和叠加两种方式，可以构成形状多种多样的立体。棱柱和棱锥是由棱面和底面围成的实体，相邻两棱面的交线称为棱线，棱柱的棱线互相平行，而棱锥的所有棱线汇交于锥顶，底面和棱面的交线就是底面的边。

利用直线与平面的投影特点和三视图的投影规律，就能画出基本平面立体及由其构成的简单挖切体和叠加体的三视图。

一、基本平面立体三视图的画法

表2-1以正六棱柱和四棱锥为例，说明基本平面立体三视图的画法。

表 2-1　正六棱柱和四棱锥的三视图及画图步骤

立体在三投影面体系中投影的空间概念	三视图及画图步骤		
	画 底 稿		检查并清理底稿后，加深图线
	先画出三视图的对称中心线，然后画反映底面实形的视图	画其余两视图	
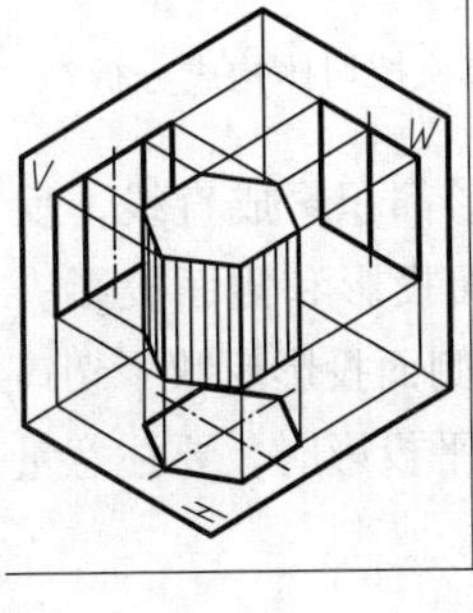	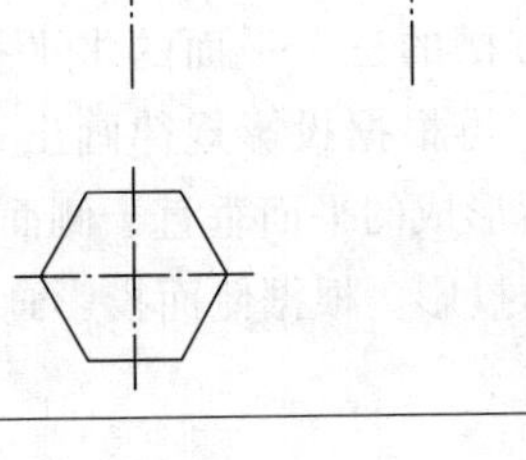	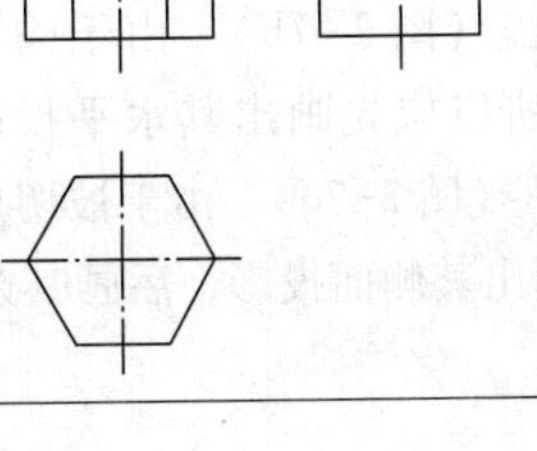	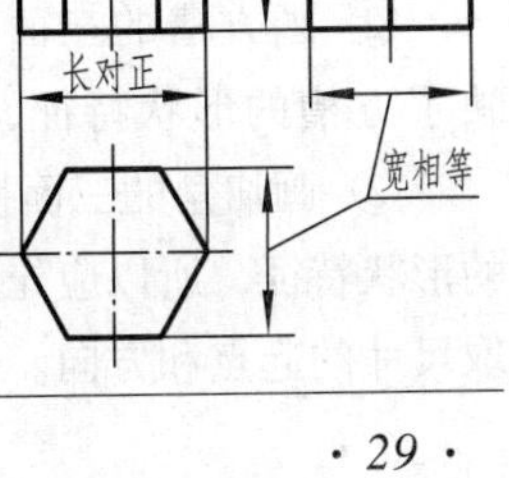

立体在三投影面体系中投影的空间概念	三视图及画图步骤		
	画底稿		检查并清理底稿后,加深图线
	先画出三视图的对称中心线,然后画反映底面实形的视图	画其余两视图	

当立体前后方向、左右方向或上下方向对称时,反映该方向的相应两个视图也一定对称,这时,视图中必须画出对称中心线(用细点画线表示),两端应超出视图轮廓 3~5 mm。图 2-5 所示的立体前后对称,因此在反映前后(宽度)方向的俯视图和左视图中都画了对称中心线。同理,表 2-1 中的正六棱柱和四棱锥,左右方向和前后方向都对称,它们的相应视图中也都画了对称中心线。

在视图中,当粗实线和细虚线或细点画线重合时,应画成粗实线,如正六棱柱的主、左两视图所示;当细虚线和细点画线重合时,应画成细虚线。

二、简单挖切体和叠加体三视图的画法

手工绘图总是先画好底稿,然后加深,所谓三视图的画法,主要是指画底稿的方法和步骤。

[例 1] 画图 2-6 所示立体的三视图。

解 (一)立体的构成分析 这个立体是在弯板(棱柱)的左端中部开了一个方槽,右前方切去一角后形成的。

(二)作图 挖切体三视图底稿的画图步骤,通常是先画出挖切前基本立体的三视图,然后逐一画出挖切后形成的每个切口的三面投影。根据构成分析,这个立体的画图步骤(参看图 2-7)如下:

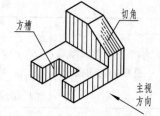

图 2-6 挖切体构成分析

① 画弯板的三视图(图 2-7a) 先画反映弯板形状特征的主视图,然后根据投影规律画出俯、左两视图。

② 画方槽的三面投影(图 2-7b) 由于构成方槽的三个平面的水平投影都积聚成直线,反映了方槽的形状特征,所以应先画出其水平投影,再根据投影规律画出正面投影和侧面投影。

③ 画切角的三面投影(图 2-7c) 由于被切角后形成的平面垂直于侧面,侧面投影反映了切口的形状特征,所以应先画出其侧面投影,后画其余两投影。根据侧面投影画水平投影时,要注意量取尺寸的起点和方向。

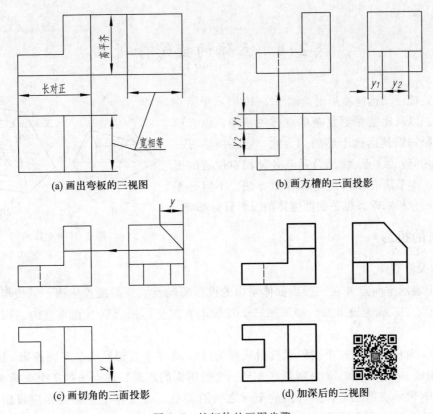

(a) 画出弯板的三视图

(b) 画方槽的三面投影

(c) 画切角的三面投影

(d) 加深后的三视图

图 2-7　挖切体的画图步骤

图 2-7d 为加深后的三视图。

[例 2]　画出图 2-8 所示立体的三视图。

　　解　（一）立体的构成分析　这个立体是在弯板上面的中间部位叠加一个三棱柱形成的。

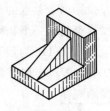

图 2-8　叠加体构成分析

　　（二）作图　叠加体三视图底稿的画图步骤，通常是先大后小，逐一画出每个基本立体的三视图。对于这个立体，就是先画出弯板的三面投影，后画出三棱柱的三面投影，如图 2-9 所示。

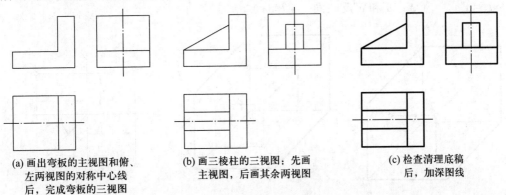

(a) 画出弯板的主视图和俯、左两视图的对称中心线后，完成弯板的三视图

(b) 画三棱柱的三视图：先画主视图，后画其余两视图

(c) 检查清理底稿后，加深图线

图 2-9　叠加体的画图步骤

§2-4 立体的投影分析

如果要正确而又迅速地画出类似图 2-10 所示平面立体的三视图,以及比这些更复杂的立体的视图,仅有前面的基本投影知识是远远不够的。为此,还必须学习一些有关空间几何元素(点、线、面)及其各种相对位置的更多投影知识。本节所介绍的理论和作图方法,不但是平面立体的投影分析基础,也是曲面立体的投影分析基础。

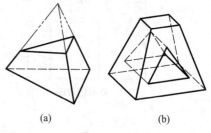

图 2-10 立体示例

一、点的投影

1. 点的投影规律

图 2-11 表示空间点 A 在三投影面体系中的投影情况及展开后的投影图。三投影面之间的交线 OX、OY、OZ 称为投影轴。如果把三个投影面看成坐标面,则互相垂直的三根投影轴即为坐标轴。

图 2-11a 表示点 A 向三个投影面投射所得的投影 a(水平投影)、a′(正面投影)和 a″(侧面投影)。投射线 Aa″、Aa′和 Aa 分别是点 A 到三个投影面的距离,即点 A 的三个坐标 x、y、z。

图 2-11b 表示点的三个投影与点的坐标之间的关系。通过各个投影向相应投影面内的坐标轴作垂线后,这些垂线和投射线及坐标轴一起组成一个长方体的框架。从框架中可以看出:在投影面上,点的每一个投影到该投影面上的两根投影轴间的距离,反映了两个坐标,每两个投影都反映一个相同的坐标。由此可知:点的三个投影之间有着密切的联系。

图 2-11c 为展开后点的三面投影图。展开时 V 面不动,H 面和 W 面沿 OY 轴分开而形成 OY_H 和 OY_W,展开后它们分别与 OZ 轴和 OX 轴在同一直线上。从投影图上可以得出下列点的投影规律:

$aa' \perp OX$ (∵ a 和 a′反映同一 x 坐标);

$a'a'' \perp OZ$ (∵ a′和 a″反映同一 z 坐标);

$aa_X = a''a_Z$ (∵ a 和 a″反映同一 y 坐标)。

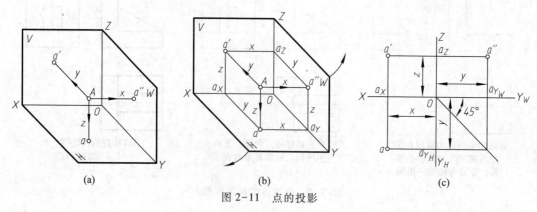

图 2-11 点的投影

点的投影规律表明了点的任一投影和其余两个投影之间的联系。根据第三条规律可以得出：过 a 的水平线和过 a'' 的竖直线必定交于过原点 O 的 $45°$ 斜线上，如图 2-11c 所示。

2. 根据点的两个投影求第三投影

由于点的两个投影反映了该点的三个坐标，就能确定该点的空间位置，因而应用点的投影规律，可以根据点的任意两个投影求出第三投影，具体作图方法举例说明如下。

[**例 1**] 已知点 A 的两个投影 a 和 a'，求 a''（图 2-12a）。

解 作图方法和步骤如下：

① 过 a' 向右作水平线；过点 O 画 $45°$ 斜线（图 2-12b）。

② 过 a 作水平线与 $45°$ 斜线相交，并由交点向上引竖直线，与过 a' 的水平线的交点即为 a''（图 2-12c）。

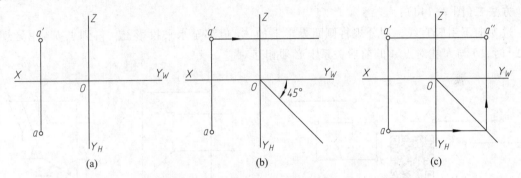

图 2-12 根据点的两个投影求第三投影的作图方法

3. 两点的相对坐标与无轴投影图

图 2-13a 中画出了 A、B 两点的三个投影。点的投影既然能反映点的坐标，当然也能反映出两点的坐标差，即反映两点间的相对坐标，图中的 Δx、Δy、Δz 就是 A、B 两点的相对坐标。因此，如果知道了点 A 的三个投影 (a,a',a'')，又知道了点 B 对点 A 的三个相对坐标，即使没有投影轴，而以点 A 为参考点，也能确定点 B 的三个投影。

不画投影轴的投影图，称为无轴投影图，如图 2-13b 所示。无轴投影图是根据相对坐标来绘制的。§2-2 中介绍的"长对正、高平齐、宽相等"投影规律，实质上就是无轴投影图中反映两点相对坐标 Δx、Δy、Δz 的通俗说法，这个投影规律是以点的投影规律为基础的。由此可知，三视图之间的投影规律中所指的"长""宽""高"三个尺寸的度量方向，就是三根

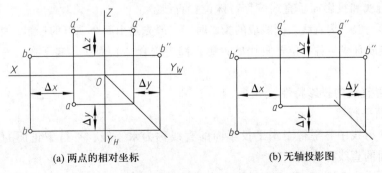

(a) 两点的相对坐标　　　　　　　　(b) 无轴投影图

图 2-13 无轴投影图中确定点位置的作图方法

投影轴 OX、OY、OZ 的方向。

[例2] 在无轴投影图中，已知点 A 的三个投影和点 B 的两个投影 b' 和 b''，求 b（图 2-14a）。

解 根据点的投影规律，点 b 位于过 b' 的竖直线上。为了从侧面投影上将 Δy 值转移到水平投影上，可以利用 45°斜线，但实际画图时一般是利用分规。具体作法如下：

方法一（图 2-14b、c）：

① 求出 45°斜线（图 2-14b） 过 a 和 a'' 分别引水平线和竖直线，再过这两条线的交点画 45°斜线。由此可见，一个点的水平投影和侧面投影一经确定，45°斜线也就随之而定，不能乱画。

② 求出点 b（图 2-14c） 过 b'' 向下画竖直线与 45°斜线相交，再过此交点向左引水平线，它与过 b' 的竖直线的交点就是点 b。

方法二（图 2-14d）：

过 b' 向下引竖直线，用分规将侧面投影上的 Δy 值移至水平投影上，得到点 b。用分规转移 Δy 时，b 与 b'' 在对点 A 的前后关系上必须相互对应。

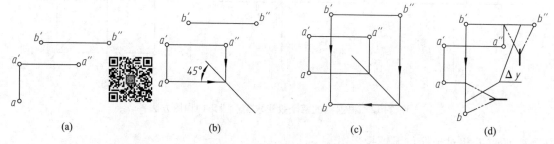

图 2-14 在无轴投影图中求点的第三个投影的作图方法

二、直线的投影

在三投影面体系中，直线有三种位置：

投影面平行线——只平行于某一个基本投影面而对另外两个基本投影面成倾斜位置的直线；

投影面垂直线——垂直于某一个基本投影面的直线；

一般位置直线——对三个基本投影面都成倾斜位置的直线。

投影面平行线和投影面垂直线统称特殊位置直线。

直线的投影一般仍为直线。画线段的投影时，一般先画出两个端点的投影，然后分别将两端点的同面投影连成直线。各种位置直线的投影，都应符合"长对正、高平齐、宽相等"的投影规律。

1. 各种位置直线的投影特性

（1）投影面平行线

在投影面平行线中，平行于水平投影面的直线称为水平线；平行于正面的直线称为正平线；平行于侧面的直线称为侧平线。

图 2-15 表示正平线 AB 的三面投影。由于直线 AB 平行于正面，即线上所有点的 y 坐标

值相同，由此可以得出正平线的投影特点（参看图 2-15b）：① 正面投影 $a'b'$ 为倾斜线段，且反映实长；② 水平投影 ab 平行于 OX 轴，小于实长；③ 侧面投影 $a''b''$ 平行于 OZ 轴，小于实长。

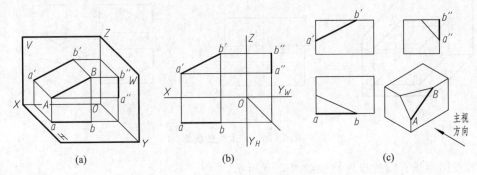

(a)　　　　　　　(b)　　　　　　　(c)

图 2-15　正平线的投影

各种投影面平行线的投影特性如表 2-2 所示。

表 2-2　投影面平行线的投影特性

名　称	正　平　线	水　平　线	侧　平　线
空间情况			
投影图			
投影特性	1. 在与线段平行的投影面上，该线段的投影为倾斜线段，反映实长； 2. 其余两个投影分别平行于相应的投影轴，且都小于实长		

（2）投影面垂直线

在投影面垂直线中，垂直于水平投影面的直线称为铅垂线；垂直于正面的直线称为正垂线；垂直于侧面的直线称为侧垂线。

图 2-16 表示正垂线 AB 的三面投影。由于直线 AB 垂直于正面，也就必然平行于水平投影面和侧面，因而线上各点的 x 坐标相同，z 坐标也相同。因此，可得出正垂线的投影特性（参

看图 2-16b）：① 正面投影 $a'b'$ 成为一个点，有积聚性；② 水平投影 ab 垂直于 OX 轴，且反映实长；③ 侧面投影 $a''b''$ 垂直于 OZ 轴，也反映实长。

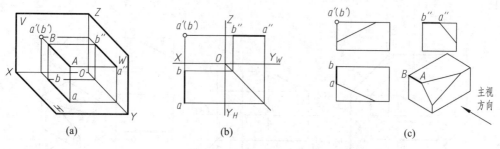

(a)   (b)   (c)

图 2-16 正垂线的投影

各种投影面垂直线的投影特性如表 2-3 所示。

表 2-3 投影面垂直线的投影特性

名称	正垂线	铅垂线	侧垂线
空间情况			
投影图			
投影特性	1. 在与线段垂直的投影面上，该线段的投影积聚为一点； 2. 其余两个投影分别垂直于相应的投影轴，且都反映实长		

必须注意：投影面垂直线与投影面平行线的定义不同，其投影特性差别也很大。因此，不能把投影面垂直线说成投影面平行线（如不能把铅垂线说成是正平线或侧平线）。

（3）一般位置直线

图 2-17 表示一般位置直线 SA 的三面投影。由于一般位置直线对三个基本投影面都是倾斜的，从图 2-17b 可以看出，一般位置直线的投影特性是：三个投影都是倾斜线段，且都小于实长。

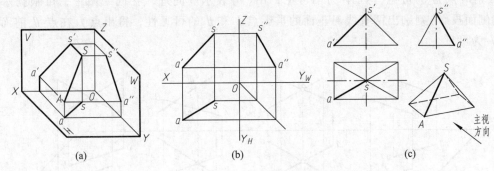

(a)　　　　　　　　　　(b)　　　　　　　　　　(c)

图 2-17　一般位置直线的投影

2. 直线上点的投影

从图 2-18a 可以看出，直线 AB 上的任一点 K 有以下投影特性：

① 直线上点的投影必定在该直线的同面投影上。例如点 K 的投影 k、k'、k'' 分别在 ab、$a'b'$、$a''b''$ 上。

② 同一直线上两线段实长之比等于其投影长度之比。由于对同一投影面的投射线互相平行，因此 $\dfrac{AK}{KB}=\dfrac{ak}{kb}=\dfrac{a'k'}{k'b'}=\dfrac{a''k''}{k''b''}$。

由直线上点的投影特性可知：如果点在已知直线上，则可根据该点的一个投影（投影面垂直线有积聚性的投影除外），求出它的另外两个投影。图 2-18b 表示由 AB 线上点 K 的投影 k' 求 k 和 k'' 的方法。

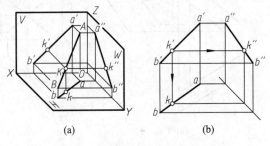

(a)　　　　　　(b)

图 2-18　直线上点的投影

3. 两直线的相对位置

两直线的相对位置有三种：平行、相交和交叉。前两种称为同面直线，后一种称为异面直线。图 2-19 表示三种相对位置直线在水平面上的投影情况；图 2-20 为它们的三面投影图。从这两图中，可以得出两直线处于不同相对位置时的投影特性如下：

① 平行两直线的所有同面投影一般互相平行；特殊情况下重合为一条直线或成为两个点。

② 相交两直线的所有同面投影一般相交，各同面投影的交点之间的关系应符合点的投影规律，因为它们都是两直线的交点的投影。特殊情况下相交两直线的投影为一条直线。

③ 交叉两直线的所有同面投影一般都相交，但各同面投影交点之间的关系不符合点的投影规律。特殊情况下可能有一个或两个同面投影平行，也可能投影为一点和一直线。

图 2-19c 表示：当交叉两直线的水平投影相交时，其交点 $3(4)$ 是由于分别在空间两直线上的两个点 $Ⅲ$ 和 $Ⅳ$ 在同一条投射线上，以致它们的投影相重合而形成的。$Ⅲ$、$Ⅳ$ 两点称为对水平投影面的重影点。两点重影时，其投影要表示可见性，至相应投影面较远的一点为可见，另一点为不可见，可在该点的投影符号外加圆括号表示。可见性可根据另外两个投影来判别，例如在图 2-20c 中，从正面投影可知，点 $Ⅲ$ 在点 $Ⅳ$ 之上，因而判别出向水平投

影面投射时点 *III* 为可见，点 *IV* 为不可见，用(4)表示。同理，在同一图中，可根据水平投影(或侧面投影)判别出两直线对正面的重影点 *I* 和 *II* 的可见性，得出点 *I* 在点 *II* 前面，因而点 *I* 为可见。

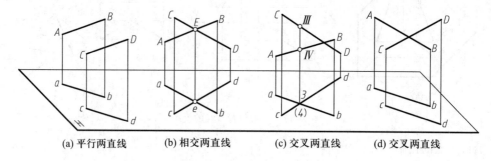

图 2-19　两直线的相对位置

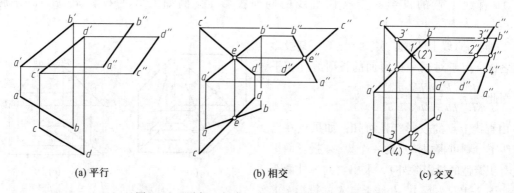

图 2-20　平行、相交、交叉两直线的三面投影图

点的可见性判别原理和方法是在视图中判别立体表面轮廓线可见性的基础。前面已经说过，视图中立体上的可见轮廓线的投影用粗实线表示，不可见轮廓线的投影用细虚线表示。

下面举例说明，各种位置直线和直线上点的投影特性在绘制平面立体视图中的应用。

[例1]　求作图 2-21a 所示立体的左视图。

解　(一)分析　图示立体可以分析为正六棱柱上部斜切去一块后形成的，如图 2-21b 所示；斜面是垂直于正面的六边形 *I II III IV V VI*，六个顶点分别在六条棱线上；在主视图中，斜面积聚成一线段，它与六条棱线投影的交点就是六个顶点的正面投影。由于棱线都是铅垂线，斜面的水平投影就是已画出的正六边形。

(二)作图

①　画出完整正六棱柱的左视图，求出斜面上各顶点的侧面投影(图 2-21c)。在弄清每条棱线的三面投影的基础上，应用直线上点的投影特性，由各顶点的正面投影求得其侧面投影 *1″、2″、3″、4″、5″、6″*。

②　用直线连接相邻点的侧面投影，完成左视图(图 2-21d)。按照两平行直线的投影特性，斜面上每对对边的侧面投影都应平行，据此可以检查作图是否准确。

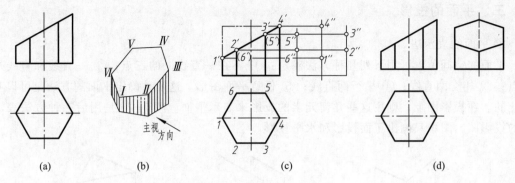

图 2-21　求立体的左视图

[例 2]　完成图 2-22a 所示立体的俯视图。

解　（一）分析　图示立体可以分析为从三棱锥上部斜切去一块后形成的，如图 2-22b 所示。斜面是垂直于正面的 △ⅠⅡⅢ。Ⅰ、Ⅱ、Ⅲ 三点分别位于三条棱线上，其正面投影是该三角形的投影与三条棱线投影的交点；其水平投影应在棱线的相应投影上。

（二）作图

由于点 Ⅰ 和点 Ⅲ 均在一般位置直线上，故它们的水平投影 1 和 3 可直接根据其正面投影 1' 和 3' 求得。

点 Ⅱ 在侧平线上，它的水平投影可以通过以下任意一种方法作出。

方法①　根据"直线上点的投影必定在该直线的同面投影上"的投影特性作图（图 2-22c）。先画出左视图，再借助侧面投影 2″ 作出水平投影 2。

方法②　根据"同一直线上两线段实长之比等于其投影长度之比"的投影特性作图（图 2-22d）。过点 b 朝任一方向画一条直线，量取 bd=b′s′ 和 be=b′2′。连接两点 d 与 s。过点 e 作 ds 的平行线与线段 bs 相交，交点即为水平投影 2。

将各顶点的水平投影连接成三角形，这里要注意各条棱线的水平投影应画到 △123 的相应顶点。

图 2-22e 为立体的三视图。

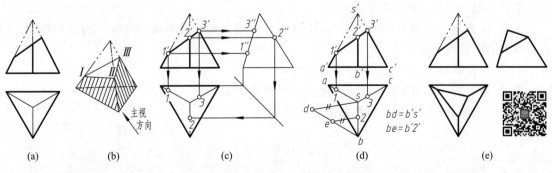

图 2-22　完成立体的俯视图

三、平面的投影

1. 平面的表示法

平面的空间位置可用下列几种方法确定：① 不在一直线上的三点；② 一直线和直线外的一点；③ 相交两直线；④ 平行两直线；⑤ 任意平面图形。这几种确定平面的方法是可以互相转化的。在投影图上，则用这些几何元素的投影来表示平面。图 2-23 是用后三种方法表示平面的投影图，图中只画出正面投影和水平投影。

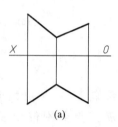 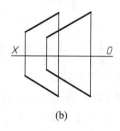 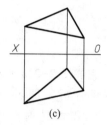

(a)   (b)   (c)

图 2-23　平面的表示法举例

2. 各种位置平面及其投影特性

在三投影面体系中，平面有三种位置：

投影面垂直面——只垂直于某一个基本投影面而对另外两个基本投影面成倾斜位置的平面；

投影面平行面——平行于某一个基本投影面的平面；

一般位置平面——对三个基本投影面都成倾斜位置的平面。

投影面垂直面和投影面平行面统称特殊位置平面。

平面图形的投影一般为类似的图形。画平面多边形的投影时，一般先求出各顶点的投影，然后将它们的同面投影依次连接成多边形。

平面的投影也应符合"长对正、高平齐、宽相等"的投影规律。下面介绍各种位置平面的投影特性。

（1）投影面垂直面

在投影面垂直面中，垂直于正面的平面称为正垂面；垂直于水平投影面的平面称为铅垂面；垂直于侧面的平面称为侧垂面。

图 2-24 表示铅垂面 P[①] 的投影。由于平面 P 垂直于水平投影面而倾斜于正面和侧面，因此铅垂面的投影特性是：

① 水平投影 p 为一倾斜线段，有积聚性；

② 正面投影 p' 和侧面投影 p'' 都是类似形，且小于实形。

各种投影面垂直面的投影特性如表 2-4 所示。

---

① 此后，有时将空间平面用大写拉丁字母 P、Q、R 等表示，它们的水平投影用相应的小写字母 p、q、r 等表示，正面投影在相应小写字母的右上角加一撇（p'、q'、r'），侧面投影加两撇（p''、q''、r''）。

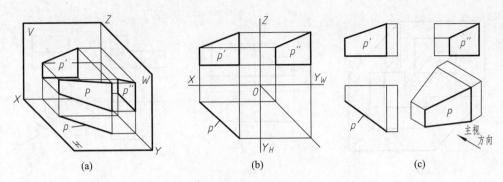

图 2-24　铅垂面的投影

表 2-4　投影面垂直面的投影特性

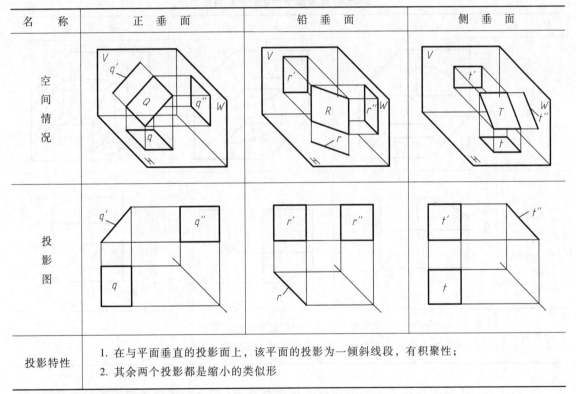

名　　　称	正 垂 面	铅 垂 面	侧 垂 面
空间情况			
投影图			
投影特性	1. 在与平面垂直的投影面上，该平面的投影为一倾斜线段，有积聚性； 2. 其余两个投影都是缩小的类似形		

（2）投影面平行面

在投影面平行面中，平行于正面的平面称为正平面；平行于水平投影面的平面称为水平面；平行于侧面的平面称为侧平面。

图 2-25 表示正平面 P 的投影。由于正平面平行于正面，就一定垂直于水平投影面和侧面，平面上所有点的 y 坐标相同，因此正平面的投影特性是：

① 正面投影 p' 反映平面 P 的实形；

② 水平投影 p 和侧面投影 p'' 分别平行于 OX 轴和 OZ 轴，且都具有积聚性。

各种投影面平行面的投影特性如表 2-5 所示。

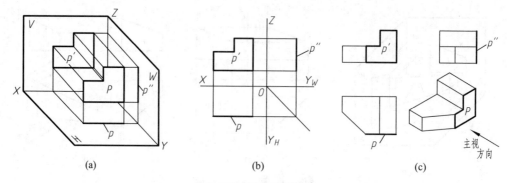

图 2-25 正平面的投影

表 2-5 投影面平行面的投影特性

名　称	正平面	水平面	侧平面
空间情况			
投影图			
投影特性	1. 在与平面平行的投影面上，该平面的投影反映实形； 2. 其余两个投影分别平行于相应的投影轴，且都具有积聚性		

必须注意：不能把投影面平行面说成投影面垂直面（如不能把正平面说成铅垂面或侧垂面），它们的定义不同，投影特性也有很大差别。投影面平行面和投影面垂直面的有积聚性的投影（直线），虽然一点也不反映平面的形状，但能表示平面的位置。在以后作图时，经常会应用特殊位置平面的这一投影特性。

（3）一般位置平面

图 2-26 表示一般位置平面 △SAB 的投影。由于它对三个投影面都是倾斜的，因此一般位置平面的投影特性是：三个投影（△sab、△s'a'b'和△s"a"b"）都是小于实形的类似形。

3. 平面内的直线和点

在由几何元素所确定的平面内，可以根据需要任意取点、取线和作平面图形。作图过程中

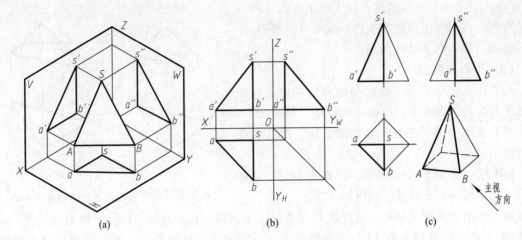

图 2-26 一般位置平面的投影

有时需要根据平面内的点或直线的一个投影，求作该点或该直线的其余投影，这就是在已知平面内取点或取直线的基本作图问题。下面介绍这类问题的作图方法。

（1）平面内取直线

从立体几何中知道，直线在平面内的条件是：<u>通过平面内的两点</u>，<u>或者通过平面内一点并平行于平面内的另一直线</u>。因此，在投影图中，要在平面内取直线，必须先在平面内的已知线上取点。

[例1] 如图 2-27a 所示，已知直线 DE 在 $\triangle ABC$ 所决定的平面内，求作其水平投影 de。

解 根据直线在平面内的条件，可按下述方法和步骤作图：

① 延长 $d'e'$，与 $a'b'$ 和 $a'c'$ 分别相交于 $1'$ 和 $2'$；应用直线上点的投影特性，求得 I、II 两点的水平投影 1 和 2，如图 2-27b 所示。

② 连接 1、2，再应用直线上点的投影特性，由 $d'e'$ 求得 de，如图 2-27c 所示。

上述作图方法的空间概念如图 2-27d 所示。

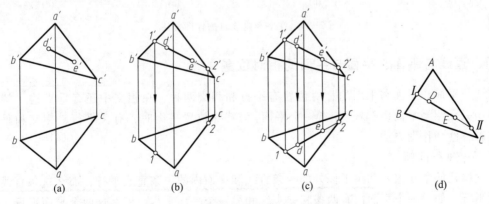

图 2-27 在平面内取直线的作图方法

[例2] 已知 $\triangle ABC$（图 2-28a），求在 $\triangle ABC$ 内作一条比点 A 高 7 mm 的水平线 FG。

解 根据题意，所求线段 FG 必须同时满足三个条件：（a）比点 A 高 7 mm；（b）在 $\triangle ABC$ 内；（c）为水平线。鉴于水平线具有 $f'g' /\!/ OX$ 轴的特性，因此可先从正面投影入手。又因为

· 43 ·

FG 在点 *A* 的上方，故可根据 △*z*=7 画出直线。最后满足直线在 △*ABC* 范围内的条件，就可得到解答。

作图过程如图 2-28b 所示。

（2）平面内取点

从立体几何中知道，点在平面内的条件是：<u>点在该平面内的一条线上</u>。由此可见，在一般情况下，要在平面内取点必须先在平面内取直线，然后再在此直线上取点。

[**例 3**] 如图 2-29a 所示，已知点 *D* 在 △*ABC* 所决定的平面内，求作其正面投影 *d'*。

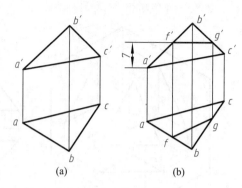

图 2-28 在平面内作水平线的作图方法

解 作图方法和步骤是：通过点 *D* 在 △*ABC* 平面内任作一直线 *BI*（*BI* 称为辅助线），然后在 *BI* 上根据点 *D* 的水平投影 *d*，求出其正面投影 *d'*。在投影图中，由于点 *D* 的水平投影 *d* 为已知，因此应先过 *d* 作辅助线的水平投影 *b1*，由 *b1* 求得 *b'1'*，然后由 *d'* 在 *b'1'* 上求得 *d'*，如图 2-29b 所示。

图 2-29c 表示以平行于已知直线 *BC* 的直线 Ⅱ*D* 作为辅助线的作图方法。

图 2-29d 表示上述两种作图方法的空间概念。

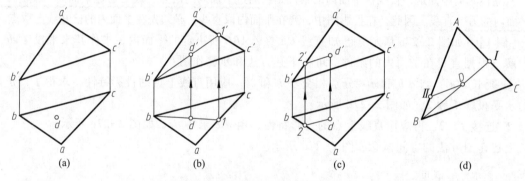

图 2-29 在平面内取点的作图方法

四、直线与平面、平面与平面的相对位置

直线与平面、平面与平面的相对位置有平行和相交两种，在相交中还有垂直这一特殊关系。下面只介绍当平面（或者至少有一个平面）为特殊位置平面时，有关平行、相交和垂直问题的投影特性和作图方法。

1. 关于平行问题

从立体几何中知道：<u>如果平面外的一条直线和平面内的一条直线平行，那么这条直线和这个平面平行；如果一个平面内有两条相交直线和另一个平面平行，那么这两个平面平行</u>。

根据上述几何定理，再考虑到"平行两直线的同面投影平行"和"垂直于投影面的平面在该投影面上的投影积聚成直线"这两个投影特性，就可以得出关于平行问题的投影特性如下：

（1）当直线与垂直于投影面的平面平行时，它们在这个投影面上的投影也平行。图 2-30 表示直线 *AB* 与铅垂面 *P* 平行，它们的水平投影也平行。

（2）当两个互相平行的平面垂直于同一投影面时，它们在这个投影面上的投影也一定平行。图 2-31 表示互相平行的两个铅垂面 P 和 Q 的水平投影也平行。

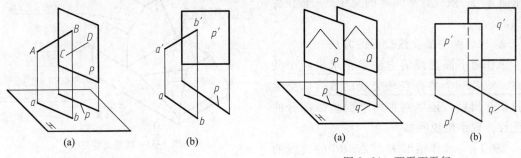

图 2-30　直线与平面平行　　　　　　图 2-31　两平面平行

2. 关于相交问题

（1）直线与平面相交

直线与平面相交的交点，是它们的共有点。在作图时，除了求出交点的投影以外，还要判别直线的可见性。

① 求交点的投影

图 2-32a 表示直线 AB 与铅垂面 P 相交。由于平面的水平投影 p 积聚成直线，因此它们的水平投影的交点 k 就是空间交点 K 的水平投影。根据这一投影特点，在投影图（图2-32b）中，可先得到交点的水平投影 k，再用直线上取点的方法在 $a'b'$ 上得到交点的正面投影 k'。

② 判别可见性（图 2-32b）

正面投影中 $a'b'$ 有一段和 p' 相重合，这段直线对正面存在可见性问题，可见部分与不可见部分的分界点为交点 K。从水平投影中可以看出，点 k 的右边，ab 在 p 的前面，说明点 K 的右边为可见，左边为不可见。因此，k' 右边画成粗实线，左边画成细虚线。

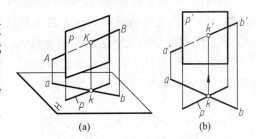

图 2-32　直线与平面相交

（2）两平面相交

① 两平面交线的位置与两平面位置的关系

两平面的交线是直线。平面立体上的每一条轮廓线都是相邻两平面的交线。画平面立体的投影时，必须画出每条轮廓线的投影。因此，弄清各种情况下的两平面交线对投影面的相对位置，对于正确而又迅速地画出各种平面立体的投影大有帮助。

各种位置平面的交线，可分成下列四种情况（图 2-33）：

（i）投影面平行面与任何位置平面的交线，一定平行于相应投影面。例如，水平面 Q 与正平面 T、正垂面 R、一般位置平面 P 的交线都平行于水平投影面。

（ii）当两平面垂直于同一投影面时，其交线一定也垂直于该投影面。例如，水平面 Q 与正垂面 R 的交线为正垂线，两侧垂面 M 与 N 的交线为侧垂线。

（iii）当两个投影面垂直面垂直于不同的投影面时，其交线为一般位置直线。例如，正垂面 U 与侧垂面 M 和 N 的交线，都是一般位置直线。

（ⅳ）投影面垂直面与一般位置平面相交，或者两个一般位置平面相交的交线，一般为一般位置直线（特殊情况下为投影面平行线），例如，正垂面 R 与一般位置平面 P 的交线是一般位置直线。

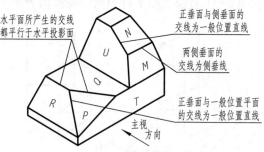

图 2-33　两平面的交线

② 求作两平面交线投影的方法

<u>求作两平面交线的方法是：求出两个共有点，或者一个共有点和交线的方向</u>。交线的投影作出后，还要判别两平面重影部分的可见性。现举例说明如下。

[例 1]　求作矩形 P 与 $\triangle ABC$ 的交线的投影，并判别可见性（图 2-34a）。

解　作图方法见图 2-34b。

（1）作交线的投影　由于矩形 P 是正垂面，$\triangle ABC$ 是一般位置平面，因此可以用图2-32中介绍的方法，求出 $\triangle ABC$ 的 AC 边和 BC 边与平面 P 的交点，两个交点的连线就是两平面的交线。在这里，由于 p' 有积聚性，交线的正面投影 $1'2'$ 为已知，据此就可作出交线的水平投影 12。

（2）判别可见性　相交两平面的正面投影都是可见的；水平投影有一部分重合，因而它们在投影重合的范围内存在可见性问题，可见部分与不可见部分的分界线为交线 ⅠⅡ；从正面投影可以看出，$1'2'$ 的右边，$\triangle a'b'c'$ 比 p' 高，因此 $\triangle ABC$ 在 ⅠⅡ 的右边对水平投影面为可见，左边为不可见；矩形 P 对水平投影面的可见性与 $\triangle ABC$ 相反。

[例 2]　求两个铅垂面（$\triangle ABC$ 与矩形 P）的交线的投影，并判别可见性（图 2-35a）。

解　（1）作交线的投影　两个铅垂面的交线是铅垂线。由图 2-35b 可知，它们的水平投影的交点 12 就是空间交线 ⅠⅡ 的水平投影；在图 2-35a 中，由 12 就可求得正面投影 $1'2'$。

（2）判别可见性　两平面对正面的可见性问题，必须根据水平投影中所反映的前后关系来判别，判别结果如图 2-35a 所示。

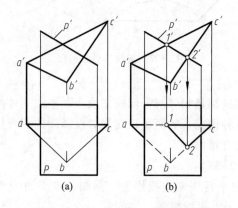

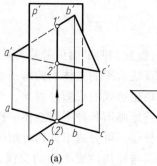

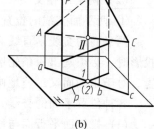

图 2-34　正垂面与一般位置平面相交

图 2-35　两铅垂面相交

3. 关于垂直问题

下面介绍三种特殊情况下关于垂直问题的投影特性。为此先引述两条要用到的有关直线与平面垂直的几何定理：

定理一：若直线垂直于平面，则该直线垂直于该平面内的所有直线；反之，若平面内有两条相交直线垂直于另一条直线，则这条直线垂直于该平面。

定理二：若直线垂直于平面，则这条直线的平行线也垂直于该平面。

（1）互相垂直的两直线之一平行于投影面时的投影特性

若互相垂直的两直线之一平行于投影面，则它们在这个投影面上的投影也互相垂直。

图 2-36a 表示：在互相垂直的两直线 AB、CD 中，AB 为水平线，则其水平投影 $ab \perp cd$。证明如下。

证：令相交两直线 CD 和 Bb 所决定的平面为 P，从立体几何中可知：

$$AB \perp P \quad (因\quad AB \perp CD, AB \perp Bb),$$

$$ab \perp P \quad (因\quad ab /\!/ AB),$$

$$所以\quad ab \perp cd, \quad 证毕。$$

图 2-36b 为投影图。

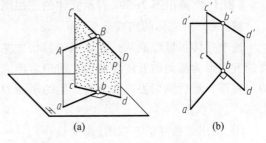

图 2-36 水平线与一般位置直线垂直

根据这一投影特性和有关垂直问题的立体几何知识，可以得出直线与平面垂直和两平面互相垂直的投影特性。

（2）直线与投影面垂直面垂直的投影特性

当直线垂直于投影面垂直面时，这条直线平行于该投影面，直线与平面在该投影面上的投影也互相垂直。

图 2-37a 表示：平面 P 是铅垂面，垂直于它的直线 AK 一定是水平线；由于水平线 AK 与平面 P 内所有直线都垂直，从图 2-36 所表达的投影特性可以断定 AK 的水平投影 ak 与平面 P 的水平投影也应互相垂直。图 2-37b 为投影图。

（3）互相垂直的两平面垂直于同一投影面时的投影特性

互相垂直的两平面垂直于同一投影面时，它们在这个投影面上的投影也互相垂直。

图 2-38a 表示两铅垂面 P 和 Q 互相垂直。从立体几何中可知：如果两个平面互相垂直，那么在其中一个平面内垂直于这两个平面交线的直线，垂直于另一个平面。由于平面 Q 内的水平线 AB 垂直于 Q 和 P 的交线，它就垂直于平面 P，从图 2-37 所示的投影特性可以断定，这两个平面的水平投影也互相垂直。图 2-38b 为投影图。

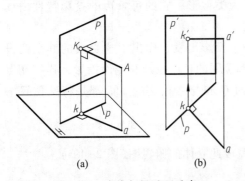

图 2-37 直线与铅垂面垂直

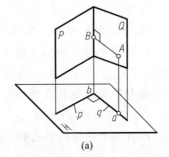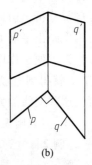

图 2-38 两铅垂面互相垂直

五、线面分析法

对立体表面上的面和线进行分析，弄清它们的形状和相互关系以及在投影面体系中的位置和投影特点，从而解决画图和读图问题，这种方法称为线面分析法。在画图和读图时，对于立体上某些投影比较复杂的面和线，线面分析法尤为重要。下面举例说明线面分析法在绘图中的应用。

[**例 1**] 画出图 2-39a 所示立体的三视图。

解 （一）立体的构成分析

这个立体可以看成从长方体上先后切去左上角和左前角后形成的，也可以看成以平行于正面的五边形为底面的五棱柱切去左前角后形成的。用后一种分析方法画图时，首先画出五棱柱的三视图，然后画切去左前角后产生的平面 Q 的投影。

（二）作图

① 画出五棱柱的三视图（图 2-39b）。

② 画出平面 Q 的投影（图 2-39c）。

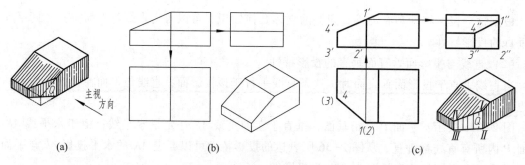

图 2-39　画出立体的三视图

先作线面分析，弄清平面 Q 在投影面体系中的位置，它与五棱柱上的哪些平面相交，由此可以确定它是几边形，以及它的每条边在投影面体系中的位置，从而明确平面 Q 和每条边的投影特性，然后确定作图方法和步骤。

平面 Q 为铅垂面，它与四个邻面产生的交线为梯形 I Ⅱ Ⅲ Ⅳ；其中，Q 与正平面和侧平面的交线 I Ⅱ 和 Ⅲ Ⅳ 都是铅垂线，与水平面的交线 Ⅱ Ⅲ 为水平线，与正垂面的交线 Ⅳ I 为一般位置直线。平面 Q 的水平投影为倾斜直线，其余两投影为类似形；它的每条边的投影特性由读者自行分析。由此得出画图步骤如下：

先画出平面 Q 的有积聚性的水平投影，然后从水平投影出发，作出上述交线的其余两投影；为了便于作图，在这些交线中应先画铅垂线 I Ⅱ 和 Ⅲ Ⅳ 的正面投影和侧面投影，连接端点 1′、4′ 就得到一般位置直线 I Ⅳ 的侧面投影；由于平面 Q 和与之相交的平面都是特殊位置平面，这些交线的大多数投影都积聚在原有直线上。

③ 擦去俯视图中被"切去"的多余线段。

[**例 2**] 已知四棱台内有一个三棱柱形通孔，试完成此立体的俯视图（图 2-40a）。

解 （一）线面分析

首先根据图 2-40a 想象出该立体的形状，如图 2-40b 所示。从图中可以看出：通孔的三个棱面与棱台的棱面 P 和 Q 都相交出一个三角形，由于 Q 是正平面，Q 面内三角形的水平投影积聚在相应的直线上，无须另画；平面 P 是侧垂面，它与三棱柱孔的三个棱面相交于 △ⅠⅡⅢ，其水平投影 △123 是类似形，孔的三个棱面中两个是正垂面，第三个是水平面，这三个棱面与平面 P 的交线在投影面体系中的位置和它们的投影特性由读者自行分析。完成俯视图就是要作出平面 P 内 △ⅠⅡⅢ 和孔的三条棱线的水平投影。

（二）作图

① 求 △ⅠⅡⅢ 三个顶点的水平投影。如图 2-40c 所示，顶点 1、2、3 是用平面内取点的方法，以平行于底边 BC 的直线为辅助线作出的。

② 连接 1、2、3，得到 △ⅠⅡⅢ 的水平投影；还要画出通孔的三条棱线的水平投影（三条细虚线），如图 2-40d 所示。

图 2-40e 表示利用侧面投影的作图方法，这里就不需作辅助线了。

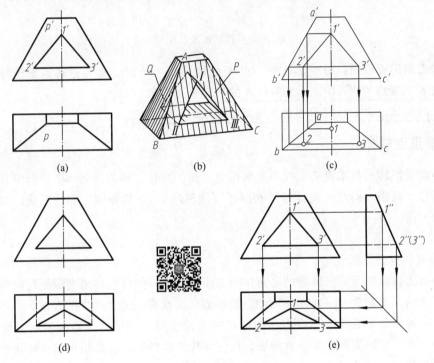

图 2-40 完成立体的俯视图

§2-5 回 转 体

一、回转面的形成

一动线（直线、圆弧或其他曲线）绕一定线（直线）回转一周后形成的曲面，称为回转面。图 2-41a 表示动线 ABC 绕定线 OO 回转一周后，形成如图 2-41b 所示的回转面；形成回转面的定线称为轴线，动线称为母线，母线在回转面上的任意位置称为素线。

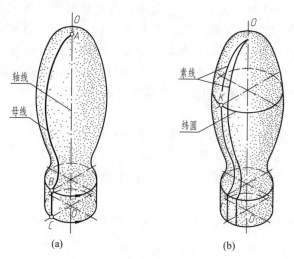

图 2-41　回转面及其形成

(a)　　　　　　　　　　　(b)

从回转面的形成可知：母线上任意一点 K 的轨迹是一个圆，称为回转面上的纬圆。纬圆的半径是点 K 到轴线 OO 的距离，纬圆所在的平面垂直于轴线 OO。

回转面的形状取决于母线的形状及母线与轴线的相对位置。

二、常见回转体

由回转面或回转面与垂直于轴线的平面作为表面的实体，称为回转体。机器零件上常见的回转体有圆柱、圆锥、圆球（简称球）和圆环（简称环）。下面介绍它们的形成、投影特点和表面取点的方法。

1. 圆锥

（1）形成和投影分析

圆锥是由圆锥面和垂直于轴线的底面作为表面的实体。圆锥面是由直线绕与它相交的轴线回转一周而成的，如图 2-42a 所示。因此，圆锥面的素线都是通过锥顶的直线。

图 2-42c 是轴线垂直于水平投影面的圆锥的三面投影，其正面投影和侧面投影是相同的等腰三角形，水平投影为圆。要注意的是，任何回转体的投影中，必须用细点画线画出轴线和圆的对称中心线。

从图 2-42b 可知，在正面投影中，等腰三角形的两腰是圆锥面上最左和最右两条素线 SA 和 SB 的投影，通过这两条线上所有点的投射线都与圆锥面相切，确定了圆锥面投影的轮廓，称为转向轮廓线，回转面的转向轮廓线的性质和投影特点如下：

① 转向轮廓线的投影确定了回转面投影的轮廓，它们在回转面上的位置取决于投射线的方向，因而是对某一投影面而言的。素线 SA 和 SB 是对正面的转向轮廓线，而最前和最后两条素线 SC 和 SD 则是对侧面的转向轮廓线。

② 转向轮廓线是回转面上可见部分和不可见部分的分界线。当轴线平行于投影面时，转向轮廓线所决定的平面与相应投影面平行，并且是回转面的对称面。例如素线 SA 和 SB 与正面平行，它们所决定的平面将圆锥分成前、后两半。因此，对于母线与轴线处于同一平面内形

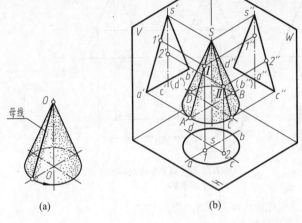

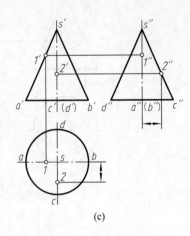

(a)　　　　　　　　(b)　　　　　　　　　　　　(c)

图 2-42　圆锥的形成和投影

成的回转面，转向轮廓线的投影反映母线的实形及母线与轴线的相对位置。

③ 由上一点可以得出：转向轮廓线的三面投影应符合投影面平行线（或面）的投影特性，其余两投影与轴线或圆的对称中心线重合，但不能画出来。

初学者在掌握转向轮廓线空间概念的基础上，必须熟悉它们的投影关系，为以后的学习打下基础。图 2-42c 所示的点 I 和点 II 的三个投影，主要目的是表明圆锥面上转向轮廓线 SA 和 SC 的投影关系。

（2）圆锥面上取点

图 2-43 表示圆锥面上取点的作图原理。由于圆锥面的各个投影都不具有积聚性，因此取点时必须先作辅助线，再在辅助线上取点，这与在平面内取点的作图方法类似。对于轴线垂直于投影面的回转面，通用的辅助线是纬圆。圆锥面还可采用素线作为辅助线。

图 2-44 所示为已知圆锥面上点 I 的正面投影 $1'$，应用辅助纬圆求其余两投影的作图步骤。建议读者自己以素线作为辅助线来解决这个问题。

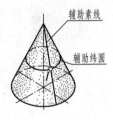

图 2-43　圆锥面上取点的作图原理

2. 圆柱

（1）形成和投影分析

圆柱是由圆柱面和垂直于轴线的上、下底面作为表面的实体。圆柱面可以看成是由一直线绕与它平行的轴线回转而成，如图 2-45a 所示。因此，圆柱面上的素线都是平行于轴线的直线。

图 2-45c 是轴线垂直于水平投影面的圆柱的三面投影，它的水平投影是一个圆，正面投影和侧面投影是大小相同的矩形。

从图 2-45b 可以看出：圆柱的水平投影这个圆周，是整个圆柱面的水平投影，它具有积聚性；正面投影和侧面投影这两个矩形的四条直线，分别是圆柱的上、下底面和圆柱面对正面和对侧面的转向轮廓线的投影。图 2-45c 中的点 I、II，分别位于对正面和对侧面的一条转向轮廓线上。

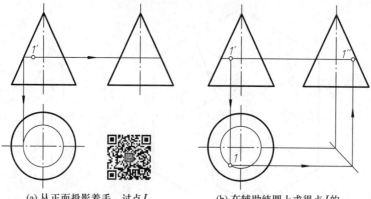

(a) 从正面投影着手, 过点I
作辅助纬圆的三面投影

(b) 在辅助纬圆上求得点I的
其余两投影

图 2-44 应用辅助纬圆在圆锥面上取点的作图方法

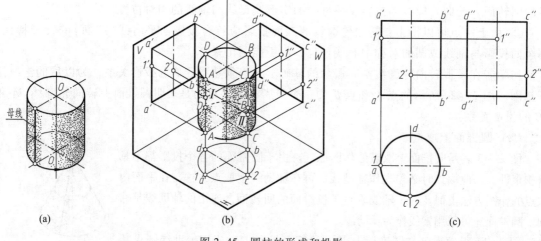

(a)　　　　　　　(b)　　　　　　　(c)

图 2-45 圆柱的形成和投影

（2）圆柱面上取点

图 2-46 表示已知圆柱面上两点 *I* 和 *II* 的正面投影 *1'* 和 *2'*，求作它们的其余两投影的方法。

由于圆柱面的水平投影积聚为圆，因此利用"长对正"即可求出点的水平投影 *1* 和 *2*。再根据点的正面投影和水平投影，求得侧面投影 *1"* 和 *2"*。由于点 *II* 在圆柱面的右半部，对侧面为不可见，所以其投影 *2"* 要加括号。

3. 球

（1）形成和投影分析

球是以球面作为表面的实体，球面可以看成由半圆绕其直径回转一周而成，如图 2-47a 所示。

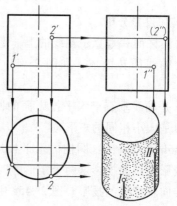

图 2-46 圆柱面上取点的作图方法

图 2-47c 是球的三面投影，它们都是大小相同的圆，圆的直径都等于球的直径。从图 2-47b 可以看出：球面对三个投影面的转向轮廓线，都是平行于相应投影面的最大的圆，它们的圆心就是球心。例如，球对正面的转向轮廓线就是平行于正面的最大圆 A，它的三面投影应符合正平面的投影特性：正面投影 a' 为圆，确定了球的正面投影轮廓，水平投影 a 与相应圆的水平中心线重合，侧面投影 a" 与相应圆的竖直中心线重合。球对水平投影面和侧面投影面的转向轮廓线也可做类似分析。图 2-47c 中画出了对正面转向轮廓线上点 K 的三个投影。

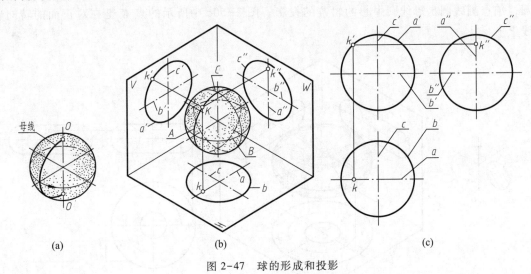

(a)　　　　　　　　　　(b)　　　　　　　　　　(c)

图 2-47　球的形成和投影

（2）球面上取点

图 2-48 表示已知球面上点 I 的正面投影 1'，求作其水平投影 1 和侧面投影 1" 的方法。由于通过球心的直线都可以看作球的轴线，因此在这个图中，我们可以把球的轴线看成与水平投影面垂直，辅助纬圆平行于水平投影面。作图方法和步骤与图 2-44 所示的圆锥面上取点完全相同。

图 2-49 则是把球的轴线看成与正面垂直，利用平行于正面的辅助纬圆来作图的（可和图 2-48 进行比较）。

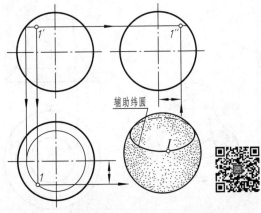

图 2-48　利用平行于水平投影面的辅助纬圆
取点的作图方法

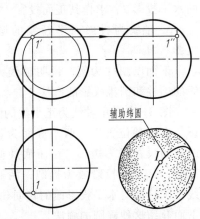

图 2-49　利用平行于正面的辅助
纬圆取点的作图方法

4. 环

环是由环面作为表面的实体。环面是由一个完整的圆绕轴线回转一周而成，轴线与圆母线在同一平面内，但不与圆母线相交，如图 2-50a 所示；图 2-50c 为轴线垂直于水平投影面的环的三面投影。从图 2-50b 可知：在正面投影中，左、右两个圆是环面最左、最右两个素线圆的投影，上、下两条公切线是最高、最低两个纬圆的投影，它们都是对正面的转向轮廓线；环的侧面投影与正面投影相似，环对水平投影面的转向轮廓线是垂直于轴线的最小纬圆和最大纬圆，细点画线圆是母线圆中心的轨迹的投影。图 2-50c 中所示的点 K 是在对正面的转向轮廓线上。

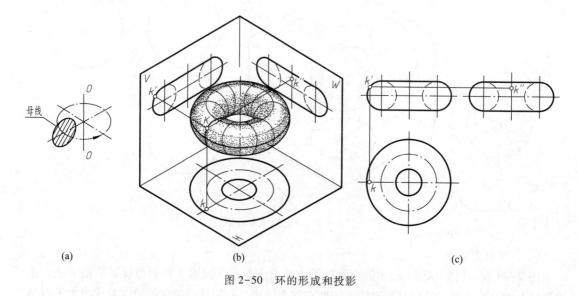

图 2-50 环的形成和投影

一段圆弧绕与它在同一平面内但不通过圆心的轴线回转一周而形成的曲面称为圆弧回转面。它和垂直于轴线的上、下底面作为表面的实体称为圆弧回转体。图 2-51 所示为零件上常见的圆弧回转体，其圆弧回转面是圆环面的一部分。图 2-51b 中还表示已知圆弧回转面上点 I 的水平投影 1，求作其正面投影 1′ 的方法。

5. 轴线为投影面平行线的圆柱或圆锥的投影

下面以圆柱为例，说明轴线为投影面平行线的圆柱和圆锥投影的画法。

图 2-52 表示轴线为正平线的圆柱的两个投影。在这种位置下，两个底面为正垂面，圆柱的正面投影仍为矩形。由于底圆倾斜于水平投影面，其水平投影成为椭圆，两椭圆的外公切线是圆柱面对水平投影面的转向轮廓线的投影。下面介绍这种椭圆的画法。

图 2-53a 所示为正垂面内的圆对正面和水平投影面的投影情况，从图中可以看出：圆的

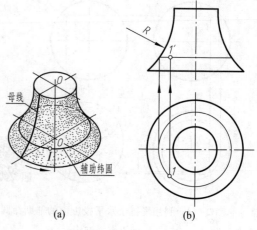

图 2-51 圆弧回转体的形成和投影及表面取点

· 54 ·

正面投影为线段 $1'3'$，其长度等于直径；水平投影为椭圆。从特殊位置直线的投影特性可知，椭圆的长轴为垂直于正面的直径 $II\,IV$ 的投影 24，短轴为平行于正面的直径 $I\,III$ 的投影 13，圆心的水平投影为椭圆的中心。

从上述分析可以看出：正垂面内圆的水平投影（椭圆）的长、短轴可直接由其正面投影求得。图 2-53b 表示根据圆的正面投影作水平投影的方法：先从中点 o' 向下引竖直线，在适当位置截取一段长度等于正面投影 $1'3'$ 的线段作为椭圆的长轴 24，再通过长轴的中点——椭圆的中心作水平线，从正面投影的两端点 $1'$、$3'$ "长对正"下来，就得到短轴 13。根据长、短轴即可画出椭圆。

侧面投影的画法与水平投影相似，建议读者自己完成。

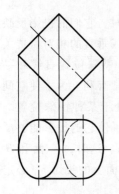

图 2-52 轴线平行于正面
而倾斜于水平投影面
的圆柱的投影

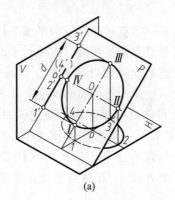

(a)

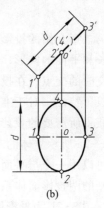

(b)

图 2-53 正垂面内的圆的投影

第三章 换 面 法

§3-1 概 述

从第二章介绍的投影理论可知，当空间的线段和平面平行于投影面时，它们的投影反映线段的实长和平面的实形；当平面垂直于投影面时，直线与平面之间平行或垂直的相对位置关系以及相交时的交点，在投影图上也都能得到直接反映，如图 3-1 所示。特殊位置直线和平面的这些投影特性，对于准确地表示立体的形状和解决空间几何问题都非常有利。为了使空间几何元素获得所需要的投影特性，可以更换投影面，使它们对新投影面处于某种特殊位置。例如，图 3-2a 所示立体的左端面 P 在 V/H 两投影面体系中为铅垂面，为了使它的投影能够反映实形，可以用一个与平面 P 平行的新的正立投影面 V_1 来代替旧投影面 V。这时，V_1 面和 H 面组成了新的两投影面体系，而平面 P 在 V_1/H 体系中为正平面，它在 V_1 面上的投影 p'_1 必定反映实形，图 3-2b 为投影图。

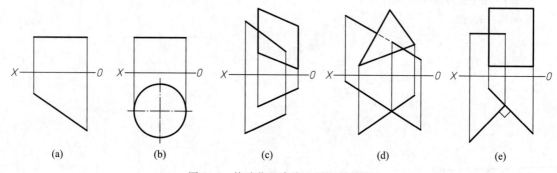

(a)　　　　　(b)　　　　　(c)　　　　　(d)　　　　　(e)

图 3-1 特殊位置直线和平面的投影

用更换投影面来改变空间几何元素或空间形体与投影面的相对位置的方法，称为换面法。用换面法解题时，新投影面必须具备下列两个条件：

（1）新投影面必须垂直于某个原有的投影面，以组成互相垂直的新的两投影面体系。这样，从 V/H 两投影面体系中得到的所有正投影理论，在新投影面体系中同样适用，且由旧投影求新投影的作图过程也非常简便。

（2）新投影面必须对空间几何元素处于最有利于解题的特殊位置。

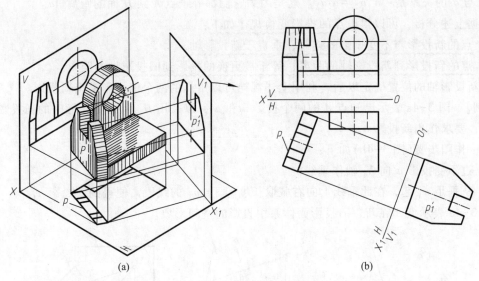

(a)   (b)

图 3-2   换面法的基本概念

§3-2   点的投影变换规律

一、变换一次投影面

点是最基本的几何元素，要学会运用换面法解决问题，必须掌握点的投影变换规律。

图 3-3a 表示水平投影面 H 保持不变，用铅垂面 V_1 代替 V 面作为新的正立投影面时，空间点 A 在旧投影面体系 V/H 和新投影面体系 V_1/H 中的投影情况为：V_1 面和 H 面的交线为新投影面体系中的投影轴，用 X_1 表示，点 A 在 V_1 面上的新投影用 a'_1 表示；新投影面体系中的两个投影 a 和 a'_1，同样可以确定点 A 的空间位置。展开时，V_1 面绕 X_1 轴沿箭头方向旋转到与不变的投影面 H 重合，展开后的投影图如图 3-3b 所示。

由点的投影规律可知，点的新投影 a'_1 的位置与原有投影 a 和 a' 都有关系。

a'_1 与 a 的关系是：$aa'_1 \perp X_1$ 轴。这是因为 a 和 a'_1 是点 A 在 V_1/H 体系中的两个正投影。

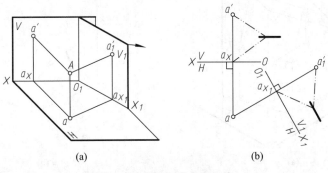

(a)   (b)

图 3-3   点的投影变换规律

a'_1 与 a' 的关系是：$a'_1 a_{X_1} = a' a_X$。这是因为它们都等于点 A 到 H 面的距离 Aa。

根据上述分析，可以得出点的投影变换规律如下：

① <u>点的新投影与不变投影的连线，垂直于新投影轴。</u>

② <u>点的新投影到新投影轴的距离，等于被更换的投影到旧投影轴的距离。</u>

当新投影轴的位置确定以后，利用上述规律可以由点的两个旧投影求出新投影。

[**例**] 图 3-4a 表示已知点 A 的两个投影 a 和 a'，以及用 H_1 面更换 H 面时的新投影轴 X_1 的位置，要求作出新投影 a_1。

解 作图步骤(图 3-4b)如下：

① 过不变投影 a' 向 X_1 轴作垂线。

② 从垂足 a_{X_1} 起，在此垂线上向右截取长度等于 $a a_X$ 的线段，便得到新投影 a_1。

图 3-4c 表示点 A 在新、旧投影面体系中投影的空间形象。

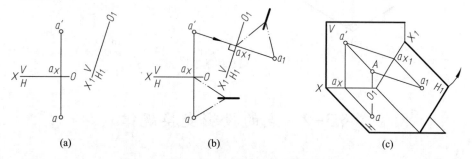

(a)　　　　　　　　　(b)　　　　　　　　　(c)

图 3-4　根据点的旧投影求新投影的作图方法

二、更换二次投影面

由于新投影面应具备前面提出的两个条件，因此解决某些问题时还须连续更换两次或更多次投影面。第二次换面所用的新投影面必须与第一次换的新投影面垂直，它们组成新投影面体系。求第二次变换的新投影时，则以第一次变换建立起来的新投影面体系中的两个投影作为原有投影，运用点的投影变换规律作图。

图 3-5a 表示点 B 进行二次投影变换的空间形象，第一次用 V_1 面更换 V 面，第二次用 H_2

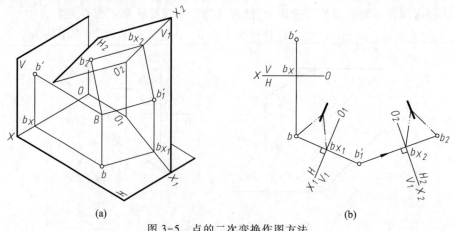

(a)　　　　　　　　　　　　　(b)

图 3-5　点的二次变换作图方法

面更换 H 面，从而在第二次变换后构成 V_1/H_2 新投影面体系，新投影轴则用 X_2 表示。图 3-5b 为投影图，图中着重表示了求第二次变换后新投影 b_2 的作图方法。

§3-3 四个基本作图问题

一、将一般位置直线变为投影面平行线

图 3-6a 表示将一般位置直线 AB 变为投影面平行线的情况。在这里，新投影面 H_1 平行于直线 AB，且垂直于原有投影面 V，直线 AB 在新投影面体系 V/H_1 中为水平线，图 3-6b 为投影图。作图时，先在适当位置画出与不变投影 $a'b'$ 平行的新投影轴 X_1，然后运用投影变换规律求出 A、B 两点的新投影 a_1 和 b_1，再连成直线 a_1b_1。

如果是无轴投影图，则可利用坐标差来作图。与图 3-6b 对应的无轴投影图的作法如图 3-7 所示。作图时，根据 $a'b'$ 应与新投影轴平行这一几何关系，可知新投影面体系 V/H_1 中点的两个投影之间的连线 $a'a_1$ 和 $b'b_1$ 都应与 $a'b'$ 垂直，据此，首先分别过 a'、b' 两点作垂直于 $a'b'$ 的投影连线，在这些投影连线上，一般是先将 y 坐标较小的点 a_1 确定在适当位置，然后利用 y 坐标差求得点 b_1。

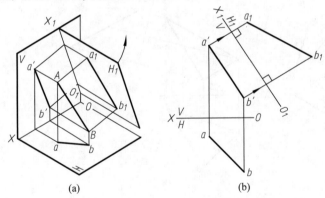

图 3-6 将一般位置直线变为投影面平行线

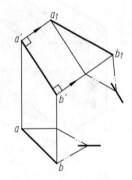

图 3-7 无轴时的作图方法

二、将投影面平行线变为投影面垂直线

图 3-8a 表示将水平线 CD 变为投影面垂直线的情况。为了使水平线变为投影面垂直线，必须更换 V 面，建立 V_1 面，只有这样才能使新投影面满足应具备的两个条件，直线 CD 在新投影面体系 V_1/H 中为正垂线。图 3-8b 为它的投影图。作图时，先在适当位置画出与水平投影 cd 垂直的新投影轴 X_1，再应用投影变换规律作出直线的新投影 $c'_1d'_1$。其 $c'_1d'_1$ 应积聚为一点。

三、将一般位置平面变为投影面垂直面

图 3-9a 表示将一般位置平面 $\triangle ABC$ 变为新投影面体系中的铅垂面的情况。由于新投影

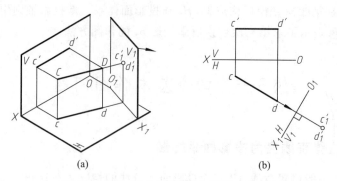

(a)   (b)

图 3-8   将投影面平行线变为投影面垂直线

面 H_1 既要垂直于 $\triangle ABC$ 平面，又要垂直于原有投影面 V，因此它必须垂直于 $\triangle ABC$ 平面内的正平线。图 3-9b 为它的投影图。作图时，先在 $\triangle ABC$ 平面内取一条正平线 AD 作为辅助线，再将 AD 变为新投影面体系 V/H_1 中的铅垂线，就可使 $\triangle ABC$ 平面变为新投影面体系 V/H_1 中的铅垂面。

同理，也可以将 $\triangle ABC$ 平面变为新投影面体系 V_1/H 中的正垂面。

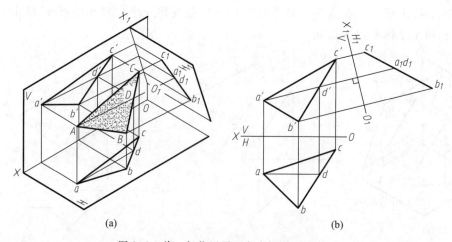

(a)   (b)

图 3-9   将一般位置平面变为投影面垂直面

四、将投影面垂直面变为投影面平行面

图 3-10a 表示将铅垂面 $\triangle ABC$ 变为投影面平行面的情况。由于新投影面 V_1 平行于 $\triangle ABC$，因此它必定也垂直于投影面 H，并与 H 面组成新投影面体系 V_1/H。$\triangle ABC$ 在新投影面体系中是正平面，图 3-10b 为它的投影图。作图时，先画出与 $\triangle ABC$ 的有积聚性的水平投影平行的新投影轴 X_1，再运用投影变换规律求出 $\triangle ABC$ 各顶点的新投影 a'_1、b'_1、c'_1，然后连接成 $\triangle a'_1 b'_1 c'_1$。

应用换面法解题时，离不开上述四个基本作图问题，因此必须熟练掌握它们。

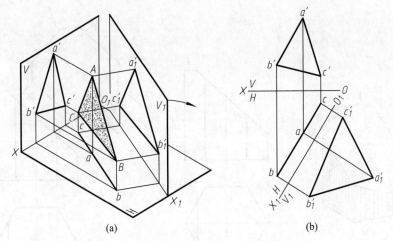

图 3-10　将投影面垂直面变为投影面平行面

§3-4　解题举例

解题时，首先要按题意进行空间分析，目的在于确定给出的空间几何元素(或者其中的一部分)与新投影面所应处的相对位置，即当它们处于怎样的相对位置时，才能在投影图上最容易解答。其次根据上面所介绍的基本作图方法，确定变换的次数和变换的步骤。最后进行具体作图。

为了使图形清晰易读，应尽量避免作新投影时所画的图线与旧投影中的图线交错重叠，为此，作图时必须将新投影轴画在适当位置。

[**例1**]　试求图 3-11a 所示立体上的正垂面 P 的实形。

解　(一) 空间分析

该立体的形状如图 3-11a 所示，其投影图如图 3-11b 所示。正垂面 P 为七边形，要求出它的实形，必须更换水平投影面，新投影面应与平面 P 平行，即新投影轴应与其正面投影 p' 平行。

(二) 作图(图 3-11c)

从投影图中可以看出，平面 P 是前后对称的，其对称线 NN 就是过正六棱柱轴线与平面 P 的交点 O 的正平线，这条线的水平投影就是正六边形的水平对称中心线 nn。反映平面 P 实形的新的水平投影的对称中心线 $n_1 n_1$ 应和 p' 平行。利用对称中心线作图，既快速又准确。作图方法如图 3-11c 所示：首先在适当位置画出新投影的对称中心线 $n_1 n_1$ 平行于 p'，然后根据点的变换规律，将水平投影上七边形的各顶点至对称中心线 nn 的距离(y 坐标差)转移到新投影中，以确定各顶点的新投影，图中表示了根据水平投影上的点 2 与对称中心线的 y 坐标差，求得新投影 2_1 和 7_1 两点的方法。

[**例2**]　如图 3-12a 所示，已知一般位置平面 $\triangle ABC$ 和一般位置直线 EF 的两个投影，它们是相交关系，试求交点的投影。

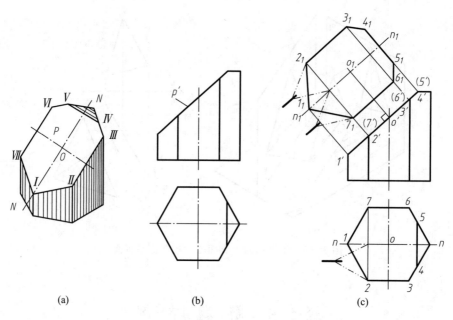

(a)   (b)   (c)

图 3-11 用换面法求倾斜面实形的方法

解 （一）空间分析

从前面的有关投影知识可知，当平面垂直于投影面时，在该投影面上就能直接显示直线与平面的交点的投影。因此，将 $\triangle ABC$ 平面变为投影面垂直面就很容易求得解答。

（二）作图

图 3-12b 所示是以过点 C 的水平线作为辅助线，将 $\triangle ABC$ 平面变为正垂面（$\perp V_1$）来求解的。得到交点 K 的新投影 k'_1 以后，应用直线上点的投影特性返回去，在直线 EF 的相应投影上，先后求得交点 K 在原投影面体系中的投影 k 和 k'，再判别直线的可见性。

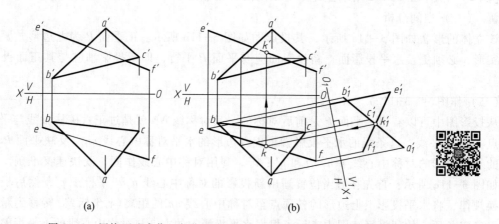

(a)   (b)

图 3-12 用换面法求作一般位置直线与一般位置平面交点的方法

 [例 3] 如图 3-13a 所示，已知一般位置平面 $\triangle ABC$ 的两个投影 $\triangle a'b'c'$ 和 $\triangle abc$，试求出 $\triangle ABC$ 的实形。

解 （一）空间分析

当新投影面平行于△ABC平面时，其新投影反映实形。要使新投影面既平行于一般位置平面，又垂直于一个原有投影面是不可能的，因此将一般位置平面变为投影面平行面要连续变换两次，即先变为投影面垂直面，再变为投影面平行面。

（二）作图

图3-13b所示的作图方法，是先将△ABC变为正垂面（⊥V_1），再将此正垂面变为水平面（∥H_2）。当然也可以将△ABC变为新的正平面（∥V_2）来得到它的实形，建议读者试作一下。

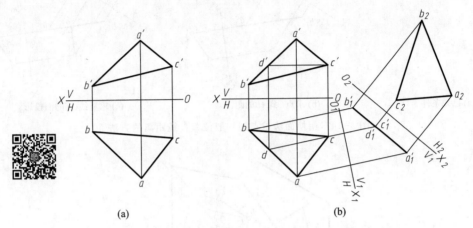

图3-13　用换面法求一般位置平面实形的方法

[**例4**]　如图3-14a所示，已知直线AB和线外一点C的两个投影，试求点C至直线AB的距离，并作出过点C对AB的垂线的投影。

解 （一）空间分析

要使新投影直接反映点C到AB的距离，则过点C对AB的垂线必须平行于新投影面。这时，直线AB或者垂直于新投影面，或者它与点C所决定的平面平行于新投影面。

要将一般位置直线变为投影面垂直线，经过一次变换是不能达到的。因为垂直于一般位置直线的平面不可能同时垂直于投影面，但连续进行两次变换则可达到，即先将一般位置直线变为投影面平行线，再由投影面平行线变为投影面垂直线。

（二）作图

① 求点C到AB的距离　在图3-14b中，先将AB变为正平线（∥V_1），然后将此正平线变为铅垂线（⊥H_2），点C的投影也随着变换过去，线段c_2k_2（$c_2k_2 = c_2a_2 = c_2b_2$）的长度即等于点C至直线AB的距离。

② 作出点C对AB的垂线的旧投影　图3-14c表示求垂线CK旧投影的方法。由于AB的垂线CK在新投影面体系V_1/H_2中平行于H_2面，因此它在V_1面上的投影$c_1'k_1'$应与X_2轴平行，而与$a_1'b_1'$垂直。据此，过c_1'作X_2轴的平行线，就可得到k_1'，利用直线上点的投影特性，由k_1'返回去，在直线AB的同面投影上先后求得垂足K的两个旧投影k和k'，垂线的两个旧投影即可画出。

图3-15表示将一般位置直线AB变为新投影面垂直线的空间形象（为了使图形简单清晰，对于垂线CK只画出新投影$c_1'k_1'$和c_2k_2）。

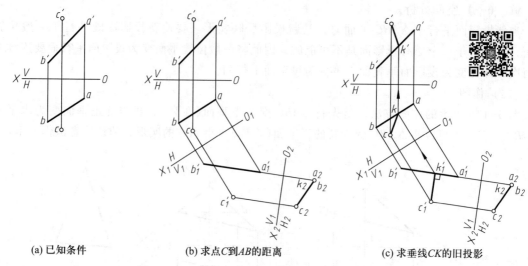

(a) 已知条件　　　　　　(b) 求点C到AB的距离　　　　　(c) 求垂线CK的旧投影

图 3-14　用换面法求点到一般位置直线距离的方法

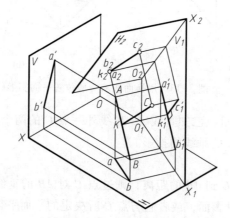

图 3-15　图 3-14 作图方法的空间概念

当然，此题也可将直线 AB 变为新的正垂线（ ⊥ V_2 ）来求得解答，建议读者试作一下。

从例 3 和例 4 可以看出，当需要进行两次或两次以上变换时，为了使每更换一次投影面都能为建立最便于解题的新投影面创造更有利的条件，V 面和 H 面必须交替更换，或者是按 $V/H \rightarrow V_1/H \rightarrow V_1/H_2 \rightarrow V_3/H_2 \rightarrow \cdots$ 变换，或者是按 $V/H \rightarrow V/H_1 \rightarrow V_2/H_1 \rightarrow V_2/H_3 \rightarrow \cdots$ 变换。

第四章 组 合 体

§4-1 组合体的构成

由基本几何体(如棱柱、棱锥、圆柱、圆锥、球、环等)通过叠加和挖切两种方式组合而成的立体，称为组合体。图 4-1a 所示的立体，可以看成是由圆柱和四棱柱叠加而成的；图 4-1b 所示的立体，可以看成是从圆柱上切去两块后形成的；图 4-1c 所示的立体，可以看成是从长方体上先后切去两个棱柱，再挖去一个圆柱后形成的。而图 4-2 所示立体的构成方式，既有叠加，又有挖切。

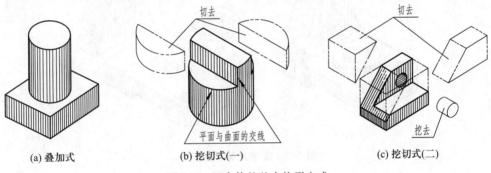

(a) 叠加式　　　　　(b) 挖切式(一)　　　　　(c) 挖切式(二)

图 4-1　组合体的基本构形方式

把形状复杂的立体分析成由基本几何体构成的方法，称为形体分析法。在画图和读图时应用形体分析法，就能化繁为简，化难为易。第二章 §2-3 中已初步提出并应用形体分析法有条不紊地绘制组合体三视图的实例(参见图 2-6~图 2-9)。

对类似图 4-2 所示比较复杂的组合体作形体分析时，必须有步骤、分层次地进行。首先把它分析成由Ⅰ、Ⅱ、Ⅲ三部分叠加而成，然后分别把Ⅰ、Ⅲ分析成由圆柱通过挖切而成，把Ⅱ分析成由三棱柱通过挖切而成。为了便于叙述，本书有时把第一步分析出来的简单组合体或基本几何体统称为简单形体(简称形体)。

对于同一组合体，往往可以作出几种不同的形体分析，在这种情况下，就应当选用制造最方便或最便于解决画图或读图问题的分析方法。

在组合体中，互相结合的两个简单形体(包括孔和

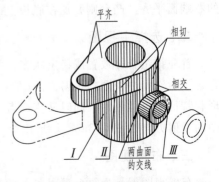

图 4-2　用叠加和挖切两种方式
构成的组合体

切口)相邻表面之间的关系，有平齐、相切和相交三种情况（参看图4-2）。在相交中，除了两平面相交之外，还有平面与曲面相交和两曲面相交，如图4-1b和图4-2所示。后两种相交的交线投影的画法，将分别在§4-3和§4-4中介绍。

§4-2 组合体视图的画法

单用挖切或单用叠加方式构成的组合体，其三视图的画法分别如图2-7和图2-9所示。画挖切体三视图时，先画挖切前完整基本几何体的三视图，然后依次画出每个切口（或孔）的三投影；叠加体三视图的画法则是先大后小，逐一画出每个基本几何体的三投影。把上述两种组合体的画法相结合，就得到由挖切、叠加并用而成的组合体三视图的画法。下面举例说明绘制组合体三视图的方法和步骤。

[例] 画出图4-3a所示支架的三视图。

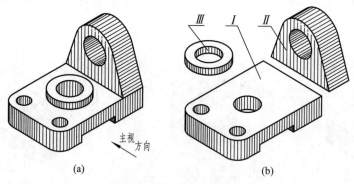

(a)   (b)

图4-3 支架及其形体分析

一、形体分析

分析支架是由哪些简单形体组成的，以及各简单形体之间的相对位置如何。从图4-3b可以看出：支架前后对称，由底板 I、支承板 II 和凸台 III 叠加而成。支承板在底板上面，它们的右端面平齐。凸台则叠加在底板上面的中间部位。

二、选择主视图

首先把组合体放置成稳定状态，并使它的对称面、主要平面和重要轴线与投影面平行或垂直，然后选择主视图的投射方向（简称主视方向）。主视方向的选择原则是：应以将组合体的形状特征表示得最好，同时又使细虚线最少的视图作为主视图。按照这一原则选定的支架主视图的投射方向如图4-3a箭头所示。

三、布置视图

布置视图就是为每个视图在水平方向和竖直方向各画一条基准线，对称的视图必须以对称中心线作为基准线，此外还可选用视图中的主要轮廓线、重要轴线和圆弧的对称中心线作为基准线，用以确定各视图的位置，并且作为下一步画底稿时的作图基线，如图 4-4a 所示。为了使图面布置合理，应该考虑各视图的大小，并使两视图之间的距离及视图与图框的距离恰当。

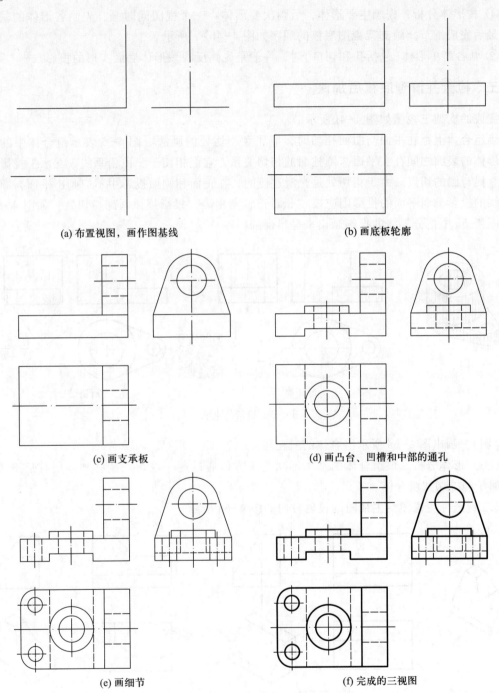

(a) 布置视图，画作图基线　　　　　(b) 画底板轮廓

(c) 画支承板　　　　　(d) 画凸台、凹槽和中部的通孔

(e) 画细节　　　　　(f) 完成的三视图

图 4-4　支架的画图步骤

四、画底稿

画底稿的一般方法和顺序如下：

① 按形体分析，先画主要形体，后画次要形体，三个视图同时画；先画各形体的基本轮廓，最后完成细节。画支架视图底稿的顺序如图 4-4b～e 所示。

② 画各简单形体(包括孔和切口)时，一般是先画反映该形体底面实形的投影。

五、检查并清理底稿后加深

完成的支架三视图如图 4-4f 所示。

当组合体上存在平面与曲面相切时，应注意相切处的画法。图 4-5 表示组合体中的两个简单形体的表面之间存在平面与圆柱面的相切关系，它们相切于一段铅垂线，在水平投影中表现为直线与圆的切点。由于相切处是光滑过渡的，在正面和侧面投影中不应画出平面与圆柱面分界线的投影，而平面的投影则应按"长对正、宽相等"投影规律画到相切处，如图 4-5b 所示。图 4-5c 中把分界线的投影画出来是错误的。

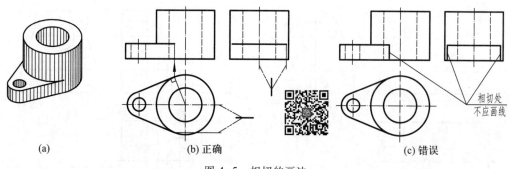

(a)   (b) 正确   (c) 错误

图 4-5 相切的画法

[例] 画出图 4-6a 所示组合体的三视图。

（一）形体分析 该组合体的基本形状是长方体通过逐一挖切三棱柱和四棱柱后形成的，因此属于纯挖切式组合体。

（二）选择主视图 主视图的投射方向如图 4-6a 所示。

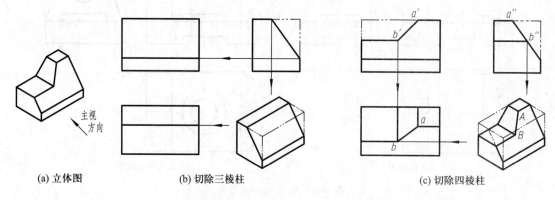

(a) 立体图   (b) 切除三棱柱   (c) 切除四棱柱

图 4-6 挖切式组合体的三视图画法

（三）布置视图并画底稿　作图过程如图 4-6b、c 所示，请注意一般位置直线 AB 的投影作图。

（四）检查并清理底稿后加深。

§4-3　平面与回转面的交线

平面与立体表面相交的交线，称为截交线，该平面称为截平面，如图 4-7a、b 所示。截交线是平面图形，是截平面与立体表面共有点的集合。平面与平面立体表面的交线为多边形，其顶点在棱线或底边上，图 2-21 和图 2-22 为基本作图示例。平面与回转体表面相交时，可能只与回转面相交，也可能还与平面相交；两平面的交线为直线，不必再讨论。下面主要讨论平面与回转面的交线投影的作图方法。

平面与回转面交线的形状，取决于回转面的形状和平面与回转面轴线的相对位置。但当平面与回转面的轴线垂直时，任何回转面的截交线都是圆，这个圆就是纬圆。

组合体表面上经常出现平面与回转面的交线，画图时通常把平面看成截平面，把交线看成截交线或截交线的一部分（图 4-7c），应用截交线的作图方法作出该交线的投影。

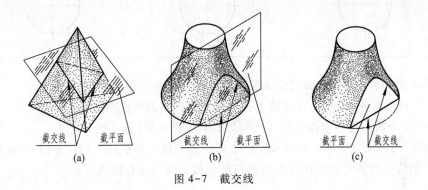

截交线　截平面　　　　截交线　截平面　　　　截平面　截交线

(a)　　　　　　　(b)　　　　　　(c)

图 4-7　截交线

作平面与回转面的交线投影的一般步骤是：首先作形体分析、线面分析和投影分析，弄清组合体的构成。根据平面与回转面轴线的相对位置，判断交线的形状；再根据平面和回转面轴线在投影面体系中的位置，明确交线每个投影的形状特点；然后采用适当的方法作图。当交线的投影为直线时，找出两个端点连成线段或根据一个端点和直线的方向画出；当交线的投影为圆或圆弧时，找出圆心和半径画出；当交线的投影为非圆曲线时，求出一系列共有点后光滑连接之。

一、平面与圆柱面的交线

当平面与圆柱面的轴线平行、垂直、倾斜时，产生的交线分别是两条平行直线、圆、椭圆，如表 4-1 所示。

表 4-1　平面与圆柱面的三种交线

平面与轴线的相对位置	平行于轴线	垂直于轴线	倾斜于轴线
交线的形状	两平行直线	圆	椭圆
立体图			
投影图			

下面举例说明平面与圆柱面的交线投影的作图方法和步骤。

[**例 1**]　根据图 4-8a 所示立体的主视图和俯视图，画出左视图。

解　（一）分析　包括形体分析、线面分析和投影分析（以下同）。

① 由图可知：该立体可以看成从圆柱上部切去一块后形成的，形状如图 4-8c 所示。截平面 P 倾斜于轴线，与圆柱面的所有素线都相交，截交线为完整的椭圆。

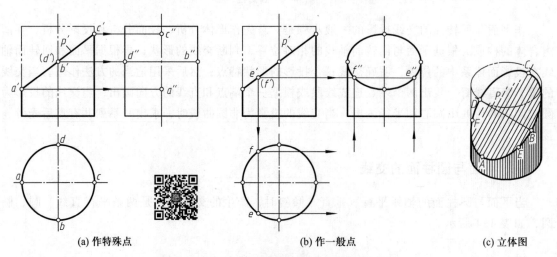

(a) 作特殊点　　　　　　　　(b) 作一般点　　　　　　　　(c) 立体图

图 4-8　平面与圆柱面轴线斜交时交线的画法

② 由于圆柱的轴线为铅垂线，截平面 P 为正垂面，因此截交线的正面投影重合在线段 p' 上；水平投影重合在圆上；侧面投影则为缩小了的椭圆，须求出一些共有点后画出。

（二）作图

① 画出完整圆柱的左视图后，作出截交线上的特殊点(图 4-8a)。特殊点主要是转向轮廓线与截平面的交点，此外还有极限点（最高、最低、最前、最后、最左、最右点）和椭圆长、短轴的端点等，它们有时互相重合。特殊点对作图的准确性有比较重要的作用。在本例中，转向轮廓线上的点 A、B、C、D，也是极限点和椭圆长、短轴的端点；根据它们的正面投影，可求得侧面投影 a''、b''、c''、d''。由于 $b''d''$ 和 $a''c''$ 互相垂直，且 $b''d''>a''c''$，所以截交线的侧面投影中 $b''d''$ 为长轴，$a''c''$ 为短轴。

② 作若干一般点，画出截交线的侧面投影(图 4-8b)。为使作图准确，还需作出若干一般共有点。图 4-8b 表示了用圆柱面上取点法求一般点 E 和 F 的侧面投影 e'' 和 f'' 的方法：先在截交线的已知投影（正面投影）上任取一对重影点的投影 e'、f'，由此求得 e、f，再由 e' 和 e 求得 e''，由 f' 和 f 求得 f''。截交线的侧面投影可用两种方法画出，较精确的画法一般是用曲线板光滑连接各共有点，简化画法是根据椭圆长、短轴用四心圆弧法画出椭圆（参看第一章图 1-28）。

［例 2］ 画出图 4-9a 所示立体的三视图。

解 （一）分析 该立体是在圆筒的上部开出一个方槽后形成的，左右、前后都对称。构成方槽的平面为垂直于轴线的水平面 P 和两个平行于轴线的侧平面 Q。它们与圆柱和孔的表面都有交线，平面 P 与圆柱面的交线为圆弧，平面 Q 与圆柱面和上底面的交线为直线，平面 P 和 Q 彼此相交于直线。

（二）作图 挖切体的作图步骤，一般是先画出完整基本形体的三视图，然后作出切口的投影。

① 作出开有方槽的实心圆柱的三视图(图 4-9b)。根据分析，在画出完整圆柱的三视图后，先画反映方槽形状特征的正面投影，再作方槽的水平投影，然后由正面投影和水平投影作出侧面投影。这里要注意的是，圆柱面对侧面的转向轮廓线，在方槽范围内的一段已被切去，这从主视图中可以看得很清楚。因此，左视图上不能将这一段线的投影画出。

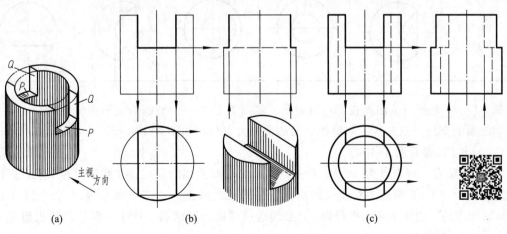

图 4-9 圆筒上开方槽的画法

② 加上同心孔后完成方槽的投影(图 4-9c)。在上一步的基础上，用同样的方法作圆柱孔表面的交线的三投影。要将这一步和上一步仔细对比，明确在实心圆柱和空心圆柱上开方槽后投影图的异同。

二、平面与圆锥面的交线

表 4-2 列出了平面与圆锥面轴线处于不同相对位置时所产生的五种交线。

下面举例说明平面与圆锥面的交线投影的作图方法。

[**例**] 完成平面 P 与圆锥面的交线的正面投影(图 4-10a)。

表 4-2 平面与圆锥面的交线

平面与轴线的相对位置	过 锥 顶	不 过 锥 顶			
		$\theta = 90°$	$\theta > \alpha$	$\theta = \alpha$	$\theta < \alpha$
交线的形状	相交两直线	圆	椭圆	抛物线	双曲线
立体图	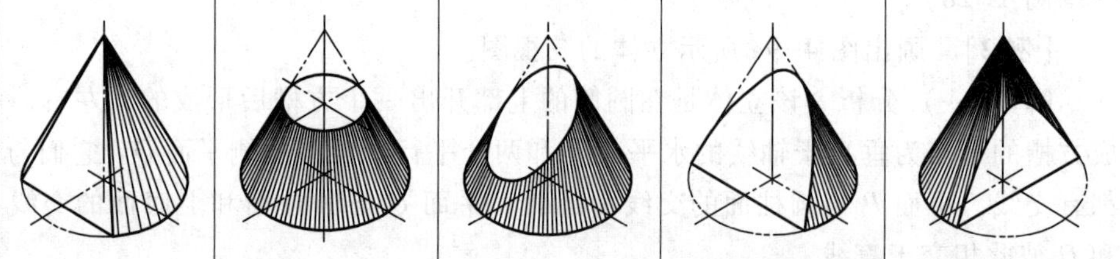				
投影图	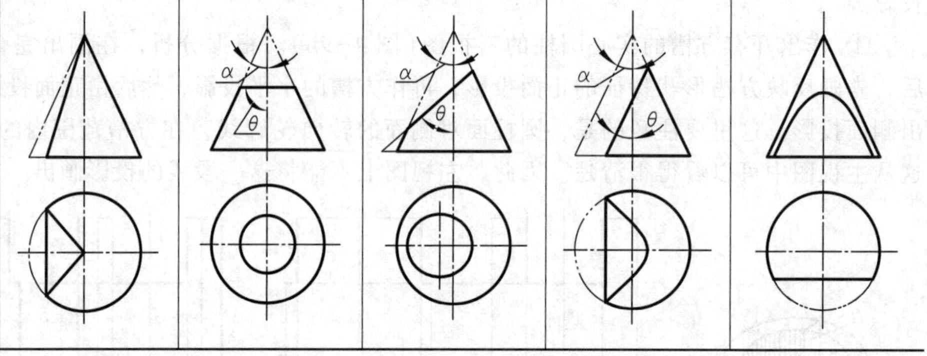				

解 (一)分析 从侧面投影可以看出，平面 P 是平行于轴线的正平面，此时，$\alpha = 0$，平面与圆锥面的交线为双曲线，与圆锥底面的交线为直线，如图 4-10b 所示。

(二)作图(参看图 4-10c)

① 作特殊点 特殊点为 A、B、C 三点，点 C 是双曲线的顶点，在圆锥面对水平投影面的转向轮廓线上；A、B 两点为双曲线的端点，在圆锥底圆上，这三点也是极限点。a'、b' 可直接由 a''、b'' 求得。由于未画水平投影，c' 必须通过辅助纬圆求得，这个纬圆的侧面投影应通过 c''，并与直线 $a''b''$ 相切。

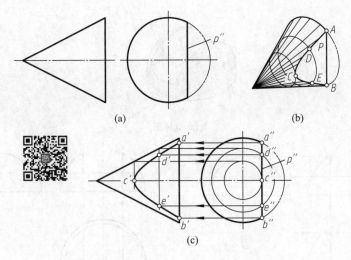

(a)   (b)

(c)

图 4-10   平面与圆锥面轴线平行时交线的画法

② 作一般点   从双曲线的侧面投影入手，用圆锥面上取点法来作。图中示出了在侧面投影上任取一点 d''，利用辅助纬圆求得 d' 的方法，同时还得到了与 d' 对称的另一点 e'。

③ 依次光滑连接各共有点的正面投影，完成作图。

三、平面与球面的交线

平面与球面的交线总是圆。图 4-11 所示为球面与投影面平行面（水平面 Q 和侧平面 P）相交时，交线投影的基本作图方法。

[例]   画出图 4-12a 所示立体的三视图。

解   （一）分析   该立体是在半个球的上部开出一个方槽后形成的。左右对称的两个侧平面 P 和水平面 Q 与球面的交线都是圆弧，P 和 Q 彼此相交于直线。

（二）作图   画出立体的主视图及半个球的俯视图和左视图后，根据方槽的正面投影作出其水平投影和侧面投影。

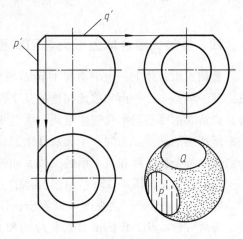

图 4-11   平面与球面的交线的基本作图方法

① 完成侧平面 P 的投影（图 4-12b）   根据分析，平面 P 的边界由平行于侧面的圆弧和直线组成。先由正面投影作出圆弧的侧面投影（要注意圆弧半径的求法，可与图 4-11 中的截平面 P 的交线画法进行对照），圆弧水平投影的两个端点，应由其余两个投影来确定。

② 完成水平面 Q 的投影（图 4-12c）   由分析可知，平面 Q 的边界是由相同的两段水平圆弧和两段直线组成的对称图形。作两段圆弧的水平投影时，也要注意圆弧半径的求法（可与图 4-11 中的截平面 Q 的交线画法进行对照）。

③ 画出平面 P 与平面 Q 交线的投影。

还应注意，球面对侧面的转向轮廓线，在方槽范围内已不存在。

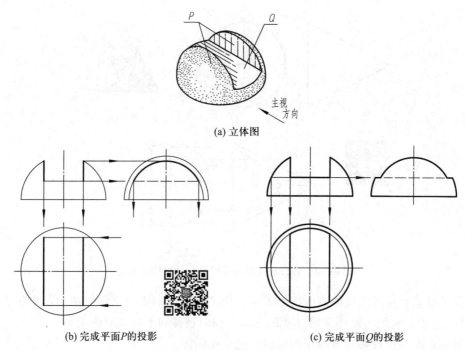

(a) 立体图

(b) 完成平面P的投影　　　　　　　　(c) 完成平面Q的投影

图 4-12　半球上开方槽的画法

四、叠加式组合体上平面与回转面的交线

叠加式组合体上一个平面与回转面相交有两种情况，一种是一个平面只和一个回转面相交，另一种是一个平面和彼此相连的几个回转面相交。绘制这些交线时，首先必须进行形体分析，弄清它由哪些基本几何体组成，哪些平面与相邻基本体的表面有交线，然后逐一作出每个平面所产生的交线。当同一平面和几个回转面相交时，应先找出相邻回转面之间的分界线，再分别作出每个回转面和该平面的交线，相邻两段交线的分界点就在分界线上。

[例 1]　完成图 4-13a 所示组合体的主、俯两视图。

解　（一）分析　由视图可以看出，该组合体由同轴线的半球 I、圆柱 II 和长方体 III 组成，前后对称。长方体的顶面 P 与球面相交，交线为圆弧。前后两个侧面 Q 与球面和圆柱面都相交，交线由圆弧和直线组成。

（二）作图

① 完成顶面 P 的投影（图 4-13b）　先由 p′ 作出交线的水平投影——圆弧 $\widehat{aa}$，圆弧的范围在顶面 P 的投影范围内。再由水平投影求出正面投影。

② 完成侧面 Q 的投影（图 4-13c）　由于球面与圆柱面相切，它们与同一平面 Q 相交时，两段交线之间也应相切，切点 B 在它们的分界线上。因此，两段交线的正面投影应相切于 b′。图中表示了根据水平投影求交线正面投影的方法。

图 4-13d 为完成的三视图。必须注意的是，由于组合体是一个整体，球面和圆柱面左边对正面的转向轮廓线在长方体范围内已不存在，所以主视图上不应画出。同理，在俯视图的长

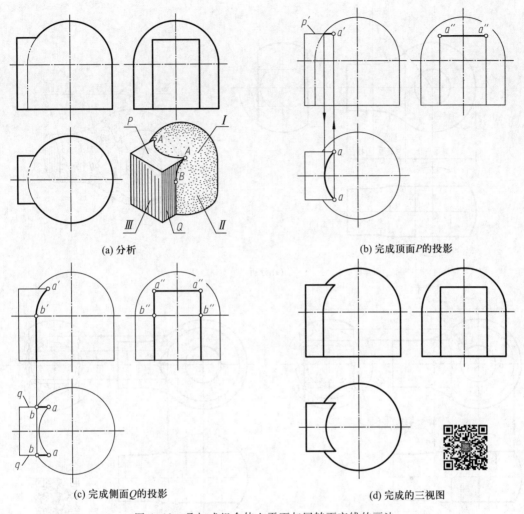

(a) 分析

(b) 完成顶面P的投影

(c) 完成侧面Q的投影

(d) 完成的三视图

图 4-13　叠加式组合体上平面与回转面交线的画法

方体投影范围内，也不应有圆柱面的投影。

[例 2]　完成图 4-14a 所示组合体的主视图。

解　(一)分析

① 从给出的投影图可以看出，该立体是由轴线垂直于侧面的、同轴线的、其表面在分界处彼此相切的球(具有一个前后贯通的圆柱孔)、圆弧回转体和圆柱组成的组合体，被平行于轴线的两个前、后对称的平面 P 切去两块而形成的。平面 P 与回转面之间产生了交线。

② 从水平投影可知，在组合回转体的外表面上，平面 P 只与球面和圆弧回转面相交，因此截交线由圆弧和平面曲线组成，这两段线彼此相切。平面 P 与圆柱孔表面的截交线由读者自行分析。

③ 平面 P 平行于正面，因此截交线的水平投影和侧面投影积聚成直线，所要画的只是它的正面投影。

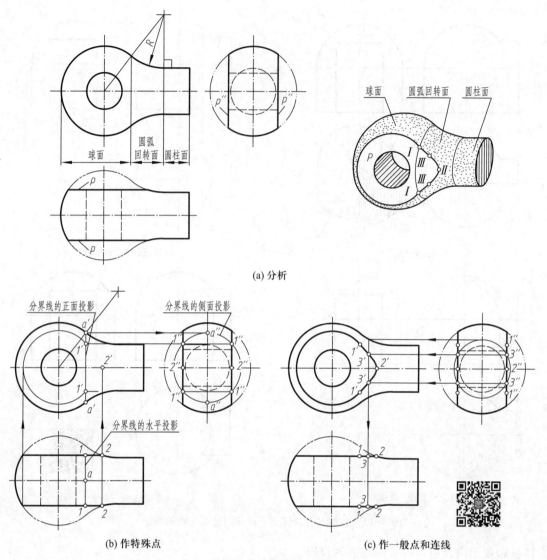

(a) 分析

(b) 作特殊点

(c) 作一般点和连线

图 4-14　组合回转体表面的截交线

(二) 作图

① 作特殊点（图 4-14b）　特殊点包括球面和圆弧回转面分界线上的点 I 和最右点 II。为了找出点 I 的正面投影，须先作出球面和圆弧回转面的分界线（是一个纬圆）的正面投影。作法是在正面投影上找出球面和圆弧回转面的轮廓线（两段圆弧）的切点 a′（即两圆弧的连心线与圆弧的交点），再作出分界线的正面投影 a′a′。球面截交线（圆弧）的正面投影与 a′a′连线的交点 1′、1′，即为点 I、I 的正面投影，点 II 的正面投影 2′可直接由水平投影求得。

② 作一般点并连接成光滑曲线（图 4-14c）　在点 I 和点 II 之间还应作一些一般点：从侧面投影入手，过 1″和 2″之间的任一点 3″作辅助纬圆，可求得上、下对称的两个一般点 III、III 的正面投影 3′、3′，再作出适量一般点后，依次光滑连接。

§4-4 两回转面的交线

两立体表面的交线称为相贯线。两立体相交时，根据立体的几何性质，可分为：（i）两平面立体相交；（ii）平面立体与曲面立体相交；（iii）两曲面立体相交。

两平面立体相交本质上是两平面相交、直线与平面相交的问题，其相贯线的作图方法如图 2-40 所示。平面立体与回转体（曲面立体特例）相交本质上是平面与回转体相交的问题，其相贯线的作图方法如图 4-13 所示。故上述问题不再讨论。本节将讨论两曲面立体相交时相贯线的性质和作图方法。两曲面立体表面的相贯线一般是封闭的空间曲线，是两立体表面共有点的集合。图 4-15 所示的两回转体的相贯线，就是两回转面的交线。

两回转面相交时，交线的形状取决于回转面的形状、大小及其轴线的相对位置。求作两回转面的交线投影的方法和步骤，和作平面与回转面的交线投影相似：根据立体或给出的投影，作形体分析和线面分析，了解相交两回转面的形状、大小及其轴线的相对位置，判定交线的形状特点；再根据两回转面轴线对各投影面的相对位置，明确交线各投影的特点，然后采用适当的方法作图。当交线的投影为非圆曲线时，求出一系列共有点投影后光滑连接之。下面以求共有点投影的方法为依据，介绍两回转面的交线投影的常用作图方法。

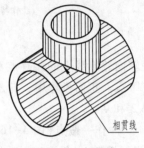

图 4-15　相贯线

一、利用回转面上取点法作图

在相交的两回转面中，当有一个是轴线垂直于投影面的圆柱面时，由于该圆柱面在这个投影面上的投影——圆具有积聚性，因此交线的这个投影就是已知的。这时，可以把交线看成另一回转面上的曲线，利用面上取点法作出交线的其余投影。

1. 两圆柱面相交

（1）作图举例

[例 1]　完成图 4-16a 所示组合体的相贯线投影。

解　（一）分析

① 形体分析和线面分析　由视图可知，这是两个直径不同、轴线垂直相交的圆柱构成的组合体；小圆柱面全部（即所有素线）与大圆柱面相交，相贯线为一条封闭的、前后、左右对称的空间曲线。由于两个圆柱面的轴线所决定的平面为正平面，它们对正面的转向轮廓线位于这个正平面内，因此这些转向轮廓线彼此相交。

② 投影分析　由于大圆柱的轴线垂直于侧面，小圆柱的轴线垂直于水平投影面，所以相贯线的侧面投影为圆弧，水平投影为圆，只有其正面投影需要作出。

（二）作图

① 作特殊点（图 4-16a）　和平面与回转面的交线类似，两回转面的交线上的特殊点主要

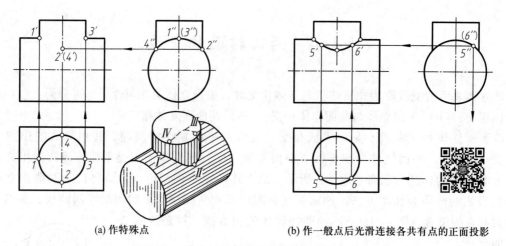

(a) 作特殊点   (b) 作一般点后光滑连接各共有点的正面投影

图 4-16　轴线互相垂直的两圆柱面交线的画法

是转向轮廓线上的共有点和极限点。在本例中，转向轮廓线上的共有点 I、II、III、IV 又是极限点。正面投影中，轮廓线的交点 1′、3′ 就是 I、III 的投影。利用线上取点法，由 2″ 和 4″ 求得 2′ 和 4′。

② 作一般点（图 4-16b）　图中表示了作一般点 5′ 和 6′ 的方法，即先在交线的已知投影（侧面投影）上任取一对重影点的投影 5″、6″，找出水平投影 5、6，然后作出 5′、6′。

③ 光滑连接各共有点的正面投影，即完成作图。

（2）两回转面相交的三种基本形式

相交的表面可能是立体的外表面，也可能是内表面，因此就会出现图 4-17 所示的两外表面相交、两内表面相交和外表面与内表面相交的三种基本形式，当相交双方的形状、大小和相对位置不变时，它们的交线形状和作图方法都是相同的。

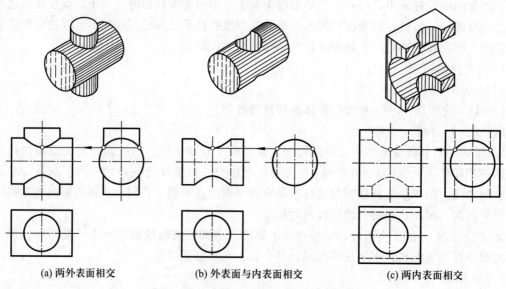

(a) 两外表面相交　　　(b) 外表面与内表面相交　　　(c) 两内表面相交

图 4-17　两圆柱面相交的三种基本形式

· 78 ·

（3）相交两圆柱面的直径大小和相对位置的变化对交线的影响

当两圆柱面相交时，交线的形状和位置取决于它们直径的相对大小和轴线的相对位置。表 4-3 表示轴线垂直相交的两圆柱直径相对变化时对交线的影响。表 4-4 举例说明相交两圆柱轴线相对位置变化时对交线的影响。这里要特别指出的是：当轴线相交的两圆柱面直径相等，即公切于一个球面时，交线是两个相交的椭圆，且椭圆所在的平面垂直于两条轴线所决定的平面。

表 4-3　轴线垂直相交的两圆柱直径相对变化时对相贯线的影响

两圆柱直径的关系	水平圆柱较大	两圆柱直径相等	水平圆柱直径较小
相贯线的特点	上、下两条空间曲线	两个互相垂直的椭圆	左、右两条空间曲线
投影图			

表 4-4　相交两圆柱轴线相对位置变化时对相贯线的影响

两轴线垂直相交	两轴线垂直交叉		两轴线平行
	全　贯	互　贯	

2. 圆柱面与圆锥面相交

[例2] 作出图4-18a所示圆柱与圆锥的相贯线的投影。

解 （一）分析

① 形体分析和线面分析 由图可知，这是半个圆柱和圆台叠加而成的组合体，它们的轴线垂直交叉，圆锥面全部与圆柱面相交，相贯线是一条左右对称的、封闭的空间曲线。左视图清楚表明，参与相交的转向轮廓线有圆锥面上所有四条和圆柱面的上面一条；但是双方对正面的转向轮廓线是交叉的，如立体图所示。

② 投影分析 由于圆柱的轴线垂直于侧面，所以相贯线的侧面投影是一段圆弧，其余两投影需要作出。

（二）作图

① 作特殊点（图4-18b） 主要是转向轮廓线上的共有点，从侧面投影中可以看出，圆锥面对正面和侧面的四条转向轮廓线分别和圆柱面相交于 Ⅰ、Ⅱ、Ⅲ、Ⅳ 四点，应用线上取点

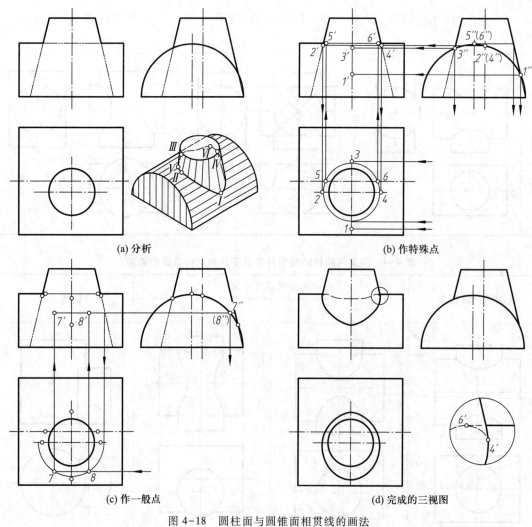

(a) 分析　　　　　　　　　　　　　　　(b) 作特殊点

(c) 作一般点　　　　　　　　　　　　　(d) 完成的三视图

图 4-18　圆柱面与圆锥面相贯线的画法

的方法，由侧面投影求出它们的正面投影和水平投影。圆柱面对正面的转向轮廓线与圆锥面相交于Ⅴ、Ⅵ两点，从5″、6″入手用圆锥面上取点法，通过辅助纬圆作出它们的水平投影和正面投影。这里要注意的是：在这六点中，Ⅰ、Ⅲ、Ⅴ、Ⅵ也是极限点。Ⅱ、Ⅳ两点不是最左、最右点，最左、最右点比它们略低。在主视图中，两回转面的转向轮廓线投影的交点不是相贯线上的点，它们是重影点的投影。

② 作一般点(图4-18c) 从侧面投影入手，把相贯线看成圆锥面上的线，用面上取点法作图。图中以Ⅶ、Ⅷ两点为例，表示通过辅助纬圆作出其水平投影和正面投影的方法。

③ 连相贯线 依次光滑连接各共有点的水平投影和正面投影，连接时要判别相贯线的可见性(图4-18d)。从图4-18b、c中的水平投影和侧面投影都可看出，相贯线上共有点的连接顺序，左半部为Ⅰ-Ⅶ-Ⅱ-Ⅴ-Ⅲ，右半部为Ⅲ-Ⅵ-Ⅳ-Ⅷ-Ⅰ。

相贯线可见性的判别原则是：当相交的两个立体表面都是外表面时，只有在两个表面都可见的范围内相交的那一段相贯线才是可见的。依据此原则，从左视图可以看出，相贯线对水平投影面都是可见的，其水平投影应画成粗实线；在正面投影中，相贯线的可见性分界点为Ⅱ、Ⅳ两点，前面一段为可见，应画成粗实线，后面一段为不可见，用细虚线表示。在相交的两个表面中，只要有一个是内表面，则只有双方都不可见的那部分表面的交线才是不可见的。

④ 完成各条转向轮廓线的投影 转向轮廓线的投影必须画到它与对方曲面的交点为止。若这个交点是可见的，则从重影点到交点这一段是可见的，应画成粗实线，否则画成细虚线，如图4-18d的主视图所示；在左视图下方画出了主视图右边相应部位的放大图。

图4-19所示为圆柱与圆锥的轴线垂直相交时，圆柱直径变化对相贯线的影响，由于这些相贯线投影的作图比较简单，这里不再详述。应注意的是，当相交的圆柱面与圆锥面，或两个圆锥面，或两个圆柱面公切于同一球面时，相贯线为两个形状大小相同且彼此相交的椭圆，椭圆所在的平面垂直于两回转面轴线所决定的平面。

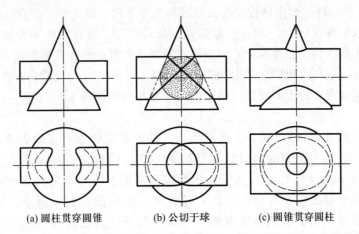

(a) 圆柱贯穿圆锥　　(b) 公切于球　　(c) 圆锥贯穿圆柱

图4-19　相交圆柱与圆锥的轴线相对位置不变时，圆柱直径变化对相贯线的影响

二、利用辅助平面法作图

下面介绍求作相交两回转面的共有点投影的另一种常用方法——辅助平面法。

1. 作图原理

图4-20所示的组合体上有圆柱面与圆锥面相交。为了作出共有点，假想用一个平面R（称为辅助平面）截切圆柱和圆锥，平面R与圆锥面的交线为纬圆L_A，与圆柱面的交线为两条素线L_1和L_2。L_A与L_1相交于点I，与L_2相交于点II，这两点是辅助平面R、圆锥面和圆柱面三个面的共有点，因此也是相贯线上的点。

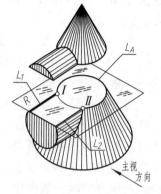

图4-20　辅助平面法的作图原理

在投影图中，利用辅助平面求共有点的作图步骤如下：

（1）作辅助平面。当辅助平面为特殊位置平面时，画出其有积聚性的投影即可。

（2）分别作出辅助平面与两回转面的交线的投影。

（3）作出这些交线之间交点的各投影。

从上述作图步骤可以看出：为了作图简便，必须按下列原则选择辅助平面：（i）辅助平面应作在两回转面的相交范围内。（ii）辅助平面与两回转面的交线的投影，应是容易准确画出的直线或圆弧。对于图4-20所示的立体，符合这一条件的辅助平面有三种：第一种是过锥顶的侧垂面和一个过锥顶的正平面；第二种是水平面；第三种是过锥顶的正垂面，虽然它与圆柱面的交线是椭圆，但其侧面投影总是圆。

辅助平面法的适用范围比面上取点法广，能求得某些用面上取点法所不能求得的共有点投影。

2. 作图举例

[**例**]　作出图4-21a所示组合体上相贯线的投影。

解　（一）分析　进行形体分析、线面分析和投影分析，确定求共有点投影的作图方法。

该组合体由截头圆锥（圆台）和部分球组成，前后对称，圆台轴线不通过球心，圆锥面全部与球面相交，相贯线为前后对称的空间曲线。圆锥面和球面的各投影都没有积聚性，不能应用表面取点法作图。但可应用辅助平面法作图，因为在它们相交的范围内存在符合作图简便原则的辅助平面，包括所有的水平面、过锥顶的正平面和侧平面。

（二）作图

① 作特殊点（图4-21b）　从图上可以看出，球面和圆锥面对正面的转向轮廓线在过锥顶的正平面内，即它们对正面的转向轮廓线彼此相交，因此交点的正面投影$1'$、$3'$可直接确定。由此再求得1、3和$1''$、$3''$。为了作出圆锥面对侧面的两条转向轮廓线上的共有点的投影，所作的辅助平面必须包含这两条转向轮廓线，这只能是侧平面Q。平面Q和球面的交线是圆弧，和圆锥面的交线就是圆锥面对侧面的两条转向轮廓线，它们的交点II、IV就是相贯线上的点。作图时应先作出这些交线的侧面投影，以求得$2''$、$4''$，然后再作出2、4和$2'$、$4'$。

② 作一般点（图4-21c）　在点I和点III之间作一些水平面作为辅助面（只能选用水平

面），以求得适当数量的一般点。图中以水平面 P 为例，表示求一般点 V、VI 的方法：先作平面 P 的有积聚性的正面投影 p' 和侧面投影 p''，然后作出平面 P 与圆锥面和球面交线的水平投影——圆和圆弧，圆和圆弧的交点 5、6 就是点 V 和点 VI 的水平投影，由此再作出正面投影 $5'$、$6'$ 和侧面投影 $5''$、$6''$。

③ 依次光滑连接各共有点的同面投影——正面投影、水平投影和侧面投影，并判别可见性。完成的三视图如图 4-21d 所示。

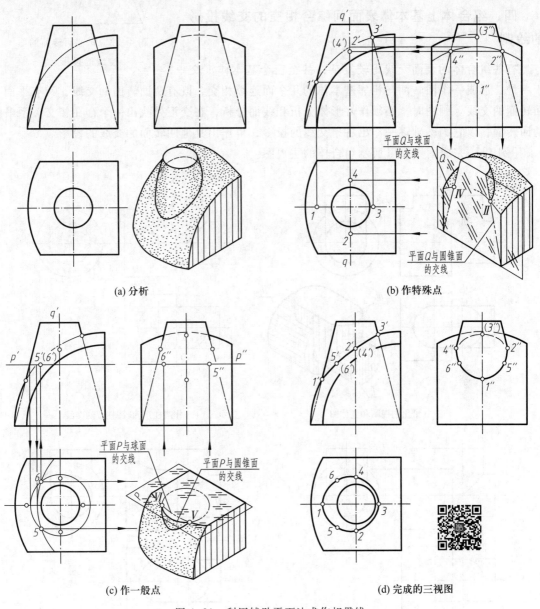

(a) 分析　　　　　　　　　　(b) 作特殊点

(c) 作一般点　　　　　　　　(d) 完成的三视图

图 4-21　利用辅助平面法求作相贯线

三、两同轴回转面的交线

两个同轴线的回转体的回转面相交时，相贯线一定是和轴线垂直的圆。当回转面的轴线平行于投影面时，这个圆在该投影面上的投影为垂直于轴线的直线。图 4-22 所示为轴线都平行于正面的同轴回转面相交的例子。

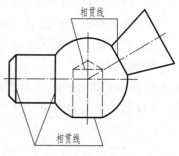

图 4-22　同轴回转面的
交线的投影

四、组合体上基本体表面间综合相交的交线投影的绘制

有些组合体的表面交线比较复杂，甚至三个基本体汇交于一处，形成一个回转面与相邻基本体的几个面连续相交，既有两回转面的交线，又有平面与回转面的交线。画图时，必须作好形体分析和线面分析，在交汇处找出一个存在相交关系最多的回转面，以它为基础逐一作出各条交线的投影，再作出其他回转面的交线的投影。

［例 1］　完成图 4-23a 所示组合体的主视图。

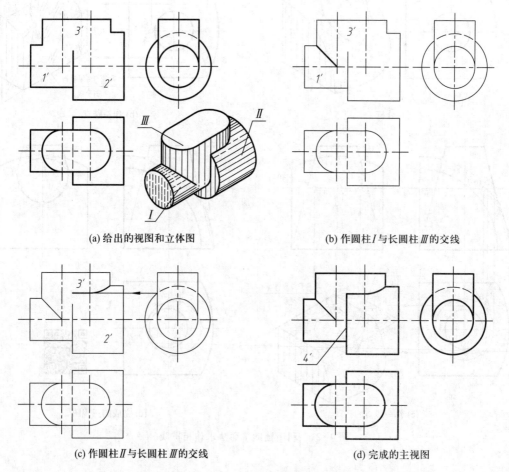

(a) 给出的视图和立体图　　　　　　　(b) 作圆柱 I 与长圆柱 III 的交线

(c) 作圆柱 II 与长圆柱 III 的交线　　　　(d) 完成的主视图

图 4-23　组合体表面综合相交作图——例 1

解 (一) 分析

① 形体分析　由视图和立体图可知，该组合体前后对称，由水平小圆柱 I 、水平大圆柱 II 和直立长圆柱 III 三个形体组成。其中圆柱 I 、 II 同轴线，圆柱 I 、 II 与长圆柱 III 的轴线相互垂直。

② 线面分析　三个形体均是外表面相交，故本题中没有内、外表面和内、内表面产生的交线。其中，长圆柱 III 的左侧半圆柱的直径与圆柱 I 的直径相同，因此它们的交线是半个椭圆。长圆柱 III 的右侧半圆柱与圆柱 II 相交，其交线是空间曲线。长圆柱 III 的中间平面与圆柱 II 相交，产生的交线是直线。

③ 投影分析　由于三个形体中的圆柱面均有积聚性的投影，因此可以利用面上取点法作出其相贯线的主视图。

(二) 作图

① 作出圆柱 I 和长圆柱 III 的左侧半圆柱外表面的交线，如图 4-23b 所示。

② 作出圆柱 II 与长圆柱 III 的中间平面以及右侧半圆柱外表面的交线，如图 4-23c 所示。

③ 延伸圆柱 II 的左端面正面投影 4'，直到与第②步所作交线相交为止(图 4-23d)。

图 4-23d 为完成的主视图。

[**例 2**] 完成图 4-24a 所示组合体的俯视图，并画出左视图。

解 (一) 分析

① 形体分析　由视图可知，该组合体左右对称，由底部半圆柱 I 、中间半圆柱 II 和上部 $\frac{1}{4}$ 球 III 叠加而成。其中，底部半圆柱 I 的两侧分别切除了一块形体。中间半圆柱 II 和上部 $\frac{1}{4}$ 球 III 表面相切，并在结合处从前向后开有一圆柱通孔 IV。在组合体的后部，自上而下挖掉了半个圆柱孔 V。

② 线面分析　由于形体 I 、 II 、 III 的外表面没有相交，故没有产生外表面的交线。

内、外表面产生的交线——半圆柱孔 V 与 $\frac{1}{4}$ 球 III 在顶部相交，产生的交线是半圆。圆柱孔 IV 与 $\frac{1}{4}$ 球 III 和半圆柱 II 相交，其产生的交线分别是半圆和空间曲线。

内表面产生的交线——圆柱孔 IV 与半圆柱孔 V 相交，由于这两个圆柱孔的直径相同且轴线正交，故其相贯线为上、下两段，均为半个椭圆。

③ 投影分析　由于所有内、外圆柱面均有积聚性的投影，因此可以利用面上取点法完成相贯线的作图。

(二) 作图

① 作出挖切"双肩"后的半圆柱 I 、半圆柱 II 和 $\frac{1}{4}$ 球 III 的左视图，如图 4-24b 所示。

② 作出圆柱孔 IV 与半圆柱 II 和 $\frac{1}{4}$ 球 III 的交线的侧面投影。注意补画交线的水平投影，如图 4-24c 所示。

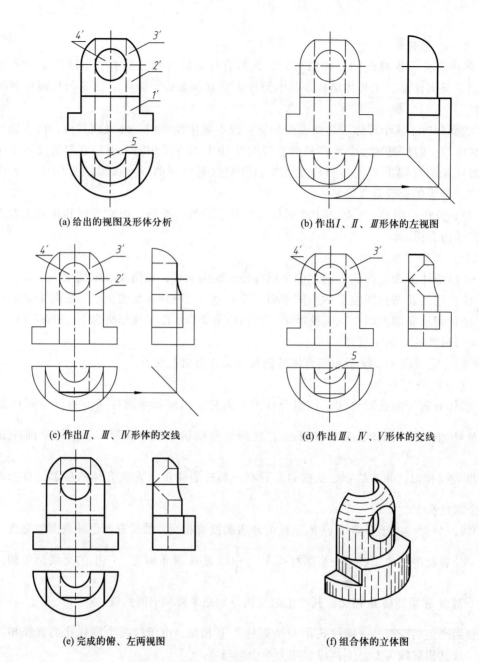

(a) 给出的视图及形体分析

(b) 作出 I、II、III 形体的左视图

(c) 作出 II、III、IV 形体的交线

(d) 作出 III、IV、V 形体的交线

(e) 完成的俯、左两视图

(f) 组合体的立体图

图 4-24 组合体表面综合相交作图——例 2

③ 作出半圆柱孔 V 和 $\frac{1}{4}$ 球 III 的交线的侧面投影；作出半圆柱孔 V 和圆柱孔 IV 的交线的侧面投影，如图 4-24d 所示。

图 4-24e 为完成的俯视图和左视图，图 4-24f 为组合体的立体图。

[例 3] 完成图 4-25a 所示组合体的主、左两视图。

解 (一)分析

① 形体分析 由视图可知，该组合体前后对称，由两个具有同心孔的圆柱 I 和 II 及半

球Ⅲ组成，Ⅰ和Ⅱ的轴线互相垂直，且都通过球心。

② 线面分析　外表面产生的交线——圆柱面Ⅱ与圆柱面Ⅰ、球面Ⅲ及半球的左端平面Ⅳ都相交，交线分别为空间曲线、半圆和两段直线，这两段直线正好在圆柱面Ⅱ对侧面的转向轮廓线上；圆柱面Ⅰ与半球的左端面Ⅳ交于圆弧。

内表面产生的交线——竖直圆柱孔与水平圆柱孔的轴线相交，它们的直径相同，交线为两半个椭圆；

内、外表面产生的交线——竖直圆柱孔的下部又与外表面Ⅰ、Ⅲ、Ⅳ都相交，这些交线与外圆柱面Ⅱ所产生的交线类似。

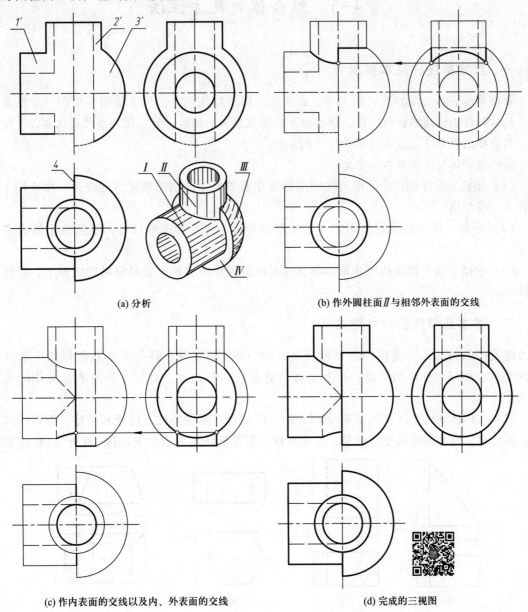

(a) 分析　　　　　　　　　　　　　　(b) 作外圆柱面Ⅱ与相邻外表面的交线

(c) 作内表面的交线以及内、外表面的交线　　　　(d) 完成的三视图

图 4-25　组合体表面综合相交作图——例 3

③ 投影分析　由于竖直圆柱的内、外表面的水平投影具有积聚性，因此俯视图已经完成，只需按照上述分析作出各交线的其余两个投影。

（二）作图

① 作出圆柱面 Ⅱ 与各外表面之间交线的正面投影和侧面投影，如图 4-25b 所示。

② 作出内表面的交线以及内、外表面的交线的正面投影和侧面投影，如图4-25c所示。

图 4-25d 为完成的主视图和左视图。

§4-5　组合体的尺寸注法

一、尺寸标注的基本要求

要准确地表达立体的形状和大小，必须在视图中标注尺寸。尺寸是图样中的一项重要内容，尺寸标注上出现的任何问题，都会给生产造成损失。因此，标注尺寸要严肃认真，一丝不苟。组合体的尺寸注法是注好零件尺寸的基础。

标注组合体尺寸的基本要求是：

（1）正确　尺寸标注应严格遵守国家标准中有关尺寸注法的规定，这在第一章§1-1中已作了一些介绍。

（2）齐全　尺寸必须完全确定立体的形状和大小，不能遗漏尺寸，一般也不能有多余尺寸。

（3）清晰　每个形体的尺寸都必须注在反映该形体形状和位置最清晰的图形上，以便于读图。

二、基本几何体的尺寸注法

组合体的尺寸标注是按照形体分析进行的，锥、柱、球、环等基本几何体的定形尺寸标注是组合体尺寸标注的基础，因此要标注好组合体的尺寸，必须掌握基本几何体的尺寸注法。

基本几何体的尺寸注法如图 4-26 和图 4-27 所示。标注棱柱、棱锥和圆柱、圆锥的尺寸时，需注出底面和高度尺寸。例如，正六棱柱只需要标注正六边形的对边（或对角）距离和柱

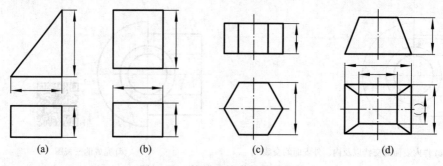

(a)　　　　(b)　　　　(c)　　　　(d)

图 4-26　棱柱和棱台的尺寸注法

高尺寸;球的尺寸则标注其直径;圆台需要三个尺寸,可在它的上、下底圆直径,高,锥度和圆锥角等五个尺寸中选取,但后面两个尺寸互相关联,不能同时注出。图4-27c、d、e中列举了圆台尺寸的三种注法。

基本几何体的尺寸注法都已定型,一般情况下不容许多注,也不可随意改变注法。例如,直角三角形一般不注斜边长,正六边形一般不注边长,完整的圆柱和球不能注半径。

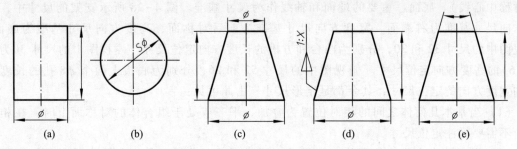

(a)　　　　　(b)　　　　　(c)　　　　　(d)　　　　　(e)

图4-27　圆柱、球和圆台的尺寸注法

三、组合体的尺寸分析

从形体分析角度来看,组合体的尺寸主要有定形尺寸和定位尺寸两种,有时还要标注总体尺寸。

1. 定形尺寸

确定组合体中各基本几何体(包括孔、切口等)大小的尺寸。例如图4-28中底板的长60、宽42、高12和圆角半径 R8 等都是定形尺寸。

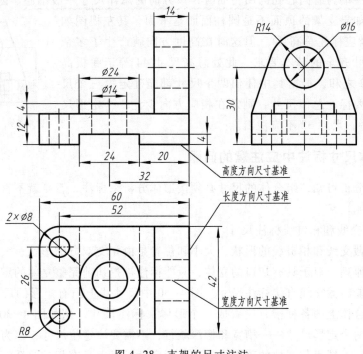

图4-28　支架的尺寸注法

2. 定位尺寸

确定组合体中各基本几何体(包括孔、切口等)之间、截平面与其他几何要素之间相对位置的尺寸。确定相对位置,一般用长、宽、高三个方向的定位尺寸。定位尺寸的计量起点,称为尺寸基准。长、宽、高三个方向至少各有一个尺寸基准,当一个方向有两个或多个尺寸基准时,则其中一个为主要基准,其余为辅助基准。一般选择组合体的对称面(在视图中为对称中心线)、底面、重要的端面和轴线作为尺寸基准。图 4-28 所示支架的尺寸中,长度方向尺寸基准为右端面,宽度方向尺寸基准为前后对称面,高度方向尺寸基准为底面。主视图中的尺寸 32 和 20,分别为凸台和方槽的长度方向定位尺寸。左视图中的尺寸 30 为孔($\phi16$)的高度方向定位尺寸。俯视图中的尺寸 52 和 26,分别为底板上两个 $\phi8$ 孔的长度方向和宽度方向的定位尺寸,其余都是定形尺寸。由此可见:

(1) 当基本几何体之间的相对位置为叠加、平齐或处于组合体的对称面上时,在相应方向不需要标注定位尺寸。

(2) 以对称中心线为基准的定位尺寸,一般不从对称中心线注起,而是直接标注互相对称的两要素之间的距离。

(3) 回转体(孔)的位置是由其轴线的位置确定的,因此其定位尺寸必须注到轴线而不能注到轮廓线。

各基本几何体的定形尺寸和定位尺寸注全以后,组合体的尺寸就齐全了。

3. 总体尺寸

确定组合体的总长、总宽、总高的尺寸。如图4-28中底板的定形尺寸 60 和 42,兼有总长尺寸和总宽尺寸的作用。

当组合体的一端为有同心孔的回转面时,该方向的总体尺寸一般不注。因此,图 4-28 中未注总高尺寸。如果支架的顶面不是圆柱面而是平面,其左视图如图 4-29 所示,就应标注总高 44。但这时在高度方向就产生了多余尺寸,不符合尺寸齐全的基本要求,此处总高尺寸 44 等于底板高12 和支承板高 32 之和,根据其中任何两个尺寸都能确定第三个尺寸,因此如果需要标注总体尺寸,则须在相应方向少注一个定形尺寸,如图 4-29 中,尺寸 32 不应注出。

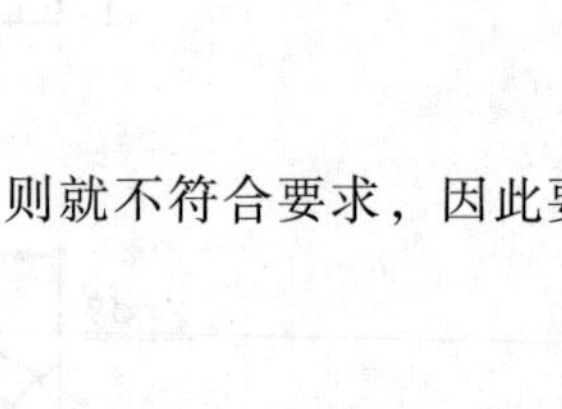

图 4-29　总体尺寸的标注

四、组合体尺寸标注中应注意的问题

从上述尺寸分析可知,组合体的尺寸必须按形体分析来标注,否则就不符合要求,因此要注意下述两个问题。

1. 不能对截交线和相贯线标注尺寸

大家知道,截交线和相贯线的形状、大小和位置是由相交双方的形状、大小和相对位置决定的。根据这个原理,对于具有切口的立体,只能标注被挖切前完整立体的定形尺寸和截平面的定位尺寸,不能给截交线直接标注尺寸。图 4-30 中尺寸线上画有矩形的尺寸,都是截平面的定位尺寸。组合体上的各种槽,应看成一个形体来标注尺寸,例如图 4-30c 中圆柱上方的长方槽只要标注两个定形尺寸——槽宽和槽深就行,不需要注定位尺寸,因为槽宽位于组合体的对称面上,槽深上端面与圆柱的顶面一致,前后穿通。对于具有相贯关系的组合体,必须注出相交两基本体(或孔)的定形尺寸和定位尺寸，不能对相贯线直接标注尺寸。图4-31中尺寸线上画有矩形的尺寸，除图4-31a上面的那个是小圆柱长度方向的定位尺寸外，其余都是间接确定相应圆柱的长度。

图 4-32 中画有"×"的尺寸都属于错误注法，建议读者将图 4-32 与图 4-30、图4-31 中对应图形的正确注法进行对比，辨明正误。

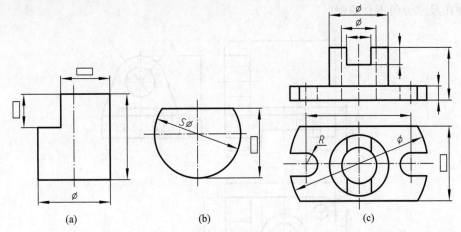

图 4-30　具有切口的立体的尺寸注法

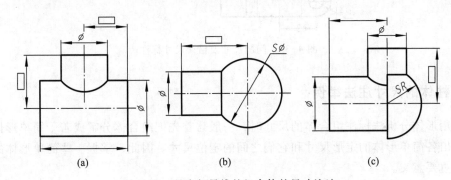

图 4-31　具有相贯线的组合体的尺寸注法

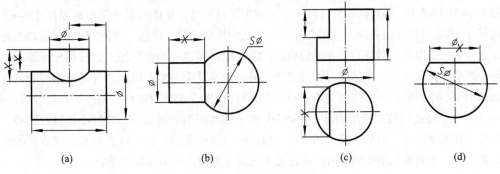

图 4-32　错误的尺寸注法

2. 所注尺寸应符合形体分析原则

按形体分析标注尺寸时，必须明确每个尺寸的作用，否则就会出现混乱，由于种种原因，初学者所注的尺寸往往出现不齐全、不符合形体分析原则等弊病。如图 4-33 中的尺寸，虽然是齐全的，但凡是有"×"的尺寸都属错误注法。学习时可与图 4-28 相对照，弄清每个尺寸的作用和正确注法，防止出现这种错误。另外，图中还有几个有问号"？"的尺寸，请思考一下，这样注尺寸为何不合适呢？

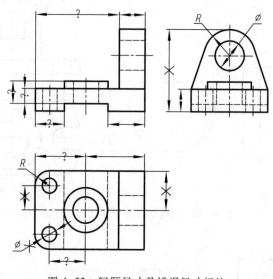

图 4-33 问题尺寸及错误尺寸标注

五、柱体的尺寸注法举例

当运用形体分析法标注组合体的尺寸时，一般需首先把组合体分解成若干简单形体，然后分别标注出各简单形体的定形尺寸和它们之间的定位尺寸。因此，掌握一些简单形体的尺寸注法，具有重要意义。

零件上常见的简单形体多为直柱体(以下简称柱体)，就是表面上的棱线或素线互相平行并与形状相同的两个底面垂直的立体。上述支架中的支承板和凸台都是柱体，底板则为具有长方槽的柱体。图 4-34 中列举了一些柱体的尺寸注法，从图中可以看出，柱体的尺寸是由底面尺寸(一个平面图形的尺寸)和高度尺寸组成的。这里要注意各种底面形状的尺寸注法。图4-34e 所示圆盘上均布小孔的定位方法，是以各小圆圆心所在的定位圆(细点画线圆)圆心为坐标原点，按极坐标原理给小圆圆心标注两个定位尺寸：一个是定位圆的直径，另一个是其中一个小圆圆心与定位圆圆心的连线与定位圆水平中心线或竖直中心线的夹角。当这个夹角为30°或45°或60°时，角度定位尺寸可以不注，见图 4-34e、g。还必须特别指出的是：图4-34h 所示柱体的四个圆角，不管与小孔是否同心，柱体的长度尺寸和宽度尺寸、圆角半径、四个小孔的直径以及小孔圆心在长度方向和宽度方向的定位尺寸、都要注出；当圆角与小孔同心时，应注意上述尺寸数值之间不得发生矛盾。

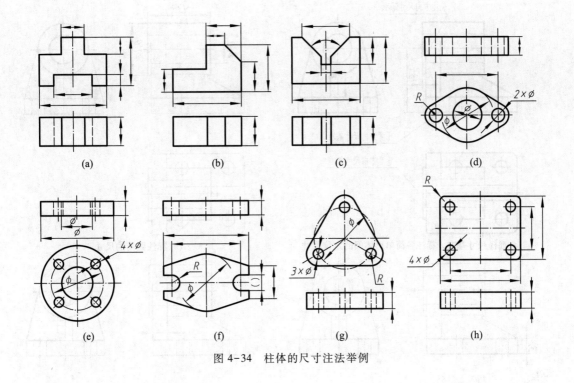

图 4-34　柱体的尺寸注法举例

六、组合体尺寸的标注步骤

标注组合体尺寸的基本步骤如下：

① 作形体分析。

② 选择长、宽、高三个方向的尺寸基准。

③ 逐一注出各简单形体间的定位尺寸。

④ 依次标注各简单形体的尺寸和总体尺寸。

图 4-35 所示的轴承座，由圆筒、底板、支承板和肋四个简单形体组成。尺寸标注步骤如图 4-36 所示。

底板是一个组合体（图 4-36c），也应按形体分析标注尺寸，它以四棱柱为基础，将左边两个角切成圆角，再挖出 4 个小孔。按照形体分析，底板的尺寸应按下述步骤标注：四棱柱的定形尺寸→圆角的半径→4 个小孔的定位尺寸和定形尺寸。

标注组合体的总体尺寸时，有时需注意调整相关尺寸，不能将多个尺寸注成封闭尺寸链。如在图 4-36f 中，标注了组合体的总长尺寸 207 后，就必须去除圆筒和支承板之间的定位尺寸 7。否则尺寸 207、7 和 200 就构成了一个封闭的尺寸链[①]，这在尺寸标注中是不允许的。

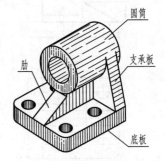

图 4-35　轴承座及其形体分析

---

① 尺寸链的概念参看 §7-4 第三部分。

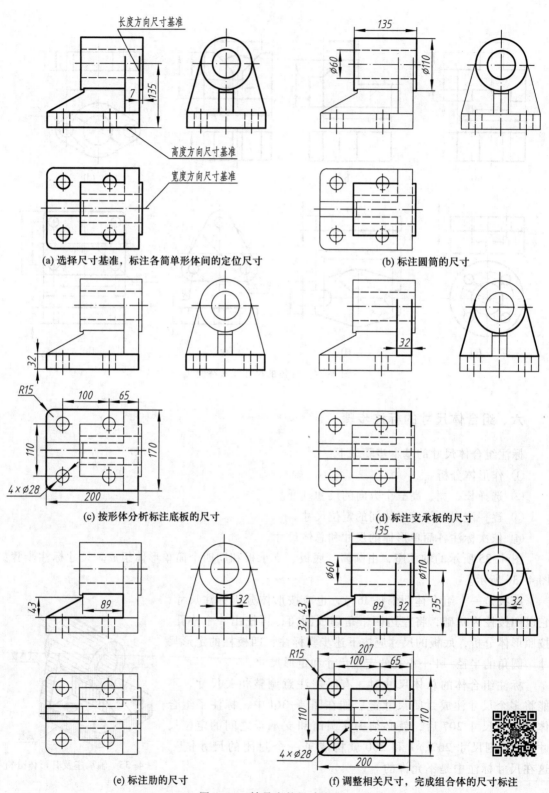

(a) 选择尺寸基准，标注各简单形体间的定位尺寸

(b) 标注圆筒的尺寸

(c) 按形体分析标注底板的尺寸

(d) 标注支承板的尺寸

(e) 标注肋的尺寸

(f) 调整相关尺寸，完成组合体的尺寸标注

图 4-36　轴承座的尺寸注法

七、尺寸的清晰布置

为了便于读图，必须把每一尺寸安排在合适的视图上，并注在适当的位置。首先，各形体的尺寸布置应和视图对该形体形状特征和位置特征的表达情况配合起来，其次应使尺寸与尺寸之间、尺寸与视图之间都不得互相干扰，以免影响图形的清晰。因此，布置尺寸时，应注意下列几点：

（1）要把大多数尺寸注在视图外面。在不影响图形清晰的条件下，尺寸最好注在两视图之间，如图 4-37a 和图 4-38a 所示。

（2）组合体中每个简单形体的尺寸，应集中注在反映该形体的形状和位置特征最清晰的视图上，如图 4-37a 所示。在图 4-37b 中，除三个总体尺寸外，其余尺寸都不是注在适当的位置上。注意：半径 R 只能标注在反映圆弧的图形上。

（3）完整的回转体或回转孔的尺寸，最好集中注在非圆视图上（图 4-38a 中主视图），但底板和圆盘上重复小孔的定位尺寸和定形尺寸应集中注在反映它们的个数和分布位置最清晰的视图上，如图 4-38a 左视图所示。

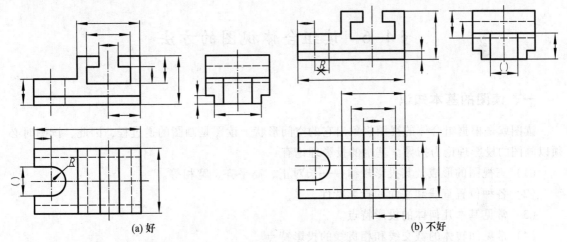

图 4-37　每个形体的尺寸应集中注在反映其形状和位置特征最清晰的视图上

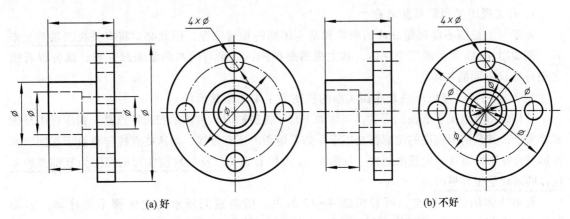

图 4-38　完整回转体、回转孔和均布小孔的尺寸注法

（4）尽量避免尺寸线与别的尺寸界线相交，一般情况下不允许尺寸线与尺寸线相交，也应避免把尺寸界线拉得太长，图4-39主视图上的尺寸标注错误太多。

（5）同一方向的线性尺寸线或同一圆周上的圆弧尺寸线，在不互相重叠的条件下，最好画在一条线上，不要错开，如图4-40a所示。

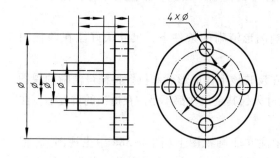

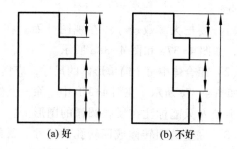

(a) 好　　　　　(b) 不好

图 4-39　主视图上的尺寸布置错误多　　　　图 4-40　不重叠的同向尺寸最好注在同一条线上

§4-6　读组合体视图的方法

一、读图的基本知识

读图就是根据组合体的视图想象出它的空间形状。读图是画图的逆过程，因此，读图时必须以画图的投影理论为指导。基本的投影理论有：

（1）三视图的形成及其投影规律——长对正、高平齐、宽相等。

（2）各种位置直线和平面的投影特性。

（3）常见基本几何体的投影特点。

（4）常见回转体的截交线和相贯线的投影特点。

在熟悉上述投影理论的基础上，还要注意下列几点。

1. 有关视图必须联系起来看

由于一个视图不能确定立体的形状和基本体间的相对位置，因此必须将有关视图联系起来看。例如图4-41所示的三个立体，其主视图都相同，如果与俯视图联系起来看，就可以看出它们是形状不同的柱体。

2. 对于柱体，应以反映其底面实形的视图为主来想象其形状

柱体的形状取决于底面的形状，当底面平行于投影面时，柱体的投影特点是：相应视图反映底面实形，其余两个视图的轮廓都是矩形，如果矩形内还有直线，则这些直线应垂直于底面，其投影符合投影面垂直线的投影特性。从图4-41可以看出，以反映底面实形的视图为基础来想象柱体的形状是很容易的。

根据柱体的投影特点，可看出图4-42的主、俯两视图所示的立体都不是柱体。因为图4-42a的主、俯两视图的轮廓都不是矩形，这个立体可以看成以俯视图为底面形状的柱体，

上部被斜切去一块后形成的多面体。图 4-42b 的主、俯两视图的轮廓虽然都是矩形，但这两个矩形内直线的对应关系不符合投影面垂直线的投影特性，立体的确切形状还必须由左视图来确定，图中列举了两个不同的左视图。

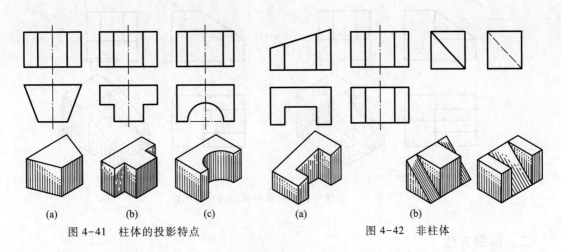

(a)　　　(b)　　　(c)　　　　　(a)　　　　(b)

图 4-41　柱体的投影特点　　　　　图 4-42　非柱体

3. 要弄清楚形体间的组合方式是挖切还是叠加

对于底面平行于投影面的柱体，如果与它组合的形体的所有投影都在这个柱体的同面投影轮廓之内，则该形体是在这个柱体上挖切形成的切口或孔；如果与它组合的形体只要有一个投影在这个柱体同面投影轮廓之外，它们就是叠加组合。例如图 4-43 所示的组合体中，形体 I 是四棱柱，形体 II 和形体 III 的三个投影都在形体 I 的同面投影轮廓之内，它们都是四棱柱上的切口。图 4-44 是底面平行于正面的五棱柱（形体 I），圆柱（形体 II）的正面投影在五棱柱正面投影轮廓之外，可知它们是叠加关系。

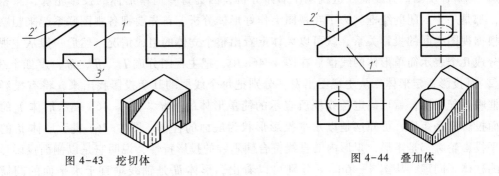

图 4-43　挖切体　　　　　　　　　图 4-44　叠加体

4. 利用轮廓线的可见性来判定形体间的相对位置

从图 4-45a 所示三个视图的轮廓形状特点来看，这是由一个五棱柱挖切形成的立体。为了弄清是如何挖切的，就要看懂视图轮廓之内的封闭图形。主视图内有一个直角三角形 1'，利用基本投影规律，发现俯视图上有三个矩形和它 "长对正"，左视图上也有三个矩形和它 "高平齐"，这只能说明被切去的是三棱柱，要确定这三个矩形中谁是切口的投影，必须应用可见性原理。主视图中三角形的两条直角边是粗实线，表明切口对正面是可见的，由此可知切口在前面，进而还可确定后面的矩形也是切口的投影。空间形状如图 4-45a 立体图所示。

图 4-45b所示立体的俯视图和左视图与图 4-45a 完全一样，而主视图中三角形的两条直角边画成细虚线，故表示切口在中间，其形状如图 4-45b 立体图所示。

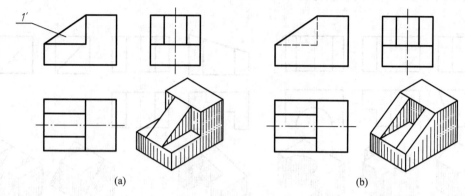

(a)　　　　　　　　　　　　　　　(b)

图 4-45　利用可见性判断形体间的相对位置

二、读图方法

读图的基本方法是形体分析法。对于以叠加为主的组合体视图的读图来说，形体分析法已基本够用。但对于以挖切为主的组合体视图的读图，往往还需应用线面分析法辅助读图。

1. 形体分析法

下面举例说明用形体分析法读图的方法和步骤。

[例1]　根据图 4-46a 所示组合体的三视图，想象出该组合体的形状。

解　① 看视图，分线框　这就是作形体分析，因为每一简单形体的投影轮廓，除相切关系外，都是一个封闭的线框。为了在视图上作好形体分析，首先要把各视图联系起来粗略看一看，根据视图之间的投影关系，就可以大体上看出整个立体的组成情况。然后一般从主视图入手，分成几个表示简单形体的线框。在图 4-46a 中，把主视图分成 I、II、III、IV 四个线框。

② 对投影，定形体　从主视图出发，分别把每个线框的其余投影找出来，将有投影关系的线框联系起来看，就可确定各线框所表示的简单形体的形状。图 4-46b 表示形体 I 的正面和侧面投影都是矩形，可知这是以水平投影形状为底面的柱体。图 4-46c 表示形体 II 的正面和水平投影轮廓都是矩形，矩形内的直线符合侧垂线的投影特性，说明它是以侧面投影形状为底面的柱体。同理，从图 4-46d、e 分别可以看出，形体 III 是轴线垂直于水平面的圆筒；形体 IV 是底面平行于正面的三棱柱。

③ 综合起来想象整体　读懂了各线框所表示的简单形体后，再分析各简单形体间的相对位置，就可想象出整个立体形状。从这个组合体的三视图可知，组合体前后对称，至于各简单形体间的相对位置，比较容易看懂，不再叙述。组合体的形状如图 4-46f 所示。对于比较简单的组合体，这一步的要求往往在上一步中就已附带完成了。

2. 线面分析法

用线面分析法辅助读图是指在形体分析法的基础上，通过线面投影理论去分析视图中较为

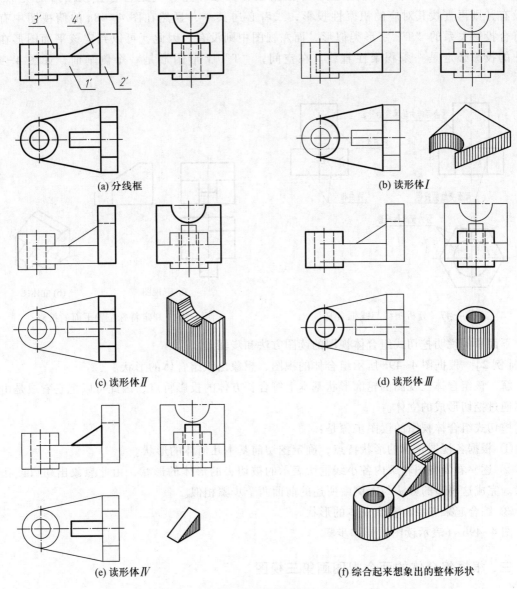

(a) 分线框   (b) 读形体 I

(c) 读形体 II   (d) 读形体 III

(e) 读形体 IV   (f) 综合起来想象出的整体形状

图 4-46　组合体视图的读图方法和步骤——例 1

复杂而难以读懂的线面投影部分，以提高读图效率。为此，搞清楚视图中每个线框，每条图线所表示的含义是十分重要的。

　　根据投影理论可知，视图中图线的含义有三种（图 4-47）：① 立体上两表面交线的投影；② 立体上具有积聚性的面的投影；③ 曲面转向轮廓线的投影。视图中的线框一般表示立体表面（平面或曲面）或形体的投影。如果相邻两图框有公共边界，则说明这两个表面相交或交错（图 4-47）。

　　在读平面立体视图时，常会涉及一些较难判定的特殊位置平面的投影。如图 4-48a 中，主视图中有一个 "T" 字形图形需进行分析和判定。判定原则是：此图形对应的平面的另两个投影若非类似形，则必有积聚性。即根据投影关系，先查找是否存在该图形的类似形，若没有，则再查找其对应的积聚性投影，二者必居其一，显然在图4-48a的俯视图中有一个符合投影关系的"T"字形类似形，而左视图中则没有。因此，可以判定该平面图形在左视图的投影必定是一条积聚性直线。在空间，"T"字形图形是一个侧垂面，如图4-48b所示。

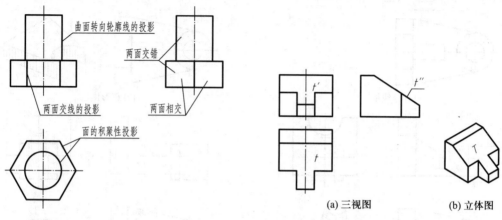

图4-47 分析图线与线框含义   图4-48 判定特殊位置平面的投影

下面举例说明挖切式组合体视图的读图方法和步骤。

[例2] 根据图4-49a所示组合体的视图，想象出该组合体的形状。

解 该组合体三视图的轮廓形状基本上符合长方体的投影特点，因此可以把它看成是由长方体通过挖切形成的立体。

挖切式组合体视图的读图步骤是：

① 根据各视图轮廓的形状特点，确定挖切前基本几何体的形状。

② 逐一看懂视图轮廓内各小线框所表示的被切去的形体的形状，由此想象出切口或孔的形状。完成这一步的方法与上例中所述的前面两个步骤相似。

③ 综合起来想象出整个立体的形状。

图4-49b~f表示读图的具体步骤。

三、根据组合体的两个视图画第三视图

有些组合体用两个视图就能表达清楚它的形状，读懂图后，应能根据这两个视图画出第三视图。

[例1] 已知组合体的主、俯两视图（图4-50a），画出其左视图。

解 （一）分析

图4-50a所示的组合体，从主、俯两个视图可以看出该组合体左右对称。组成它的四个简单形体中，形体Ⅰ的基本形状是以水平投影形状为底面的柱体，左、右两边开有不到底的矩形槽。形体Ⅳ是半圆柱，其上底面与形体Ⅰ上的矩形槽底面平齐，下底面与Ⅰ的下底面平齐，前、后与矩形槽对准，其中还有与形体Ⅳ的半圆柱面同轴线的小圆柱孔。形体Ⅱ、Ⅲ的形状和位置，读者可自行分析。组合体的形状如图4-50b所示。

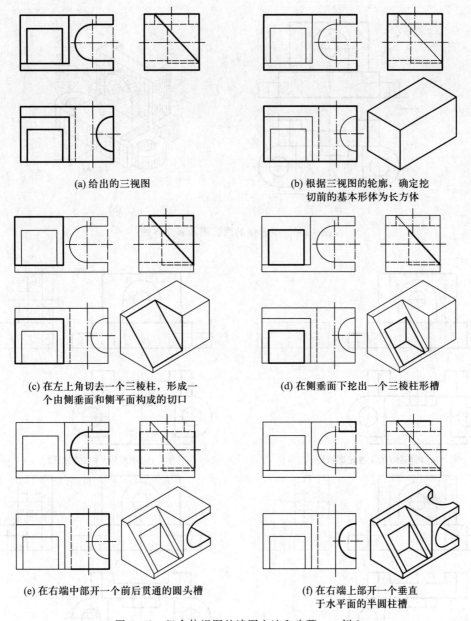

(a) 给出的三视图

(b) 根据三视图的轮廓，确定挖切前的基本形体为长方体

(c) 在左上角切去一个三棱柱，形成一个由侧垂面和侧平面构成的切口

(d) 在侧垂面下挖出一个三棱柱形槽

(e) 在右端中部开一个前后贯通的圆头槽

(f) 在右端上部开一个垂直于水平面的半圆柱槽

图 4-49　组合体视图的读图方法和步骤——例 2

（二）作图

读懂组合体的形状后，便可按形体分析逐步画出左视图，具体作图步骤如图 4-51 所示。

[**例 2**]　已知组合体的主、俯两视图(图 4-52a)，画出其左视图。

解　（一）分析

根据已给视图可看出本例是以挖切为主的组合体读图，因此除采用形体分析法外，还需用线面分析法辅助读图。

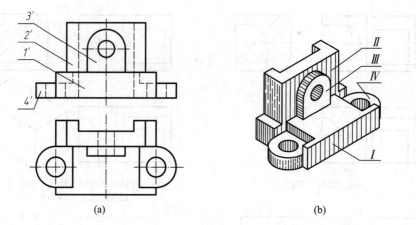

(a)   (b)

图 4-50　组合体的两视图及其立体图

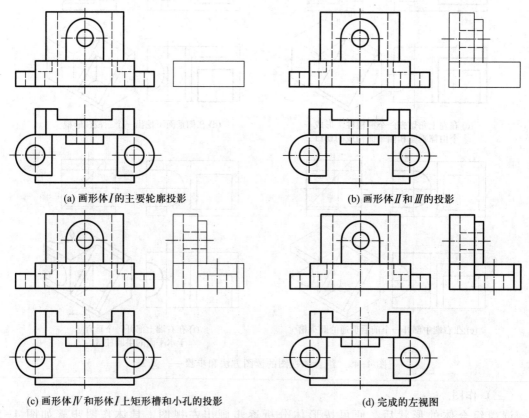

(a) 画形体 I 的主要轮廓投影   (b) 画形体 II 和 III 的投影

(c) 画形体 IV 和形体 I 上矩形槽和小孔的投影   (d) 完成的左视图

图 4-51　根据组合体的两视图画第三视图——例 1

① 确定挖切前的组合体的基本形状是长方体。

② 将图形分为四个线框，其中主视图中有三个线框 1′、2′ 和 3′，俯视图中有一个线框 4。图形中的腰形孔通槽，由于其形状明显故不必单独分框（图 4-52b）。

③ 线框 1′ 是一个六边形，根据投影规律可先在俯视图中找其类似形。由于没有对应的类

似形，故可断定线框 *1′* 必为一个积聚性平面(铅垂面)的投影。同理，可判定线框 *4* 也为一个积聚性平面(正垂面)的投影，而线框 *2′* 和线框 *3′* 都为正平面的投影。

（二）作图

用线面分析法对各线框进行分析后可逐一画出左视图。具体作图步骤如图 4-52b~d 所示，完成的左视图和立体图如图 4-52e、f 所示。

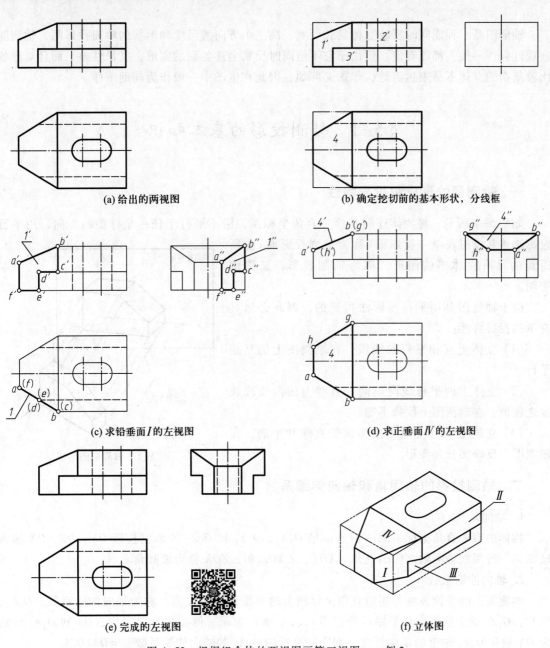

图 4-52　根据组合体的两视图画第三视图——例2

第五章　轴　测　图

　　轴测图是一种能同时反映立体的长、宽、高三个方向的尺度和形状的单面投影图，轴测图直观性强，一般人都能看懂。但由于它不能同时反映上述各面的实形，度量性差，而且对形状比较复杂的立体不易表达清楚，作图又麻烦，因此在生产中一般作为辅助图样。

§5-1　轴测投影的基本知识

一、轴测图的形成和投影特性

　　如图 5-1 所示，将物体连同其参考直角坐标系，沿不平行于任一坐标面的方向，用平行投影法将其投射在单一投影面（称为轴测投影面）上所得到的具有立体感的图形，称为轴测投影，又称轴测图。

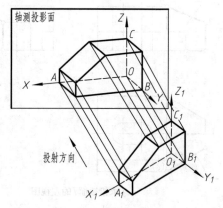

　　由于轴测图是用平行投影法得到的，因此必然具有下列投影特性：

　　（1）立体上互相平行的线段，在轴测图上仍互相平行。

　　（2）立体上两平行线段或同一直线上的两线段长度之比值，在轴测图上保持不变。

　　（3）立体上平行于轴测投影面的直线和平面，在轴测图上反映实长和实形。

图 5-1　轴测图的形成

二、轴测投影的轴间角和轴向伸缩系数

　　1. 轴间角

　　物体的参考直角坐标系的三根坐标轴 O_1X_1、O_1Y_1 和 O_1Z_1 的轴测投影 OX、OY、OZ 称为轴测轴。每两根轴测轴之间的夹角 $\angle XOY$、$\angle YOZ$ 和 $\angle ZOX$ 称为轴间角。

　　2. 轴向伸缩系数

　　轴测轴上的单位长度与相应直角坐标轴上的单位长度的比值，称为轴向伸缩系数。O_1X_1、O_1Y_1、O_1Z_1 轴上的轴向伸缩系数分别用 p_1、q_1 和 r_1 表示。例如在图 5-1 中，OA 和 O_1A_1 分别为 OX 轴和 O_1X_1 轴上的单位长度，则空间坐标轴 O_1X_1 的轴向伸缩系数 $p_1 = OA/O_1A_1$。

　　若知道了轴间角和轴向伸缩系数，则可根据立体或立体的视图绘制轴测图。在画轴测图时，只有物体上与参考坐标轴平行的线段，才能沿相应的轴测轴方向并按相应的轴向伸缩系数

直接确定该线段的轴测投影长度。"轴测"二字即由此而来。

手工绘图时，用得较多的轴测图有正等轴测图和斜二轴测图两种，下面分别介绍它们的画法。

§5-2　正等轴测图的画法

一、正等轴测图的形成、轴间角和轴向伸缩系数

1. 形成

当三根坐标轴与轴测投影面倾斜的角度相同时，用正投影法得到的投影图称为正等轴测图，简称正等测。

2. 轴间角和轴向伸缩系数

由于三根坐标轴与轴测投影面倾斜的角度相同，因此三个轴间角相等，都是120°，其中 OZ 轴规定画成竖直方向，如图5-2所示。三根坐标轴的轴向伸缩系数也相等，约为0.82。为了作图简便，规定采用简化轴向伸缩系数1（称为简化系数）来作图，这样画出的正等轴测图，其三个轴向（实际上任一方向）的尺寸都大约放大为投影尺寸的 $1/0.82≈1.22$ 倍。图5-3a所示的立体，分别用这两种轴向伸缩系数画出的轴测图如图5-3b、c所示。

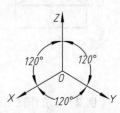

图5-2　正等轴测
图的轴间角

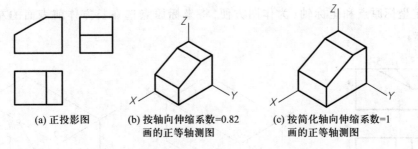

(a) 正投影图　　　　(b) 按轴向伸缩系数=0.82　　(c) 按简化轴向伸缩系数=1
　　　　　　　　　　　　画的正等轴测图　　　　　　画的正等轴测图

图5-3　用两种轴向伸缩系数画出的正等轴测图

二、平面立体正等轴测图的画法

绘制平面立体轴测图的基本方法，就是按照"轴测"原理，根据立体表面上各顶点的坐标值，找出它们的轴测投影，连接各顶点，即完成平面立体的轴测图。对于立体表面上平行于坐标轴的轮廓线，则可在该线的轴测投影上直接量取尺寸。下面举例说明其画法。

[例1]　求作图5-4a所示四棱台的正等轴测图。

解　作图步骤如下：

① 选定坐标原点和坐标轴　坐标原点和坐标轴的选择，应以作图简便为原则。这里选定下底面中心为坐标原点，以底面对称线和棱锥的轴线为三根坐标轴，如图5-4a所示。

② 画出轴测轴，作出下底面的轴测投影（图5-4b）　具体作法是：先根据各底边中点 A_1、

B_1、C_1、D_1 的坐标找出它们的轴测投影 A、B、C、D，再通过这四点分别作相应轴测轴的平行线，就得到下底面的轴测投影。

③ 根据尺寸 z 确定上底面的中心 I，作出上底面的轴测投影（图5-4c）。

④ 连接上、下底面的对应顶点，即完成四棱台的正等轴测图（图5-4d）。轴测图上的细虚线一般不画。

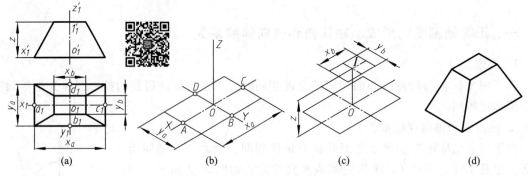

图5-4　四棱台的正等轴测图画法

[例2]　求作图5-5a所示立体的正等轴测图。

解　该立体可以看成是从长方体上先后切去以梯形为底面的四棱柱和三棱锥后形成的挖切式组合体。挖切式组合体的轴测图一般用形体分析法绘制，作图步骤与画三视图相似，具体作法如下：

① 选定坐标原点和坐标轴（为作图方便,将坐标原点选在长方体前表面的左上角），如图5-5a所示。

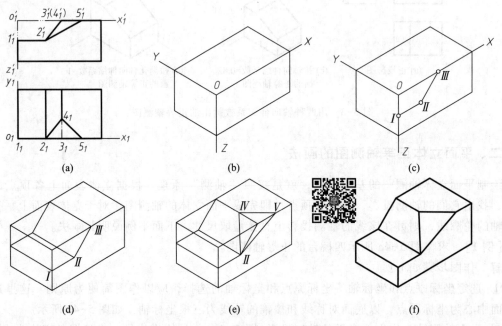

图5-5　挖切式组合体正等轴测图画法

② 画出轴测轴后，在相应轴测轴上按实长量取长、宽、高三个尺寸，作完整长方体的轴测图(图5-5b)。

③ "切去"左上方的四棱柱 沿相应轴测轴方向量取尺寸，先作出前面的两条边 I II 和 II III (图5-5c)，应用两平行线的投影特性，完成四棱柱的作图(图5-5d)。应注意，倾斜线段 II III 的长度是不能从图5-5a中直接转移过来的。

④ "切去"三棱锥(图5-5e) 三棱锥底面的另两个顶点 IV 与 V 也必须按"轴测"原理求得。图5-5f为完成的正等轴测图。

三、回转体正等轴测图的画法

1. 平行于坐标面的圆的正等轴测投影及其画法

（1）投影分析 从正等轴测图的形成知道，各坐标面对轴测投影面都是倾斜的，因此平行于坐标面的圆的正等轴测投影是椭圆。图5-6所示为当以立方体上的三个不可见的平面为坐标面时，在其余三个分别与对应坐标面平行的平面内的内切圆的正等轴测投影，从图中可以看出：

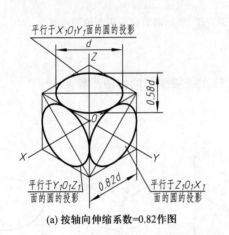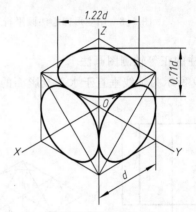

(a) 按轴向伸缩系数=0.82作图　　(b) 按简化轴向伸缩系数=1作图

图5-6　平行于坐标面的圆的正等轴测投影

① 三个椭圆的形状和大小是一样的，但方向各不相同。

② 各椭圆的短轴与相应菱形(圆的外切正方形的轴测投影)的短对角线重合，其方向与相应的轴测轴一致，该轴测轴就是垂直于圆所在平面的坐标轴的投影。由此可以推出：在圆柱和圆锥的正等轴测图中，其上、下底面椭圆的短轴与圆柱(圆锥)的轴线在一条线上，如图5-7所示。

③ 各椭圆长、短轴的长度，按轴向伸缩系数=0.82作图时如图5-6a所示，按简化轴向伸缩系数作图时如图5-6b所示。为了作图方便，规定采用简化轴向伸缩系数。

（2）近似画法 为了简化作图，上述椭圆

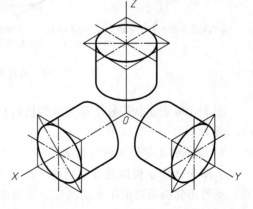

图5-7　轴线平行于坐标轴的圆柱的正等轴测图

一般用四段圆弧代替。由于这四段圆弧的四个圆心是根据椭圆的外切菱形求得的，因此这个方法也叫菱形四心法。图 5-8 以平行于 $X_1O_1Y_1$ 坐标面的圆的正等轴测投影为例，说明这种近似画法。

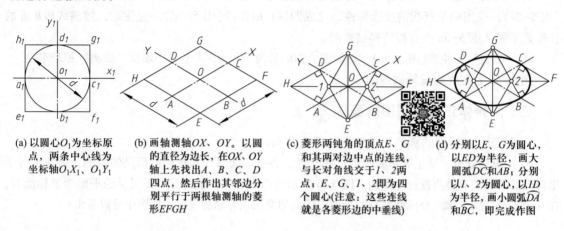

(a) 以圆心 O_1 为坐标原点，两条中心线为坐标轴 O_1X_1、O_1Y_1

(b) 画轴测轴 OX、OY。以圆的直径为边长，在 OX、OY 轴上先找出 A、B、C、D 四点，然后作出其邻边分别平行于两根轴测轴的菱形 $EFGH$

(c) 菱形两钝角的顶点 E、G 和其两对边中点的连线，与长对角线交于 1、2 两点；E、G、1、2 即为四个圆心（注意：这些连线就是各菱形边的中垂线）

(d) 分别以 E、G 为圆心，以 ED 为半径，画大圆弧 $\overset{\frown}{DC}$ 和 $\overset{\frown}{AB}$；分别以 1、2 为圆心，以 $1D$ 为半径，画小圆弧 $\overset{\frown}{DA}$ 和 $\overset{\frown}{BC}$，即完成作图

图 5-8 用菱形四心法画平行于 $X_1O_1Y_1$ 坐标面的圆的正等轴测投影

2. 圆柱的正等轴测图画法

图 5-9 所示为轴线垂直于水平投影面的圆柱正等轴测图的作图步骤。

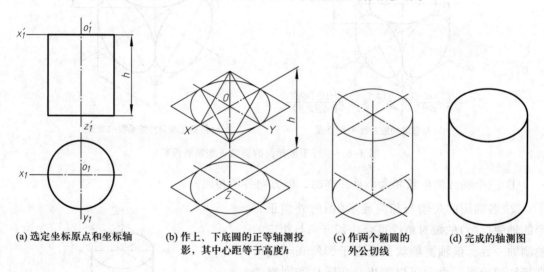

(a) 选定坐标原点和坐标轴

(b) 作上、下底圆的正等轴测投影，其中心距等于高度 h

(c) 作两个椭圆的外公切线

(d) 完成的轴测图

图 5-9 圆柱的正等轴测图的作图步骤

图 5-10a 表示从圆柱上部切去两块后形成的立体，其正等轴测图的作图步骤如图 5-10b、c、d 所示。

3. 圆角的正等轴测图的画法

从图 5-8 所示椭圆的近似画法，可以看出：菱形的钝角与大圆弧相对，锐角与小圆弧相对；菱形相邻两条边的中垂线的交点就是圆心。由此可以得出平板上圆角的正等轴测图的近似画法，如图 5-11 所示。

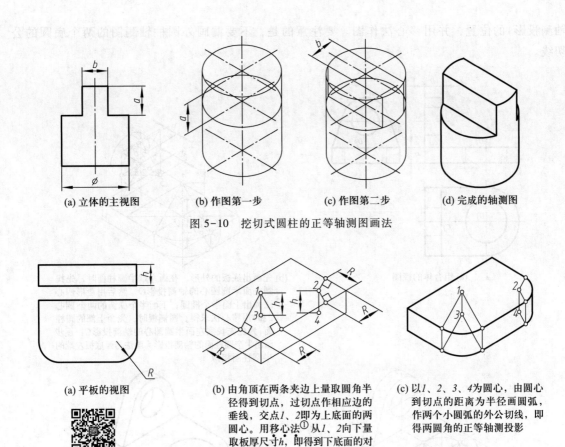

(a) 立体的主视图   (b) 作图第一步   (c) 作图第二步   (d) 完成的轴测图

图 5-10 挖切式圆柱的正等轴测图画法

(a) 平板的视图

(b) 由角顶在两条夹边上量取圆角半径得到切点,过切点作相应边的垂线,交点 1、2 即为上底面的两圆心。用移心法[①]从 1、2 向下量取板厚尺寸 h,即得到下底面的对应圆心 3、4

(c) 以 1、2、3、4 为圆心,由圆心到切点的距离为半径画圆弧,作两个小圆弧的外公切线,即得两圆角的正等轴测投影

图 5-11 圆角的正等轴测图的画法

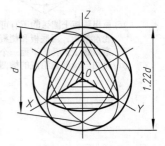

4. 球的正等轴测图画法

球的正等轴测图是圆。当采用简化轴向伸缩系数作图时,这个圆的直径约等于球直径的 1.22 倍。为了使球的正等轴测图立体感较强,可把以球心为原点的三个坐标面与球面的截交线的轴测投影画出来,并假想切去 1/8,如图 5-12 所示。三个椭圆都应内切于圆,但如果采用图 5-8 所示的近似画法作图,则由于近似椭圆的长轴都小于圆的直径而不会与圆相切。为了使它们相切,采用的方法之一是将圆的直径相应缩短。

图 5-12 球的正等轴测图
（图中尺寸 d 为球的直径）

四、组合体正等轴测图的画法

画组合体的轴测图,也要应用形体分析法。图 5-13 表示组合体的三视图及其正等轴测图的作图步骤。画组合体中圆柱面两底圆的轴测投影时,必须找出相应椭圆中心(立体上圆心的

---

① 画圆柱两底圆的轴测投影时,从一个底面的圆心沿轴线方向量取圆柱高度尺寸,从而求得另一底面的对应圆心的方法,称为移心法。

轴测投影）的位置，并用移心法作图。要注意的是，不要漏画外圆柱轴测图的两个底圆的公切线。

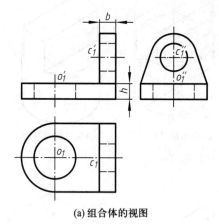

(a) 组合体的视图

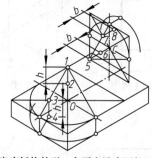

(b) 先画出底板的外形。在画左端半圆柱面时，先找到上面半圆圆心的轴测投影O，然后用菱形四心法画出上面半个椭圆；下面半个椭圆的两个圆心2和4用移心法求得。画侧板时，先画上部的圆柱面，为此先找到左面半圆圆心的轴测投影C；逐步画出半个圆柱面的轴测投影，画法与画底板左端的半圆柱面相似

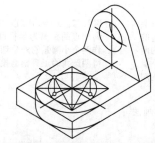

(c) 画出侧板上圆弧的所有可见切线和其他轮廓线后，画底板和侧板上的圆孔。注意底板上圆孔的下面一个圆的可见部分，是由三段圆弧组成的椭圆弧

(d) 完成的正等轴测图

图 5-13　组合体的正等轴测图画法

§5-3　斜二轴测图的画法

一、斜二轴测图的形成、轴间角和轴向伸缩系数

1. 形成

如图 5-14 所示，如果使 $X_1O_1Z_1$ 坐标面平行于轴测投影面，则采用斜投影法也能得到具有立体感的轴测图。当所选择的斜投射方向使 OY 轴与 OX 轴的夹角为 135°，并使 OY 轴的轴向伸缩系数为 0.5 时，这种轴测图就称为斜二轴测图，简称斜二测。

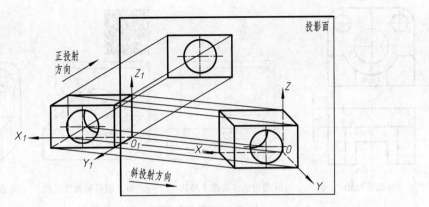

图 5-14　斜二轴测图的形成

2. 斜二轴测图的轴间角和轴向伸缩系数

形成斜二轴测图时，由于 $X_1O_1Z_1$ 坐标面平行于轴测投影面，凡平行于这个坐标面的图形的轴测投影必然反映实形，因此斜二轴测投影的轴间角和轴向伸缩系数是：OX 与 OZ 成 $90°$，这两根轴的轴向伸缩系数都是 1；OY 与水平线成 $45°$，其轴向伸缩系数为 0.5，如图 5-15a、b 所示。

由上述斜二轴测图的特点可知：平行于 $X_1O_1Z_1$ 坐标面的圆的斜二轴测投影反映实形。而平行于 $X_1O_1Y_1$、$Y_1O_1Z_1$ 两个坐标面的圆的斜二轴测投影则为椭圆，这些椭圆的短轴不与相应轴测轴平行，且作图较繁，如图 5-15c 所示。因此，斜二轴测图一般用来表示只在互相平行的平面内有圆或圆弧的立体，作图时，总是把这些平面设定为平行于 $X_1O_1Z_1$ 坐标面。

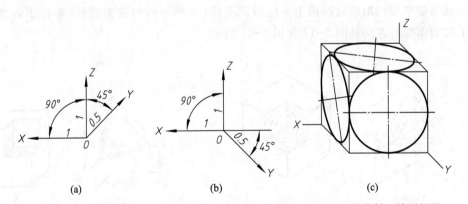

(a)　　　　　　　　(b)　　　　　　　　(c)

图 5-15　斜二轴测图的轴间角和轴向伸缩系数，平行于坐标面的圆的斜二轴测投影

二、斜二轴测图的画法

图 5-16 所示为一组合体斜二轴测图的作图方法和步骤。画图时，同一个圆柱面的后面那个底圆的圆心用移心法求得，如图 5-16c 中圆柱孔的画法所示。

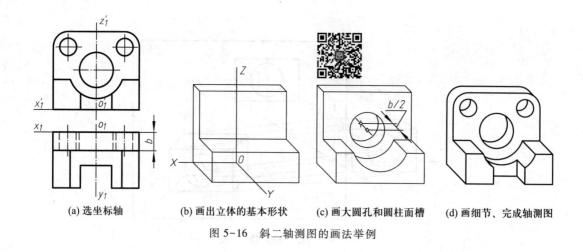

(a) 选坐标轴　　　(b) 画出立体的基本形状　　　(c) 画大圆孔和圆柱面槽　　　(d) 画细节、完成轴测图

图 5-16　斜二轴测图的画法举例

§5-4　轴测图的剖切画法

为了表示立体的内部形状，可假想用剖切平面切去立体的一部分，画成经过剖切的立体的轴测图。

一、轴测图剖切画法的有关规定

（1）为了在轴测图上能同时表达出立体的内、外形状，通常采用平行于坐标面的若干个互相垂直的平面来剖切立体，剖切平面一般应通过立体的主要轴线或对称平面，如图 5-20c 所示。

（2）被剖切平面切出的截断面上，应画剖面线（互相平行的细实线），平行于各坐标面的截断面上的剖面线的方向如图 5-17 和图 5-18 所示。

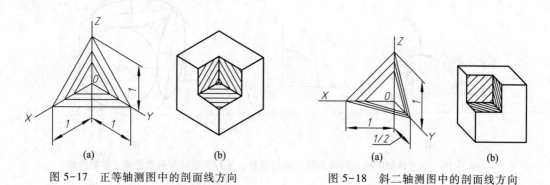

图 5-17　正等轴测图中的剖面线方向　　　　图 5-18　斜二轴测图中的剖面线方向

（3）可根据表达需要采用局部剖切方法，如图 5-19 所示。局部剖的剖切平面也应平行于坐标面；断裂面边界用波浪线表示，并在可见断裂面上画出小黑点。

（4）当剖切平面与立体的肋或薄壁结构等的纵向对称面重合时，这些结构都不画剖面符号，而用粗实线将它与相邻部分分开，如图5-20c所示。

二、轴测图剖切画法举例

轴测图剖切的画图步骤一般有两种：

（1）先画完整立体的轴测图，后画截断面和内形。

（2）先画截断面，后画内、外形。

第二种画法一般比较方便，图5-20所示为用这种方法画被剖切立
体正等轴测图的作图步骤。

图5-21为斜二测剖切图。

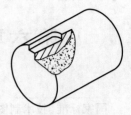

图5-19　轴测图
的局部剖切画法

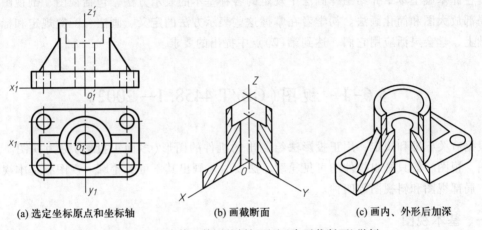

(a) 选定坐标原点和坐标轴　　　(b) 画截断面　　　(c) 画内、外形后加深

图5-20　组合体正等测的剖切画法（先画截断面）举例

图5-21　斜二测剖切图

第六章　机件形状的基本表示方法

国家标准《技术制图　图样画法　视图》(GB/T 17451—1998)中提出的基本要求如下：(1) 技术图样应采用正投影法绘制，并优先采用第一角画法。(2) 绘制技术图样时，应首先考虑看图方便。根据机件[①]的结构特点，选用适当的表示方法。在完整、清晰地表示机件形状的前提下，力求制图简便。本书第二、三、四章介绍了基本要求第(1)点中提出的第一角画法的基本知识，在此基础上本章介绍图样画法中规定的各种基本的表示方法，包括视图、剖视图、断面图、局部放大图和简化画法。初学者在掌握这些表示方法的定义、画法、配置规定和标注方法的基础上，学会灵活应用它们，达到第(2)点中提出的要求。

§6-1　视图(GB/T 4458.1—2002)

根据有关标准和规定，用正投影法绘制出的机件的图形(多面正投影)称为视图。为了便于看图，视图一般只画出机件的可见轮廓，必要时才画出其不可见轮廓。视图有基本视图、向视图、局部视图和斜视图等四种。

一、基本视图

表示一个机件可有六个基本投射方向，相应地有六个基本的投影平面分别垂直于六个基本投射方向。机件向基本投影面投射所得的投影称为基本视图。基本视图除前面学过的主视图、俯视图和左视图外，还有由右向左、由下向上、由后向前投射所得的右视图、仰视图和后视图。六个基本投影面的展开方法如图 6-1a 所示，展开后六个基本视图的配置关系如图 6-1b 所示。这种配置就是以主视图为基准，其他视图都应和主视图保持特有的相对位置，且符合基本投影规律。在同一张图纸上按图 6-1b 配置基本视图时，可不标注视图的名称。

选用恰当的基本视图，可以清晰地表示机件的形状。图 6-2 是用基本视图表示机件形状的实例，图中选用了主、左、右三个视图来表示机件的主体和左、右凸缘的形状，左、右两个视图中省略了不必要的细虚线。

二、向视图

基本视图若不按图 6-1b 的形式配置，而是自由平移配置，这种视图称为向视图。为了便于看图，向视图应按规定进行图形标注：在向视图的上方标注"×"("×"为大写拉丁字母)，

---

① 国家标准《技术制图》的规定适用于机械、电气、建筑和土木工程等领域的技术图样，把图样的表示对象称为"物体"，本书因仅论述机械图样，因此将"物体"改为"机件(机器零件,简称机件)"。

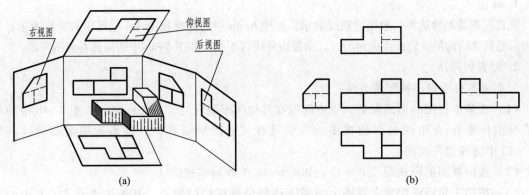

(a)

(b)

图 6-1 六个基本视图的形成和配置

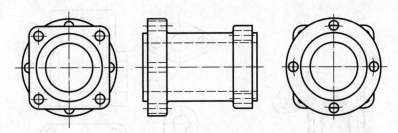

图 6-2 基本视图应用举例

在相应视图的附近用箭头指明投射方向，并标注相同的字母，如图 6-3 中 A、B、C 三个向视图所示。

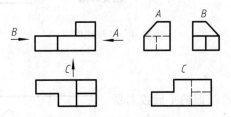

图 6-3 向视图及其标注

三、局部视图

将机件的某一部分向基本投影面投射所得的视图，称为局部视图。如图 6-4a 所示的机件，如果选用主、俯、左、右四个视图，其形状当然可以表示完整，但采用主、俯两个基本视图①，并配合两个局部视图来表示，就显得更为简练、清晰，便于看图和画图，符合国家标准中关于选用适当表示方法的要求。

局部视图的画法、配置和标注规定如下：

①　在主视图上，机件外表面的可见相贯线和截交线的投影画成细实线，并与轮廓线不相接触，称为过渡线。过渡线的概念参见§7-5。

1. 画法

局部视图的断裂边界一般用波浪线表示，如图 6-4b 中的局部视图 A，也可用双折线表示；当所表示的局部结构的外轮廓线成封闭时，断裂边界线可不画，如图 6-4b 中的局部右视图所示。

2. 配置和标注

局部视图有下列三种配置方法：

（1）按基本视图的形式配置，当中间没有其他图形隔开时，不必标注，如图 6-4b 中的局部右视图和图 6-6 中的局部俯视图。当中间有其他图形隔开时，基本视图需要标注，如图 7-23 中的局部左视图。

（2）按向视图的形式配置并标注，如图 6-4b 中的局部视图 A。

（3）按第三角画法配置在视图上所需表达的局部结构的附近，其画法参看§6-6 中的有关表述。

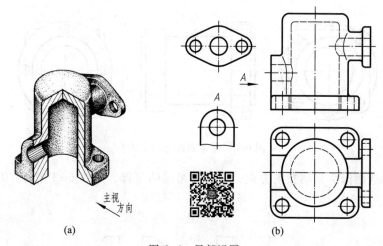

(a)　　　　　　　　　　　　(b)

图 6-4　局部视图

四、斜视图

将机件向不平行于基本投影面的平面投射所得的视图，称为斜视图。

为了表达出机件上倾斜结构的实形，可选用一个平行于倾斜表面的平面①作为投影面，画出它的斜视图即可，如图 6-5 和图 6-6 所示。

斜视图的画法、配置和标注规定如下：

1. 画法

当获得斜视图的投影面是正垂面时，斜视图和主、俯视图之间存在着"长对正、宽相等"的投影规律。如图 6-5 中选用的投影面 P 是正垂面，这时 P 面和 V 面的关系同 H 面和 V 面的

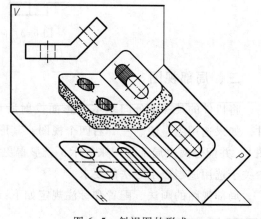

图 6-5　斜视图的形成

_____

① 该平面必须与某个基本投影面垂直。

关系一样，也是相互正交的两投影面间的关系，因此斜视图和主视图间应保持"长对正"；机件在 P 面上的投影也反映机件的宽度，因而斜视图和俯视图间则存在"宽相等"关系（图 6-6）。同理，当获得斜视图的投影面是铅垂面时，斜视图和俯、主视图之间存在着"长对正、高相等"关系。

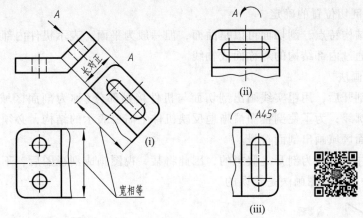

图 6-6　斜视图的画法和标注

斜视图一般只需要表示机件倾斜部分的形状，常画成局部斜视图，其断裂边界一般用波浪线表示，如图 6-6 所示，也可用双折线；但在同一张图上断裂边界只能用同一种线。当所表示的倾斜结构是完整的，且外轮廓线成封闭时，波浪线可省略不画。

2. 配置和标注方法

（1）斜视图通常按向视图的形式配置并标注，最好按投影关系配置，如图 6-6(i)所示，也可平移到其他位置。要注意的是：表示投射方向的箭头应垂直于倾斜表面，但标注的字母则须写成水平方向。

（2）必要时，允许将斜视图转正配置，如图 6-6(ii)、(iii)所示。当斜视图转正配置后，需要加注旋转符号（图 6-7）；旋转符号箭头的指向应与图的旋转方向一致；标注在视图上方的字母应靠近旋转符号的箭头端；需要时也可将旋转角度注写在字母后面。

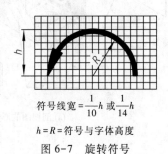

符号线宽 = $\frac{1}{10}h$ 或 $\frac{1}{14}h$

$h = R = $ 符号与字体高度

图 6-7　旋转符号

§6-2　剖视图（GB/T 4458.6—2002）

一、剖视图的概念

假想用剖切面剖开机件，将处在观察者和剖切面之间的部分移去，而将其余部分向投影面投射所得的图形，称为剖视图，简称剖视。图 6-8b 的主视图就是图 6-8a 所示机件的剖视图。

国家标准要求尽量避免使用细虚线表达机件的轮廓及棱线，采用剖视图的目的，就是让机件上一些原来看不见的结构变为可见，用粗实线表示，这样对看图和标注尺寸都比较清晰、方便。

二、剖视图的配置和画法

各种剖视图的配置形式和视图相同。

根据剖视的目的和国家标准中的有关规定，剖视图的画法要点(参看图 6-8～图 6-12)如下。

1. 剖切面及剖切位置的确定

根据机件的结构特点，剖切面可以是曲面，但一般为平面。表示机件内部结构的剖视，剖切平面的位置应通过内部结构的对称面或轴线。

2. 剖视图的画法

机件被假想剖开后，用粗实线画出剖切面与机件接触部分(称为剖面区域)的图形和剖切面后面的可见轮廓线；为了使剖视图清晰地反映机件上需要表示的结构，必须省略不必要的细虚线，然后在剖面区域画出剖面符号。

作图时必须注意：因为剖开是假想的，因此将某一视图画成剖视图后，不影响其他视图的画出，图 6-8c 中的俯视图画法是错误的。

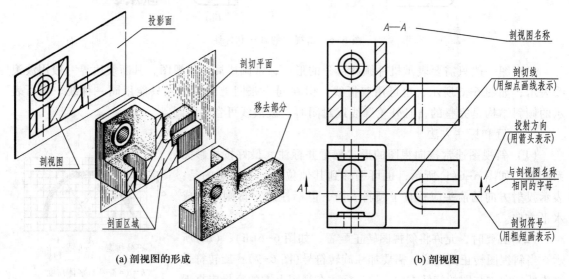

(a) 剖视图的形成   (b) 剖视图

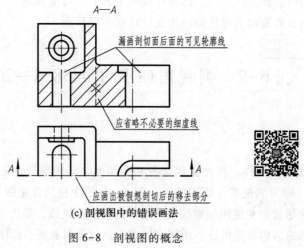

(c) 剖视图中的错误画法

图 6-8　剖视图的概念

3. 剖面符号的画法

在剖面区域中应画出表示机件材料的特定剖面符号，常用的剖面符号如表 6-1 所示。

表 6-1　剖面区域表示法（GB/T 4457.5—2013）

金属材料（已有规定剖面符号者除外）		玻璃及供观察用的其他透明材料		混凝土	
线圈绕组元件		木材	纵断面	钢筋混凝土	
转子、电枢、变压器和电抗器等的叠钢片			横断面	砖	
非金属材料（已有规定剖面符号者除外）		木质胶合板（不分层数）		格网（筛网、过滤网等）	
型砂、填砂、粉末冶金、砂轮、陶瓷刀片、硬质合金刀片等		基础周围的泥土		液体	

注：（1）剖面符号仅表示材料的类型，材料的名称和代号必须另行注明。
　　（2）叠钢片的剖面线方向，应与束装中叠钢片的方向一致。
　　（3）液面用细实线绘制。

剖面线是用 GB/T 4457.4 所指定的细实线画出。在同一金属零件的图中，剖视图中的剖面线应画成间隔相等、方向相同且一般与剖面区域的主要轮廓线或对称线成 45°的平行线，如图 6-9 所示。必要时，剖面线也可画成与主要轮廓线成适当角度的平行线，但其倾斜方向仍应与其他图形的剖面线一致，如图 6-10 所示。

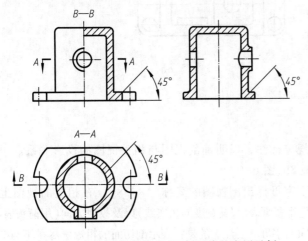

图 6-9　与主要轮廓线成 45°剖面线的应用示例

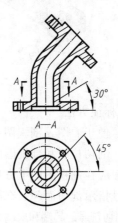

图 6-10　与主要轮廓线成适当角度剖面线的应用示例

4. 虚线的画法

为了使图形更清晰，剖视图中应省略不必要的细虚线。如图 6-8 中，机件左侧结构后端面的高度已可从主、俯两视图中看出，故在 *A—A* 剖视图中不必画出表示其高度的细虚线。但是图 6-11 中，机件凸缘板的高度若无其他视图表示，则需要在主视图中用细虚线来表示。

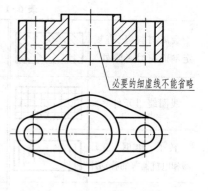

必要的细虚线不能省略

图 6-11 必要的细虚线不能省略

三、剖视图的种类

剖视图种类的划分方法有两种：按剖视的表达范围划分和按剖切面的构成形式划分。

1. 按剖视的表达范围划分

按表达范围来分有全剖视图、半剖视图和局部剖视图三种。

(1) 全剖视图

① 定义

用剖切平面完全地剖开机件所得的剖视图，称为全剖视图。例如图 6-12b 的主、左视图，都是用一个平行于相应投影面的剖切平面完全地剖开机件后所得的全剖视图。

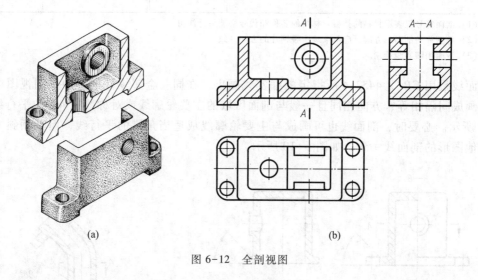

(a)   (b)

图 6-12 全剖视图

② 标注方法

为了便于看图，剖视图一般都应按规定标注，以明确剖视图与相关视图的投影关系。

(i) 剖切位置和剖视图的标注(图 6-8b、图 6-9)

一般应在剖视图的上方用大写的拉丁字母标出剖视图的名称"×—×"。在相应的视图上用剖切符号指示剖切面起、讫和转折位置(用粗短画表示，其宽度同粗实线)以及投射方向(用箭头表示，应画在剖切符号的起端和末端)，并标注相同的字母。要注意的是：表示剖切面的粗短画尽量不与图中的轮廓线相交；同一张图上需要标注的不同图形，表示其名称的字母也不能相同。

必要时，可在剖切符号之间画出剖切线(用细点画线表示)表示剖切面的位置，如图 6-8b

和图 6-28 所示。

（ⅱ）可省略的标注

a. 当剖视图按基本视图形式配置，中间又没有其他图形隔开时，可省略箭头，如图 6-12 和图 6-13 中的 *A—A* 剖视。

b. 当单一剖切平面通过机件的对称平面或基本对称的平面，且剖视图按基本视图形式配置，中间又没有其他图形隔开时，可省略标注，如图 6-12 的主视图。

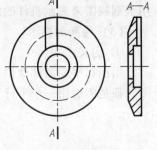

图 6-13　剖切面与机件上的
平面重合时按不剖绘制

全剖视图的缺点是不能表示机件的外形，所以常用于表示外形简单的机件。如果机件的内、外结构都需要全面表达时，可在同一投射方向采用剖视图和视图分别表示内、外结构。

（2）半剖视图

① 定义

当机件具有对称平面时，向垂直于对称平面的投影面上投射所得的图形，可以对称中心线为界，一半画成剖视图，另一半画成视图，这种合成图形称为半剖视图。如图 6-14c 中的主视图和俯视图所示，它们都是用一个平行于相应投影面的剖切平面剖开机件后所得的半剖视图。

② 画法

画半剖视图时应注意下列两点（图 6-14c）：

（ⅰ）半个视图和半个剖视图的分界线是对称中心线（细点画线），不能画成粗实线。

（ⅱ）在半个剖视图中，因为剖切而变为可见的内部结构已用粗实线表示，因此在半个视图中与这些粗实线对称的细虚线不应画出。

对于图上只表达出一半的结构，在标注其对称方向的尺寸时，只能在表示了该结构的那一半画出尺寸界线和箭头，尺寸线应超过对称中心线，如图 6-14c 中的尺寸 φ60 和 110。

③ 标注方法

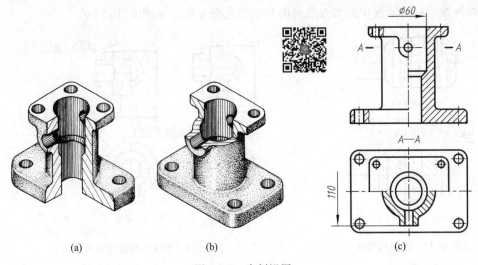

(a)　　　　　　(b)　　　　　　(c)

图 6-14　半剖视图

半剖视图的标注和全剖视图的标注方法完全相同（图6-14c）。

半剖视图能同时表示机件的内、外结构，弥补了全剖视图不能表达机件外部结构的缺点。如果机件的形状接近于对称，且不对称部分已另有图形表达清楚时，也可以画成半剖视图（图6-15）。如果机件虽具有对称面，但外形十分简单时，没有必要画成半剖视图，通常采用全剖视图来表示机件的内部结构，如图6-12b中的 A—A 剖视图。

（3）局部剖视图

① 定义

用剖切平面局部地剖开机件所得的剖视图，称为局部剖视图。如图6-16中的主、俯视图，都是假想用一个平行于相应投影面的剖切平面局部地剖开机件后所得的局部剖视图。

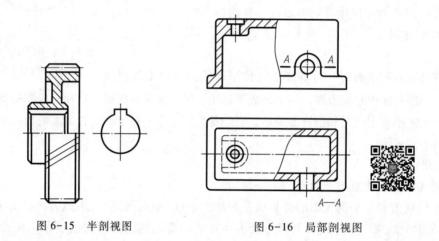

图 6-15　半剖视图　　　　　　　　　图 6-16　局部剖视图

② 画法

局部剖视图用波浪线（图6-16）或双折线分界，它们既不能和图样中其他图线重合，也不能画在其他图线的延长线上（图6-17）；波浪线还不能超过被剖切部分的轮廓线；在观察者与剖切面之间的通孔或缺口的投影范围内，波浪线必须断开（图6-18）。当被剖切结构为回转体时，允许将该结构的轴线作为局部剖视图与视图的分界线，如图6-19所示。

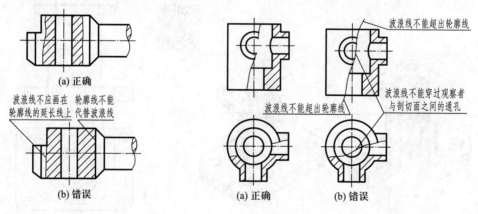

图 6-17　波浪线画法　　　　　　　　图 6-18　波浪线画法正误对比之二
　　　　　正误对比之一

③ 标注方法

局部剖视图一般应按规定标注，如图 6-16 的俯视图。但当用一个平面剖切且剖切位置明显时，局部剖视图的标注可省略，如图 6-16 中的主视图所示。

局部剖视图的应用不受机件形状是否对称的条件限制，且具有同时表达机件内、外结构的优点，所以应用比较广泛。局部剖视图常用于下列情况：

（i）同时需要表示不对称机件的内、外结构，如图 6-16、图 6-18a 所示。

（ii）表示实心机件上的槽、孔结构，如图 6-17a 所示。

（iii）表示机件上的底板、凸缘上的小孔等结构，如图 6-14c 中主视图的左边所示。

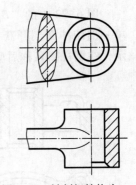

图 6-19 被剖切结构为回转体的局部剖视图

2. 按剖切面的构成形式划分

根据机件的结构特点，可选用以下的剖切面剖开机件：单一剖切面、几个平行的剖切平面和几个相交的剖切平面（交线垂直于某一投影面）。

（1）单一剖切面

① 用单一剖切平面剖开

（i）用投影面平行面剖开　前面所有剖视图图例（图 6-9~图 6-19）都是采用这种剖切面剖开获得的，其画法和标注方法已作了介绍，因此不再赘述。

（ii）用投影面垂直面剖开　图 6-20 中的 A—A 剖视图就是用正垂面剖开获得的。这种剖视图习惯上称为斜剖视图。斜剖视图的画法和配置与斜视图相同，只是在剖面区域要加画剖面符号。斜剖视图的剖切符号和名称必须标注齐全，不得省略（图 6-20）。图 6-21 中的 A—A 为局部斜剖视图的画法和标注示例。

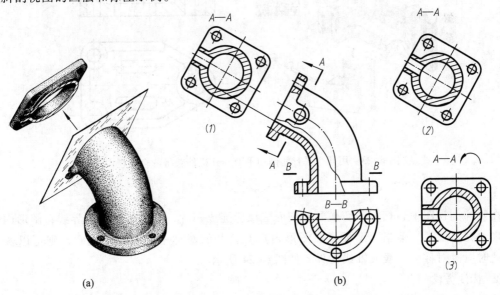

图 6-20　用单一剖切平面斜剖获得的全剖视图

② 用单一剖切柱面剖开

图 6-22 中的"*B—B* ◯" 局部剖视图，是为了表达弧形槽深度方向的形状特点而采用单一剖切柱面剖开获得的剖视图。这种剖视图一般应按展开绘制，其标注方法如图 6-22 所示，在剖视图名称后应加展开符号"◯"（详见表 7-7）。

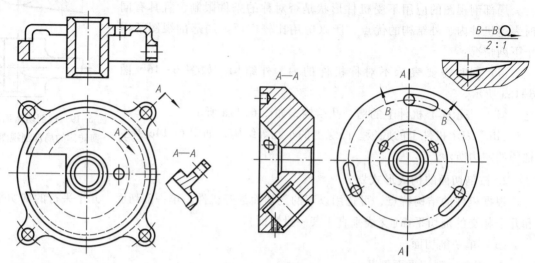

图 6-21 局部斜剖视图   图 6-22 用单一剖切柱面剖开机件获得的局部剖视图

（2）几个平行的剖切平面

用几个平行的剖切平面剖开机件获得的剖视图习惯上称为阶梯剖视图，如图 6-23 所示。

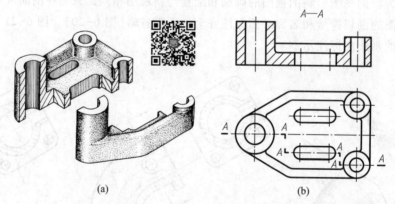

(a)   (b)

图 6-23 用几个平行的剖切平面剖开机件获得的全剖视图

① 画法

在阶梯剖视图中，相邻剖切平面的剖面区域应连成一片，中间不能画分界线；图形内也不得出现不完整要素。但当两个要素在图形内具有公共的对称中心线或轴线时，则可以各画一半，此时应以对称中心线或轴线为界，如图 6-24 所示。

② 标注方法

阶梯剖视图必须按规定标注，如图 6-23b 所示。剖切符号转折处的转折点不能在图形的轮廓线上。当转折处地位有限，又不致引起误解时，允许省略字母，如图6-24所示。

（3）几个相交的剖切面（交线垂直于某一投影面）

① 画法

用几个相交的剖切平面剖开机件获得的剖视图如图6-25所示。采用这种方法画剖视图时，应注意有些结构需要先"旋转"后"投射"。即先假想按剖切位置剖开机件，然后将被剖切平面剖开的结构及有关部分旋转到与选定的投影面平行再进行投射，见图6-26～图6-29；或采用展开画法，此时应标注"×—×ᴑ⌐"，见图6-30。在剖切平面后的其他结构，一般仍按原来位置投射，见图6-27中的油孔。当剖切后产生不完整要素时，将此部分按不剖绘制，如图6-28中的臂。

两个相交的剖切平面旋转后投射获得的剖视图，习惯上称为旋转剖视图。

② 标注方法

用几个相交的剖切面获得的剖视图，必须按规定标注。当转折处位置有限，又不致引起误解时，允许省略标注字母，如图6-27所示。两组或两组以上相交的剖切平面，在剖切符号交汇处用大写字母"O"标注，如图6-29所示（图中用粗实线和细实线表示的孔为螺孔，参见§7-2）。

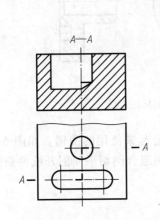

图6-24　有公共对称中心线或轴线的
结构的阶梯剖方法

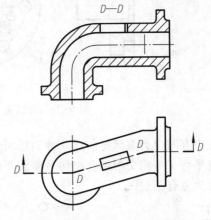

图6-25　用几个相交的剖切
平面剖开机件获得的全剖视图

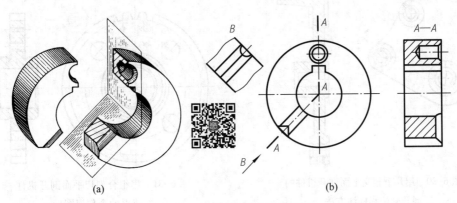

(a)　　　　　　　　　　　　(b)

图6-26　旋转绘制的全剖视图

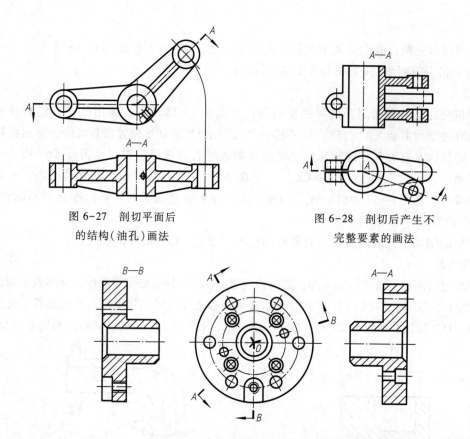

图 6-27　剖切平面后
的结构(油孔)画法

图 6-28　剖切后产生不
完整要素的画法

图 6-29　两组相交的剖切平面的标注方法

工程中有时也会看到将前述几种剖切面构成形式组合起来使用的图例。如图 6-31 中，采用了既有平行又有相交的组合剖切平面剖开机件，这种用组合剖切平面剖开机件获得的剖视图习惯上称为复合剖视图。

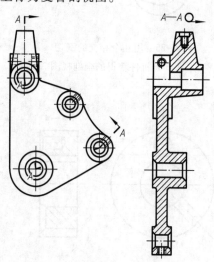

图 6-30　用几个相交平面剖开机件的
展开画法和标注方法

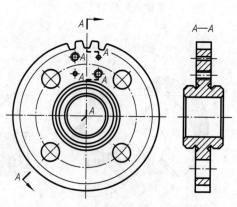

图 6-31　用组合剖切平面剖开机件
获得的全剖视图

不管是采用哪种剖切面构成形式剖开机件，均可以获得全剖视图、半剖视图和局部剖视图。

四、视图和剖视图的特殊标注方法示例

巧用视图和剖视图的标注方法，可以达到既便于看图，又便于绘图的目的，见图 6-32~图 6-37 所示的图例。

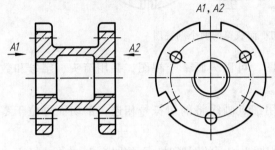

图 6-32　两个相同视图的表示

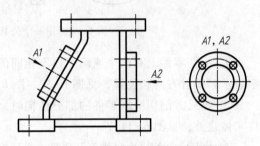

图 6-33　两个图形相同的局部视图和局部斜视图的表示

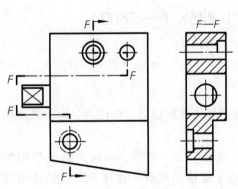

图 6-34　部分剖切结构的表示

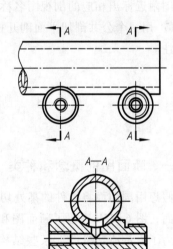

图 6-35　用几个剖切平面获得相同图形的剖视图

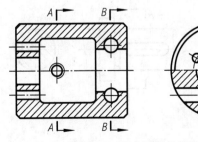

图 6-36　合成图形的剖视图

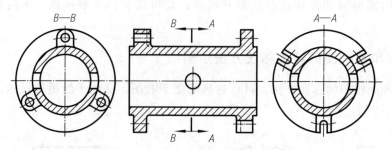

图 6-37 用一个公共剖切平面获得的两个剖视图

① 一个零件上有两个或两个以上相同的视图，可以只画一个视图，并用箭头、字母和数字表示其投射方向和位置，见图 6-32、图 6-33。

② 当只需剖切绘制零件的部分结构时，应用细点画线将剖切符号相连，剖切面可位于零件实体之外，见图 6-34。

③ 用几个剖切平面分别剖开机件，得到的剖视图为相同的图形时，可按图 6-35 的形式标注。

④ 可将投射方向一致的几个对称图形各取一半(或四分之一)合并成一个图形。此时可在剖视图附近标出相应的剖视图名称 "×—×"，见图 6-36。

⑤ 用一个公共剖切平面剖开机件，按不同方向投射得到的两个剖视图，按图 6-37 的形式标注。

§6-3 断面图(GB/T 4458.6—2002)

一、断面图的概念和种类

假想用剖切面将机件的某处切开，仅画出剖切面与机件接触部分的图形，称为断面图，简称断面，图 6-38b 表明了断面图和剖视图的区别。

为了表示清楚机件上某些结构的形状，如肋、轮辐、孔、槽等，可画出这些结构的断面图。图 6-38b 就可采用断面图配合主视图来表示轴上键槽的形状，这样表示显然比用剖视图更为简明。

断面图分移出断面图和重合断面图两种。

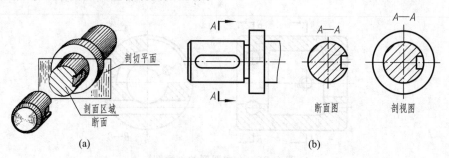

(a)   (b)

图 6-38 断面图的概念

二、移出断面图

1. 移出断面图的画法

（1）移出断面图的图形应画在视图之外，其轮廓线用粗实线绘制，剖面区域内一般要画剖面符号。

（2）当剖切面通过回转面形成的孔或凹坑的轴线时，这些结构均按剖视要求绘制，即孔口或凹坑口画成闭合，如图 6-39a 的右边断面图和图 6-40 的 *A—A* 断面图所示。当剖切面通过非圆形通孔，会导致断面图出现完全分离的两部分时，这些结构也应按剖视图绘制，如图 6-41 中的 *A—A* 断面图。

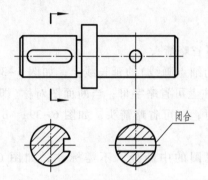
(a) 断面配置在剖切符号或剖切线的延长线上

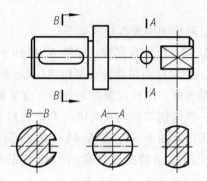
(b) *A—A*、*B—B* 断面未配置在剖切符号的延长线上

图 6-39　移出断面的常用配置和标注方法

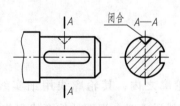

图 6-40　移出断面按投影
关系配置

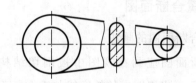

图 6-41　移出断面画在
视图中断处

（3）断面图应表示结构的正断面形状，因此剖切面要垂直于机件结构的主要轮廓线、轴线或对称中心线，如图 6-42、图 6-43 所示。

（4）由两个或多个相交的剖切平面剖切得出的移出断面图，中间一般应断开，如图 6-44 所示。

2. 移出断面图的配置和标注

移出断面图的标注和配置有关，其基本标注方法与剖视图相似，一般在断面图上方标出名称"×—×"，在视图的相应部位标出表示剖切位置的剖切符号和投射方向，并写上相同字母，如图 6-39b 中的 *B—B* 断面图所示。

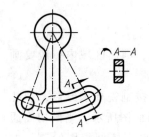

图 6-42 断面图形
分离时的画法

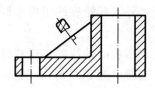

图 6-43 剖切平面必须
垂直于被剖切结构的轮廓线

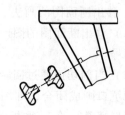

图 6-44 相交两剖切平面剖切
得到的移出断面，中间应断开

移出断面图的配置形式如下：

（1）按投影关系配置，如图 6-40 所示；标注上可省略箭头。

（2）配置在剖切符号或剖切线（表示剖切面位置的细点画线）的延长线上，如图 6-39a 中的两个断面图。这种配置便于看图，应尽量采用。标注上可省略字母；当断面图对称（即断面图存在一条与剖切符号或剖切线平行的对称中心线）时，还可省略箭头，如图 6-39a、b 中右边的断面图和图 6-43、图 6-44 中的断面图所示。

（3）断面图的图形对称时，可将断面图画在视图的中断处，不需标注，如图 6-41 所示。

（4）配置在其他位置，如图 6-39b 中的 A—A 和 B—B 两个断面图。

（5）在不致引起误解时，允许将倾斜剖切面切开的断面图转正配置；其标注方法与斜剖视图相同，如图 6-42 所示。

三、重合断面图

1. 重合断面图的画法

重合断面图应画在视图中被剖切结构的投影轮廓之内，其轮廓线用细实线绘制，如图 6-45所示。当视图中的轮廓线与重合断面图的轮廓线重叠时，视图的轮廓线仍应连续画出，不可间断，如图 6-45b 所示。移出断面图画法的其他规定都适用于重合断面图。

2. 重合断面图的标注

不对称的重合断面图可省略标注，对称的重合断面图不必标注，如图 6-45 所示。

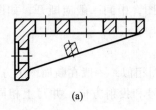

(a)

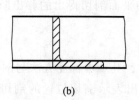

(b)

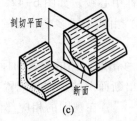

(c)

图 6-45 重合断面图的画法

§6-4 局部放大图

将机件的部分结构，用大于原图形所采用的比例画出的图形，称为局部放大图。局部放大图可以画成视图、剖视图、断面图，它与被放大部分的表示方法无关。当机件上的某些细小结构在原图形中表示得不清楚或不便于标注尺寸时，就可采用局部放大图，如图 6-46 所示。

局部放大图应尽量配置在被放大部位的附近。

绘制局部放大图时，除螺纹牙型、齿轮和链轮的齿形外，应按图 6-46、图 6-47 用细实线圈出被放大的部位。当同一机件上有几个被放大的部分时，应用罗马数字依次标明被放大的部位，并在局部放大图的上方标注出相应的罗马数字和所采用的比例，如图 6-46 所示。

当机件被放大的部分仅有一个时，在局部放大图的上方只需注明所采用的比例，如图 6-47 所示。

同一机件上不同部位的局部放大图，当图形相同或对称时，只需画出一个，如图 6-48 所示。

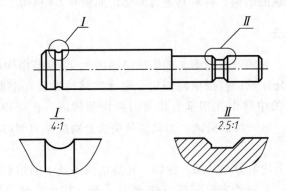

图 6-46 局部放大图

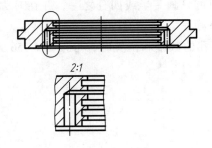

图 6-47 仅有一个被放大部位的
局部放大图

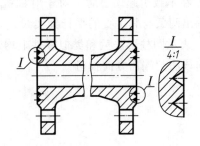

图 6-48 被放大部位图形相同的
局部放大图画法

§6-5 简化图样画法(GB/T 16675.1—2012)

国家标准《技术制图》制定了简化表示法，其简化原则是：

（1）简化必须保证不致引起误解和不会产生理解的多义性。在此前提下，应力求制图简便。

（2）便于识读和绘制，注重简化的综合效果。

（3）在考虑便于手工制图和计算机制图的同时，还要考虑缩微制图的要求。

简化表示法由简化画法和简化注法组成。本节仅摘要介绍简化表示法中的图样画法，简化表示法中的尺寸注法参见§7-7中的第四部分。

一、简化图样画法的基本要求

（1）应避免不必要的视图和剖视图（图6-49）。

（2）在不致引起误解时，应避免使用细虚线表示不可见的结构（图6-50）。

（3）尽可能使用有关标准中规定的符号表达设计要求，如表7-5中的中心孔表示法。

（4）尽可能减少相同结构要素的重复绘制（图6-51）。

（5）对于已清晰表达的结构，可对其进行简化，如图6-54所示。

二、简化图样画法

（1）对于机件的肋、轮辐及薄壁等，如按纵向剖切①，则这些结构都不画剖面符号，而用粗实线将它与其邻接部分分开；若按横向剖切，则这些结构需要画剖面符号，如图6-52a所示。图6-52b所示机件的中部由互相垂直相交的两块肋构成，在获得主、左两个剖视图时，两块肋中的一块被纵剖，另一块被横剖，因此这两块肋分别按纵向剖切和横向剖切的规定画法绘制。

（2）当零件回转体上均匀分布的肋、轮辐、孔等结构不处于剖切平面上时，可将这些结构旋转到剖切平面上画出，且对均布孔只需详细画出一个，其余只画出轴线即可，如图6-53b和图6-54a、b所示。

（3）在不致引起误解时，对于对称机件的视图可只画一半或四分之一，并在对称中心线的两端画出两条与其垂直的平行细实线，如图6-55所示。

（4）表示圆柱形法兰和类似零件上均匀分布的孔的数量和位置时，可按图6-56绘制（由机件外向该法兰端面方向投射）。

---

① 纵向剖切：对于肋和薄壁，是指剖切平面垂直于厚度方向，从厚度中间剖切；对于轮辐，是指剖切平面通过其轴线剖切。垂直于纵向剖切方向的剖切，称为横向剖切。

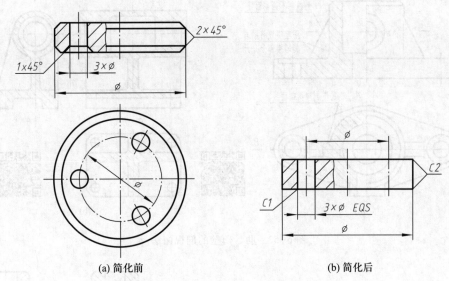

(a) 简化前　　　　　　　　　　　　　　(b) 简化后

图 6-49　表达同一个零件简化后少用一个视图

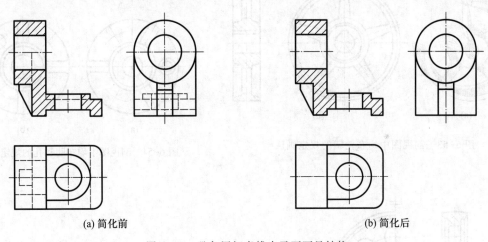

(a) 简化前　　　　　　　　　　　　　　(b) 简化后

图 6-50　避免用细虚线表示不可见结构

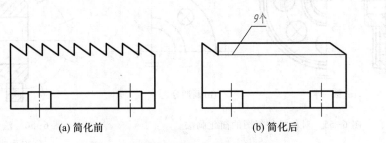

(a) 简化前　　　　　　　　　　　　　(b) 简化后

图 6-51　减少相同结构要求的重复绘制

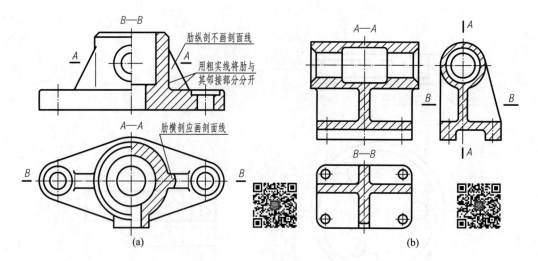

图 6-52　肋、薄壁的剖视画法

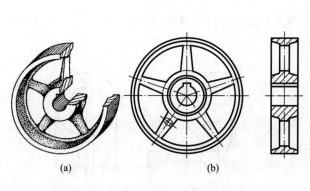

图 6-53　剖视图中均布轮辐的规定画法

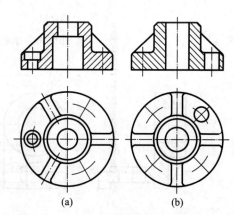

图 6-54　剖视图中均布肋和孔的规定画法

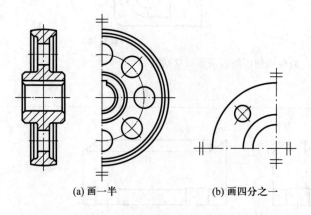

(a) 画一半　　　　(b) 画四分之一

图 6-55　对称机件视图的简化画法

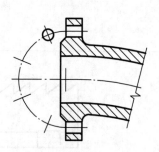

图 6-56　法兰上均匀
分布孔的画法

（5）当机件具有若干相同结构（如齿、槽等）并按一定规律分布时，只需画出几个完整的结构，其余用细实线连接，在零件图中则必须注明该结构的总数，如图 6-57a 所示。当这些相同结构是直径相同的孔（圆孔、螺孔、沉孔等）时，可仅画出一个或几个，其余只需用细点画线或"✛"表示其中心位置，在零件图中应注明孔的总数，如图 6-57b、c 所示。

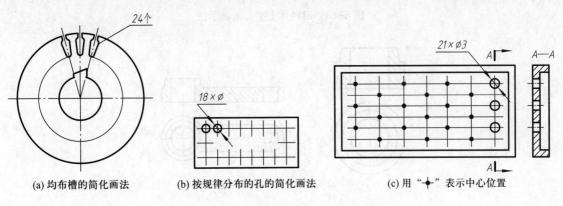

(a) 均布槽的简化画法　　(b) 按规律分布的孔的简化画法　　(c) 用"✛"表示中心位置

图 6-57　重复要素的简化画法举例

（6）在剖视图的剖面区域内可再作一次局部剖。采用这种表示方法时，两个剖面区域的剖面线应同方向、同间隔，但要互相错开，并用引出线标注其名称，如图 6-58 所示（如果剖切位置明显,也可省略不注）。

（7）当需要表示位于剖切平面前的结构时，这些结构按假想投影的轮廓线（细双点画线）绘制，如图 6-59 所示的槽。

（8）当回转体零件上的平面在图形中不能充分表示时，可用两条相交的细实线表示这些平面，如图 6-60 所示。

（9）当机件上较小的结构及斜度等已在一个图形中表达清楚时，其他图形应当简化或省略，如图 6-61 所示。

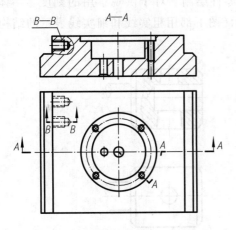

图 6-58　在剖视图的剖面区域内再作
局部剖的画法

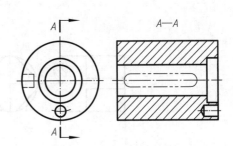

图 6-59　剖切平面前的结构画法

(a) 立体图

(b) 轴上的矩形平面画法

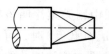
(c) 锥形平面画法

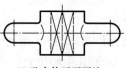
(d) 孔内的平面画法

图 6-60　回转体上平面的表示法

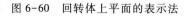

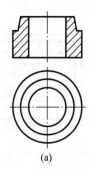
(a)

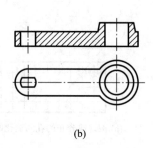
(b)

图 6-61　较小结构及斜度的简化画法

（10）在不致引起误解时，机件表面交线（截交线、相贯线、过渡线）可用简化画法，包括省略不画，或用直线代替曲线（图 6-62），用圆弧代替非圆曲线等。

（11）在局部放大图表达完整的前提下，允许在原视图中简化被放大部位的图形，如图 6-63所示。

（12）与投影面倾斜角度≤30°的圆或圆弧，其投影可以用圆或圆弧来代替，如图 6-64 俯视图所示。

（13）滚花一般采用在轮廓线附近用粗实线局部画出的方法表示，也可省略不画，图 6-65所示为网状滚花的简化画法。

（14）由透明材料制成的零件，均按不透明零件绘制。对于供观察用的刻度、字体、指针、液面等可按可见轮廓线绘制，如图 6-66 所示（图下部用粗实线和细实线表示的结构为螺纹，参见§7-2）。

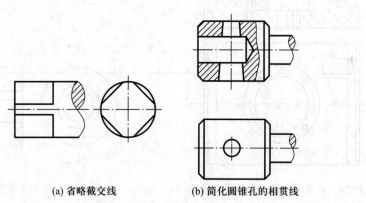
(a) 省略截交线　　　　　　　　　　(b) 简化圆锥孔的相贯线

图 6-62　表面交线的简化画法

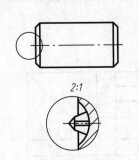

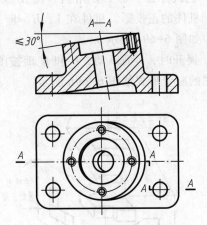

图 6-63　被放大部位的简化画法　　　　　　　图 6-64　≤30°倾斜圆的简化画法

（15）在不致引起误解的情况下，剖面符号可省略（图 6-67）。

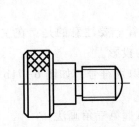

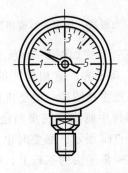

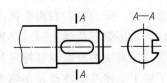

图 6-65　网状滚花简化画法　　　图 6-66　供观察用透明材料　　图 6-67　断面图中省略剖面符号
　　　　　　　　　　　　　　　　　　后面的形状按可见绘制

§6-6　第三角画法简介

　　世界各国的技术图样，有的采用第一角画法，有的采用第三角画法，我国国家标准规定优先采用第一角画法。随着改革开放政策的推进，我国与国外的技术交流与贸易活动与日俱增，为了消除单纯采用第一角画法势必造成的技术障碍，国家标准确认：必要时（如按合同规定）允许采用第三角画法。下面对第三角画法进行简单介绍。

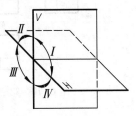

图 6-68　四个分角

　　图 6-68 表示两个互相垂直的投影面 V 和 H，将空间分成四个分角，其编号如图所示。将机件置于第一分角内，并使机件处于观察者和投影面之间，从而得到相应的正投影图，这样的画法就是本书前面

所讲述的第一角画法。第三角画法的特点是:

(1)把机件置于第三分角内,使投影面处于观察者和机件之间,假想投影面是透明的,从而得到机件的正投影。机件在 V、H、W 三个投影面上的投影,分别称为主视图、俯视图和右视图,如图 6-69a 所示。

(2)展开时, V 面不动, H 和 W 面按图 6-69a 所示箭头方向绕相应投影轴旋转 90°,展开后三视图的配置形式如图 6-69b 所示。

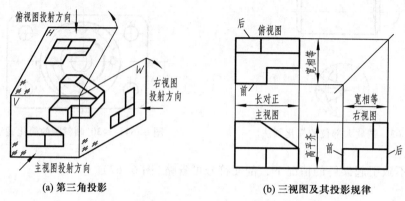

| (a) 第三角投影 | (b) 三视图及其投影规律 |

图 6-69　第三角画法三视图的形成和投影规律

(3)第三角画法六个基本视图的配置形式如图 6-70 所示。

六个基本视图同样存在"长对正、高平齐、宽相等"的投影规律。要注意的是:在主视图旁边的俯、仰、左、右四个视图,靠近主视图的一边是机件前面的投影。

(4)采用第三角画法时,必须在图样中画出第三角画法的投影识别符号,如图 6-71b 所示。第一角画法的投影识别符号如图 6-71a 所示,必要时也应画出。

了解了上述基本特点,在熟悉了第一角画法的基础上,就不难掌握第三角画法。
在采用第一角画法绘制的图样中,允许按第三角画法绘制局部视图,这种局部视图应配置在视图上所需表示机件局部结构的附近,并用细点画线将两者相连,见图 6-72~图 6-75。此时,无须另行标注。

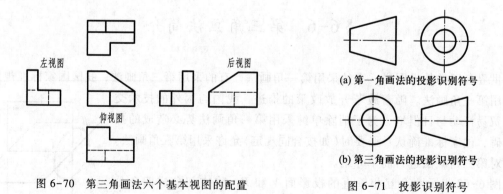

| 图 6-70　第三角画法六个基本视图的配置 | 图 6-71　投影识别符号 |

(a) 第一角画法的投影识别符号

(b) 第三角画法的投影识别符号

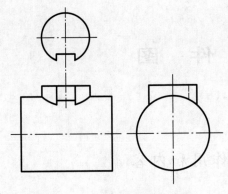

图 6-72　按第三角画法配置的
局部视图(一)

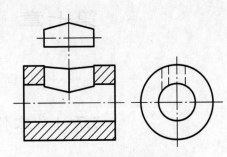

图 6-73　按第三角画法配置的
局部视图(二)

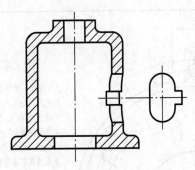

图 6-74　按第三角画法配置的
局部视图(三)

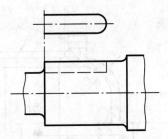

图 6-75　按第三角画法配置的
局部视图(四)

第七章 零件图

§7-1 零件图的作用和内容

任何机器都是由零件组成的，表示零件结构、大小及技术要求等内容的图样称为零件图。图 7-1 为分马力电动机前端盖的零件图。

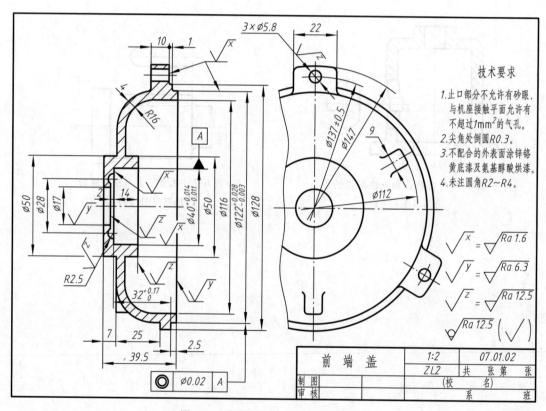

技术要求

1. 止口部分不允许有砂眼，与机座接触平面允许有不超过 $1mm^2$ 的气孔。
2. 尖角处倒圆 R0.3。
3. 不配合的外表面涂锌铬黄底漆及氨基醇酸烘漆。
4. 未注圆角 R2~R4。

图 7-1 分马力电动机前端盖零件图

零件图是制造零件的依据，必须具备下列内容：

1）一组图形 完整、清晰地表达零件的结构形状。

2）全部尺寸 把零件各部分的大小和相对位置确定下来，同时也表达了形状。

3）技术要求 如尺寸公差、几何公差、表面结构要求、表面处理、热处理等。

4）标题栏 填写零件的名称、材料、图样比例、图号、制图单位名称，以及设计、审核、批准者的签名和图样的修改记录等。

本章主要讲述零件图的视图选择、尺寸的合理标注、表面结构的表示法、极限与配合的注法、几何公差和零件上一些常见结构的表示法。

§7-2　零件上的螺纹和常见工艺结构的表示法

要掌握绘制和阅读图样的能力，必须对零件上常见的结构要素有所了解，下面介绍螺纹和一些常见工艺结构的基本知识和表示方法，以后还要介绍另一些常见结构要素的表示方法。

一、螺纹表示法

1. 螺纹的基本知识（GB/T 14791—2013）

螺纹是指在圆柱或圆锥表面上，具有相同牙型、沿螺旋线连续凸起的牙体（图7-3）。凹陷部分称为螺纹牙槽。连接两个相邻牙侧的牙体顶部表面称为牙顶；连接两个相邻牙侧的牙槽底部表面称为牙底。在外表面上形成的螺纹称为外螺纹，在内表面上形成的螺纹称为内螺纹。常见的螺钉和螺母上的螺纹分别是外螺纹和内螺纹。

由于圆柱螺纹应用广泛，因此下面主要介绍圆柱螺纹。

（1）螺纹的要素

① 螺纹牙型　在螺纹轴线平面内的螺纹轮廓形状称为螺纹牙型。常见的螺纹牙型如图7-2所示。

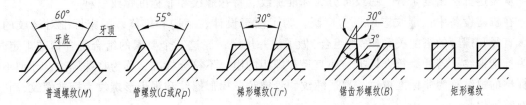

图7-2　常见的螺纹牙型

普通螺纹（特征代号为"M"）用来紧固连接零件，属于紧固螺纹。圆柱管螺纹（特征代号为"G或Rp"）用来连接管件，称为连接螺纹。梯形螺纹（特征代号为"Tr"）、锯齿形螺纹（特征代号为"B"）和矩形螺纹一般用来传递运动和动力，称为传动螺纹。

② 公称直径　代表螺纹尺寸的直径。螺纹直径有大径（d、D）、小径（d_1、D_1）和中径（d_2、D_2）（外螺纹的符号用小写，内螺纹的符号用大写），如图7-3所示。与外螺纹牙顶或内螺纹牙底相切的假想圆柱的直径（即螺纹的最大直径）称为大径。与外螺纹牙底或内螺纹牙顶相切的假想圆柱的直径（即螺纹的最小直径）称为小径。在大径和小径之间假想有一个圆柱，其母线通过螺纹上牙体厚与牙槽宽相等的地方，此假想圆柱称为中径圆柱，其母线称为中径线，其直径称为中径。对紧固螺纹和传动螺纹，其大径基本尺寸是螺纹的代表尺寸。

③ 螺纹线数　只有一个起始点的螺纹称为单线螺纹；具有两个或两个以上起始点的螺纹称为多线螺纹，如图7-4所示。

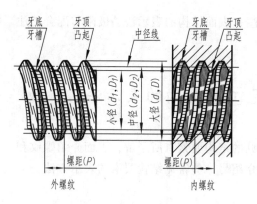

图 7-3 螺纹的基本尺寸

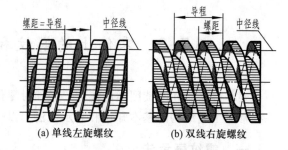

(a) 单线左旋螺纹　　(b) 双线右旋螺纹

图 7-4 螺纹的线数和旋向

④ 螺距(P)和导程(P_h)　相邻两牙体上的对应牙侧与中径线相交两点间的轴向距离称为螺距；最邻近的两同名牙侧与中径线相交两点间的轴向距离称为导程。

对于单线螺纹，螺距＝导程；对于多线螺纹，螺距＝导程/线数，如图 7-4 所示。

⑤ 旋向　顺时针旋转时旋入的螺纹，称为右旋螺纹；逆时针旋转时旋入的螺纹，称为左旋螺纹，如图 7-4 所示。在机器中右旋螺纹用得较多。

螺纹由牙型、大径、螺距、线数、旋向五个因素确定，因此通常称之为螺纹的五要素，只有五要素都相同的外螺纹和内螺纹才能互相旋合。

（2）螺纹的种类

从表达方法角度来分，螺纹可分为标准螺纹、特殊螺纹和非标准螺纹三种。

在机器设备中，螺纹应用极为广泛，为了便于设计、制造和维修，国家标准对螺纹的牙型、直径和螺距的搭配关系（称为组合）做了统一规定；当这三个要素的组合符合标准规定时，称为标准螺纹；若牙型符合标准，而直径和螺距的组合不符合标准，称为特殊螺纹；牙型不符合标准的螺纹称为非标准螺纹。普通螺纹、管螺纹、梯形螺纹和锯齿形螺纹为标准螺纹，它们都有特征代号。

根据使用需要，普通螺纹又有粗牙和细牙之分，就是公称直径相同而螺距不同，螺距最大的一种称为粗牙螺纹，其余称为细牙螺纹。

2. 螺纹的表示法

画螺纹的投影很麻烦，但螺纹又是按规律形成的，其形状特征可用五要素来确定，所以生产图纸上也没必要把螺纹的真实投影画出来。为了便于看图和画图，国家标准规定用画法和标注两方面相结合的方法来表示螺纹。

（1）螺纹的画法规定（参看表 7-1）

除了以上画法规定之外，为了方便绘图，通常将螺纹的小径画成大径的 0.85 倍左右，这是一种近似画法。

（2）螺纹的标注方法

由于螺纹在图形上只用粗、细两条图线表示，对其五要素及尺寸精度要求在图形上并未作任何表达，因此国家标准规定用标记来表达螺纹的设计意图。

表 7-1 螺纹的画法规定

螺纹的画法规定		图　例
① 螺纹为可见时，牙顶用粗实线表示，牙底用细实线表示，在螺杆的倒角①或倒圆部分，细实线也应画出。在垂直于螺纹轴线的投影面的视图中，表示牙底的细实线圆只画约 3/4 圈。 ② 有效螺纹②的终止线（简称螺纹终止线）用粗实线表示，外螺纹终止线处被剖开时，螺纹终止线只画出表示牙型高度的一小段。 ③ 不可见螺纹的所有图线都画成细虚线。 ④ 在剖视图或断面图中，内、外螺纹的剖面线都应画到粗实线	外螺纹 内螺纹	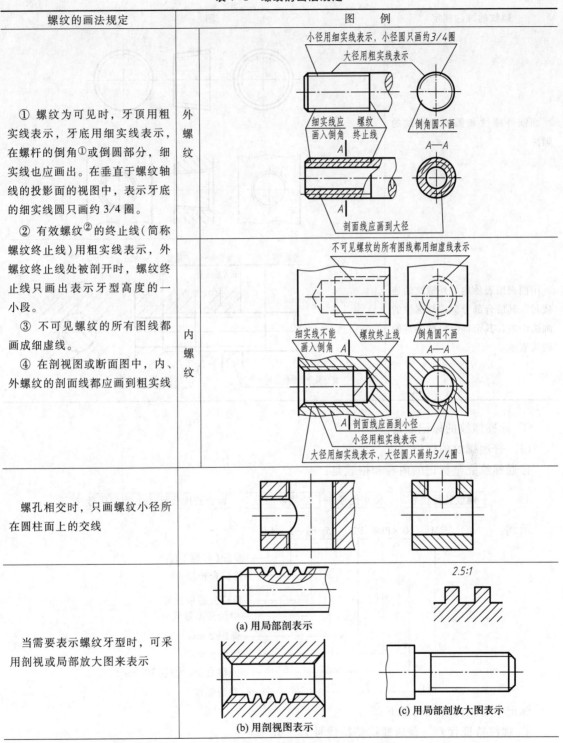
螺孔相交时，只画螺纹小径所在圆柱面上的交线		
当需要表示螺纹牙型时，可采用剖视或局部放大图来表示		(a) 用局部剖表示　2.5:1 (b) 用剖视图表示　(c) 用局部剖放大图表示

①② 螺纹倒角和有效长度的概念，参看图 7-6 和图 7-7 及有关文字说明。

螺纹的画法规定	图　例
圆锥外螺纹和圆锥内螺纹的画法	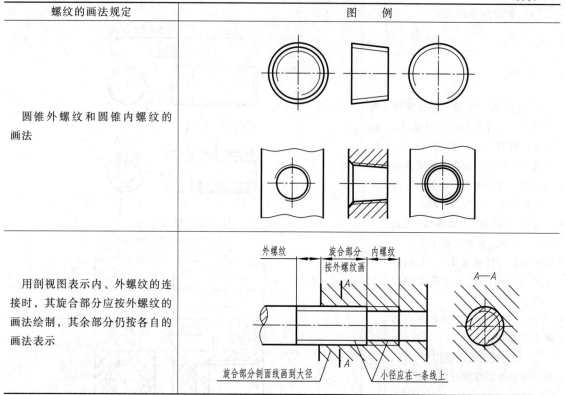
用剖视图表示内、外螺纹的连接时，其旋合部分应按外螺纹的画法绘制，其余部分仍按各自的画法表示	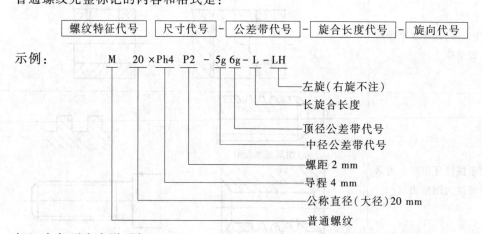

① 标准螺纹的标记规定

（i）普通螺纹的标记

普通螺纹完整标记的内容和格式是：

| 螺纹特征代号 | 尺寸代号 | - | 公差带代号 | - | 旋合长度代号 | - | 旋向代号 |

示例：　　　M　20×Ph4 P2 - 5g 6g- L -LH

- 左旋（右旋不注）
- 长旋合长度
- 顶径公差带代号
- 中径公差带代号
- 螺距 2 mm
- 导程 4 mm
- 公称直径（大径）20 mm
- 普通螺纹

标记中各项内容说明如下：

ⅰ 螺纹特征代号　普通螺纹特征代号为"M"。

ⅱ 尺寸代号　注写形式为：公称直径×Ph 导程 P 螺距。单线螺纹则写成"公称直径×螺距"，不写"Ph 导程"和"P"；如果是粗牙螺纹，则不注螺距。

ⅲ 公差带[1]代号 5g 和 6g 分别表示中径和顶径[2]的公差带代号，数字后面的字母，外螺纹用小写，内螺纹用大写。如果中径和顶径的公差带代号相同，则写一个代号，例如：M20×2-6H、M20-6g。当公称直径≥1.6 mm 时，6H 或 6g 公差带代号在标记中不注出，写成 M20×2、M20。

ⅳ 旋合长度代号 两个相互配合的螺纹在轴线方向上相互旋合部分的长度，称为旋合长度。普通螺纹分为短旋合长度、中等旋合长度和长旋合长度三组，相应代号为 S、N 和 L，其数值可查国家标准。中等旋合长度"N"不注。

ⅴ 旋向代号 左旋螺纹注出"LH"，例如 M8×1-4h-LH。右旋不注。

（ⅱ）梯形螺纹的标记（GB/T 5796.4—2022）

梯形螺纹完整标记的内容和格式是：

$$\boxed{\text{梯形螺纹代号}}-\boxed{\text{中径公差带代号}}-\boxed{\text{旋合长度代号}}-\boxed{\text{旋向代号}}$$

示例：Tr52×8-7e

　　　Tr52×16P8-8H/8e-L-LH

标记中各项内容说明如下：

① 梯形螺纹代号 注写形式为：特征代号 Tr 公称直径×导程 P 螺距。单线螺纹,只注螺距数值,符号"P"不写,例如:Tr52×8。

ⅱ 中径公差带代号 数字后面的字母,外螺纹用小写,内螺纹用大写。当表示螺纹配合时,内螺纹公差带代号 8H 在前,外螺纹公差带代号 8e 在后,中间用"/"分开。

ⅲ 旋合长度代号 旋合长度分为 L(长组)和 N(中等组),"N"不注。

ⅳ 旋向代号 左旋螺纹注出"LH",右旋不注。

（ⅲ）锯齿形螺纹的标记（GB/T 13576.4—2008）

锯齿形螺纹完整标记的内容和格式是：

$$\boxed{\text{锯齿形螺纹代号}}-\boxed{\text{中径公差带代号}}-\boxed{\text{旋合长度代号}}$$

示例：B40×7-7e

　　　B40×14(P7)LH-8H/8e-L

标记中各项内容说明如下：

① 锯齿形螺纹代号 表示螺纹的五要素,注写形式为：特征代号 B 公称直径×导程（P 螺距）旋向代号。单线螺纹只注螺距数值,符号"P"不写,也不打括号。左旋螺纹注出"LH",右旋不注。

ⅱ 中径公差带代号 与梯形螺纹的中径公差带代号要求一样。

ⅲ 旋合长度代号 与梯形螺纹的旋合长度代号要求一样。

（ⅳ）55°管螺纹的标记

55°管螺纹按用途分为两种：非密封管螺纹和密封管螺纹。

① 55°非密封圆柱管螺纹的标记（GB/T 7307—2001）

55°非密封圆柱管螺纹的标记和格式，因其内、外螺纹而不同。

---

① 公差带的概念参看§7-6第二部分。

② 顶径是与牙顶相重合的假想圆柱的直径，指外螺纹的大径和内螺纹的小径。

外螺纹： | 特征代号 | - | 尺寸代号 | - | 公差等级代号 | - | 旋向代号 |

内螺纹： | 特征代号 | - | 尺寸代号 | - | 旋向代号 |

特征代号　55°非密封圆柱管螺纹特征代号　G

尺寸代号　指教材附表12中的第一列、由国家标准规定的分数和整数。与尺寸代号相对应的管子的螺纹尺寸可通过查阅相关国家标准获得。

公差等级[①]代号　外螺纹分为A级和B级两种，内螺纹只有一种，不注公差等级代号。

旋向代号　左旋螺纹注出"LH"，右旋不注。

标记示例：外螺纹　G1/2A-LH；G1B

与之旋合的内螺纹　G1/2-LH；G1

ⅱ 55°密封管螺纹的标记（GB/T 7306—2000）

密封管螺纹的标记和格式(参看表7-2)如下：

| 螺纹特征代号 | - | 尺寸代号 | - | 旋向代号 |

表7-2　55°密封管螺纹的标记

螺 纹 种 类	特 征 代 号	标 记 示 例	附　　注
圆柱内螺纹	Rp	Rp3/4-LH	与 R_1 配合
圆锥外螺纹	R_1	$R_1$1/2	与 Rp 配合，组成 Rp/R_1 螺纹副[②]

密封管螺纹的标记和格式比非密封管螺纹外螺纹缺少公差等级代号这一项，因为它的内、外螺纹的公差等级都只有一种。

特征代号：Rp 表示密封管螺纹圆柱内螺纹；R_1 表示与圆柱内螺纹相配合的圆锥外螺纹。

② 图样中标准螺纹的标注方法(参看表7-3)

表7-3　螺纹的标注方法

螺纹类别		标 注 示 例	标 记 说 明
普通螺纹	粗牙		粗牙普通螺纹，公称直径为10，右旋；外螺纹中径和顶径公差带代号都是4g；内螺纹中径和顶径公差带代号都是5H；中等旋合长度
	细牙		细牙普通螺纹，公称直径为8，螺距为1，左旋；外螺纹中径和顶径公差带代号都是6h；内螺纹中径和顶径公差带代号都是7H；中等旋合长度

① 公差等级的概念参看§7-6节第三部分。

② 内、外螺纹相互旋合形成的连接，称为螺纹副。

续表

螺纹类别	标注示例	标记说明
梯形螺纹	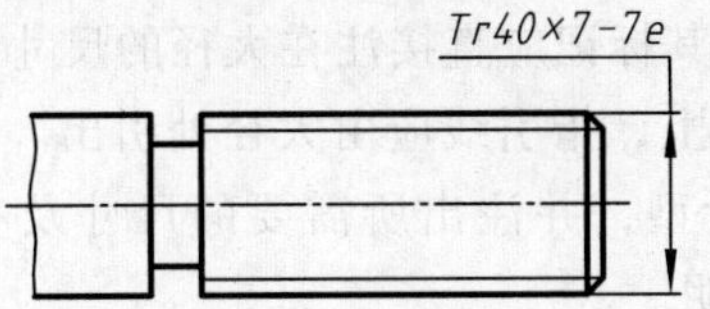Tr40×7-7e	梯形螺纹，公称直径为 40，单线，螺距为 7，右旋，外螺纹，中径公差带代号为 7e，中等旋合长度
锯齿形螺纹	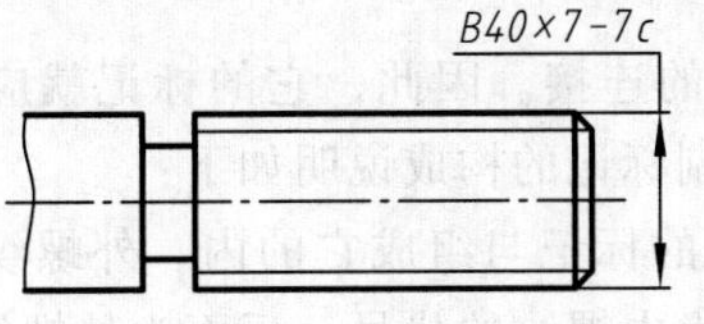B40×7-7c	锯齿形螺纹，公称直径为 40，单线，螺距为 7，右旋，外螺纹，中径公差带代号为 7c，中等旋合长度
管螺纹 55°非密封管螺纹	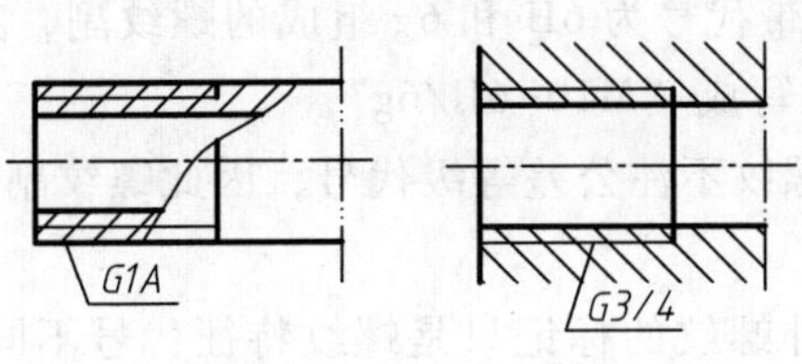G1A G3/4	55°非密封管螺纹，外螺纹的尺寸代号为 1，A 级；内螺纹的尺寸代号为 3/4，都是右旋
管螺纹 55°密封管螺纹	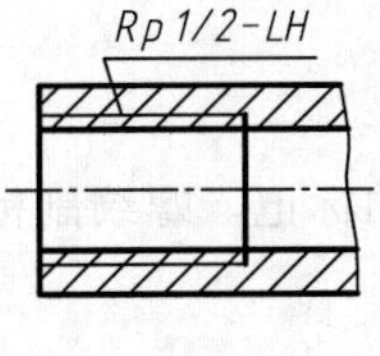Rp 1/2-LH	55°密封管螺纹，圆柱内螺纹的尺寸代号为 1/2，左旋
管螺纹 55°密封管螺纹	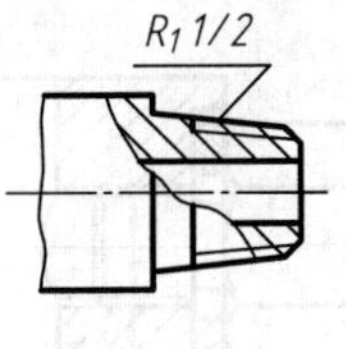R1 1/2	55°密封管螺纹，圆锥外螺纹的尺寸代号为 1/2，右旋
矩形螺纹（非标准螺纹）	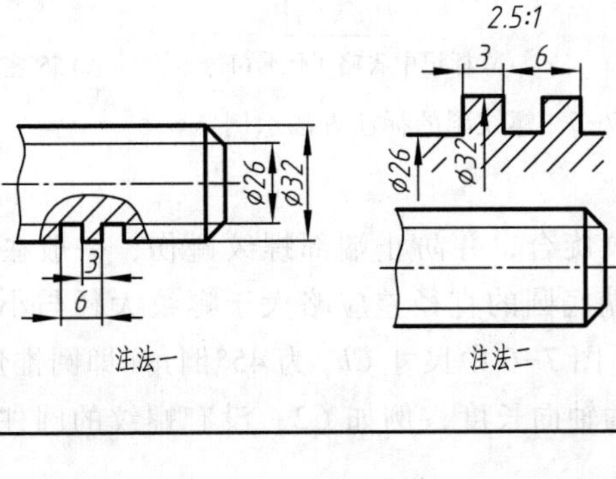ϕ26 ϕ32 3 6 注法一 2.5:1 3 6 ϕ26 ϕ32 注法二	矩形螺纹，单线，右旋，螺纹尺寸如图所示

国家标准规定：

（i）标准螺纹

① 应注出相应标准所规定的标记。

② 公称直径以 mm 为单位的螺纹，其标记应直接注在大径的尺寸线或其引出线上。

③ 管螺纹，其标记一律注在引出线上，指引线应由大径处引出。

（ii）非标准螺纹，应画出螺纹的牙型，并注出所需要的尺寸及有关要求。如果是多线、左旋螺纹，应在图纸的适当位置予以注明。

③ 螺纹副的标记和图样中的标注方法

（i）螺纹副的标记

螺纹副是内、外螺纹相互旋合形成的连接。因此，它的标记就应该包含内、外螺纹的标记，这是螺纹副标记的特点。各种螺纹副标记的构成说明如下：

① 公称直径为大径的螺纹，螺纹副的标记与组成它的内、外螺纹标记的唯一差别是：把内、外螺纹的公差带代号都写上，前面为内螺纹的代号，后面为外螺纹的代号，中间用一斜线"/"隔开，例如：M10-5H/4g。公差带代号为 6H 和 6g 组成的螺纹副，其标记中的 6H/6g 不注，例如：螺纹副标记"M10"，不能写成"M10-6H/6g"。

② 55°非密封管螺纹副，由于内螺纹不注公差等级代号，因此螺纹副的标记就写成外螺纹的标记，例如：G1/2A。

③ 55°密封管螺纹副，由于内、外螺纹的标记只是螺纹特征代号不同，因此标记中把内、外螺纹特征代号都写上，内螺纹的代号在前，外螺纹的代号在后，中间用斜线隔开。例如：$Rp/R_1 3/4$。

（ii）图样中螺纹副的标注方法

国家标准规定：在装配图中应注出螺纹副的标记。螺纹副标记的标注方法与螺纹标记的标注方法相同。

图 7-5 为螺纹副标注方法示例。

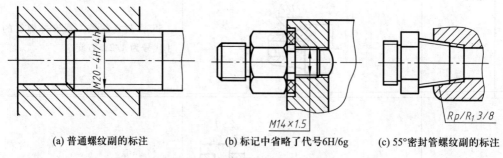

(a) 普通螺纹副的标注　　(b) 标记中省略了代号6H/6g　　(c) 55°密封管螺纹副的标注

图 7-5　螺纹副的标注方法示例

3. 螺纹的工艺结构及其尺寸注法

（1）倒角　为了便于内、外螺纹旋合，并防止端部螺纹碰伤，一般在螺纹端部做出倒角（即圆台）。国家标准规定，倒角两端底圆的直径差应略大于螺纹大径与小径之差。在投影为圆的视图上，倒角圆一般省略不画。图 7-6 中尺寸 Ch_1 为 45°倒角（即圆锥角 $\alpha=90°$）的尺寸注法，"C"表示 45°倒角，h_1 为倒角的轴向长度，例如 C2。没有螺纹的圆柱和圆柱孔上的倒角尺寸也照此标注。

（2）有效螺纹、螺尾和退刀槽　牙顶和牙底均具有完整形状的螺纹称为完整螺纹；牙底完整而牙顶不完整的螺纹称为不完整螺纹，倒角部分的螺纹就是不完整螺纹。由完整螺纹和不完整螺纹组成的螺纹称为有效螺纹。向光滑表面过渡的牙底不完整的螺纹称为螺尾；螺尾是由于加工工艺上的原因而形成的，图上一般不必画出。图样中标注的螺纹长度尺寸均指不包括螺尾在内的螺纹有效长度，如图 7-6 中的 L_0 和图 7-7c 中的 L_2。螺尾是不能旋合的，为了消除螺尾，可在螺纹终止处做出比螺纹稍深的退刀槽，如图 7-8 和图 7-9 所示。螺纹退刀槽的形状和尺寸可查附表 6。

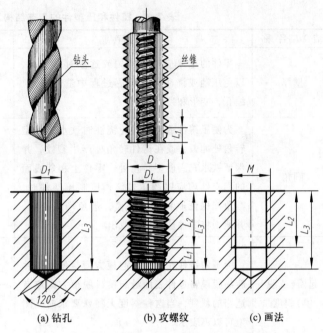

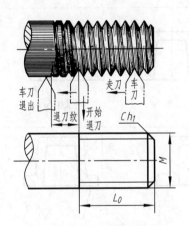

图 7-6　车制外螺纹时螺尾
（退刀纹）的形成及其画法

图 7-7　用丝锥加工不通螺孔时螺尾
的形成、螺孔的画法和尺寸注法

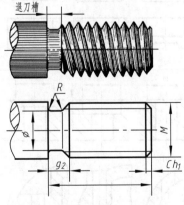

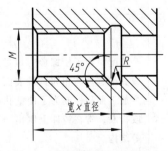

图 7-8　具有退刀槽的外螺纹
及其画法和尺寸注法

图 7-9　具有退刀槽的内螺纹的
画法及其尺寸注法

（3）不通螺孔　一般加工不通螺孔时，先按螺纹小径选用钻头，加工出圆孔。再用丝锥攻出螺纹，如图 7-7a、b 所示。由于钻头头部有 118°锥面，所以钻孔底部也有一个 118°锥孔，在图上简化画成 120°。用丝锥加工不通螺孔也有螺尾部分。在绘制不通螺孔时，一般应将钻孔深度 L_3 与螺孔深度 L_2 分别画出，如图 7-7c 所示。

二、铸件和压注塑料件的工艺结构、过渡线

为了保证零件质量，便于加工制造，铸件和压注塑料件(简称压塑件)上有一些工艺结构，如壁厚、圆角、起模(或脱模)斜度、凸台和凹槽等，它们的作用、特点和表示方法如表 7-4 所示。

表 7-4　铸件和压塑件的工艺结构及其表示方法

结 构 名 称	作 用 及 特 点	图 例
壁厚	零件的壁厚应基本均匀或逐渐过渡变化，以免压制或浇注后在凝固过程中造成气泡、缩孔，变形和裂纹	 合理　合理　不合理
圆角	为便于铸件造型，避免浇注时铁水将砂型转角处冲毁，或在铸件转角处产生裂纹，并保证铁水充满砂型转角处，零件上相邻表面的相交处均应以圆角过渡；压制压塑件时，圆角能保证原料充满压模，避免产生裂纹，并便于将零件从压模中取出	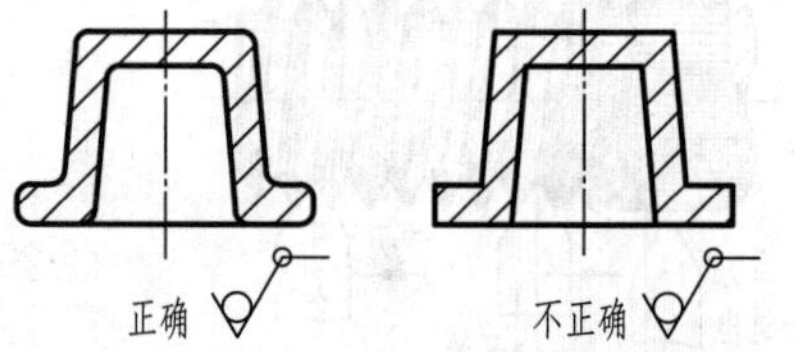 正确　不正确
起模(或脱模)斜度	为了使铸件在造型时起模方便，使塑料件容易脱模，零件表面沿起模或脱模方向应有适当的斜度，当这种斜度无特殊要求时，图上可以不表示	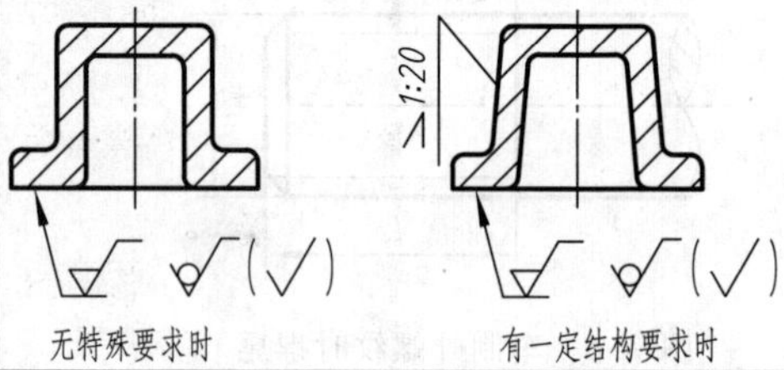 无特殊要求时　有一定结构要求时
箱座类零件底面上的凹槽	为了使箱座类零件的底面在装配时接触良好，应合理地减少接触面积，这样的结构对铸件和塑料件还可减少加工面积，节省材料和加工费用	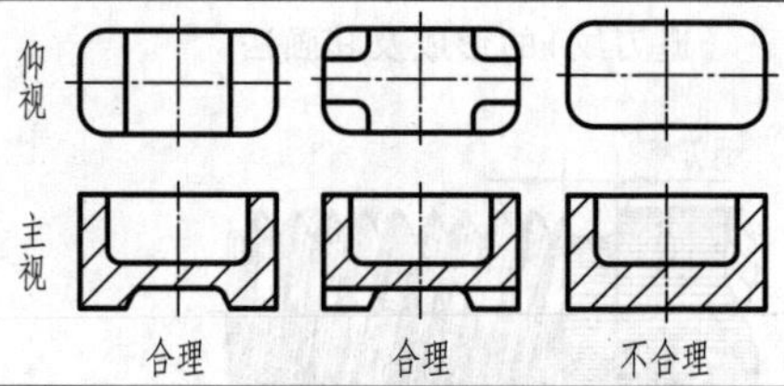 仰视 主视 合理　合理　不合理
铸件上的凸台和凹坑	装配时为了使螺栓、螺母、垫圈等紧固件或其他零件与相邻铸件表面接触良好，并减少加工面积，或为了使钻孔时钻头不致偏斜或折断，常在铸件上制出凸台、沉孔或锪平等结构	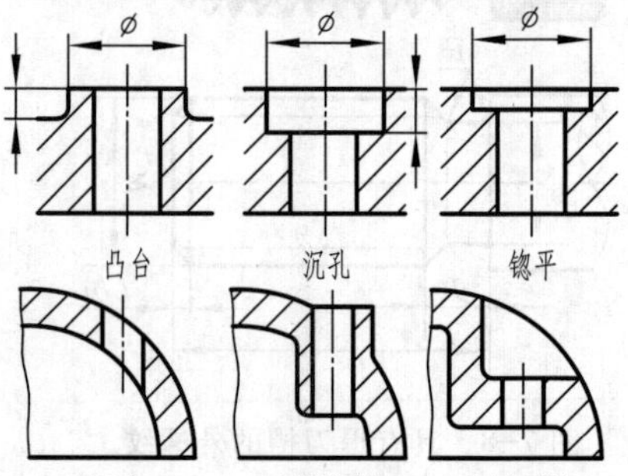 凸台　沉孔　锪平 不正确　正确(凸台)　正确(凹坑)

当零件表面的相交处用小圆角过渡时，交线就不明显了，但为了区分不同表面，便于看图，仍需画出没有圆角时的交线的投影，这种线称为过渡线。过渡线的画法与原有交线投影画法的主要区别如下：

（1）当两个面相交时，过渡线用细实线绘制，两端不应与轮廓线接触，如图 7-10 和图 7-11 所示。

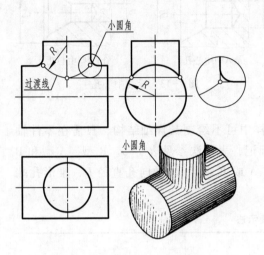

图 7-10　相交两圆柱面的过渡线

图 7-11　平面所产生的过渡线

在图样中，一般不要求将图 7-10 主视图中所示两圆柱面的过渡线画得很准确，为了简化作图，可以用过三个特殊点的圆弧来代替，该圆弧的半径 R 等于大圆柱面的半径。

（2）当两曲面的轮廓线相切时，过渡线在切点处应断开，如图 7-12 所示。

应该注意：在视图中，当过渡线积聚在有关面的投影上时，应画成该面的投影。例如，上述三个图例（图 7-10～图 7-12）中有关圆柱面的投影为圆时，仍画成完整的圆或圆弧，不能画成过渡线。

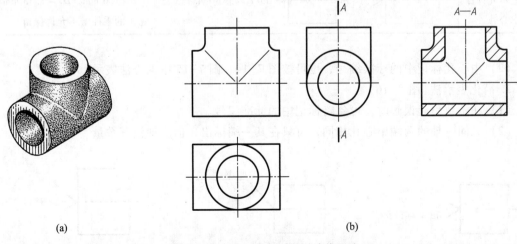

(a)

(b)

图 7-12　两曲面相切时的过渡线画法

三、中心孔表示法(GB/T 4459.5—1999)

中心孔是在轴类零件端面制出的小孔,供车床、磨床上进行加工或检验时定位和装夹工件之用,是轴件上常见的工艺结构。

标准的中心孔有 R 型、A 型、B 型和 C 型四种型式,它们的形状和尺寸系列可查有关标准。图 7-13 为 A 型和 B 型中心孔。

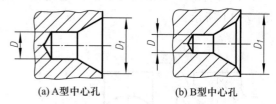

(a)A型中心孔　　(b)B型中心孔

图 7-13　标准中心孔

1. 中心孔规定表示法

在零件图中,标准中心孔用图形符号加标记的方法来表示。

标准规定:

(1) 对于已经有相应标准规定的中心孔,在图样中可不绘制其详细结构,只需在零件轴端面绘制出对中心孔要求的符号,随后标注出相应标记,表示法参见表 7-5。R 型、A 型和 B 型中心孔的标记包括:本标准编号,型式(用字母 R、A 或 B 表示);导向孔直径 D,锥形孔端面直径 D_1。例如:GB/T 4459.5-B2.5/8。

表 7-5　中心孔表示法

要　求	符　号	表示法示例	说　明
在完工的零件上要求保留中心孔		*GB/T 4459.5-B2.5/8*	采用 B 型中心孔 $D=2.5$ mm, $D_1=8$ mm 在完工的零件上要求保留
在完工的零件上可以保留中心孔		*GB/T 4459.5-A4/8.5*	采用 A 型中心孔 $D=4$ mm, $D_1=8.5$ mm 在完工的零件上是否保留都可以
在完工的零件上不允许保留中心孔		*GB/T 4459.5—A1.6/3.35*	采用 A 型中心孔 $D=1.6$ mm, $D_1=3.35$ mm在完工的零件上不允许保留

(2) 中心孔标记中的标准编号,也可按图 7-14、图 7-15 中的方法表示。

2. 简化表示法(图 7-16)

(1) 在不致引起误解时,可省略标记中的标准编号。

(2) 如同一轴的两端中心孔相同,可只在其一端标出,但应加注其数量 "2×"。

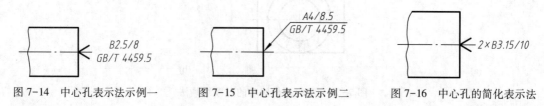

图 7-14　中心孔表示法示例一　　　图 7-15　中心孔表示法示例二　　　图 7-16　中心孔的简化表示法

§7-3 零件的视图选择

绘制零件图时，应首先考虑看图方便。根据零件的结构特点，选用适当的视图、剖视图、断面图等表示方法。在完整、清晰地表示零件形状的前提下，力求制图简便。要达到这个要求，选择视图时必须将零件的外部形状和内部结构结合起来考虑，首先要选择好主视图，然后选配其他视图。

一、主视图的选择

主视图是最重要的视图，有时甚至是表达零件形状的唯一视图，选择得合理与否对读图和画图是否方便影响很大。应以表示零件信息量最多的那个视图作为主视图。主视图应满足下列要求：

（1）主视图应较好地反映零件的形状特征

这一条称为"形状特征原则"，是选择主视图投射方向的主要依据。从形体分析角度来说，就是要选择能将零件各组成部分的形状及其相对位置反映得最好的方向作为主视图的投射方向。例如：图 7-17a 所示的轴和图 7-18a 所示的阀体，按箭头 A 的方向投射所得到的视图，与按箭头 B 的方向及其他方向投射所得到的视图相比较，前者反映形状特征更好，因此应以 A 向作为主视图的投射方向。

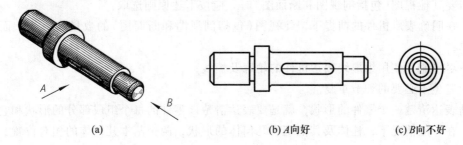

(a)	(b) A向好	(c) B向不好

图 7-17　轴的主视图选择

主视图的投射方向只能确定主视图的形状，不能确定主视图在图纸上的方位；例如，按箭头 A 的方向投射，可以把上述轴的主视图轴线画成水平，也可以画成竖直或倾斜，因此还必须确定零件摆放状态。

（2）主视图应尽可能反映零件的加工位置或工作位置

这一条称为"加工位置原则"或"工作位置原则"，是确定零件在投影面体系中摆放状态的依据。

加工位置就是零件在机床上加工时的装夹状态。主视图与加工位置一致的优点是便于工人看图加工。轴、轴套、轮和圆盖等类零件的主视图，一般按卧式车床车削加工位置安放，即将轴线垂直于侧面，并将车削加工量较多的一头放在右边，如图 7-17b 所示。

工作位置就是零件安装在机器中工作时的摆放状态。主视图与工作位置一致的优点是便于对照装配图来读图和画图。支座、箱体等类零件，一般按工作位置安放，因为这类零件结构形状一般比较复杂，在加工不同的表面时往往其加工位置也不同。图 7-18b 和 c 所示电磁阀体的两个剖视图都是按工作位置绘制的，而图 7-18b 更好地满足了形状特征原则。如果零件的工作位置是倾斜的，或者工作时在运动，其工作位置是不断变化的，则习惯上将零件摆正，使尽量多的表面平行或垂直于基本投影面。

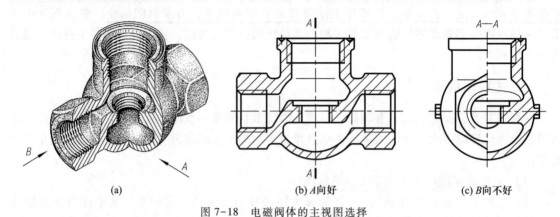

(a) (b) A向好 (c) B向不好

图 7-18 电磁阀体的主视图选择

此外，选择主视图时还应考虑使其他视图细虚线较少和合理利用图纸幅面。

二、其他视图的选择

当需要其他视图（包括剖视图和断面图）时，应按下述原则选取：

——在明确表示机件的前提下，使视图（包括剖视图和断面图）的数量为最少，而且图形也较简单；

——尽量避免使用细虚线表达机件的轮廓及棱线；

——避免不必要的细节重复。

所谓表达清楚一个零件的形状，就是要表达清楚该零件的每个组成部分的形状和它们的相对位置。在一般情况下，柱体及其他基本几何体的形状，两个基本几何体的相对位置，两个视图就能表达清楚。例如，在图 7-19 和图 7-20 中，根据主视图和四个左视图中的任何一个左视图就能确定柱体的形状，这是因为左视图表示了柱体底面的实形；但如果不要左视图，仅根据主视图和俯视图就不能确定立体的形状。由此可见，为了将零件的形状表达得完整、清晰，便于读图，所选用的视图之间必须互相配合，有时还要考虑到视图与尺寸注法的配合。对于回转体，由于在标注尺寸时要加上符号"ϕ"或"$S\phi$"，一个带尺寸的视图（平行于回转体轴线的投影面的视图），就能表达清楚它们的形状，如图 7-21 所示。同理，由一些同轴线的回转体（包括孔）及轴线在同一平面内的回转体和孔所组成的零件，用一个带尺寸的视图也能把它们的形状表达清楚，如图 7-22 所示。

从上述图例可以看出：主视图选定之后，如果依靠尺寸配合还不能表达清楚零件的形状，则在选择其他视图时，应根据形体分析或结构分析，对零件各组成部分首先是主要组成部分逐个加以考虑。为了表达清楚每个组成部分的形状和相对位置，首先考虑还需要哪些视图（包括断面图）与主视图配合，然后考虑其他视图之间的配合。这就是说，每个视图都应有明确的表达目的。

· 154 ·

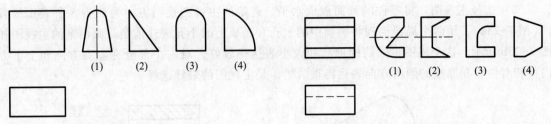

图 7-19　主、俯两视图不能完全确定柱体的形状　　　　图 7-20　柱体底面实形是确定柱体形状的决定因素

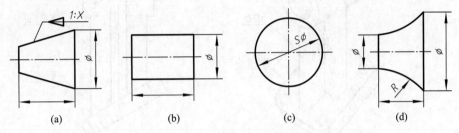

图 7-21　用一个标注尺寸的视图能表达清楚回转体的形状

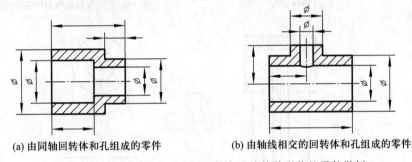

(a) 由同轴回转体和孔组成的零件　　　　(b) 由轴线相交的回转体和孔组成的零件

图 7-22　用一个带尺寸的视图能表达清楚其形状的零件举例

三、视图选择举例

选择零件图的视图表达方案时，一般按下述步骤进行：

1. 了解零件

了解零件在机器中的作用、工作位置和加工位置，对零件进行形体分析或结构分析。

2. 选择主视图

根据零件的特点，按照主视图的选择原则，确定摆放状态，选择主视图的投射方向。

3. 选择其他视图

在选择其他视图时，必须灵活运用各种表示方法，并使所选择的视图互相配合，共同表达清楚零件的形状。

[**例 1**]　斜底支架的视图选择。

（1）了解零件

支架在机器中一般是用来支撑轴件的，图 7-23a 表示它的形状和工作位置。它由圆筒、倾斜底板和十字肋（连接圆筒和底板的两块互相垂直的肋板）组成。整个零件有一个方向是对称的，对称面就是通过圆筒的轴线。

（2）选择主视图　将零件的圆筒放成水平，选定的主视图投射方向为箭头 S 所表示的方向（图7-23a），用两个局部剖视将圆筒中的大孔和底板上的小孔表达清楚。画出来的主视图如图7-23b所示。这个视图将圆筒的形状和大小表达得较好，对三个部分在左右方向和上下方向的相对位置和底板的倾斜方向表达得很清楚，是主视图的最佳选择。

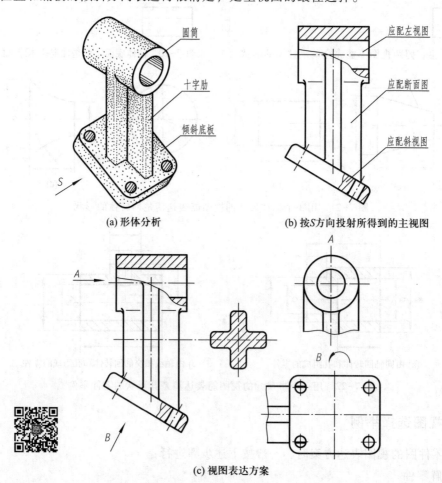

(a) 形体分析　　　　　　(b) 按S方向投射所得到的主视图

(c) 视图表达方案

图 7-23　斜底支架的视图选择

（3）选择其他视图　以主视图的表达情况为基础，按形体分析逐一考虑：为表达清楚每个部分的形状和它们的相对位置应选配什么视图？圆筒、十字肋和倾斜底板都是柱体，主视图没有表达它们的底面形状，它们在前后方向的相对位置也应表达清楚。因此，其他视图的选配如下：

圆筒　应选配左视图。

十字肋　应选配断面图。

倾斜底板　应选配斜视图。

要表达清楚三个形体的前后相对位置，应选配左视图，但倾斜底板在左视图中的投影绘制麻烦，左视图只好画成局部视图，表达圆筒的底面形状和它与十字肋的前后方向相对位置。尽管左视图位置上的局部视图与主视图符合投影关系配置，但由于中间被十字肋的移出断面图隔开，因此局部视图必须用字母 A 进行标注；倾斜底板和十字肋的前后相对位置在局部斜视图中加画一段十字肋的投影来表达；这两个视图结合起来，就把零件前后对称的特点表达清楚了。

按照上述分析得出的视图表达方案如图 7-23c 所示。

[**例 2**]　端子匣的视图选择。

（1）了解零件　端子匣是某些电子仪器设备中的通用零件，工作位置各不相同，由铝板制成，其形状如图 7-24a 所示。

（2）选择主视图　由于工作位置多变，故考虑将零件的底面放成水平，开口部分向上，以使显示稳定状态。主视图的投射方向如图 7-24a 的箭头 A 所示。由于零件左、右基本上对称，故采用半剖视，以表达内腔形状和弯臂上的螺孔，左端的圆孔则用局部剖视表示。

（3）选择其他视图　为了表达零件的外形和两个弯臂底面为矩形的形状特征，必须选用俯视图。主、俯两个视图可以说已把零件的形状表示出来了，但是，以"便于读图"来衡量，还存在缺点，因为这个零件的前、后壁比左、右壁高的特点，采用左视图就能表达得更加明显。为了进一步明确右端下部没有圆孔，左视图可以画成局部剖视或半剖视。

端子匣的上述视图表达方案，如图 7-24b 所示。

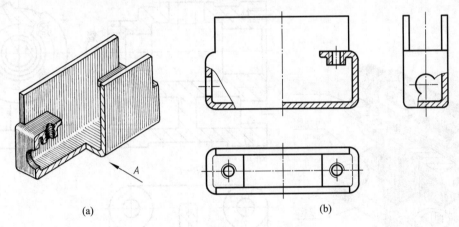

(a)　　　　　　　　　　　　　　　(b)

图 7-24　端子匣的视图表达方案

[**例 3**]　支座的视图选择。

（1）了解零件　支座是用来支承传动轴的，图 7-25a 表示它的工作位置。它由圆筒、底板和十字肋三部分组成。圆筒的内部为阶梯孔，左、右两端各有四个均布螺孔，中部有个带长圆孔的倾斜凸台；底板和十字肋的形状都比较简单。

（2）选择主视图　主视图按工作位置放置，根据形状特征原则，选择图 7-25a 中箭头 S 所示的方向作为主视图的投射方向。为了使主视图既能表示清楚圆筒内的阶梯孔，又能表示带孔的倾斜凸台的内部形状和轴向位置，采用相交两剖切面剖开的 A—A 剖视图，左、右两端的四个螺孔深度均按简化画法画出。

（3）选择其他视图　为了完整、清晰地表达支座每个组成部分的形状和相对位置，根据主视图所表达的内容，按下述分析方法选配其他视图：

圆筒　为了表达倾斜凸台的方位和左端面螺孔的分布情况，必须选配左视图；倾斜凸台的底面形状用斜视图表示；右端面螺孔的分布则采用圆柱形法兰上均匀分布孔的简化画法（参看图 6-56）；

底板　为了表示其底面实形，必须选配俯视图；

十字肋　应选配断面图；

相对位置　圆筒、底板和十字肋的上下位置和左右位置关系，在主视图中已表达清楚；前后位置关系可用左视图或俯视图来表达，但在俯视图上它们的投影互相重叠，很不清晰，因此以选配左视图为佳。

综合分析初步选定的表达方案，补充表达还没有考虑到的细节，然后进一步修改、充实、完善初步方案，最后确定的表达方案如图 7-25b 所示。在这个方案中，将表达十字肋的断面图与俯视图合并，画成 B—B 剖视图，这对于画图和读图都方便。左视图上部作了局部剖视，以表达倾斜凸台内的孔和十字肋的前后两个正平面与圆筒外表面相切的关系。左下角的局部剖视则是为了表明底板四个角上的孔都是通孔。

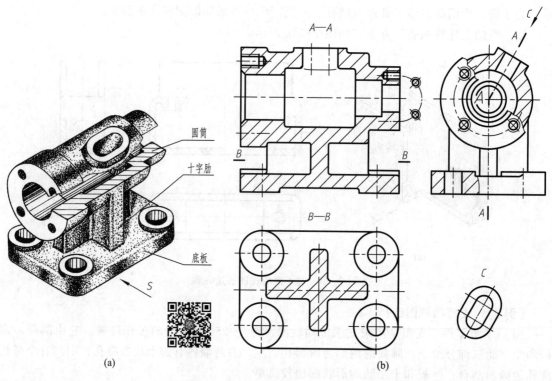

图 7-25　支座的视图表达方案

图 7-26 为支座的另一个表达方案。这个方案多画了一个断面图 B—B 和局部视图 D（简化画法参看图 6-55）；俯视图画起来也很麻烦，却没有将底板的形状表示清晰；左视图上部的局部剖视，其剖切范围处理不当，无端地多剖去了一个螺孔，且没有将十字肋与圆筒表面前后相切的关系表示出来。因此这个方案表达得不够完整、清晰，既不便于读图，也不便于画图。由此可见，要选择好的视图表达方案，必须要有科学的分析思考方法。

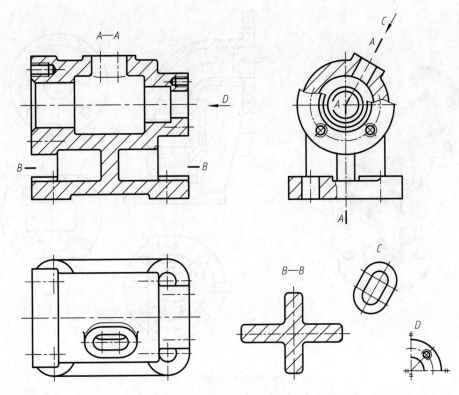

图 7-26　选择得不好的视图表达方案

[例 4]　阀体的视图选择。

（1）了解零件　阀是用来对管路中流体的流动进行控制的部件。阀体是阀上的主要零件，图 7-27a 表示它在某种使用场合下的工作位置。此阀体的基本结构是：折成 90°的弯管，弯管中部有个带矩形出口的空腔及与此空腔形状对应的外部结构；流体的三个进出口处各有一个与其他零件连接的法兰；此外还有一条加强肋。整个零件前后对称。

（2）选择主视图　主视图按工作位置放置，选择图 7-27a 中箭头 S 所示方向作为它的投射方向，并采用全剖视。为了便于读图，用细虚线表示中部结构的外形轮廓，上、下两个法兰上的均布孔按简化画法画出。

（3）选择其他视图　主视图已将阀体各主要组成部分的相对位置表达清楚，但内、外结构形状尚未表达清楚，因此根据主视图的表达情况选配的其他视图，如图 7-27b 所示：俯视图采用 A—A 剖视以表达中部结构的内外形状和下部法兰上的小孔分布情况，还表示了肋与主体结构的相对关系和断面特点；D—D 局部剖视表示螺孔的深度（也可以不用这个局部剖视，而在局部视图 B 中用尺寸注出螺孔深度而使图形清晰、简化）；局部视图 B 表示右侧法兰的外形、孔的长方形状和螺孔的分布情况；局部左视图则表达上部法兰上的均布小孔的分布情况。

[例 5]　电动机接线盒座的视图选择。

（1）了解零件　图 7-28a 所示的接线盒座是装在电动机壳外面，用来安装接线元件的。它的基本形状是带倾斜凸缘的前后穿通的方形箱体，由主体（用来安装接线组件的方形箱体）、倾斜凸缘和下部的出线口（具有螺孔的凸台）三部分组成。

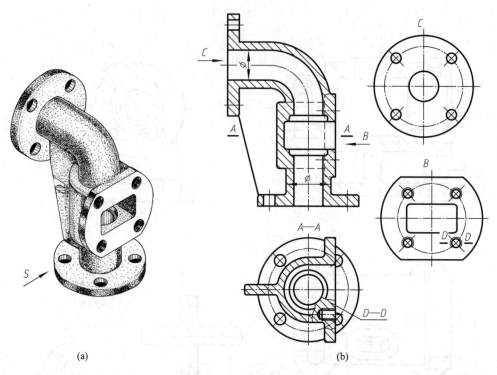

(a)

(b)

图 7-27　阀体的视图表达方案

（2）选择主视图　根据接线盒座的结构形状特点，显然应以箭头 S 所示方向（图 7-28a）作为主视图的投射方向，这个视图较好地反映了零件的形状特征和大小，且细虚线较少。

（3）选择其他视图　为了表达清楚倾斜凸缘、出线口和主体的形状及相对位置，必须选用左视图。左视图采用局部剖视，使之既表达零件的内部结构，又表达了倾斜凸缘的外形和小螺孔。主、左两个视图将三个组成部分的相对位置和主体的内、外形状都已表达清楚，但倾斜凸缘和主体下部出线口的底面实形尚未表达出来，为此分别采用局部斜视图 A 和局部视图 B（图 7-28b）。

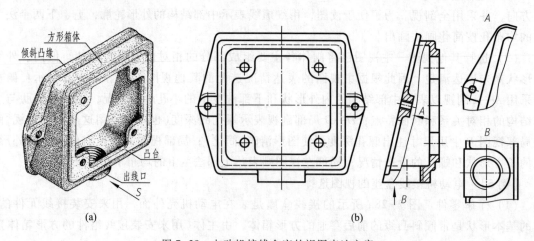

(a)

(b)

图 7-28　电动机接线盒座的视图表达方案

§7-4 零件图中尺寸的合理标注

一、零件图中尺寸标注的基本要求

零件的尺寸，应注得符合标准、齐全、清晰和合理。在第四章中已经介绍了用形体分析法齐全、清晰地标注尺寸的问题，这里主要介绍合理标注尺寸的基本知识。

所谓合理标注尺寸，就是所注的尺寸必须：（1）满足设计要求，以保证机器的质量；（2）满足工艺要求，以便于加工制造和检测。要达到这些要求，仅靠形体分析法是不够的，还必须掌握一定的设计、工艺知识和有关的专业知识；因此，这里只能作初步介绍，使初学者明确努力方向。

二、尺寸基准的选择

尺寸基准就是标注尺寸的起点。零件的长、宽、高三个方向都至少要有一个尺寸基准，当同一方向有几个基准时，其中之一为主要基准，其余为辅助基准。要合理标注尺寸，一定要正确选择尺寸基准，这对保证产品质量和降低成本有重要作用。可以作为尺寸基准的有设计基准和工艺基准。

（1）设计基准

设计基准是根据零件在机器中的作用和结构特点，为保证零件的设计要求而选定的一些基准。设计基准一般是根据零件的工作原理确定的点、直线、平面和确定零件在机器中方位的接触面、对称面、端面、回转面的轴线等。例如图 7-29a 所示的轴承架，在机器中是用接触面 I 、III 和对称面 II（图 7-29b）来定位的，以保证下面 $\phi20^{+0.033}_{0}$ 轴孔的轴线与对面另一个轴承架（或其他零件）上轴孔的轴线在同一直线上，并使相对的两个轴孔的端面间的距离达到必要的精确度。因此，上述三个平面是轴承架的设计基准。

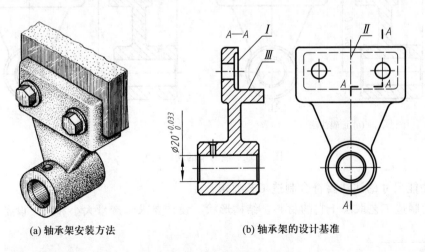

(a) 轴承架安装方法　　　　　　　(b) 轴承架的设计基准

图 7-29　轴承架

（2）工艺基准

工艺基准是确定零件在机床上加工时的装夹位置，以及测量零件尺寸时所利用的点、线、面。例如，图 7-30 所示的套在车床上加工时，用其左端的大圆柱面径向定位（加工定位基准）；而测量有关轴向尺寸 a、b、c 时，则以右端面为起点（测量基准），因此这两个面是工艺基准。

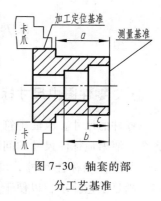

图 7-30　轴套的部分工艺基准

从设计基准出发标注尺寸，能保证设计要求；从工艺基准出发标注尺寸，则便于加工和检测。因此，最好使工艺基准和设计基准相重合。当设计基准和工艺基准不重合时，所注尺寸应在保证设计要求的前提下，满足工艺要求。

三、合理标注尺寸时应注意的一些问题

1. 功能尺寸必须直接注出

影响产品工作性能、装配精度和互换性[①]的尺寸，称为功能尺寸。由于零件在加工制造时总会产生尺寸误差，为了保证零件质量，而又避免不必要地增加产品成本，在加工时，图样中所标注的尺寸都必须保证其精确度要求，没有注出的尺寸则不检测。因此，功能尺寸必须直接注出。

图 7-31a 表示从设计基准出发标注轴承架的功能尺寸，图 7-31b 所示的注法是错误的。从这里可以看出，如果不考虑零件的设计和工艺要求，按第四章中所介绍的组合体视图的尺寸注法来标注零件图的尺寸，往往不能达到"合理"的要求。

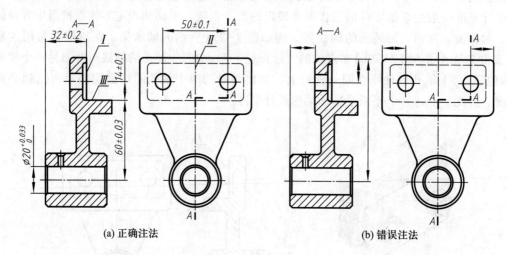

(a) 正确注法　　　　　　　　　　　　　(b) 错误注法

图 7-31　轴承架的功能尺寸

2. 非功能尺寸的注法要符合制造工艺要求

零件的制造工艺取决于它的材料、结构形状、设计要求、产量大小和工厂设备条件等，因

---

① 零件的互换性概念参看 §7-6 第一部分。

此按制造工艺标注尺寸时，必须根据具体情况来处理。以下举例说明。

（1）铸锻件要符合模型制造工艺

按形体分析法标注尺寸，一般能满足木模制造工艺需要。图 7-32 所示轴承架的非功能尺寸是按形体分析法标注的。用锻模制造的锻压件则应符合锻模的制造工艺。

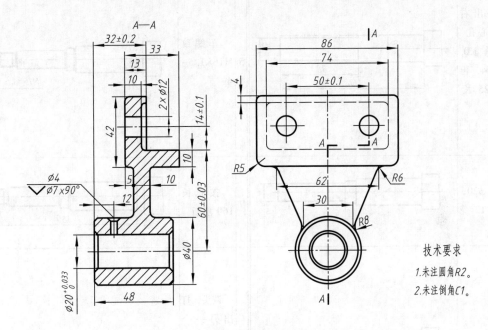

图 7-32　轴承架的尺寸

对于零件上半径相同的小圆角半径尺寸，应在图样中做统一说明。

（2）机械加工形成的结构要适应加工顺序和检测方法

① 轴类零件的尺寸注法

图 7-33 为一根轴的尺寸注法，表 7-6 表示该轴的车削加工顺序，车削加工后即铣键槽。两者对照就可看出，图 7-33 中的尺寸就是表 7-6 中所有尺寸的总和。

② 与工艺结构——退刀槽和倒角有关的尺寸注法

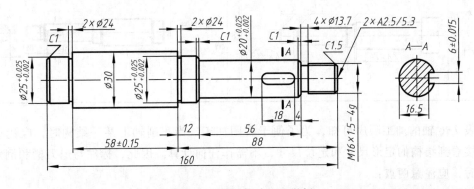

图 7-33　轴的尺寸注法举例

表 7-6　轴的车削顺序和键槽加工

序号	说　明	加 工 简 图	序号	说　明	加 工 简 图
1	打出右端中心孔后,车 $\phi30$,长 164,再车 $\phi25$,长 88	$\phi30$　$\phi25$ 88 164	5	车螺纹 M16×1.5-4g	$M16×1.5-4g$
2	车 $\phi20$,留长 12	12　$\phi20$	6	按总长 160 割断	160
3	车 $\phi16$,留长 56	56　$\phi16$	7	调头,打出另一个中心孔,车 $\phi25$,留长 58±0.15,再车槽 2× $\phi24$ 和倒角 C1	C1　$\phi25$ 58±0.15　2×$\phi24$
4	车槽 2× $\phi24$,车槽 4× $\phi13.7$,车倒角 C1、C1、C1.5	C1　C1　C1.5 2×$\phi24$　4×$\phi13.7$	8	加工键槽	A　A—A 18　4　16.5

　　从表 7-6 轴的加工顺序可知,为了便于看图加工,当车削轴上某一结构时,应让车工从图上直接看到结构的定形尺寸和定位尺寸,不需作任何计算。因此,标注与退刀槽和倒角有关的尺寸时,应注意两点:

　　(i) 退刀槽和倒角的定形尺寸必须直接注出,退刀槽的尺寸简化注法为"槽宽×直径"或

"槽宽×槽深"，见图 7-33 和图 7-34b。

（ii）在标注退刀槽和倒角所在孔或轴段的长度尺寸时，必须把这些工艺结构的长度尺寸包括在内才符合工艺要求，如图 7-34b 中的尺寸 40；图 7-34c 中的长度尺寸 35 和 37 都是错误注法。

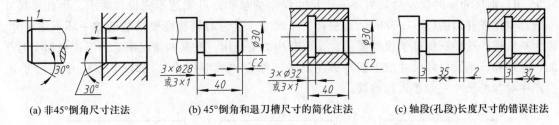

(a) 非45°倒角尺寸注法   (b) 45°倒角和退刀槽尺寸的简化注法   (c) 轴段(孔段)长度尺寸的错误注法

图 7-34　轴、套类零件上有关工艺结构的尺寸注法

③ 钻孔、扩孔和阶梯孔的尺寸注法

用钻头钻出的不通孔和扩孔，其末端圆锥坑为工艺结构，画成 120°，图上不必注出此角度尺寸，见图 7-35a；孔的深度尺寸不应包括锥坑深度。用钻头扩孔是先用小钻头钻出小孔，再用大钻头把一段小孔扩成大孔，因此扩孔的深度尺寸也不能包括锥孔，扩孔下面那个锥孔不需注尺寸，见图 7-35b。

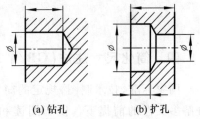

(a) 钻孔　　(b) 扩孔

图 7-35　钻孔和扩孔的深度尺寸注法

在加工阶梯孔时，一般是从端面起按相应深度先做成小孔，然后依次加工出大孔。因此，在标注轴向尺寸时，应从端面标注大孔的深度，以便测量，如图 7-36a 所示。

（3）毛面(不加工表面)的尺寸注法

标注零件上毛面的尺寸时，加工面与毛面之间，在同一个方向上只能有一个尺寸联系，其余则为毛面与毛面之间或加工面与加工面之间联系。图 7-37a 所示零件的左、右两个端面为加工面，其余都是毛面，尺寸 A 为加工面与毛面的联系尺寸。图 7-37b 的注法是错误的，这是由于毛坯制造误差大，加工面不可能同时保证对两个及两个以上毛面的尺寸要求。

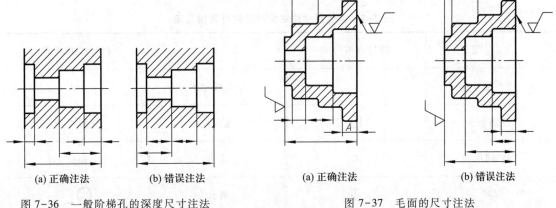

(a) 正确注法　　(b) 错误注法   (a) 正确注法　　(b) 错误注法

图 7-36　一般阶梯孔的深度尺寸注法　　　图 7-37　毛面的尺寸注法

3. 不能注成封闭尺寸链

封闭尺寸链是首尾相接，形成一整圈的一组尺寸，每个尺寸叫尺寸链中的一环。图7-38a 中，尺寸 a、b、c、d 就是一组封闭尺寸，这样标注的问题在于存在一个多余尺寸。加工时，若要保证每一个尺寸的精确度要求，则会增加加工成本。如果只保证其中任意三个尺寸，例如 b、c、d，则尺寸 a 的误差会是另外三个尺寸误差的总和，可能达不到设计要求。因此，尺寸一般都应注成开口的(图 7-38b)，即去掉一个尺寸，这时对精确度要求最低的一环不注尺寸，称为开口环；这样既保证了设计要求，又可节约加工费用。在某些情况下，为了避免加工时作加、减计算，把开口环尺寸加上括号标注出来，称为"参考尺寸"，如图 7-38c 中的尺寸 d，生产中对参考尺寸一般不进行检验。

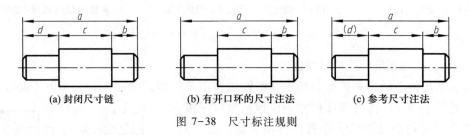

(a) 封闭尺寸链　　　　　(b) 有开口环的尺寸注法　　　　　(c) 参考尺寸注法

图 7-38　尺寸标注规则

四、简化尺寸注法(GB/T 16675.2—2012)

国家标准《技术制图》规定的简化表示法的简化原则是：在保证不致引起误解和不会产生理解多义性的前提下，便于阅读和绘制，注重简化的综合效果等。简化尺寸注法的基本要求是：

（1）图样中的尺寸和公差全部相同或某尺寸和公差占多数时，可在图样空白处作总的说明，如"全部倒角 $C1.6$""其余圆角 $R4$"等。

（2）对于尺寸相同的重复要素，可仅在一个要素上注出其尺寸和数量，参见表 7-8 序号 4 和 5。

（3）标注尺寸时，应尽可能使用符号和缩写词。常用的符号和缩写词除第一章介绍过的用 ϕ、R、$S\phi$、SR 表示圆的直径、圆弧半径、球直径、球半径和表示弧长、斜度、锥度的符号以外，还有表 7-7 中所列的 8 个。

表 7-7　简化尺寸注法常用的符号和缩写词

含　义	符号或缩写词	含　义	符号或缩写词
厚度	t	沉孔或锪平	⊔
正方形	□	埋头孔	∨
45°倒角	C	均布	EQS
深度	↧	展开	⌒

制图标准规定通用的简化尺寸注法有 19 条，表 7-8 和表 7-9 列出了其中的一部分。

表 7-8　常用简化尺寸注法

序号	简化尺寸注法示例	说　明
1	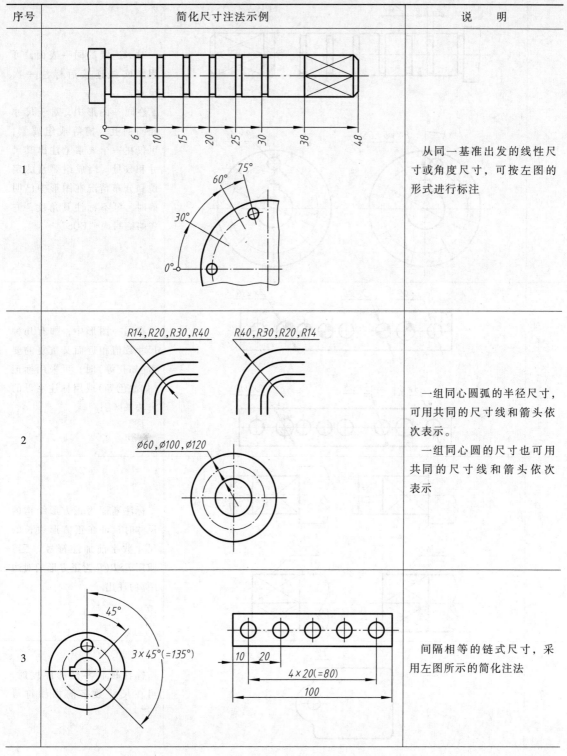	从同一基准出发的线性尺寸或角度尺寸，可按左图的形式进行标注
2		一组同心圆弧的半径尺寸，可用共同的尺寸线和箭头依次表示。 　一组同心圆的尺寸也可用共同的尺寸线和箭头依次表示
3		间隔相等的链式尺寸，采用左图所示的简化注法

序号	简化尺寸注法示例	说　　明
4		对不连续的同一表面，可用细实线连接后标注一次尺寸。 　　在同一图形中，对于尺寸相同的孔、槽等成组要素，可仅在一个要素上注出其尺寸和数量。当成组要素的定位和分布情况在图形中已明确时，可不标注其角度，并省略缩写词"EQS"
5		在同一图形中，如有几种尺寸数值相近而又重复的要素（如孔等）时，可采用标记（如涂色等）或用标注字母的方法来区别
6		标注断面为正方形结构的尺寸时，可在正方形边长的尺寸数字前加注符号"□"或用 $B \times B$（B 为正方形的对边距离）注出
7		标注板状零件的厚度时，可在尺寸数字前加注符号"t"

续表

序号	简化尺寸注法示例	说　明
8	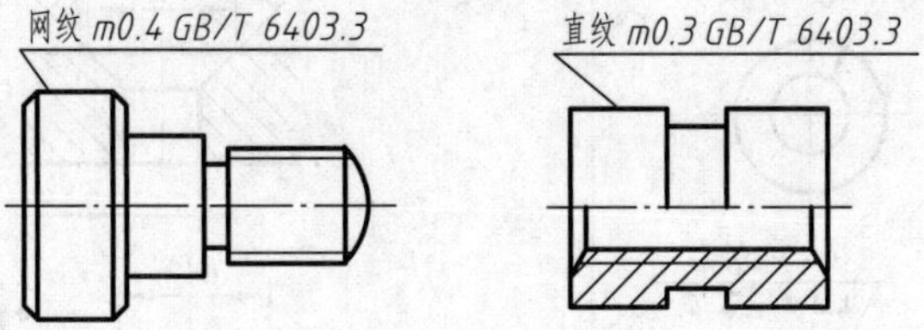网纹 m0.4 GB/T 6403.3 直纹 m0.3 GB/T 6403.3	滚花可采用左图所示的简化表示法
9	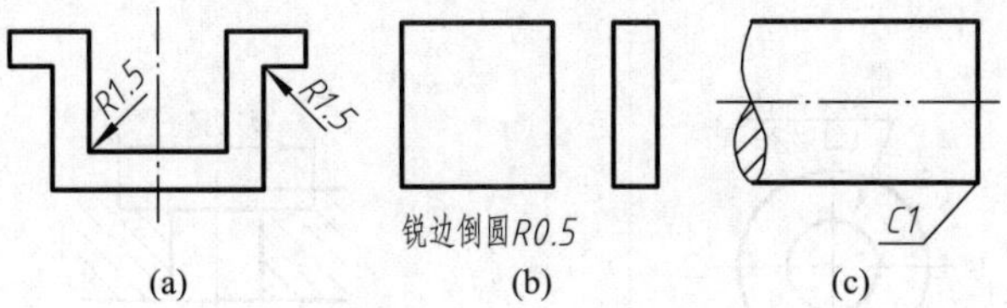R1.5 R1.5 锐边倒圆R0.5 C1 (a) (b) (c)	在不致引起误解时，零件图中的小圆角、锐边的小倒圆或45°小倒角允许省略不画，但必须注明尺寸或在技术要求中加以说明
10	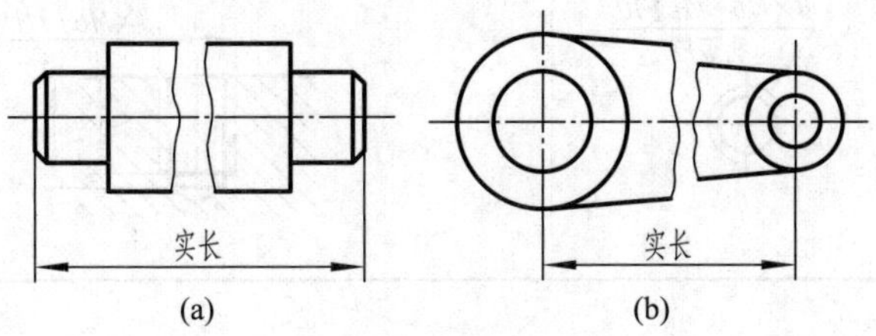实长 实长 (a) (b)	较长的机件(轴、杆、型材、连杆等)沿长度方向的形状一致或按一定规律变化时，可断开后缩短绘制，断裂处一般用波浪线表示，长度尺寸应注实长

各类孔可采用旁注和符号相结合的方法标注，参见表7-9。在零件图中，简化前、后的两种尺寸注法均可。

表7-9　各类孔的简化尺寸注法

类　　型	简化后注法	简化前注法
不通光孔	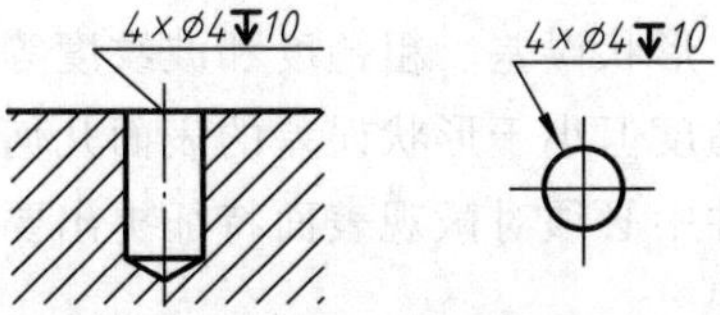4×Ø4↧10 4×Ø4↧10	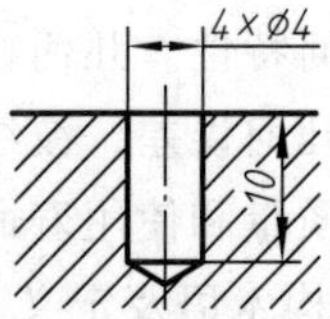4×Ø4 10

类　型	简化后注法	简化前注法
埋头孔和沉孔		
锪平		
不通螺孔		

§7-5　表面结构的表示法

一、概述

1. 基本概念

零件在加工制造过程中，由于受到各种因素的影响，其表面具有各种类型的不规则状态，形成工件的几何特性。几何特性包括尺寸误差、形状误差、粗糙度和波纹度等；粗糙度和波纹度都属于微观几何误差，波纹度是间距大于粗糙度但小于形状误差的表面几何不平度。它们严重影响产品的质量和使用寿命，在技术产品文件中必须对微观表面特征提出要求。

2. 表面结构术语及定义

对实际表面微观几何特征的研究是用轮廓法进行的。平面与实际表面相交的交线称为实际表面的轮廓，也称为实际轮廓或表面轮廓（图7-39）。实际轮廓是由无数大小不同的波形叠加在一起形成的复杂曲线，图7-40a表示某一实际轮廓，图7-40b、c、d表示从该实际轮廓中分离出来的粗糙度轮廓、波纹度轮廓和形状轮廓。

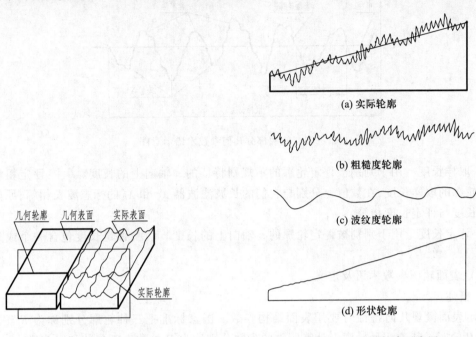

(a) 实际轮廓

(b) 粗糙度轮廓

(c) 波纹度轮廓

(d) 形状轮廓

图 7-39 表面和轮廓　　　　　　　　图 7-40 几种轮廓示意图

粗糙度轮廓、波纹度轮廓和原始轮廓构成零件的表面特征，称为表面结构。国家标准以这三种轮廓为基础，建立了一系列参数，定量地描述对表面结构的要求，并能用仪器检测有关参数值，以评定实际表面是否合格。下面介绍有关轮廓的术语和定义。

（1）一般术语及定义

① 三种轮廓和传输带

划分三种轮廓的基础是波长，每种轮廓都定义于一定的波长范围内，这个波长范围称为该轮廓的传输带；传输带用截止短波波长值和截止长波波长值表示，例如 0.002 5-0.8（单位为 mm）。

在实际表面上测量粗糙度、波纹度和原始轮廓参数数值时所用的仪器为轮廓滤波器。传输带的截止长、短波波长值分别由长波滤波器和短波滤波器限定，短波滤波器能排除实际轮廓中所有比短波波长更短的短波成分，长波滤波器能排除所有比长波波长更长的长波成分；连续应用长、短两个滤波器以后，所形成的轮廓就是被定义的那种轮廓。

供测量用的滤波器有三种，其截止波长值代号分别用 λs、λc 和 λf 表示（$\lambda s < \lambda c < \lambda f$）。三种轮廓的定义是：

原始轮廓　是对实际轮廓应用短波滤波器 λs 之后的总的轮廓。

粗糙度轮廓　是对原始轮廓应用 λc 滤波器抑制长波成分以后形成的轮廓。

波纹度轮廓　是对原始轮廓连续应用 λf 和 λc 以后形成的轮廓；λf 滤波器抑制长波成分，λc 滤波器抑制短波成分。

② 中线　具有几何轮廓形状，并划分轮廓的基准线（图7-41）。（注:中线就是轮廓坐标系的 x 坐标轴，与之垂直的为 z 轴方向。三种轮廓都有各自的中线。）

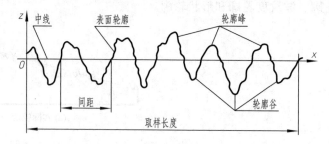

图7-41　轮廓部分几何参数术语示意图

③ 取样长度　用于判别被评定轮廓的不规则特征的 x 轴向上的长度。（注:评定粗糙度和波纹度轮廓的取样长度,在数值上分别与它们的长波滤波器 λc 和 λf 的标志波长相等;原始轮廓的取样长度与评定长度相等。）

④ 评定长度　用于判别被评定轮廓的 x 轴向上的长度。（注:评定长度包含一个或几个取样长度。）

（2）表面轮廓参数术语及定义

① 概述

表示表面微观几何特性时要用表面结构参数。国家标准把三种轮廓分别称为 R 轮廓、W 轮廓和 P 轮廓，从这三种轮廓上计算所得的参数分别称为 R 参数、W 参数和 P 参数:

R 参数（粗糙度参数）　从粗糙度轮廓上计算所得的参数。

W 参数（波纹度参数）　从波纹度轮廓上计算所得的参数。

P 参数（原始轮廓参数）　从原始轮廓上计算所得的参数。

三种表面结构轮廓构成几乎所有表面结构参数的基础。表面参数分为三类:轮廓参数、图形参数和支承率曲线参数。表示表面结构类型的代号称为参数代号。在轮廓参数中，R、W、P 三种轮廓都定义了参数。表7-10所示为 R 轮廓参数代号。W 轮廓和 P 轮廓也有类似的参数代号系列。

表7-10　GB/T 3505 标准中定义的 R 轮廓参数代号

R 轮廓参数（粗糙度参数）	高度参数									间距参数	混合参数	曲线和相关参数		
	峰谷值					平均值								
	Rp	Rv	Rz	Rc	Rt	Ra	Rq	Rsk	Rku	RSm	$R\Delta q$	$Rmr(c)$	$R\delta c$	Rmr

② 表面粗糙度高度参数 Ra 和 Rz 简介

在图样中，Ra 和 Rz 是常用的表面结构参数，国家标准推荐优先选用 Ra 参数。

（i）Ra　评定粗糙度轮廓的算术平均偏差。其定义为:在取样长度内纵坐标 $Z(x)$ 绝对值的算术平均值（图7-42）。

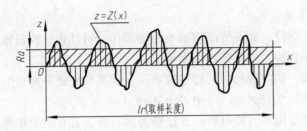

图 7-42 Ra 参数示意图

$$Ra = \frac{1}{lr} \int_0^{lr} | Z(x) | \, \mathrm{d}x$$

表 7-11 为国家标准给定的优先选用的 Ra 第一数值系列值,其第二数值系列值参看 GB/T 1031—2009。

表 7-12 为 Ra 的取样长度(lr)的标准值。

表 7-11 Ra 系列值   μm

Ra				
	0.012	0.2	3.2	50
	0.025	0.4	6.3	100
	0.05	0.8	12.5	
	0.1	1.6	25	

表 7-12 Ra 的取样长度(lr)值

$Ra/\mu m$	lr/mm	$Ra/\mu m$	lr/mm
≥0.008~0.02	0.08	>2.0~10.0	2.5
0.02~0.1	0.25	>10.0~80.0	8.0
>0.1~2.0	0.8		

（ii）Rz 表面粗糙度轮廓的最大高度。其定义为：在一个取样长度内，最大轮廓峰高和最大轮廓谷深之间的高度（图 7-43）。国家标准也给出了 Rz 系列值和测量 Rz 的取样长度值。

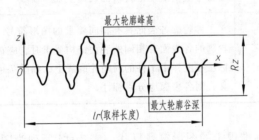

图 7-43 Rz 参数示意图

3. 表面粗糙度 Ra 参数的一般选用情况

（1）不重要的车、铣、钻、刨等加工表面，如螺栓通孔、不重要的底面和端面、齿轮和带轮的侧面以及油孔和油槽等，可用 $Ra25 \sim 12.5$。

（2）没有相对运动的接触面，如轴、支架、壳体、套、盖等零件的端面，键槽的底面，垫圈的侧面以及紧固件的自由表面等，可用 $Ra12.5$。

（3）不十分重要但有相对运动的部位，或较重要的接触面如箱体、盖等零件的端面、机座底面、轴与毡圈的摩擦面、轴肩端面以及键槽的工作表面等，要用 $Ra6.3$。

（4）传动零件的配合部位，如低、中速的轴颈表面和轴承孔、衬套孔以及一般齿轮的齿廓表面等，可用 $Ra3.2\sim1.6$。

（5）较重要的配合部位，如安装滚动轴承的轴和孔、销钉孔、较精密齿轮的轴孔、轴颈和其齿廓表面以及滑动导轨的工作面等，可用 $Ra1.6\sim0.8$。

（6）重要的配合面，如高速回转的轴和轴承孔、活塞和柱塞表面、滑动轴承轴瓦的工作表面以及曲轴和凸轮轴的工作表面等，可用 $Ra0.4\sim0.1$。

铸件、锻件、轧材等用不去除材料的方法获得的表面，若对表面粗糙度的其他规定没有要求，则可标注符号 ⬦。

二、标注表面结构的图形符号和代号（GB/T 131—2006）

1. 表面结构图形符号及其含义（参看表 7-13）

表 7-13　表面结构符号及其含义

符　　号	含　　义
∨	基本图形符号　未指定工艺方法的表面，当通过一个注释解释时可单独使用
∨	扩展图形符号　用去除材料方法获得的表面；仅当其含义是"被加工表面"时可单独使用
∨	扩展图形符号　用不去除材料获得的表面，也可用于保持上道工序形成的表面，不管这种状况是通过去除材料或不去除材料形成的
∨ ∨ ∨	完整图形符号　当要求标注表面结构特征的补充信息时，应在基本图形符号或扩展图形符号的长边上加一横线
∨ ∨ ∨	工件轮廓各表面具有相同要求的图形符号　当在某个视图上组成封闭轮廓的各表面有相同的表面结构要求时，应在完整图形符号上加一圆圈，标注在图样中工件的封闭轮廓线上，如图 7-44 所示。如果标注会引起歧义，则各表面应分别标注

图 7-45 展示了国家标准规定的图形符号形状，表 7-14 所列为图形符号的尺寸。

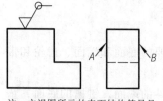

注：主视图所示的表面结构符号是指对图形中封闭轮廓的六个面的共同要求（不包括前面 B 和后面 A）

图 7-44　对周边各面有相同表面结构要求的注法

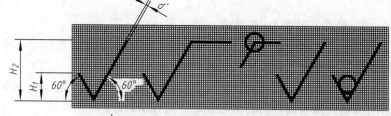

$d' = \dfrac{h}{10}$，$H_1 = 1.4h$，$H_2 = 3h$（最小值），h 为字高。

图 7-45　表面结构图形符号形状

表 7-14　图 7-45 所示图形符号的尺寸　　　　　　　　　　　　　mm

数字与字母的高度 h	2.5	3.5	5	7	10	14	20
符号的线宽 d' 数字与字母的笔画宽度 d	0.25	0.35	0.5	0.7	1	1.4	2
高度 H_1	3.5	5	7	10	14	20	28
高度 H_2（最小值）[①]	7.5	10.5	15	21	30	42	60

[①] H_2 取决于注写内容。

2. 表面结构完整图形符号的组成

（1）概述

为了明确表面结构要求，除了标注表面结构参数和数值外，必要时应标注补充要求，补充要求包括传输带、取样长度、加工工艺、表面纹理及方向、加工余量等。为了保证表面的功能特征，应对表面结构参数规定不同要求。

（2）表面结构补充要求的注写位置

在完整图形符号中，对表面结构的单一要求和补充要求应注写在图 7-46 所示的位置。

位置 a　注写表面结构单一要求，包括参数代号和极限值，必要时，注写传输带或取样长度等。例如：0.0025-0.8/Rz 6.3（传输带标注），-0.8/Rz 6.3（取样长度标注）

为了避免误解，对注写有如下规定：传输带或取样长度后应有一斜线"/"，之后是参数代号，空一格之后注写极限值。

位置 b　注写第二个或多个表面结构要求，每个要求写成一行，如表 7-15 序号 6 所示。

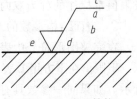

图 7-46　表面结构
要求的注写位置（a~e）

位置 c　注写加工方法、表面处理、涂层或其他加工工艺要求等，如车、磨、镀等加工表面，如表 7-15 序号 7 所示。

位置 d　注写表面纹理和方向。

位置 e　注写加工余量。

3. GB/T 3505 标准定义的 R 轮廓参数的标注

给出表面结构要求时，应标注其参数代号和极限值，并包括要求解释这两项元素所涉及的重要信息：传输带、评定长度或满足评定长度要求的取样长度个数和极限值判断规则。为了简化标注，对这些信息定义了默认值；当其中某一项采用默认定义时，则不需注出。

标注表面结构参数时应使用完整图形符号；在完整图形符号中注写了参数代号、极限值等要求后，称为表面结构代号。下面举例说明 R 轮廓参数的标注（参看表 7-15）；其他类型参数的标注与之大同小异。

（1）参数代号的标注

参数代号由字母和数字组成；例如：Ra、$Ra3$、$Ra\max$、$Ra3\max$。代号中的大、小写字母和数字都属于同一号大小。

（2）评定长度（ln）的标注

评定长度用它所包含的取样长度个数表示；标准中默认的评定长度 $ln = 5lr$（lr 为取样长

度）；若 $ln=3lr$，则应在参数代号中标注个数"3"，如 $Ra3$（参看表 7-15 序号 3），参数代号 Ra 表示评定长度包含 5 个取样长度（参看表 7-15 序号 1）。

（3）极限值判断规则的标注

表面结构要求中给定极限值的判断规则有两种：16%规则和最大规则。16%规则是测量某个表面结构参数的数值时，所有实测值中超过极限值的个数少于 16%为合格；最大规则就是所有实测值都不得超过极限值。

16%规则为默认规则；采用最大规则时参数代号中应加注"max"，例如 $Rzmax$、$Ra3max$，参看表 7-15 序号 2。

（4）传输带和取样长度的标注

传输带的标注用长、短滤波器的截止波长（mm）表示，短波波长在前，长波波长在后，并用连字号"-"隔开，例如 0.008-0.8（参看表 7-15 序号 4）。

如果采用默认的传输带（默认传输带定义参看有关标准），则在参数代号前不注传输带。如果两个截止波长中有一个为默认值，则只注另一个，应保留连字号，例如 -0.8，表示短波波长为默认值（参看表 7-15 序号 5）。

（5）单向极限或双向极限的标注

标注表面结构要求时，必须明确所标注的表面结构参数是上极限值还是下极限值；上、下极限值都标注的称为双向极限；只标注上限值或下限值的称为单向极限。

① 表面结构参数的双向极限

在完整图形符号中表示双向极限时应在参数代号前注上极限代号，上限值在上方用 U 表示，下限值在下方用 L 表示，上、下极限值为 16%规则或最大规则的极限值，如表 7-15 序号 6 所示。如果同一参数具有双向极限要求，在不引起歧义的情况下，可以不加 U、L。

表 7-15　表面结构代号示例

序号	代号	含义/解释
1	$\sqrt{}$ Ra 3.2	表示去除材料，单向上限值（默认），默认传输带，R 轮廓，粗糙度算术平均偏差极限值 3.2 μm，评定长度为 5 个取样长度（默认），"16%规则"（默认）；表面纹理没有要求（以下同）
2	$\sqrt{}$ Rz max 6.3	表示不允许去除材料，单向上限值（默认），粗糙度最大高度极限值 6.3 μm，"最大规则"，其余元素均采用默认定义
3	$\sqrt{}$ Ra3 3.2	表示去除材料，评定长度为 3 个取样长度，其余元素的含义与序号 1 代号相同
4	$\sqrt{}$ 0.008-0.8/Ra 3.2	表示去除材料，单向上限值（默认），传输带 0.008-0.8 mm，粗糙度算术平均偏差极限值 3.2 μm，其余元素采用默认定义
5	$\sqrt{}$ -0.8/Ra3 3.2	表示去除材料，单向上限值，取样长度（等于传输带的长波波长值）为 0.8 mm，传输带的短波波长为默认值（0.002 5 mm），其余元素的含义与序号 3 相同

序号	代　号	含义/解释
6	$\sqrt{\begin{array}{l}U\,Rz\,0.8\\L\,Ra\,0.2\end{array}}$	表示去除材料，双向极限值，上限值为 $Rz\,0.8$，下限值为 $Ra\,0.2$。极限值都是"16%规则"
7	$\underset{\perp}{\sqrt{\begin{array}{c}\text{磨}\\Ra\,1.6\\-2.5/Rz\,max\,6.3\end{array}}}$	表示用磨削加工获得的表面，两个单向上限值： (1) $Ra\,1.6$ (2) $-2.5/Rzmax\,6.3$ $\perp$表面纹理垂直于视图的投影面

上、下极限值可以用不同的参数代号和传输带表达。

② 表面结构参数的单向极限

当只标注参数代号、参数值和传输带时，它们应默认为参数的上限值(16%规则或最大规则的极限值)；如果是单向下限值(16%规则或最大规则的极限值)，则参数代号前应加 L。

三、表面结构要求在图样和其他技术产品文件中的注法

1. 概述

表面结构要求对每一表面一般只标注一次，并尽可能注在相应的尺寸及其公差的同一视图上。除非另有说明，所标注的表面结构要求是对完工零件表面的要求。

2. 表面结构符号、代号的标注位置与方向

(1) 标注原则

总的原则是根据 GB/T 4458.4 尺寸注法的规定，使表面结构的注写和读取方向与尺寸的注写和读取方向一致(图 7-47)。这就是说：注写在水平线上时，代、符号的尖端应向下；注写在竖直线上时，代、符号的尖端应向右；注写在倾斜线上时，代、符号的尖端应向下倾斜。

(2) 标注在轮廓线上或指引线上

表面结构要求可标注在轮廓线或指引线上，其符号应从材料外指向并接触表面。必要时，表面结构符号用带箭头或黑点的指引线引出标注(图 7-48,图 7-49)。

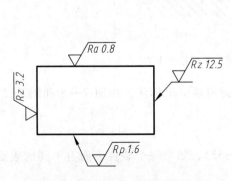

图 7-47　表面结构要求的注写方向

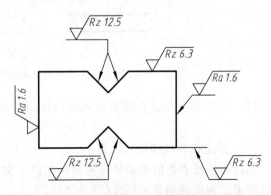

图 7-48　表面结构要求在轮廓线上的标注

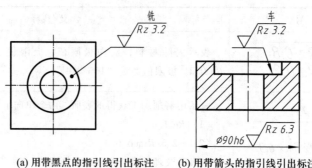

(a) 用带黑点的指引线引出标注　　　(b) 用带箭头的指引线引出标注

图 7-49　用指引线引出标注

（3）标注在特征尺寸的尺寸线上

在不致引起误解时，表面结构要求可以标注在给定的尺寸线上，参看图 7-50a、b。

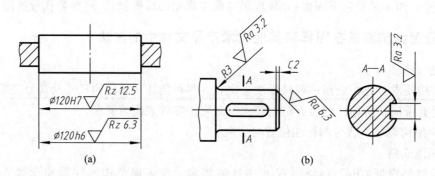

图 7-50　表面结构要求标注在尺寸线上

（4）标注在几何公差框格的上方，参看图 7-51。

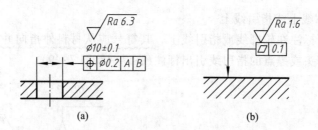

图 7-51　表面结构要求标注在几何公差框格的上方

（5）直接标注在延长线上或从延长线用带箭头的指引线引出标注，如图 7-48 和图 7-52 所示。

（6）标注在圆柱和棱柱表面上

圆柱和棱柱表面的表面结构要求只标注一次（图 7-52），如果每个棱柱表面有不同的表面结构要求，则应分别单独标注（图 7-53）。

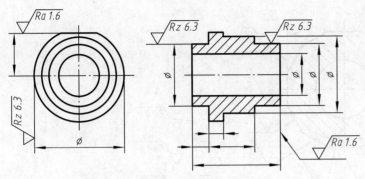

图 7-52　圆柱表面结构要求的注法

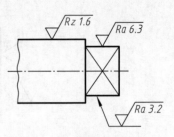

图 7-53　棱柱表面结构
要求的注法

3. 表面结构要求的简化注法

（1）有相同表面结构要求的简化注法

如果工件的全部或多数表面有相同的表面结构要求，则其表面结构要求可统一标注在图样标题栏附近。此时（除全部表面有相同要求的情况外）表面结构要求的代号后面应有：

——在圆括号内给出无任何其他标注的基本图形符号（图 7-54）；

——在圆括号内给出不同的表面结构要求（图 7-55）。

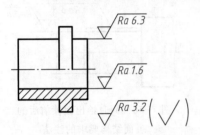

图 7-54　大多数表面有相同表面结构
要求的简化注法（一）

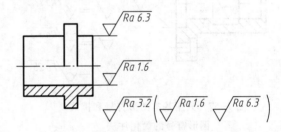

图 7-55　大多数表面有相同表面结构
要求的简化注法（二）

（2）多个表面有共同要求的注法

当多个表面具有相同的表面结构要求或图纸空间有限时，可以采用简化注法。

① 用带字母的完整图形符号的简化注法

可用带字母的完整图形符号，以等式的形式，在图形或标题栏附近，对有相同表面结构要求的表面进行简化标注（图 7-56）。

② 只用表面结构符号的简化注法

根据被标注表面所用工艺方法的不同，相应地使用基本图形符号、应去除材料或不允许去除材料的扩展图形符号在图中进行标注，再在标题栏附近以等式的形式给出对多个表面共同的表面结构要求，如图 7-57 所示。

4. 两种或多种工艺获得的同一表面的注法

由几种不同的工艺方法获得的同一表面，当需要明确每种工艺方法的表面结构要求时，可在国家标准规定的图线上标注相应的表面结构代号。图 7-58 表示同时给出镀覆前后的表面结构要求的注法。

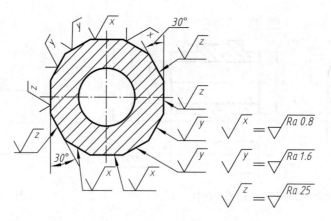

图 7-56 用带字母的完整图形符号对有相同表面
结构要求的表面采用简化注法

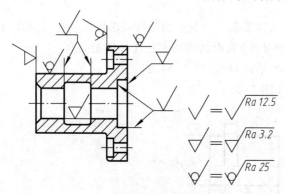

图 7-57 只用基本图形符号和扩展
图形符号的简化注法

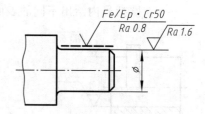

图 7-58 同时给出镀覆前后的
表面结构要求的注法

§7-6 线性尺寸公差 ISO 代号体系

一、零件的互换性

按零件图要求加工出来的零件，装配时不需要经过选择或修配，就能达到规定的技术要求，这种性质称为互换性。零件具有互换性，便于装配和维修，有利于组织生产协作，提高经济效益。

建立极限与配合制度是保证零件具有互换性的必要条件。下面简要介绍国家标准《产品几何技术规范（GPS） 线性尺寸公差 ISO 代号体系》 （GB/T 1800.1—2020、GB/T 1800.2—2020）的基本知识及图样中尺寸公差与配合的注法。

二、术语和定义

在实际生产中，零件的尺寸是不可能做到绝对精确的，为了使零件具有互换性，必须对尺寸限定一个变动范围，这个变动范围的大小称为尺寸公差（简称公差）。

图 7-59a 所示轴和孔的配合尺寸为 $\phi 50 \dfrac{\text{H7}}{\text{k6}}$，图 7-59b、c 分别注出了孔径和轴径的允许变动范围。图 7-60a、b 是图 7-59b、c 所注尺寸的示意图。

下面以轴的尺寸 $\phi 50^{+0.018}_{+0.002}$ 为例，将有关的术语和定义（参看图 7-60b）介绍如下：

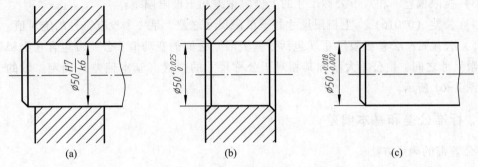

(a)   (b)   (c)

图 7-59 轴、孔配合与尺寸公差

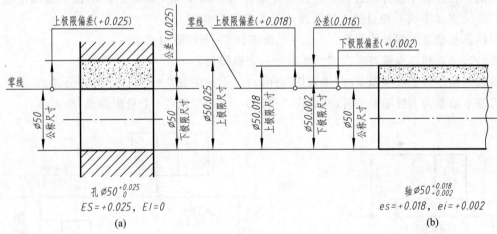

图 7-60 公差术语图解

（1）尺寸要素 线性尺寸要素或者角度尺寸要素。

（2）孔 工件的内尺寸要素，包括非圆柱形的内尺寸要素。

（3）轴 工件的外尺寸要素，包括非圆柱形的外尺寸要素。

（4）公称尺寸（$\phi 50$） 由图样规范确定的理想形状要素的尺寸，公称尺寸可以为整数或小数。

（5）零线 表示公称尺寸的直线，通常沿水平方向绘制，正偏差位于其上，负偏差位于其下。

（6）实际尺寸 拟合组成要素的尺寸（通过测量获得的尺寸）。

（7）极限尺寸 尺寸要素的尺寸所允许的极限值。

（8）上极限尺寸（$\phi 50.018$） 尺寸要素允许的最大尺寸。

（9）下极限尺寸（$\phi 50.002$） 尺寸要素允许的最小尺寸。

（10）偏差　某值与其参考值之差，可以为正、负或零值。

（11）上极限偏差（+0.018）　上极限尺寸减其公称尺寸所得的代数差。用 ES（内尺寸要素）或 es（外尺寸要素）表示。

（12）下极限偏差（+0.002）　下极限尺寸减其公称尺寸所得的代数差。用 EI（内尺寸要素）或 ei（外尺寸要素）表示。

（13）极限偏差　相对于公称尺寸的上极限偏差和下极限偏差。

（14）公差（0.016）　上极限尺寸与下极限尺寸之差。是一个没有符号的绝对值。

（15）公差带　公差极限尺寸（包括公差极限）之间的变动值。公差带包含在上极限尺寸和下极限尺寸之间，由公差大小和其相对于公称尺寸的位置（基本偏差）确定。轴的公差带图解如图 7-61 所示。

三、标准公差和基本偏差

1. 公差带的确定方法

确定公差带就是要确定极限偏差。国家标准规定，公差带由"公差大小"和"公差带位置"组成，公差大小由标准公差确定，公差带位置由基本偏差确定，基本偏差是确定公差带相对公称尺寸（零线）位置的上极限偏差或下极限偏差。

根据公差和极限偏差的关系：公差＝上极限偏差−下极限偏差。

当已知公差和基本偏差时，就可算出另一个极限偏差。

当基本偏差为下极限偏差时（参看图 7-62a），上极限偏差＝下极限偏差+公差。

当基本偏差为上极限偏差时（参看图 7-62b），下极限偏差＝上极限偏差−公差。

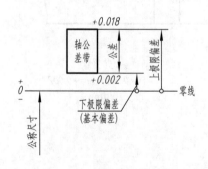

图 7-61　轴的公差带图解

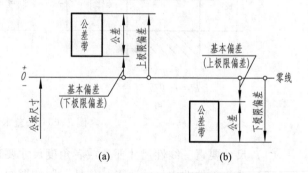

图 7-62　公差带的确定方法

2. 标准公差等级与标准公差数值

公差等级用来确定尺寸的精确程度。国家标准将标准公差等级分为 20 级，其代号为 IT01、IT0、IT1、IT2、…、IT18。IT 表示标准公差，数字表示公差等级，IT01 的精度最高，即其公差数值最小，以下逐级降低。同一公差等级对所有公称尺寸的一组公差，被认为具有同等精确程度。在一般机器的配合尺寸中，孔用 IT6～IT12 级，轴用 IT5～IT12 级。在保证产品质量的条件下，应选用较低的公差等级。

标准公差的数值取决于公差等级和公称尺寸。附表 26 列出了公称尺寸至 500 mm、公差等级由 IT1 至 IT18 级的标准公差数值。

3. 基本偏差系列

基本偏差一般是指上、下极限偏差中靠近零线的那个极限偏差。为了满足各种配合要求，国家标准规定了基本偏差系列；基本偏差标示符用拉丁字母表示，大写为孔，小写为轴，各 28 个。图 7-63 表示基本偏差系列标示符及其与零线的相对位置，图中代号 ES(es) 表示上极限偏差，EI(ei) 表示下极限偏差，孔用大写字母，轴用小写字母。基本偏差数值与基本偏差标示符、公称尺寸和标准公差等级有关，国家标准用表列方式提供了这些数值，详见附表 27、附表 28。从图 7-63 和孔、轴基本偏差数值表可知：

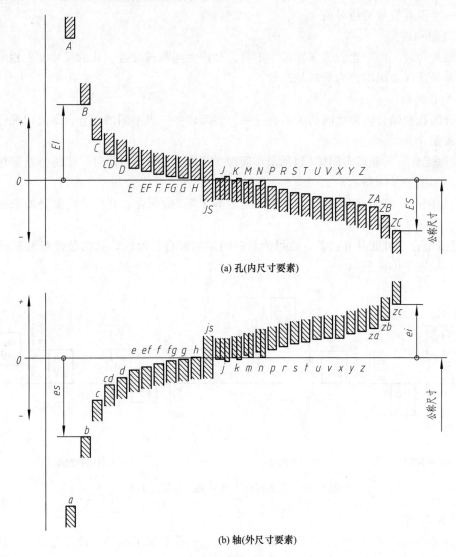

(a) 孔(内尺寸要素)

(b) 轴(外尺寸要素)

图 7-63　基本偏差系列示意图

（1）对于孔，A～H 的基本偏差为下极限偏差(EI)，J～ZC 的基本偏差为上极限偏差(ES)；对于轴，a～h 的基本偏差为上极限偏差(es)，j～zc 的基本偏差为下极限偏差(ei)。

（2）孔 JS 和轴 js 的公差带对称分布于零线两边，其基本偏差为上极限偏差(+IT/2)或下极限偏差（-IT/2）。

四、ISO 配合与配合制

1. ISO 配合

配合是公称尺寸相同并且相互结合的内尺寸要素（孔）和外尺寸要素（轴）公差带之间的关系。

配合公差是组成配合的两个尺寸要素的尺寸公差之和，它是表示配合所允许的变动量。配合公差是一个没有符号的绝对值。

（1）间隙和过盈

孔和轴配合时，由于它们的实际尺寸不同，会产生间隙或过盈。孔的尺寸减去相配合的轴的尺寸之差为正时是间隙，为负时是过盈。

（2）配合类别

相配合的孔和轴公差带之间的关系有三种，因而产生三类不同的配合，即间隙配合、过盈配合和过渡配合。

① 间隙配合　只能具有间隙（包括最小间隙等于零）的配合。此时，孔的公差带在轴的公差带之上，如图 7-64a 所示。

② 过盈配合　只能具有过盈（包括最小过盈等于零）的配合。此时，孔的公差带在轴的公差带之下，如图 7-64b 所示。

③ 过渡配合　可能具有过盈，也可能具有间隙的配合。此时，孔的公差带与轴的公差带相互交叠，如图 7-64c 所示。

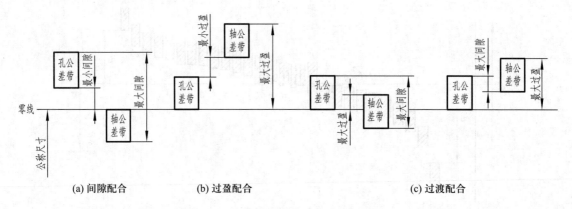

(a) 间隙配合　　　　　(b) 过盈配合　　　　　(c) 过渡配合

图 7-64　三类配合中孔、轴公差带的关系

2. ISO 配合制

配合制是由线性尺寸公差 ISO 代号体系确定公差的孔和轴组成的一种配合制度，其应用的前提条件是孔和轴的公称尺寸相同。要得到不同种类的配合，就必须在保证获得适当间隙或过盈的条件下，确定孔和轴的公差带。为了便于设计和制造，国家标准规定了基孔制配合和基轴制配合。

（1）基孔制配合　基本偏差为零的孔的公差带，与不同基本偏差的轴的公差带形成各种配合的一种制度，如图 7-65 所示。

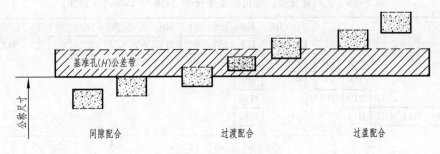

图 7-65　基孔制配合

基孔制配合的孔称为基准孔，基准孔的基本偏差标示符为 H，H 的公差带在零线之上，基本偏差(下极限偏差)为零。

（2）基轴制配合　基本偏差为零的轴的公差带，与不同基本偏差的孔的公差带形成各种配合的一种制度，如图 7-66 所示。

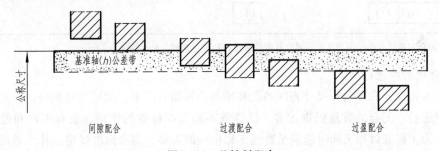

图 7-66　基轴制配合

基轴制配合的轴称为基准轴，基准轴的基本偏差标示符为 h，h 的公差带在零线之下，基本偏差(上极限偏差)为零。

在一般情况下，优先采用基孔制配合。

从图 7-63 基本偏差系列示意图可以看出，由于基准孔和基准轴的基本偏差标示符为 H 和 h，因此与 a~h 和 A~H 一定组成间隙配合，与 j~zc 和 J~ZC 则组成过渡配合或过盈配合。

3. 公差带代号和配合代号

（1）公差带代号　公差带代号由基本偏差标示符后跟标准公差等级数字组成，例如 H8、K7 为孔的公差带代号，s7、h6 为轴的公差带代号。

（2）配合代号　配合代号由组成配合的孔、轴公差带代号组成，写成分数形式，分子为孔的公差带代号，分母为轴的公差带代号，例如 $\dfrac{H8}{s7}$、$\dfrac{K7}{h6}$，也可写成 H8/s7、K7/h6。

五、公差带及配合代号选取

1. 公差带代号的选取

由于孔和轴的公差带代号是由基本偏差标示符和标准公差等级数字组合，因此可以组成的公差带代号是大量的。为了避免工具和量具不必要的多样性，国家标准规定，孔和轴的公差带代号尽可能从表 7-16 中选取，框中所示的公差带代号应优先选取。

表 7-16 孔和轴优先、常用公差带代号 （GB/T 1800.1—2020）

孔公差带代号

A	B	C	D	E	F	G	H	JS	K	M	N	P	R	S	T	U	X
						G6	H6	JS6	K6	M6	N6	P6	R6	S6	T6		
					F7	G7	H7	JS7	K7	M7	N7	P7	R7	S7	T7	U7	X7
				E8	F8		H8	JS8	K8	M8	N8	P8	R8				
			D9	E9	F9		H9										
		C10	D10	E10			H10										
A11	B11	C11	D11				H11										

轴公差带代号

a	b	c	d	e	f	g	h	js	k	m	n	p	r	s	t	u	x
						g5	h5	js5	k5	m5	n5	p5	r5	s5	t5		
					f6	g6	h6	js6	k6	m6	n6	p6	r6	s6	t6	u6	x6
				e7	f7		h7	js7	k7	m7	n7	p7	r7	s7	t7	u7	
			d8	e8	f8		h8										
	b9	c9	d9	e9			h9										
			d10				h10										
a11	b11	c11					h11										

注：表中的公差带代号仅应用于不需要对公差带代号进行特定选取的一般性用途。

2. 配合代号的选取

按照配合定义，只要公称尺寸相同的孔和轴公差带结合起来，就可组成配合，即使采用基孔制和基轴制配合，配合的数量仍嫌太多，这样既不能发挥标准的作用，也对生产和使用极为不利。因此，为了提高效率又同时能满足普通工程机构的需要，国家标准规定，孔和轴的配合代号应从表 7-17 中选取。考虑到经济因素，如有可能，配合时应优先选择框中所示的公差带代号。

表 7-17 孔和轴优先、常用配合代号 （GB/T 1800.1—2020）

基准孔	轴公差带代号 — 间隙配合	过渡配合	过盈配合
H6	g5 h5	js5 k5 m5	n5 p5
H7	f6 **g6** **h6**	**js6** **k6** m6 **n6**	**p6** **r6** **s6** t6 u6 x6
H8	e7 **f7** **h7**	js7 k7 m7	s7 u7
	d8 **e8** f8 h8		
H9	d8 **e8** f8 h8		
H10	b9 c9 **d9** e9 **h9**		
H11	**b11** **c11** d10 h10		

基准轴	孔公差带代号 — 间隙配合	过渡配合	过盈配合
h5	G6 H6	JS6 K6 M6	N6 P6
h6	F7 **G7** **H7**	**JS7** **K7** M7 **N7**	**P7** **R7** **S7** T7 U7 X7
h7	E8 **F8** **H8**		
h8	D9 **E9** F9 **H9**		
	E8 **F8** **H8**		
h9	D9 **E9** F9 **H9**		
	B11 C10 **D10** H10		

为了使用方便，本书在附表 29 和附表 30 中分别列出了优先配合轴和孔公差带的极限偏差。

六、尺寸公差与配合在图样中的注法 (GB/T 4458. 5—2003)

1. 在零件图上线性尺寸的公差注法

（1）零件图中有配合功能要求的尺寸，应在公称尺寸的右边标注公差，线性尺寸的公差应按下列三种形式之一标注：

① 标注公差带代号（图 7-67a）。

② 标注极限偏差（单位为 mm）。上极限偏差应注在公称尺寸的右上方；下极限偏差应与公称尺寸注在同一底线上。上、下极限偏差的数字的字号应比公称尺寸的数字的字号小一号（图 7-67b）。

③ 同时标注公差带代号和相应的极限偏差，但后者应加圆括号 （图 7-67c）。

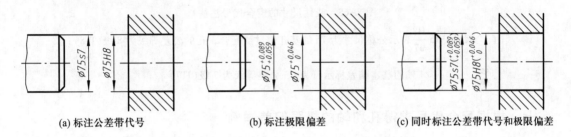

(a) 标注公差带代号　　　　(b) 标注极限偏差　　　　(c) 同时标注公差带代号和极限偏差

图 7-67　尺寸公差在零件图中的规定注法

关于上、下极限偏差的标注还有以下规定：

（i）上、下极限偏差的小数点必须对齐，小数点后最后一位的"0"一般不予注出；如果为了使上、下极限偏差值的小数点后的位数相同，可以用"0"补齐。

（ii）当上极限偏差或下极限偏差为"零"时，用数字"0"标出，并与下极限偏差或上极限偏差的小数点前的个位数对齐。

（iii）当公差带相对于公称尺寸对称地配置，即上、下极限偏差的绝对值相同时，极限偏差数字可以只注写一次，并应在极限偏差数字与公称尺寸之间注出符号"±"，且两者数字高度相同，例如"50 ±0.25"。

（2）单向极限尺寸的注法

当尺寸仅需要限制单个方向的极限时，应在该极限尺寸的右边加注符号"max"或"min"，例如 "$R5$ max""30 min"。

2. 在装配图上的配合注法

在装配图中要对有配合关系的线性尺寸标注配合要求。配合要求的注法有三种：

（1）在公称尺寸右边标注配合代号，如图 7-68a 所示；必要时也允许按图 7-68b 或图 7-68c 的形式标注。

（2）在公称尺寸右边标注相配零件的极限偏差，其标注形式可查看标准。

（3）标注与标准件配合的零件(孔或轴)的配合要求时，可以仅标注该零件的公差带代号；例如图 7-69 中滚动轴承是标准件，它的外圆与机壳上的孔配合，内孔与轴配合，这两个尺寸都不注配合代号，在公称尺寸后仅标注孔和轴的公差带代号：$\phi62$J7（机壳上孔的公差带代号）和 $\phi30$k6（轴的公差带代号）。

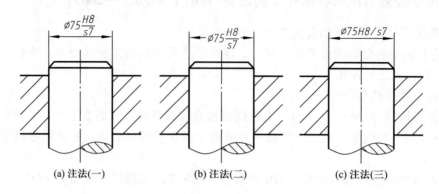

(a) 注法（一）　　　　(b) 注法（二）　　　　(c) 注法（三）

图 7-68　线性尺寸的配合代号注法

$\Big($配合尺寸 $\phi75\dfrac{\text{H8}}{\text{s7}}$ 表示公称尺寸为 75 的基孔制过盈配合，孔的公差等级为 8 级（IT8）；

轴的基本偏差标示符为 s，公差等级为 7 级（IT7）$\Big)$

七、根据配合代号求得孔和轴的极限偏差举例

已知用配合代号表示的配合尺寸，求出孔、轴极限偏差的方法是：首先根据配合尺寸，确定孔和轴的公差带（用公差带代号表示），然后通过查表得到孔和轴的上、下极限偏差，举例说明如下：

［例1］ 确定配合尺寸 $\phi75$H8/s7 中孔和轴的上、下极限偏差。

解 配合尺寸 $\phi75$H8/s7 是基孔制配合，孔的尺寸是 $\phi75$H8，轴的尺寸是 $\phi75$s7。先根据公称尺寸 75（属于 >50~80 尺寸分段）和公差带代号，分别查表得到孔和轴的标准公差和基本偏差数值，再分别算出孔和轴的另一极限偏差。

① 从附表 26 查得孔和轴的标准公差数值：公称尺寸为 75 的 IT8 为 46 μm，IT7 为 30 μm。

② 从附表 27 查得轴的公称尺寸为 75，公差带代号为 s7 的基本偏差为下极限偏差 $ei = +59$ μm。基准孔的基本偏差为下极限偏差 $EI = 0$。所以孔 $\phi75$H8 的上极限偏差 $ES = EI + IT = 0 + 46$ μm $= +46$ μm。

轴 $\phi75$s7 的下极限偏差 $ei = +59$ μm，上极限偏差 $es = ei + IT = 59$ μm $+ 30$ μm $= +89$ μm。

孔、轴公差带图解如图 7-70 所示。

［例2］ 确定 $\phi50\dfrac{\text{F8}}{\text{h7}}$ 中孔和轴的上、下极限偏差。

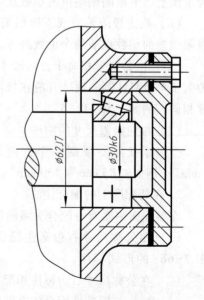

图 7-69　与标准件有配合要求时的注法

解 $\phi50\dfrac{F8}{h7}$ 的公称尺寸 50，属于 >40~50 尺寸分段，从表 7-17 可知，配合代号 $\dfrac{F8}{h7}$ 为基轴

制优先间隙配合，孔和轴的上、下极限偏差可直接从附表 29 和附表 30 中查得。

① 从附表 30 查得孔 ϕ50F8 的上、下极限偏差分别为 +64 μm、+25 μm。

② 从附表 29 查得基准轴 ϕ50h7 的上、下极限偏差分别为 0、−25 μm。

孔、轴公差带图解如图 7-71 所示。

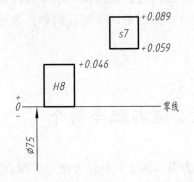

图 7-70　基孔制过盈配合孔、轴公差带图解

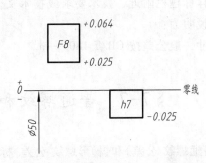

图 7-71　基轴制间隙配合孔、轴公差带图解

[**例 3**]　确定 $\phi10\dfrac{M8}{h7}$ 中孔和轴的上、下极限偏差。

解　从表 7-17 可知，$\phi10\dfrac{M8}{h7}$ 是基轴制常用过渡配合。孔的尺寸是 ϕ10M8，轴的尺寸是

ϕ10h7。先根据公称尺寸 10（属于 >6~10 尺寸分段）和公差带代号，分别查表得到孔和轴的标准公差和基本偏差，再算出孔和轴的另一极限偏差。

① 从附表 26 查得孔和轴的标准公差数值：公称尺寸为 10 的 IT8 为 22 μm，IT7 为 15 μm。

② 从附表 28 查得孔的公称尺寸为 10，公差带代号为 M8 的基本偏差为上极限偏差 ES = −6 μm+Δ，然后根据基本尺寸和公差等级在该行右边的"Δ"项中查得 Δ 为 7 μm。于是可以算出 ES：ES = −6 μm+7 μm = +1 μm。

基准轴的基本偏差为上极限偏差 es = 0；

所以轴 ϕ10h7 的上极限偏差 es = 0，

下极限偏差 ei = es−IT = 0−15 μm = −15 μm。

孔 ϕ10M8 的上极限偏差　ES = +1 μm，

下极限偏差 EI = ES−IT = +1 μm−22 μm = −21 μm。

孔、轴公差带图解如图 7-72 所示。

对于常用配合中孔、轴的上、下极限偏差，除用上述方法查表（附表 26、附表 27 和附表 28）后计算得到外，也可从公差与配合标准的有关表中直接查到（该表本书未列出）。

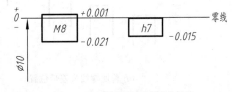

图 7-72　基轴制过渡配合孔、
轴公差带图解

八、线性尺寸的一般公差

在零件图中，一般是大多数尺寸未注公差，未注公差的尺寸是精度较低的非配合尺寸。为了保证零件的使用功能，国家标准 GB/T 1804—2000 对这些尺寸也规定了公差，称为一般公差。一般公差在车间通常加工条件下可以得到保证。

线性尺寸一般公差的极限偏差数值与公差等级有关，分四级，分别用字母 f(精密)、m(中等)、c(粗糙)和 v(最粗)表示；其公差带对称地配置于零线两边；在图样中不单独注出，而是在图样标题栏附近、技术要求或技术文件(如企业标准)中做出总的说明。例如，选用中等级时，说明为：

尺寸一般公差按 GB/T 1804—m。

§7-7 普通螺纹和梯形螺纹公差与配合简介

《普通螺纹 公差》和《梯形螺纹 公差》标准的基本结构及其在图上的标注方法与前面《产品几何技术规范(GPS) 线性尺寸公差 ISO 代号体系》标准类似，详细规定可查阅 "GB/T 197—2018" 和 "GB/T 5796.4—2022"。

一、螺纹公差带

1. 公差带由其相对于基本牙型的公差带位置和大小组成。公差带位置由基本偏差确定，基本偏差就是接近于零线的上极限偏差或下极限偏差，其代号用拉丁字母表示，内螺纹用大写字母，外螺纹用小写字母。

2. 内螺纹的公差带在零线之上，外螺纹的公差带在零线之下。

3. 对普通螺纹的内螺纹规定了 G 和 H 两种公差带位置；对外螺纹规定了 e、f、g 和 h 四种公差带位置，如图 7-73a 所示。

对梯形螺纹内螺纹的大径、中径和小径规定了一种公差带位置 H。对外螺纹中径规定了三种公差带位置 h、e 和 c，如图 7-73b 所示；对大径和小径只规定一种公差带位置 h。

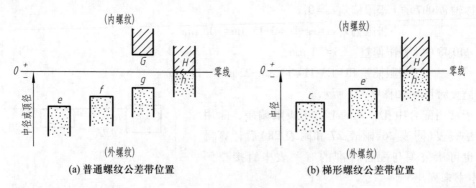

(a) 普通螺纹公差带位置　　　　　(b) 梯形螺纹公差带位置

图 7-73　螺纹公差带

基本偏差数值可查标准。其中 H 和 h 的基本偏差为零。

4. 螺纹的公差大小和公差等级

为了确定公差的大小，对螺纹各直径分别规定了若干公差等级。两种螺纹内、外螺纹各直径的公差等级如表 7-18 所示。

表 7-18　普通螺纹和梯形螺纹的公差等级

螺　纹　直　径		内螺纹小径	外螺纹大径	内螺纹中径	外螺纹中径	外螺纹小径	内螺纹大径
公差等级	普通螺纹	4、5、6、7、8	4、6、8	4、5、6、7、8	3、4、5、6、7、8、9	未作规定	未作规定
	梯形螺纹	4	4	7、8、9	7、8、9	与中径相同	未作规定

表中 3 级或 4 级精度为最高，以下逐级降低。各公差等级的公差数值可查标准。

公差带代号是将公差等级的数字写在基本偏差代号的前面，例如 6H、7h、8e。

二、螺纹的推荐公差带与配合

1. 普通螺纹的选用公差带与配合

（1）根据螺纹配合的要求，将公差等级和公差位置组合，可得到各种公差带，但为了满足各种使用要求，并降低生产成本，普通螺纹公差带一般应按表 7-19 和表 7-20 选用。表中的公差精度是螺纹质量的综合指标，它不仅取决于螺纹的公差等级，还与螺纹的旋合长度密切相关。

表 7-19　内螺纹的推荐公差带

公　差　精　度	公差带位置 G			公差带位置 H		
	S	N	L	S	N	L
精密	—	—	—	4H	5H	6H
中等	(5G)	**6G**	(7G)	**5H**	6H	**7H**
粗糙	—	(7G)	(8G)	—	7H	8H

表 7-20　外螺纹的推荐公差带

公　差　精　度	公差带位置 e			公差带位置 f			公差带位置 g			公差带位置 h		
	S	N	L	S	N	L	S	N	L	S	N	L
精密	—	—	—	—	—	—	—	(4g)	(5g4g)	(3h4h)	**4h**	(5h4h)
中等	—	**6e**	(7e6e)	—	**6f**	—	(5g6g)	6g	(7g6g)	(5h6h)	6h	(7h6h)
粗糙	—	(8e)	(9e8e)	—	—	—	—	8g	(9g8g)	—	—	—

推荐公差带的优先选择顺序为：粗字体公差带、一般字体公差带、括号内的公差带。带方框的粗字体公差带用于大量生产的紧固件螺纹。

（2）内、外螺纹的选用公差带可以任意组合，为了保证足够的接触高度，完工后的螺纹件优先组成 H/g、H/h 或 G/h 配合。

2. 梯形螺纹公差带的选用

由于标准对内螺纹小径和外螺纹大径只规定了一种公差带(4H、4h)，还规定外螺纹小径的公差带位置永远为 h，公差等级与中径公差等级相同，故梯形螺纹只需选择并标注中径公差带，并以它代表梯形螺纹公差带。一般情况下应按表 7-21 选用中径公差带，表中的中等精度用于一般用途的螺纹。

表 7-21　梯形螺纹选用中径公差带

精　　度	内　螺　纹		外　螺　纹	
	N	L	N	L
中等	7H	8H	7h、7e	8e
粗糙	8H	9H	8e、8c	9c

§7-8　几 何 公 差

一、概述

零件的几何特性是决定零件功能的因素之一，几何特性是指零件的实际要素相对其几何理想要素的偏离状况，包括尺寸的偏离、表面要素形状和相对位置的偏离、表面粗糙度和表面波纹度。几何误差包括形状、方向、位置和跳动误差。例如圆柱面上不同位置正截面的直径不相等的状况，称为形状误差；长方体表面本该平行的实际要素不平行，本该互相垂直的实际要素不垂直称为方向误差。几何误差对产品的性能和寿命影响很大。为了保证机器的质量，必须限制零件几何误差的最大变动量，称为几何公差，允许变动量的值称为公差值。

图样中几何公差有两种表达形式：一种是用框格标注，精度要求较高的要素采用这种形式；另一种是不在图中注出，将 GB/T 1184 规定的未注公差值在图样的技术要求中说明。未注公差值是工厂中常用设备能保证的精度。

国家标准对几何公差的基本概念、术语及定义、符号及标注方法和公差值等都做了规定。

下面摘要介绍 GB/T 1182—2018《产品几何技术规范(GPS) 几何公差 形状、方向、位置和跳动公差标注》。

二、术语及定义（表 7-22）

表 7-22　要素类和几何公差类部分术语及定义

术　语		定义或解释、图示
要素类	要素	工件上的特定部位，如点要素、线要素或面要素。这些要素可以是实际存在的组成要素（如圆柱的外表面），也可以是导出要素（由实际要素取得的中心线或中心面）
	组成要素	面或面上的线。 注：组成要素是有定义的，参见相关国标
	导出要素	由一个或几个组成要素得到的中心点、中心线或中心面。 例如：1. 球心是由球面得到的导出要素，该球面为组成要素。 　　　 2. 圆柱的中心线是由圆柱面得到的导出要素，该圆柱面为组成要素
	实际（组成）要素	由接近实际（组成）要素所限定的工件实际表面的组成要素部分
	提取组成要素	按规定方法，从实际（组成）要素提取有限数目的点所形成的实际（组成）要素的近似替代
	被测要素	给出几何公差的要素（默认为是一个完整的单一要素） 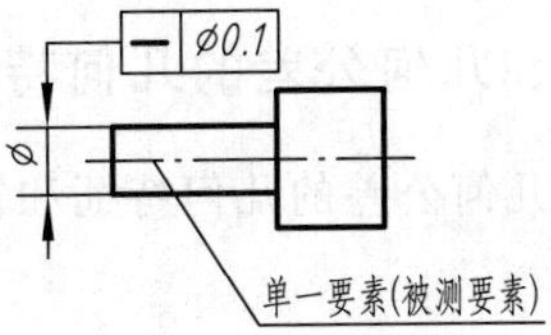
	单一要素	仅对其本身给出几何公差要求的要素
	基准要素	零件上用来建立基准并实际起基准作用的实际（组成）要素（如：一条边、一个表面或一个孔）
	关联要素	对其他要素有功能（方向、位置、跳动）要求的要素 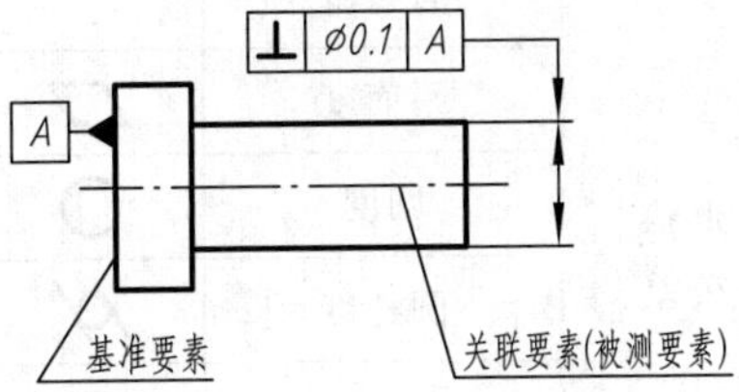
	单一基准要素	作为基准使用的单一要素（图中的基准 A）
	理想基准要素	确定要素间几何关系的依据，分别称为基准点、基准线和基准平面
	组合基准要素	作为单一基准使用的一组要素。如图中由 A 基准和 B 基准组成的组合基准要素 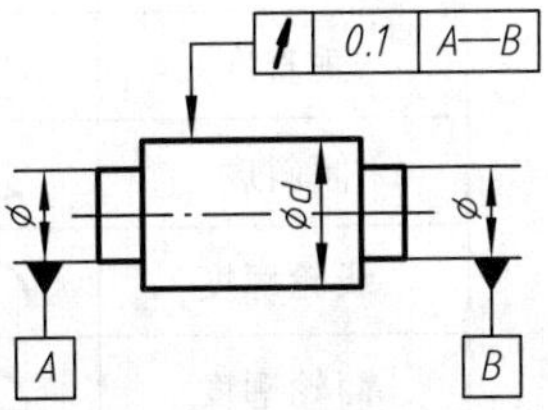

单一要素（被测要素）

基准要素　　　关联要素（被测要素）

术　语		定义或解释、图示
几何公差类	形状公差	单一实际要素的形状所允许的变动全量
	方向公差	关联实际要素对基准在方向上所允许的变动全量
	位置公差	关联实际要素对基准在位置上允许的变动全量
	跳动公差	关联实际要素绕基准回转一周或连续回转时所允许的最大跳动量
公差原则	独立原则和相关要求	公差原则　确定尺寸(线性和角度尺寸)公差和几何公差之间相互关系的原则 (1) 独立原则　图样给定的每一个尺寸和形状、方向和位置要求是独立的,应分别满足要求。如果对尺寸和形状、方向、位置之间的相互关系有特定要求,应在图上规定 独立原则是尺寸公差和几何公差相互关系遵循的基本原则 (2) 相关要求　尺寸公差和几何公差相互有关的公差要求。相关要求有几种,标注时用附加符号 Ⓔ、Ⓜ、Ⓛ、Ⓡ、Ⓐ 等表示

三、几何公差的几何特征符号、附加符号和标注

1. 几何公差的几何特征和符号(参看表 7-23)

表 7-23　几何公差的几何特征和符号

公差类别	几何特征	符号	有或无基准要求	公差类别	几何特征	符号	有或无基准要求
形状公差	直线度	—	无	位置公差	位置度	⌖	有或无
	平面度	▱			同心度 (用于中心线)	◎	有
	圆度	○					
	圆柱度	⌭			同轴度 (用于轴线)		
	线轮廓度	⌒					
	面轮廓度	⌓			对称度	═	
方向公差	平行度	//	有		线轮廓度	⌒	
	垂直度	⊥			面轮廓度	⌓	
	倾斜度	∠		跳动公差	圆跳动	↗	
	线轮廓度	⌒			全跳动	↗↗	
	面轮廓度	⌓					

2. 几何公差的附加符号和框格标注

几何公差规范标注的组成包括公差框格、可选的辅助平面和要素标注以及可选的相邻标注（补充标注）。本书仅简要介绍公差框格的标注，其余内容可查阅国家标准。

（1）公差框格和基准符号

① 被测要素和公差框格

表达几何公差规范要求的公差框格如图 7-74 所示。框格用细实线绘制，框格中的数字与尺寸数字同高，划分成两格或多格。第一格填写几何特征符号。

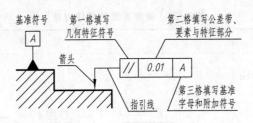

图 7-74　公差框格标注方法

第二格填写公差带、要素与特征部分。公差带由公差值确定，公差值的单位是 mm，公差带为圆形、圆柱形时，公差值前加"ϕ"，为球形时加"$S\phi$"。公差值可通过有关国家标准获得。公差带、要素与特征部分所使用的附加符号较多，它们的定义和注法可查阅相关的国家标准。

第三格及以后各格填写基准字母和附加符号（大写拉丁字母），用一个字母表示单一基准要素，用几个字母表示基准体系或公共基准，如图 7-75 所示。

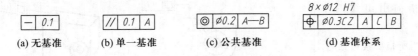

图 7-75　公差框格基准标注示例

如果没有基准，则只有前面两格。

当某项公差应用于几个相同要素时，应在公差框格的上方、被测要素的尺寸之前注明要素的个数，并在两者之间加上符号"×"，如图 7-75d 所示（CZ 是附加符号，表示组合公差带）。

用带箭头的指引线连接公差框格和被测要素，指引线可引自框格的任意一侧；箭头指向公差带宽度方向，应垂直于被测要素。

② 基准符号

与被测要素相关的基准用一个大写拉丁字母表示。字母标注在正方形框格内，与一个涂黑的或空白的三角形相连（框格与连线都用细实线绘制）以表示基准，见图 7-76。表示基准的一个或多个字母还应标注在公差框格内。涂黑的和空白的基准三角形含义相同。

（2）被测要素和基准要素的标注方法（表 7-24 和表 7-25）

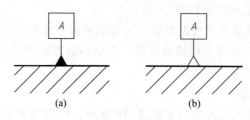

(a)　　　　　　　　(b)

图 7-76　基准符号

表 7-24　被测要素的标注方法

序号	解　释	图　例
1	当用几何公差规范标注导出要素时： 1. 二维标注中的指引线箭头终止在要素的轮廓或轮廓的延长线上（与尺寸线明显分离）。 2. 三维标注中的带黑点指引线终止在组成要素上（与尺寸线明显分离）。 3. 当指引线终止在组成要素的界限以内时，以圆点终止。指引线的箭头也可指向引出线的水平线。 4. 当所指要素可见时，指引线为实线，圆点为实心。反之不可见时，指引线为虚线，圆点为空心	(a) 2D　　　　(b) 3D (c) 2D　　　　(d) 3D (e) 2D　　　　(f) 3D
2	当用几何公差规范标注导出要素（中心线、中心面或中心点）时： 1. 指引线的箭头终止在尺寸要素的尺寸延长线上（要与尺寸线对齐）。 2. 几何公差规范指引线的箭头可代替一个尺寸箭头	(a) 2D　　　　(b) 3D (c) 2D　　　　(d) 3D

· 196 ·

序号	解　释	图　例
3	当仅对被测要素的局部给出几何公差规范标注时，可用粗点画线或阴影区域来定义这些局部表面，并标注尺寸	 (a) 2D　　　　(b) 3D (c) 2D
4	当需要为被测要素指定多个几何特征时，可将各个几何公差规范在上下堆叠的公差框格中给出（多层公差标注）。 　推荐将公差框格按公差值从上到下依次递减的顺序排布	
5	如果规范适用于多个被测要素，可使用 n× 或多根指引线标识被测要素	 (a)　　　　　　(b)

表 7-25　基准要素的常用标注方法

序号	解　释	图　例
1	当基准要素是轮廓线或轮廓面时，基准三角形放置在要素的轮廓线或其延长线上，必须与尺寸线明显地错开	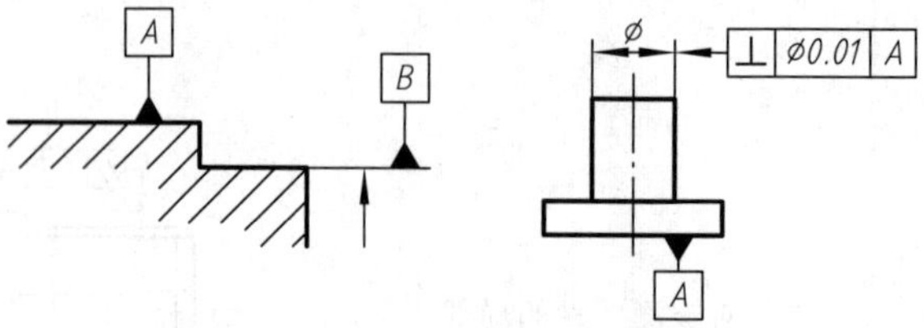
2	当基准是尺寸要素确定的中心线、中心平面或中心点时，基准三角形应放置在该尺寸线的延长线上 　如果没有足够的位置标注基准要素尺寸的两个尺寸箭头，则其中一个箭头可用基准三角形代替	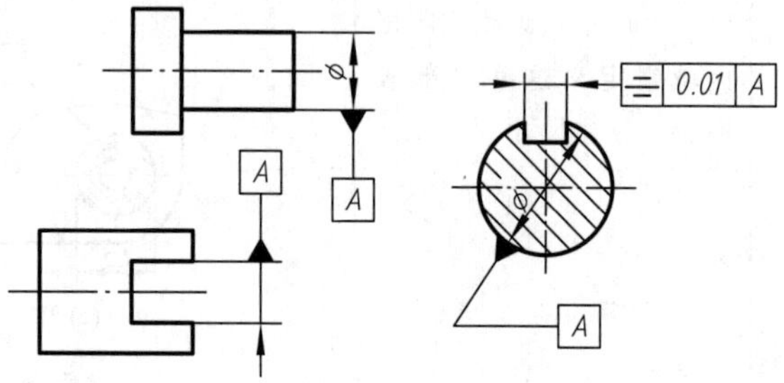
3	基准三角形也可放置在轮廓面引出线的水平线上	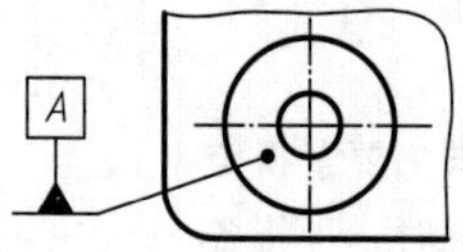
4	仅用要素的局部而不是整体作为基准要素时，可用粗点画线画出其范围，并标注尺寸	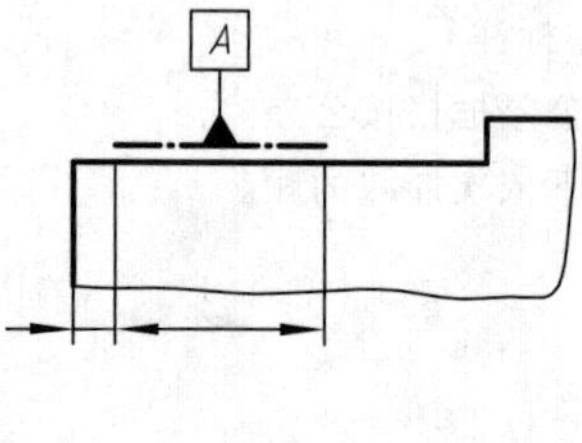

3. 几何公差带定义及标注示例

　　几何公差带　由一个或几个理想的几何线要素或面要素所限定的、由一个或多个线性尺寸表示公差值的区域。

　　公差带的主要形状有：一个圆内的区域、两同心圆之间的区域、两等距线或两平行直线之间的区域、一个圆柱面内的区域、两同轴圆柱面之间的区域、两等距面或两平行平面之间的区域、一个球面内的区域等。

　　公差带的宽度方向为被测要素的法向。除非另有说明，方向公差带的宽度方向为指引箭头方向，与基准成 0° 或 90°。

　　表 7-26 和表 7-27 分别列举了形状公差带和方向公差带的定义并按独立原则标注的方法。

在表内公差带示意图中，粗点线和细点线（不可见）表示提取要素；公差带界限、公差平面用细实线和细虚线（不可见）表示；基准用粗双点画线和细双点画线（不可见）表示。

表 7-26　形状公差带定义及标注示例

项　目	符　号	公差带的定义	标注及解释
直线度	—	由于公差值前加了符号 ϕ，公差带为直径 ϕt 的圆柱面所限定的区域 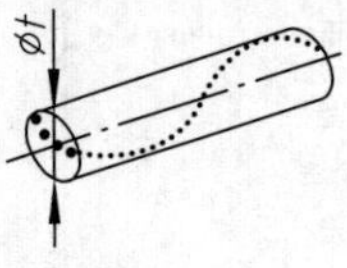	外圆柱面的提取（实际）中心线应限定在直径等于 $\phi 0.04$ 的圆柱面内 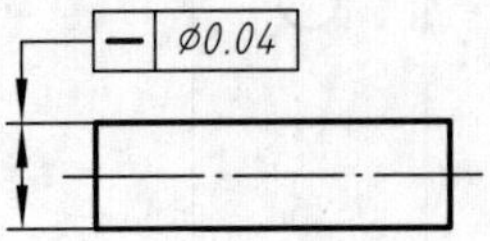
		公差带为间距等于公差值 t 的两平行平面所限定的区域 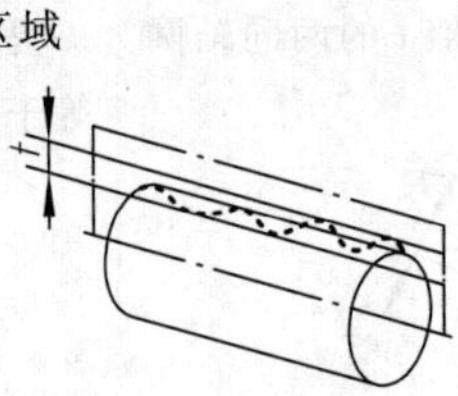	圆柱表面的提取（实际）棱边应限定在间距等于 0.1 的两平行平面之间 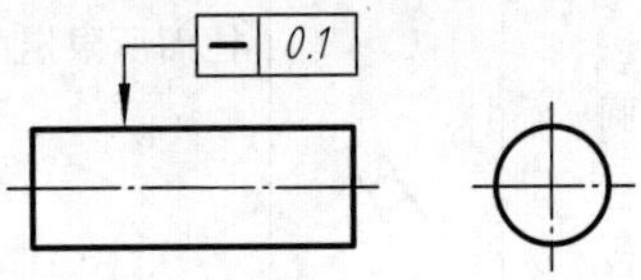
		公差带为在平行于（相交平面框格给定的）基准 A 的给定平面内和给定方向上，间距等于公差值 t 的两平行直线所限定的区域 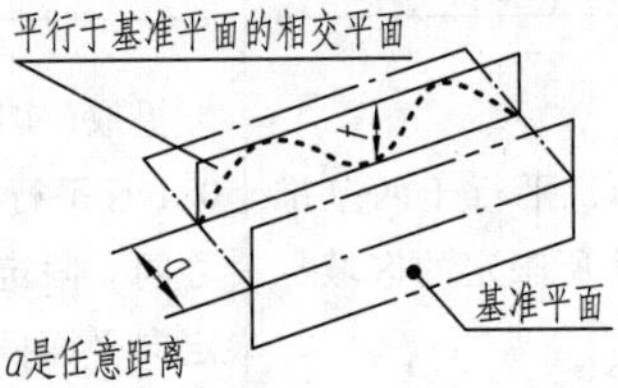 平行于基准平面的相交平面 基准平面 a是任意距离	在由相交平面框格规定的平面内，上表面的提取（实际）线应限定在间距等于 0.1 的两平行直线之间 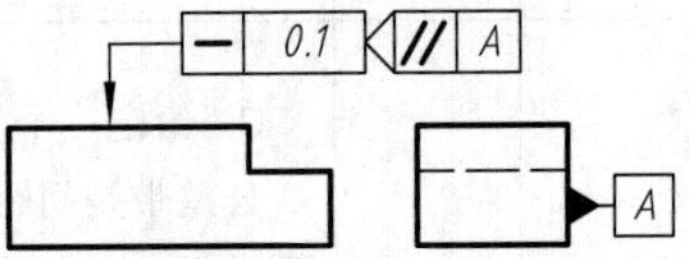 注：相交平面框格。该框格标识线要素要求的方向 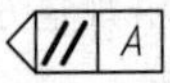
平面度	▱	公差带为间距等于公差值 t 的两平行平面所限定的区域 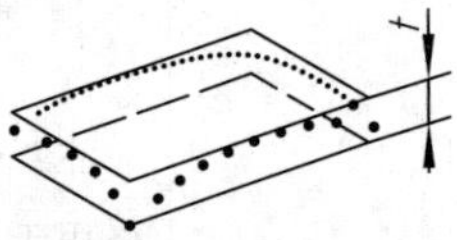	提取（实际）表面应限定在间距等于 0.08 的两平行平面之间 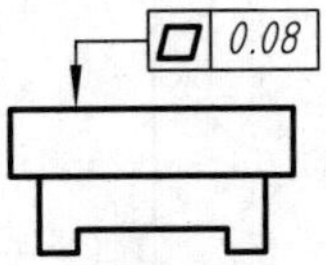

项　目	符　号	公差带的定义	标注及解释
圆度	○	公差带为在给定横截面内，半径差等于公差值 t 的两同心圆所限定的区域	在圆柱面的任意横截面内，提取(实际)圆周应限定在半径差为 0.03 的两共面同心圆之间
圆柱度	⌀	公差带为半径差等于公差值 t 的两同轴圆柱面所限定的区域	提取(实际)圆柱面应限定在半径差等于 0.01 的两同轴圆柱面之间

表 7-27　方向公差带定义及标注示例

项目	符号	公差带的定义	标注及解释
平行度	∥	① 给定一个方向 公差带是间距为公差值 t，平行于两基准且沿规定方向的两平行平面所限定的区域 基准平面B 基准轴线A	提取(实际)中心线应限定在间距等于 0.1 且平行于基准轴线 A 的两平行平面之间。限定公差带的两平面均平行于由定向平面框格规定的基准平面 B。 基准 B 为基准 A 的辅助基准 注：⟨∥ B⟩ 是定向平面框格。该框格用于控制公差带构成平面方向和其宽度方向

项目	符号	公差带的定义	标注及解释
平行度	//	② 给定相互垂直的两个方向 公差带为平行于基准轴线，间距分别等于 t_1 和 t_2，且互相垂直的两组平行平面之间。定向平面框格规定了公差带宽度相对于基准平面 B 的方向 	提取（实际）中心线应限定在间距分别等于 0.1 和 0.2，且平行于基准轴线 A 的两平行平面之间。定向平面框格规定间距 0.2 的公差带限定平面垂直于定向平面 B，0.1 的公差带限定平面平行于定向平面 B。 基准 B 为基准 A 的辅助基准
		若在公差值前加注 ϕ，公差带为直径等于公差值 ϕt，且平行于基准轴线的圆柱面内 	提取（实际）中心线应限定在平行于基准轴线 A、直径等于 $\phi 0.1$ 的圆柱面内
		公差带为间距等于公差值 t，且平行于基准平面的两平行平面所限定的区域 	提取（实际）中心线限定在间距为 0.03，且平行于基准平面 A 的两平行平面之间
		公差带是间距为公差值 t，且平行于基准轴线的两行平面所限定的区域 	提取（实际）表面应限定在间距等于 0.04，且平行于基准轴线 A 的两平行平面之间

项目	符号	公差带的定义	标注及解释
平行度	//	公差带是间距为公差值 t，且平行于基准平面的两平行平面所限定的区域	提取（实际）表面应限定在间距等于 0.1，平行于基准平面 A 的两平行平面之间
垂直度	⊥	若公差值前加注 ϕ，公差带是直径为公差值 ϕt，且垂直于基准平面的圆柱面内	提取（实际）中心线应限定在直径等于 $\phi 0.1$ 且垂直于基准平面 A 的圆柱面内
		公差带是间距为公差值 t，且垂直于基准轴线的两平行平面所限定的区域	提取（实际）表面应限定在间距等于 0.2，且垂直于基准轴线 A 的两平行平面之间
		公差带是间距为公差值 t，且垂直于基准平面的平行平面所限定的区域	提取（实际）表面应限定在间距等于 0.03，且垂直于基准平面 A 的两平行平面之间

§7-9 零件测绘和零件草图

零件测绘就是根据实际零件画出其生产图样。在仿造机器，改革和修理旧机器时，都要进行零件测绘。

一、零件草图的作用和要求

在测绘零件时，先要画出零件草图。以目测估计图形与实物的比例，按一定画法要求徒手（或部分使用绘图仪器）绘制的图称为草图。零件草图是画装配图和零件图的依据。在修理机器时，往往将草图代替零件图直接交车间制造零件。因此，画草图时绝不能潦草从事，必须认真绘制。

零件草图和零件图的内容是相同的，它们之间的主要区别是在作图方法上，零件草图用徒手绘制，并凭目测估计零件各部分的相对大小，控制图中零件各部分之间的比例关系。合格的草图应当：表达完整，线型分明，字体工整，图面整洁，投影关系正确。

二、零件草图的绘制步骤

1. 分析零件、选择视图。仔细了解零件的名称、用途、材料、结构形状、工作位置及与其他零件的装配关系等之后，确定表达方案。

2. 画视图。画视图也要分画底稿和加深两步完成。画图时，应注意不要把零件加工制造上的缺陷和使用后磨损等毛病反映在图上。

3. 确定需要标注的尺寸，画出尺寸界线、尺寸线和箭头。

4. 测量尺寸并逐个填写尺寸数字。测量尺寸时要合理选用量具，并要注意正确使用各种量具。例如，测量毛面的尺寸时，选用钢尺和卡钳；测量加工表面的尺寸时，选用游标尺、分厘卡或其他适当的测量手段。这样既保证了测量的精确度，又维护了精密量具的使用寿命。对于某些用现有量具不能直接量得的尺寸，要善于根据零件的结构特点，考虑采用比较准确而又简便的测量方法。零件上的键槽、退刀槽、紧固件通孔和沉孔等标准结构尺寸，可量取其相关尺寸后查表得到。

5. 加深后注写各项技术要求。技术要求应根据零件的作用和装配关系来确定。

6. 填写标题栏，全面检查并改正草图中的错误。

图 7-77 是图 9-3 所示滑动轴承中"上轴瓦"零件的草图及其绘制步骤。

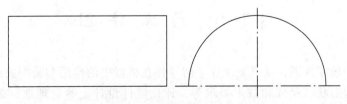

(a) 根据目测比例关系，画出基本轮廓

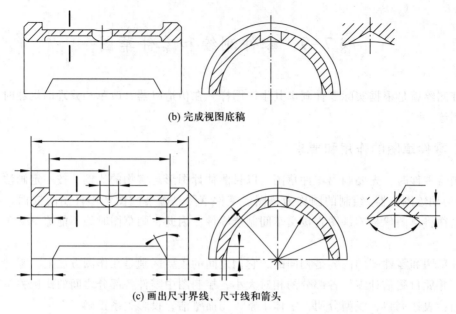

(b) 完成视图底稿

(c) 画出尺寸界线、尺寸线和箭头

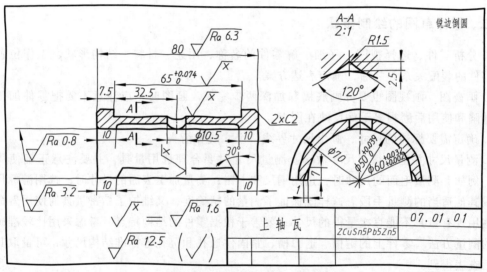

(d) 测量并填写尺寸数字后加深，完成草图

图 7-77　零件草图的绘制步骤举例

§7-10　读 零 件 图

在生产实际中读零件图，就是要求在了解零件在机器中的作用和装配关系的基础上，弄清零件的材料、结构形状、尺寸和技术要求等，评论零件设计上的合理性，必要时提出改进意见，或者为零件拟订适当的加工制造工艺方案。

读零件图的方法和步骤如下：

1. 一般了解

首先从标题栏了解零件的名称、材料、比例等，然后通过装配图或其他途径了解零件的作用和与其他零件的装配关系。

2. 读懂零件的结构形状

（1）弄清各视图之间的投影关系。

（2）以形体分析法为主（在具备一定的机械设计和工艺知识以后，应以结构分析为主），结合零件上的常见结构知识，逐一看懂零件各部分的形状，然后综合起来想象出整个零件的形状。要注意零件结构形状的设计是否合理。

3. 分析尺寸

找出主要尺寸基准后，先根据设计要求了解功能尺寸，然后了解非功能尺寸。要注意尺寸是否注得正确、齐全、清晰和合理。

4. 了解技术要求

包括尺寸公差、几何公差、表面结构要求和其他技术要求。要注意这些技术要求的选用是否妥当。

建议读者以图 7-78～图 7-81 所示的四个零件图为例，作为读零件图的练习，也可作为画图时的参考图例。

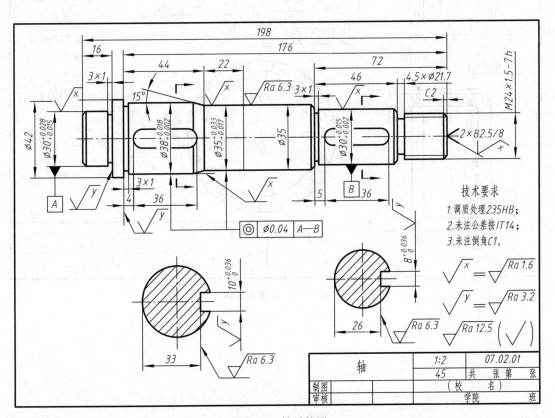

图 7-78　轴零件图

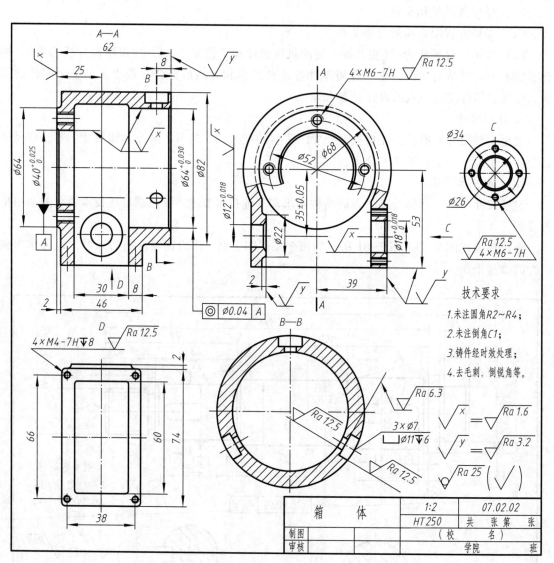

图 7-79　箱体零件图

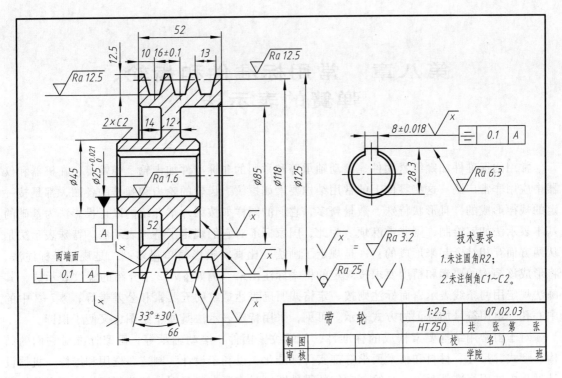

图 7-80 带轮零件图

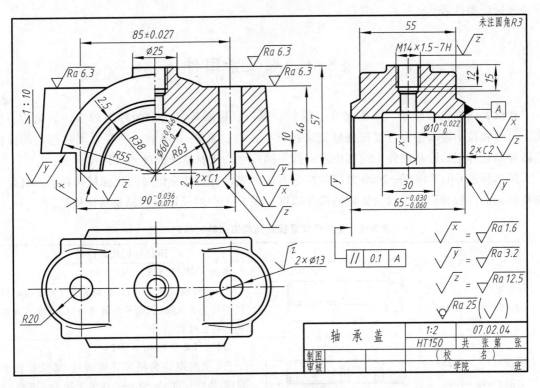

图 7-81 轴承盖零件图

第八章　常用标准件和齿轮、弹簧的表示法

常用的标准件如螺纹紧固件、滚动轴承等和常用的非标准件如齿轮、弹簧等，在机器和仪器中应用非常广泛。这些零件上的常用结构要素如螺纹、齿轮的轮齿和弹簧的各圈，都是按一定的规律形成的，且形状特殊、数量繁多，它们的图样如按第六章介绍的以正投影法为基础的基本表示法如实绘制，则非常麻烦。为此，国家标准对它们规定了特殊表示法。特殊表示法是从两方面互相结合起来形成的：一是规定了画法，比真实投影简单得多；二是规定了标注法，将形成该结构的要素和精度要求按规定的格式标注出来。例如§7-2中介绍的螺纹表示法，其画法规定用两条线表示，而标注则按一定格式明确表达螺纹的五要素和公差带等；§7-2中的中心孔，也用符号加标记的方式表示。可见，采用特殊表示法既便于绘图，又便于识读。

对于由常用结构要素构成的标准件，如螺纹紧固件、滚动轴承等，国家标准对它们的结构、型式、尺寸、材料和技术要求等都实行标准化，以利于设计、制造、选用和维修。机器设计过程中选用标准件时，不必绘制它们的零件图，只需要在装配图中按照制图标准规定的简化画法和标记加以表达。

§8-1　螺纹紧固件

螺纹紧固件包括螺栓、双头螺柱、螺钉、螺母、垫圈等。它们的种类较多，其结构、型式、尺寸和技术要求等都可以根据标记从标准中查得，表8-1列举了一些常用螺纹紧固件的简图和简化标记。除垫圈外，简图中注写数字的尺寸是该螺纹紧固件的规格尺寸。

国家标准GB/T 1237—2000紧固件标记方法中规定有完整标记和简化标记两种。并规定了完整标记的内容和格式，以及标记的简化原则。表8-1中的标记示例都是简化标记。

表8-1　常用螺纹紧固件的简图和简化标记示例

名称及标准编号	简　图	简化标记及其说明
六角头螺栓—A 和 B 级 GB/T 5782—2016	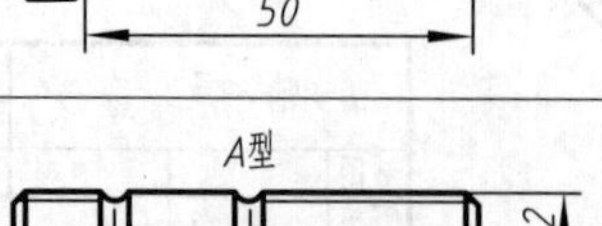	螺栓　GB/T 5782　M12×50 ［表示螺纹规格为 M12、公称长度 $l = 50$ mm、性能等级为 8.8 级、表面不经处理、产品等级为 A 级的六角头螺栓］
双头螺柱($b_m = 1.25d$) GB/T 898—1988	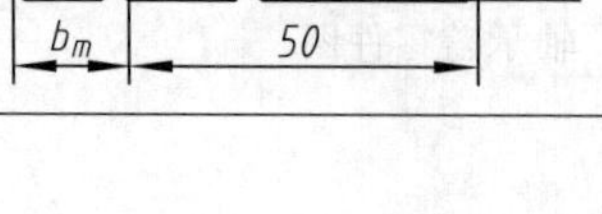	螺柱　GB/T 898　AM12×50 ［表示两端均为粗牙普通螺纹、螺纹规格为 M12、公称长度 $l = 50$ mm、性能等级为 4.8 级、A 型的双头螺柱］

名称及标准编号	简　图	简化标记及其说明
开槽圆柱头螺钉 GB/T 65—2016	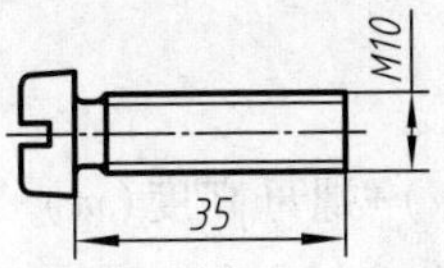 M10 35	螺钉　GB/T 65　M10×35 [表示螺纹规格为 M10、公称长度 $l=35$ mm、性能等级为 4.8 级、表面不经处理的 A 级开槽圆柱头螺钉]
开槽沉头螺钉 GB/T 68—2016	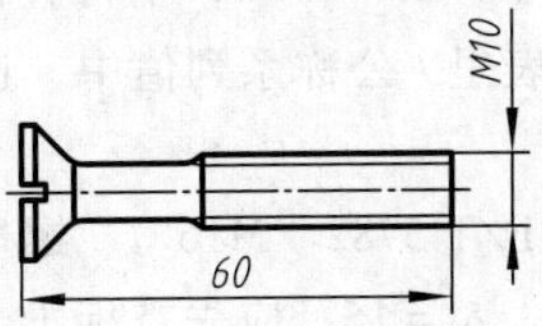 M10 60	螺钉　GB/T 68　M10×60 [表示螺纹规格为 M10、公称长度 $l=60$ mm、性能等级为 4.8 级、表面不经处理的 A 级开槽沉头螺钉]
十字槽沉头螺钉 GB/T 819.1—2016	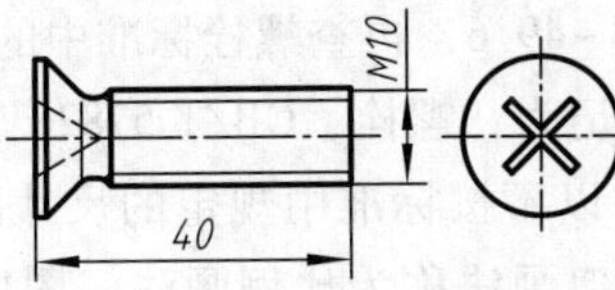 M10 40	螺钉　GB/T 819.1　M10×40 [表示螺纹规格为 M10、公称长度 $l=40$ mm、性能等级为 4.8 级、H 型十字槽、表面不经处理的 A 级十字槽沉头螺钉]
开槽锥端紧定螺钉 GB/T 71—2018	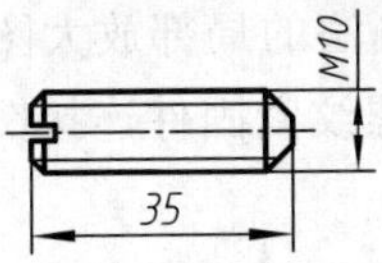 M10 35	螺钉　GB/T 71　M10×35 [表示螺纹规格为 M10，公称长度 $l=35$ mm、钢制、硬度等级为 14H 级、表面不经处理、产品等级为 A 级的开槽锥端紧定螺钉]
1 型六角螺母— A 级和 B 级 GB/T 6170—2015	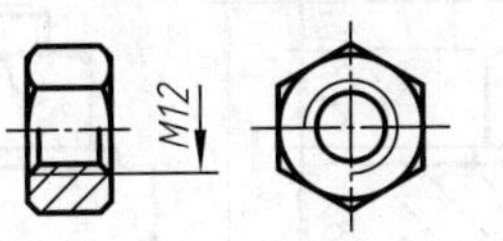 M12	螺母　GB/T 6170　M12 [表示螺纹规格为 M12、性能等级为 8 级、表面不经处理、产品等级为 A 级的 1 型六角螺母]
平垫圈—A 级 GB/T 97.1—2002 平垫圈　倒角型—A 级 GB/T 97.2—2002	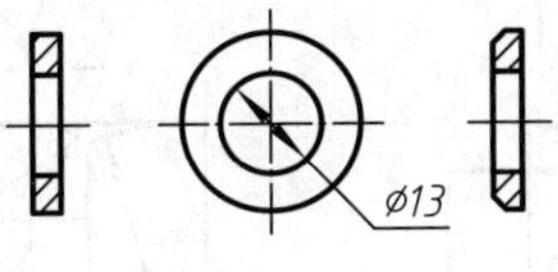 Ø13	垫圈　GB/T 97.1　12 [表示标准系列、公称规格为 12 mm、由钢制造的硬度等级为 200 HV 级、不经表面处理、产品等级为 A 级的平垫圈] 垫圈　GB/T 97.2　12　A2 [表示标准系列、公称规格为 12 mm、由 A2 组不锈钢制造的硬度等级为 200 HV 级、不经表面处理、产品等级为 A 级、倒角型平垫圈] 注：从标准中可查得，当公称规格（螺纹大径）为 12 mm 时，该垫圈的公称孔径为 φ13

　　螺纹紧固件的基本连接形式有螺栓连接、双头螺柱连接和螺钉连接三种，它们在装配图中的画法分别介绍如下：

一、螺栓连接

　　螺栓连接中，应用最广的是六角头螺栓连接，它是用六角头螺栓、螺母和垫圈来紧固被连接零件的，如图 8-1 所示。垫圈的作用是防止拧紧螺母时损伤被连接零件的表面，并使螺母的压力均匀分布到零件表面上。被连接零件都加工出无螺纹的通孔，通孔的直径 d_h（图8-2）稍大于螺纹大径，真实尺寸可查标准。

在画装配图时(图 8-2)，应根据各紧固件的型式、螺纹大径(d)和被连接零件的厚度(δ)，按下列步骤确定螺栓的公称长度(l)和标记。

(1) 通过计算，初步确定螺栓的公称长度 l。

$l \geqslant$ 被连接零件的总厚度($\delta_1 + \delta_2$)+垫圈厚度(h)+螺母高度(m)+螺栓伸出螺母的高度(b_1)。式中 h、m 的数值从相应标准查得，b_1 一般取为 $0.2d \sim 0.3d$，不再查标准。

(2) 根据螺栓长度的计算值，在螺栓标准表里 l 公称系列值中，选用公称长度值。

(3) 确定螺栓的标记。

例如，已知螺纹紧固件的标记为：螺栓　GB/T 5782　M16×l、螺母　GB/T 6170　M16、垫圈　GB/T 97.1　16，被连接零件的厚度 $\delta_1 = 12$、$\delta_2 = 15$。应先查标准，找出 $h = 3$、$m_{\max} = 14.8$，然后算出 $l \geqslant 12+15+3+14.8+(0.2 \sim 0.3)\times16 = 48 \sim 49.6$，再查螺栓标准中的 l 公称系列值，从中选取螺栓的公称长度 $l = 50$。这样就确定螺栓的标记为：螺栓　GB/T 5782　M16×50。

为了画图方便，装配图中的螺纹紧固件可以不按标准中规定的尺寸画出，而采用按螺纹大径(d)的比例值画图，如图 8-2 所示，这种近似画法称为比例画法。图中右下角的图形是主视图中螺栓的六角头和六角螺母上的倒角及截交线画法的局部放大图。

有关螺栓连接图的画法要求参见本节"四、螺纹紧固件连接图"。

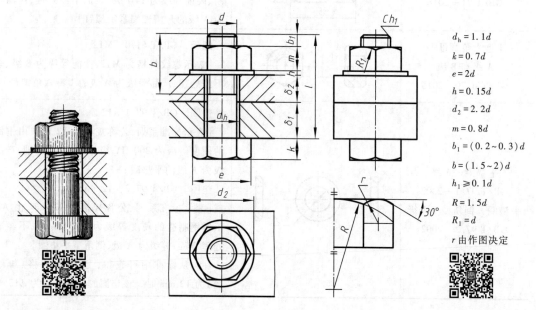

$d_h = 1.1d$

$k = 0.7d$

$e = 2d$

$h = 0.15d$

$d_2 = 2.2d$

$m = 0.8d$

$b_1 = (0.2 \sim 0.3)d$

$b = (1.5 \sim 2)d$

$h_1 \geqslant 0.1d$

$R = 1.5d$

$R_1 = d$

r 由作图决定

图 8-1　螺栓连接　　　　　图 8-2　六角头螺栓连接图的比例画法

二、双头螺柱连接

双头螺柱连接是用双头螺柱、垫圈、螺母来紧固被连接零件的，如图 8-3 所示。双头螺柱连接用于被连接零件太厚或由于结构上的限制不宜用螺栓连接的场合。被连接零件中较厚的一个零件加工出螺孔，其余零件都加工出通孔。图 8-3 中选用了弹簧垫圈，它能起防松作用。

双头螺柱两端都有螺纹，一端必须全部旋入被连接零件的螺孔内，称为旋入端；另一端用来拧紧螺母，称为紧固端。旋入端的长度 b_m 与螺孔和钻孔的深度尺寸 L_2 和 L_3，应根据螺纹大径和加工出螺孔的零件的材料决定，螺孔和钻孔深度的尺寸数值可查有关标准。按旋入端长度 b_m 不同，国家标准规定双头螺柱有下列四种：

用于：钢、青铜零件　　$b_m = 1d$（标准编号为 GB/T 897—1988）。

铸铁零件　　$b_m = 1.25d$（标准编号为 GB/T 898—1988）。

材料强度在铸铁与铝之间的零件　　$b_m = 1.5d$（标准编号为 GB/T 899—1988）。

铝零件　　$b_m = 2d$（标准编号为 GB/T 900—1988）。

在装配图中，画双头螺柱连接和画螺栓连接一样，应先计算出双头螺柱的近似长度 l [$l \geqslant \delta$（加工出通孔的零件的厚度）$+h+m+b_1$]，再取标准长度值，然后确定双头螺柱的标记。装配图的比例画法如图 8-4 所示。图中未注出比例值的尺寸，都与螺栓连接图中对应处的比例值相同。

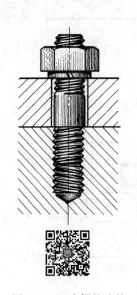

图 8-3　双头螺柱连接

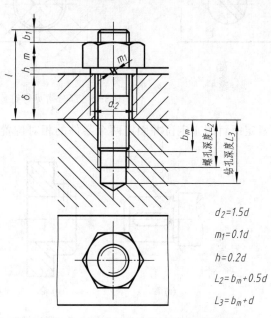

$d_2 = 1.5d$

$m_1 = 0.1d$

$h = 0.2d$

$L_2 = b_m + 0.5d$

$L_3 = b_m + d$

图 8-4　双头螺柱连接图的比例画法

三、螺钉连接

螺钉连接不用螺母，它一般用于受力不大而又不需经常拆装的地方。被连接零件中的一个零件加工出螺孔，其余零件都加工出通孔，如图 8-5 所示。

画螺钉连接图时，也要先计算出螺钉的近似长度 l [$l \geqslant \delta$（加工出通孔的零件厚度）$+L_1$（螺钉旋入螺孔的深度）]，再取标准长度值。螺钉旋入螺孔的深度 L_1 的大小，也与螺纹大径和加工出螺孔的零件的材料有关，画图时，可按双头螺柱旋入端长度 b_m 的计算方法来确定，最后确定螺钉的标记。连接图的比例画法如图 8-6 所示。要注意螺钉头部起子槽的画法，它在主、俯两个视图之间是不符合投影关系的，在俯视图上要与圆的对称中心线成 45°倾斜。

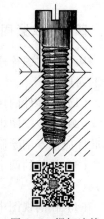

图 8-5　螺钉连接

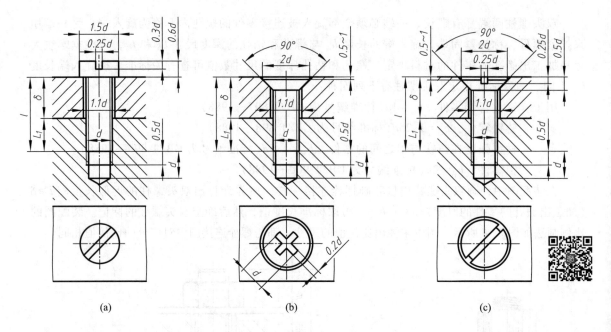

图 8-6　部分常见螺钉连接图的比例画法

紧定螺钉用来定位并固定两个零件的相对位置，图 8-7d 是锥端紧定螺钉连接图的画法。

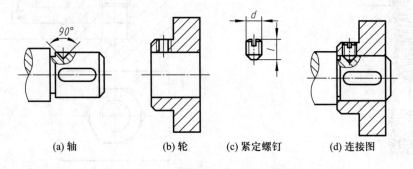

(a) 轴　　　　　(b) 轮　　　(c) 紧定螺钉　　　(d) 连接图

图 8-7　紧定螺钉连接图的画法

四、螺纹紧固件连接图

从上面的螺栓连接、双头螺柱连接和螺钉连接的画法可以看出，画螺纹紧固件连接图应遵守下列规定：

（1）两零件的接触面只画一条线，不接触面和不配合面应画两条线。

（2）在装配图中，当剖切平面通过螺杆的轴线时，对于螺柱、螺栓、螺钉、螺母及垫圈等标准件应按不剖绘制。

（3）相邻的两金属零件，其剖面线方向应相反，同一零件的所有剖面线的方向和间隔都应一致。

（4）在剖视图中，当其边界不画波浪线时，应将剖面线绘制整齐。

此外，国家标准还规定，在装配图中，螺纹紧固件还可采用以下简化画法（图 8-8）：

（1）螺纹紧固件的工艺结构，如倒角、退刀槽、缩颈、凸肩等均可省略不画。

（2）不穿通的螺孔，可以不画出钻孔深度，仅按有效螺纹部分的深度（不包括螺尾）画出。

（3）在装配图中，常用的螺栓、螺钉的头部及螺母等的简化画法可查看《机械制图》国家标准。图 8-8b、c 上的螺钉头部一字槽和十字槽是按简化画法画出的。

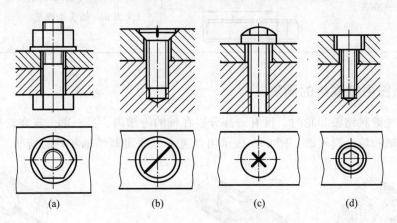

| (a) | (b) | (c) | (d) |

图 8-8　螺栓、螺钉连接图的简化画法

§8-2　键　联　结

一、键的种类和标记

键通常用来联结轴与轴上的零件（如齿轮、带轮等），使它们和轴一起转动。常用的键有普通型平键、普通型半圆键和钩头型楔键，它们的简图和标记如表 8-2 所示。

表 8-2　常用键的简图和标记示例

名称及标准编号	简　图	标 记 示 例
普通型平键 GB/T 1096—2003	A型 28 7 8	GB/T 1096　键 8×7×28 ［表示宽度 $b = 8$ mm、高度 $h = 7$ mm、长度 $L = 28$ mm 普通 A 型平键］
普通型半圆键 GB/T 1099.1—2003	⌀25　6 10	GB/T 1099.1　键 6×10×25 ［表示宽度 $b = 6$ mm、高度 $h = 10$ mm、直径 $D = 25$ mm 普通型半圆键］

名称及标准编号	简　图	标 记 示 例
钩头型楔键 GB/T 1565—2003	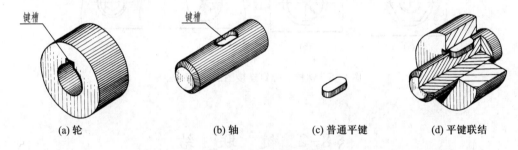	GB/T 1565　键 8×28 ［表示宽度 $b=8$ mm、高度 $h=7$ mm、长度 $L=28$ mm 钩头型楔键］

二、装配图中键联结的画法

用上述三种键联结轴和轮时，键有一部分嵌在轴的键槽内，另一部分嵌在轮的键槽内，这样就可以保证轴和轮一起转动，图 8-9 表示用普通 A 型平键联结轴和轮的情况。

键槽　　　　　　　　键槽

(a) 轮　　　　　(b) 轴　　　　　(c) 普通平键　　　　　(d) 平键联结

图 8-9　普通平键联结

画键联结图时，首先应知道轴的直径和键的类型，然后根据轴的直径①查标准数值，确定键的尺寸 b（键宽）和 h（键高）或 D（半圆键直径），以及轴和轮上键槽的尺寸。对于普通平键和钩头型楔键还必须选定键的长度值。

1. 普通平键联结图的画法

用普通平键联结时，键的两侧面是工作表面，因此在装配图（图 8-10）中，键的两侧面和下底面都应和轴上、轮上键槽的相应表面接触，而键的上底面和轮上的键槽顶面间应有间隙。此外，在剖视图中，当剖切平面通过键的纵向对称平面时，键按不剖绘制；当剖切平面垂直于轴线剖切键时，被剖切的键应画出剖面线。

2. 普通型半圆键和钩头型楔键联结图的画法

普通型半圆键联结图的画法和普通平键联结图的画法类似，如图 8-11 所示。它们的两个侧面都是工作面。

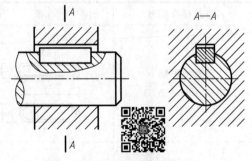

图 8-10　普通平键联结图的画法

---

① 在 2003 年发布的国家标准表中，未列轴径 d 这一项，本书附录表中列出此项仅是为初学者在完成作业时提供方便。

在钩头型楔键联结中，键是打入键槽中的，键的斜面与轮上键槽的斜面紧密接触，它们同为工作面，图上不能有间隙，如图 8-12 所示。

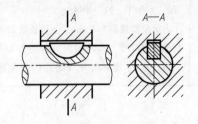

图 8-11　普通型半圆键联结图的画法

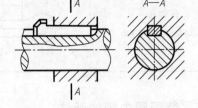

图 8-12　钩头型楔键联结图的画法

普通平键轴上键槽和轮毂上键槽的画法和尺寸注法如图 8-13 所示，键槽尺寸可从附表 21 中查得。

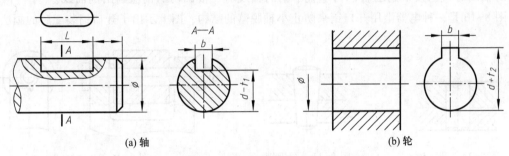

(a) 轴　　　　　　　　　　　　　　(b) 轮

图 8-13　普通平键键槽的画法和尺寸注法

§8-3　销

一、销的种类和标记

常用的销有圆柱销、圆锥销和开口销。圆柱销和圆锥销通常用于零件间的连接或定位，而开口销一般则用来防止螺母回松或固定其他零件。表 8-3 示出了三种销的简图和标记。

表 8-3　销的简图和简化标记举例

名称及标准编号	简　　图	标记及其说明
圆柱销 GB/T 119.1—2000	$\phi10h8$ 60	销　GB/T 119.1　10　h8×60 ［表示公称直径 d = 10 mm、公差带为 h8、公称长度 l = 60 mm、材料为钢、不经淬火、不经表面处理的圆柱销］
圆锥销 GB/T 117—2000	A型 1:50　Ra 0.8 $\phi10$ 60	销　GB/T 117　10×60 ［表示公称直径 d = 10 mm、公称长度 l = 60 mm、材料为 35 钢、热处理硬度 28～38HRC、表面氧化处理的 A 型圆锥销］

名称及标准编号	简　图	标记及其说明
开口销 GB/T 91—2000	45　 Ø7.5	销　GB/T 91 8×45 [表示公称规格为 8 mm、公称长度 l=45 mm、材料为 Q215、不经表面处理的开口销] 注：公称规格为开口销孔的公称直径

二、装配图中销的画法

图 8-14 和图 8-15 是圆柱销和圆锥销用来定位零件的画法。在剖视图中，当剖切平面通过销的轴线时，销按不剖绘制；当垂直于销的轴线时，被剖切的销应画出剖面线。

图 8-16 是一种电器上用开口销来防止小轴脱落的结构，图上示出了开口销装配后的画法。

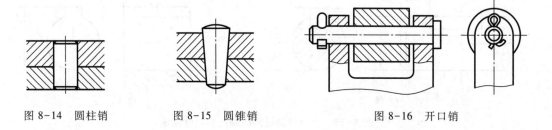

图 8-14　圆柱销　　　　　图 8-15　圆锥销　　　　　图 8-16　开口销

§8-4　齿　　轮

齿轮传动在机械传动中应用很广，除用来传递动力外，还可以改变转动方向、转动速度和运动方式等。根据传动轴轴线的相对位置的不同，常见的齿轮传动有圆柱齿轮传动（用于两平行轴的传动）、锥齿轮传动（用于两相交轴的传动）和蜗杆传动（用于两垂直交叉轴的传动）三种，如图 8-17 所示。

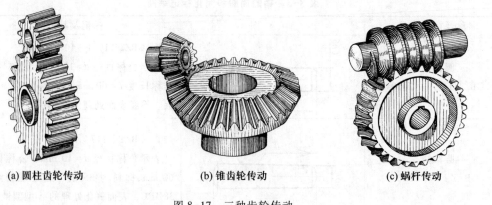

(a) 圆柱齿轮传动　　　　　(b) 锥齿轮传动　　　　　(c) 蜗杆传动

图 8-17　三种齿轮传动

齿轮上的齿称为轮齿，当圆柱齿轮的轮齿方向与圆柱的素线方向一致时，称为直齿圆柱齿轮。下面主要介绍直齿圆柱齿轮的基本知识和画法。

一、直齿圆柱齿轮的基本参数、轮齿的各部分名称和尺寸关系（图 8-18）

1. 齿轮的基本参数和轮齿各部分名称（GB/T 3374.1—2010）

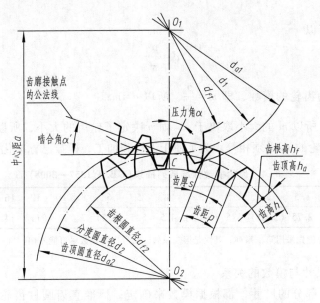

图 8-18　直齿圆柱齿轮轮齿各部分名称

齿数（z）——一个齿轮的轮齿总数。

齿顶圆（直径 d_a）——通过齿顶的圆。

齿根圆（直径 d_f）——通过齿根的圆。

分度圆（直径 d）——作为计算轮齿各部分尺寸的基准圆。

节圆——当两齿轮传动时，其齿廓（轮齿在齿顶圆和齿根圆之间的曲线段）在连心线 O_1O_2 上的接触点 C 处，两齿轮的圆周速度相等，以 O_1C 和 O_2C 为半径的两个圆称为相应齿轮的节圆。由此可见，两个节圆相切于 C 点（称为节点）。节圆直径只有在装配后才能确定。一对装配准确的标准齿轮 [1]，其节圆和分度圆重合。

齿顶高（h_a）——齿顶圆和分度圆之间的径向距离。

齿根高（h_f）——齿根圆和分度圆之间的径向距离。

齿高（h）——齿顶圆和齿根圆之间的径向距离。

齿距（p）——在分度圆上，相邻两齿对应点的弧长。

齿厚（s）——在分度圆上，每一齿的弧长。

齿宽（b）——齿轮的有齿部位沿分度圆柱面的直母线方向量度的宽度（图 8-19a）。

---

① 凡模数、压力角、齿顶高系数（即 h_a/m）和径向间隙系数［即 $(h_f-h_a)/m$］均取标准值，且分度圆上的齿厚和齿槽宽（$=p-s=p/2$）相等的齿轮，称为标准齿轮。

压力角(α)——过齿廓与分度圆的交点 C 的径向直线与在该点处的齿廓切线所夹的锐角。我国规定标准齿轮的压力角为 $20°$。

啮合角(α')——两齿轮传动时,两相啮合的轮齿齿廓接触点处的公法线与两节圆的内公切线所夹的锐角,称为啮合角。啮合角就是在 C 点处两齿轮受力方向与运动方向的夹角。

一对装配准确的标准齿轮,其啮合角等于压力角,即 $\alpha' = \alpha$。

模数(m):

由于 $\pi d = pz$,所以

$$d = \frac{p}{\pi} z$$

式中,比值 p/π 称为齿轮的模数,即 $m = \dfrac{p}{\pi}$,所以 $d = mz$。

由于 π 是常数,所以 m 的大小取决于 p,而 p 决定了轮齿的大小,所以 m 的大小即反映轮齿的大小。两啮合齿轮的 m 必须相等。为了便于设计和加工,模数已标准化,如表8-4所示。

表8-4 齿轮模数标准系列摘录(GB/T 1357—2008)

第一系列	1	1.25	1.5	2	2.5		4	5	6	8	10	12	16	20	25	32	40	50
第二系列	1.75	2.25	2.75	(3.25)	3.5	(3.75)	4.5	5.5	(6.5)	7	9	(11)	14	18	22	28	36	45

注:在选用模数时,应优先采用第一系列,其次是第二系列,括号内的模数尽可能不用。

2. 轮齿各部分尺寸与模数的关系

标准齿轮轮齿各部分的尺寸,都根据模数来确定;标准直齿圆柱齿轮轮齿(正常齿)各部分尺寸与模数的关系见表8-5。

表8-5 标准直齿圆柱齿轮轮齿(正常齿)各部分的尺寸关系

名　称	尺寸关系
齿顶高	$h_a = m$
齿根高	$h_f = 1.25m$
齿高	$h = h_a + h_f = 2.25m$
分度圆直径	$d = mz$
齿顶圆直径	$d_a = d + 2h_a = m(z+2)$
齿根圆直径	$d_f = d - 2h_f = m(z-2.5)$
两啮合齿轮中心距	$a = (d_1 + d_2)/2 = m(z_1 + z_2)/2$

二、直齿圆柱齿轮的画法

根据 GB/T 4459.2—2003 中的规定,直齿圆柱齿轮的画法如下:

1. 齿轮轮齿部分的画法(图8-19b、c)

轮齿部分按下列规定绘制:齿顶圆和齿顶线用粗实线绘制;分度圆和分度线用细点画线绘制(分度线应超出轮齿两端2~3 mm);齿根圆和齿根线用细实线绘制,也可省略不画,在剖视图中,齿根线用粗实线绘制(图8-19c);如需表明齿形时,可在图形中用粗实线画出一个或两个齿,或用适当比例的局部放大图表示。

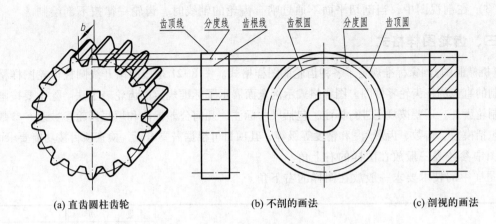

| (a) 直齿圆柱齿轮 | (b) 不剖的画法 | (c) 剖视的画法 |

图 8-19　直齿圆柱齿轮的画法

2. 单个直齿圆柱齿轮的画法

表示齿轮一般用两个视图(包括剖视图)或一个视图和一个局部视图来表示,如图 8-19 和图 8-21 所示。

单个直齿圆柱齿轮的轮齿部分按上述规定绘制,其余部分按真实投影绘制。在剖视图中,当剖切平面通过齿轮的轴线时,轮齿一律按不剖绘制,如图 8-19c 所示。

3. 直齿圆柱齿轮副的啮合画法

一对齿轮啮合在一起称为齿轮副。图 8-20 是一对直齿圆柱齿轮副,其啮合区的画法如下:

(1) 在垂直于圆柱齿轮轴线的投影面的视图中,两节圆应相切。啮合区内的齿顶圆均用粗实线绘制,见图 8-20a 左视图;也可省略不画,见图 8-20b 左视图;齿根圆全部不画。

(2) 在平行于圆柱齿轮轴线的投影面的视图中,啮合区内的齿顶线不需画出,节线用粗实线绘制,其他处的节线用细点画线绘制,见图 8-20b 主视图。当画成剖视图且剖切平面通过两啮合齿轮的轴线时,在啮合区内将一个齿轮的轮齿用粗实线绘制,另一个齿轮的轮齿被遮挡的部分用细虚线绘制,见图 8-20a 主视图,这条细虚线也可省略不画。

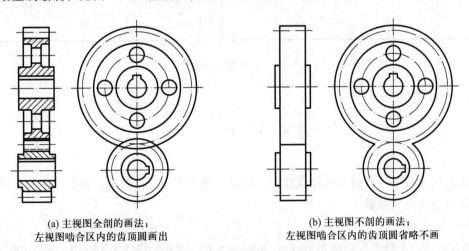

| (a) 主视图全剖的画法;
左视图啮合区内的齿顶圆画出 | (b) 主视图不剖的画法;
左视图啮合区内的齿顶圆省略不画 |

图 8-20　直齿圆柱齿轮副外啮合画法

（3）在剖视图中，当剖切平面不通过啮合齿轮的轴线时，齿轮一律按不剖绘制。

三、齿轮图样格式

《机械制图》国家标准规定了各种齿轮的图样格式。图 8-21 是按照渐开线圆柱齿轮图样格式示例绘制的直齿圆柱齿轮零件图。图样格式示例全面展示了标准规定的齿轮表示法。除了要按画法规定绘制轮齿外，还要按规定进行标注，包括尺寸标注、几何公差标注和填写齿轮参数表。参数表中参数包括模数、齿数、齿形角[①]和精度等级等，其项目可根据需要增减，检查项目按功能要求而定。

图中参数表一般放在图样的右上角。

图样中的技术要求一般放在图样的右下角。

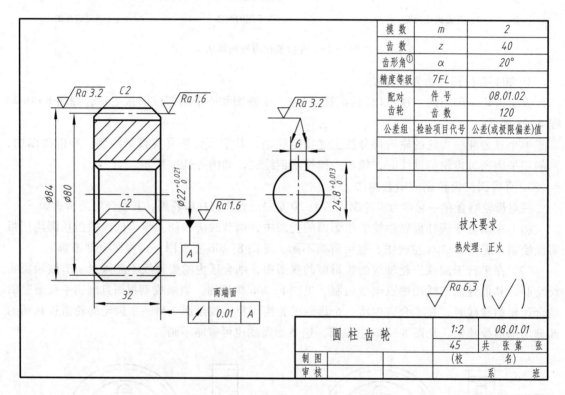

图 8-21　直齿圆柱齿轮零件图

§8-5　弹　簧

弹簧的用途很广，可以用来储藏能量、减振、测力等。在电器中，弹簧常用来保证导电零件的良好接触或脱离接触。

[①]　齿形角：基本齿条的法向压力角称为齿形角。标准的齿形角大小和标准齿轮的压力角相等，为 20°。要弄清齿形角的概念，必须进一步学习有关齿轮的设计、制造知识和国家标准。

弹簧的种类很多，有螺旋弹簧、涡卷弹簧、板弹簧和片弹簧等，其中圆柱螺旋弹簧最为常见，GB/T 1239—2009 对其型式、端部结构和技术要求等都作了规定，GB/T 1358—2009 则对其尺寸系列也作了规定。圆柱螺旋弹簧根据其受力方向的不同，又分为压缩弹簧、拉伸弹簧和扭转弹簧三种，如图 8-22 所示。

下面主要介绍圆柱螺旋压缩弹簧的规定画法和标记。

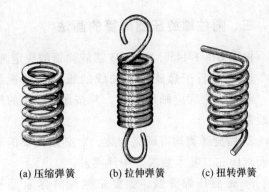

(a) 压缩弹簧　　(b) 拉伸弹簧　　(c) 扭转弹簧

图 8-22　圆柱螺旋弹簧

一、圆柱螺旋压缩弹簧各部分名称(GB/T 2089—2009)及其相互关系(图 8-23)

1. 材料直径(d)——制造弹簧用的型材直径。

2. 弹簧外径(D_2)、弹簧内径(D_1)和弹簧中径(D)——弹簧外径 D_2 和弹簧内径 D_1 是弹簧的最大和最小直径，弹簧中径是弹簧内径和弹簧外径的平均值，$D = \dfrac{D_1 + D_2}{2} = D_2 - d = D_1 + d$。

3. 有效圈数(n)、支承圈(n_z)和总圈数(n_1)——为了使压缩弹簧工作平稳，端面受力均匀，制造时需将弹簧两端的圈并紧磨平或锻平，这些并紧磨平或锻平的圈称为支承圈，其余的圈称为有效圈，其圈数分别用 n_z 和 n 表示，总圈数 $n_1 = n + n_z$，n_z 一般为 1.5、2、2.5 圈。

4. 节距(t)——相邻两个有效圈在弹簧中径上对应点的轴向距离。

5. 自由高度(H_0)——未受负荷时的弹簧高度，$H_0 = nt + (n_z - 0.5)d = nt + 2d$。

6. 旋向——以顺时针方向旋转而前进的为右旋，以逆时针方向旋转而前进的为左旋。

在制造弹簧时，需计算出弹簧钢丝的长度，称为展开长度(L)。

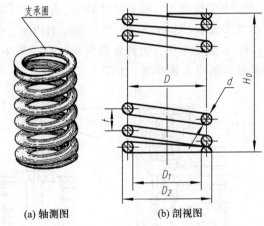

(a) 轴测图　　　　(b) 剖视图

图 8-23　圆柱螺旋压缩弹簧

$$L = \frac{\pi D n_1}{\cos \alpha} \approx \pi D n_1$$

式中，α 为螺旋升角，一般为 5°~9°。

二、圆柱螺旋压缩弹簧的尺寸

GB/T 2089—2009 对圆柱螺旋压缩弹簧的 d、D、H_0、n 等尺寸都已作了规定，使用时可查阅该标准。

三、圆柱螺旋压缩弹簧的画法

根据 GB/T 4459.4—2003 螺旋弹簧的规定画法如下（图 8-24）：

1. 在平行于螺旋弹簧轴线的投影面的视图中，各圈的轮廓应画成直线，并按图 8-24 的形式绘制。

2. 螺旋弹簧均可画成右旋，对必须保证的旋向要求应在"技术要求"中注明。

3. 螺旋压缩弹簧，如要求两端并紧且磨平时，不论支承圈的圈数多少和末端贴紧情况如何，均按图 8-24（有效圈是整数，支承圈为 2.5 圈）的形式绘制。必要时也可按支承圈的实际结构绘制。

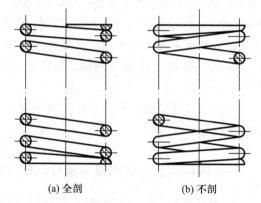

(a) 全剖   (b) 不剖

图 8-24　圆柱螺旋压缩弹簧的画法

4. 有效圈数在四圈以上的螺旋弹簧，其中间部分可以省略而只画出两端的 1~2 圈（支承圈除外）。中间部分省略后，用通过弹簧钢丝中心的两条细点画线表示，并允许适当缩短图形的长度。

5. 在装配图中，型材尺寸较小（直径或厚度在图形上等于或小于 2 mm）的螺旋弹簧，允许用示意图表示（图 8-25a）。当弹簧被剖切时，也可用涂黑表示（图 8-25b）。

6. 在装配图中，被弹簧挡住的结构一般不画出，可见部分应从弹簧的外轮廓线或从弹簧钢丝断面的中心线画起，如图 8-26 所示。

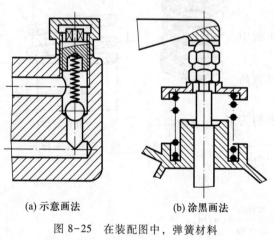

(a) 示意画法   (b) 涂黑画法

图 8-25　在装配图中，弹簧材料
直径或厚度在图形上≤2 mm 时的画法

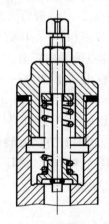

图 8-26　被弹簧挡住的
零件结构的画法

四、普通圆柱螺旋压缩弹簧的标记

GB/T 2089—2009 规定了普通圆柱螺旋压缩弹簧的标记内容和格式。弹簧的标记由类型代号、规格、精度代号、旋向代号和标准号组成，规定如下：

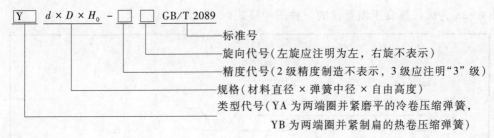

标准号

旋向代号（左旋应注明为左，右旋不表示）

精度代号（2级精度制造不表示，3级应注明"3"级）

规格（材料直径 × 弹簧中径 × 自由高度）

类型代号（YA 为两端圈并紧磨平的冷卷压缩弹簧，
YB 为两端圈并紧制扁的热卷压缩弹簧）

标记示例：

示例1：

YA 型弹簧，材料直径为 1.2 mm，弹簧中径为 8 mm，自由高度 40 mm，精度等级为 2 级，左旋的两端圈并紧磨平的冷卷压缩弹簧。

标记：YA 1.2×8×40　左　GB/T 2089

示例2：

YB 型弹簧，材料直径为 30 mm，弹簧中径为 160 mm，自由高度200 mm，精度等级为 3 级，右旋的并紧制扁的热卷压缩弹簧。

标记：YB 30×160×200-3　GB/T 2089

五、圆柱螺旋压缩弹簧的画图步骤

当已知弹簧的材料直径 d、弹簧中径 D、自由高度 H_0（画装配图时，采用初压后的高度）、有效圈数 n、总圈数 n_1 和旋向后，即可计算出节距 t，然后按图 8-27 的步骤画图。

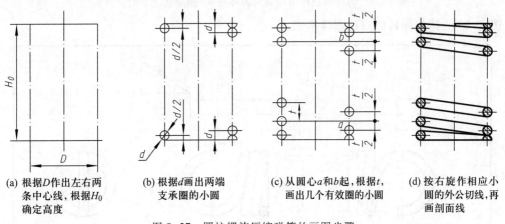

(a) 根据D作出左右两条中心线，根据H_0确定高度

(b) 根据d画出两端支承圈的小圆

(c) 从圆心a和b起，根据t，画出几个有效圈的小圆

(d) 按右旋作相应小圆的外公切线，再画剖面线

图 8-27　圆柱螺旋压缩弹簧的画图步骤

六、弹簧图样格式

《机械制图》国家标准提供了各种弹簧的图样格式，规定了弹簧图样中有关标注的几项要求，其中有：

1. 弹簧的参数应直接标注在图形上，当直接标注有困难时可在"技术要求"中说明。

2. 一般用图解方式表示弹簧的特性。圆柱螺旋压缩（拉伸）弹簧的力学性能曲线均画成直线，标注在主视图上方。

力学性能曲线（或直线形式）用粗实线绘制。

图 8-28 为圆柱螺旋压缩弹簧的一种图样格式。

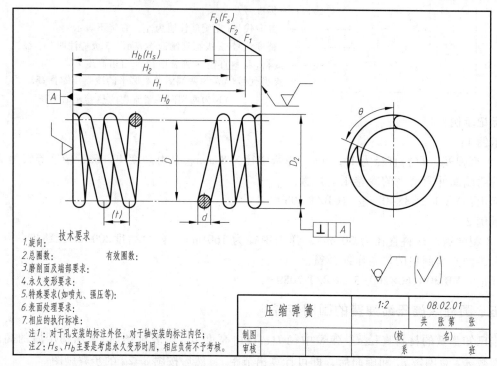

图 8-28　圆柱螺旋压缩弹簧的图样格式（指定高度下的负荷）

图 8-29 为拉伸弹簧的一种图样格式。

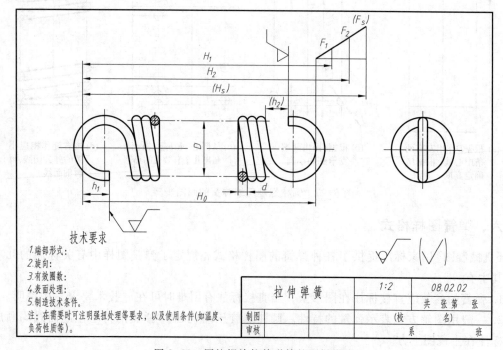

图 8-29　圆柱螺旋拉伸弹簧的图样格式

§8-6 滚 动 轴 承

滚动轴承是支承转动轴的组件。其主要优点是摩擦阻力小，结构紧凑。

滚动轴承一般由安装在机座上的座圈（又称外圈）、安装在轴上的轴圈（又称内圈）、安装在内、外圈间滚道中的滚动体和隔离圈（又叫保持架）等零件组成。滚动轴承的类型很多，每一类型在结构上各有特点，可应用于不同的场合。表8-6列举了三种类型的滚动轴承的画法和标记。

表8-6 常用滚动轴承名称、类型、画法和标记

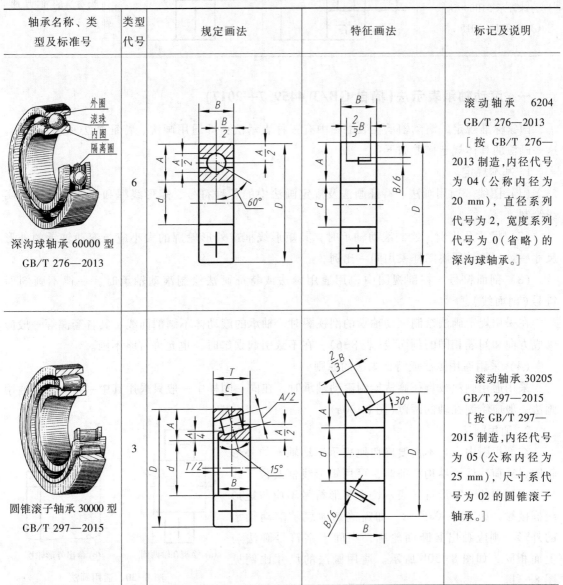

轴承名称、类型及标准号	类型代号	规定画法	特征画法	标记及说明
深沟球轴承60000型 GB/T 276—2013	6			滚动轴承 6204 GB/T 276—2013 ［按 GB/T 276—2013 制造，内径代号为04（公称内径为20 mm），直径系列代号为2，宽度系列代号为0（省略）的深沟球轴承。］
圆锥滚子轴承30000型 GB/T 297—2015	3			滚动轴承 30205 GB/T 297—2015 ［按 GB/T 297—2015 制造，内径代号为05（公称内径为25 mm），尺寸系代号为02 的圆锥滚子轴承。］

轴承名称、类型及标准号	类型代号	规定画法	特征画法	标记及说明
推力球轴承 51000 型 GB/T 301—2015	5			滚动轴承 51208 GB/T 301—2015 [按 GB/T 301—2015 制造,内径代号为 08(公称内径尺寸为 40 mm),尺寸系列为 12 的推力球轴承。]

一、滚动轴承表示法(摘自 GB/T 4459.7—2017)

国家标准规定,滚动轴承在装配图中有三种表示法:即通用画法、特征画法和规定画法。这些画法的具体规定摘要如下:

1. 基本规定

(1) 图线 通用画法、特征画法及规定画法中的各种符号、矩形线框和轮廓线均用粗实线绘制。

(2) 尺寸及比例 绘制滚动轴承时,其矩形线框或外形轮廓的大小应与滚动轴承的外形尺寸一致,并与所属图样采用同一比例。

(3) 剖面符号 在剖视图中,用通用画法或特征画法绘制滚动轴承时,一律不画剖面符号(剖面线)。

在采用规定画法绘制滚动轴承的剖视图时,轴承的滚动体不画剖面线,其各套圈等一般应画成方向和间隔相同的剖面线(表 8-6)。在不致引起误解时,也允许省略不画。

(4) 采用通用画法或特征画法的原则

采用通用画法或特征画法绘制滚动轴承时,在同一图样中一般只采用其中一种画法。通用画法一般应绘制在轴的两侧(图 8-30a)。

2. 通用画法

在剖视图中,当不需要确切地表示滚动轴承的外形轮廓、载荷特性、结构特征时,可用矩形线框及位于线框中央正立的十字形符号表示,十字形符号不应与矩形线框接触,如图8-30a所示。如需确切地表示滚动轴承的外形,则应画出其断面轮廓,中间十字符号画法与上面相同,如图 8-30b 所示。通用画法的尺寸比例见图 8-31。

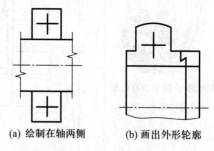

(a) 绘制在轴两侧　　(b) 画出外形轮廓

图 8-30　通用画法

3. 特征画法

在剖视图中，如需较形象地表示滚动轴承的结构特征时，可采用在矩形线框内画出其结构要素符号的方法表示。各种滚动轴承的特征画法可查阅《机械制图》国家标准。

表8-6中列出了深沟球轴承、圆锥滚子轴承和推力球轴承的规定画法、特征画法及尺寸比例。

在垂直于滚动轴承轴线的投影面的视图上，无论滚动体的形状（如球、柱、针等）及尺寸如何，均可按图8-32绘制。

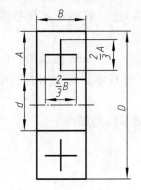

图8-31　通用画法尺寸比例

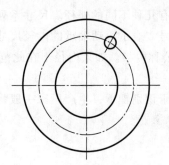

图8-32　滚动轴承轴线垂直于
投影面的特征画法

4. 规定画法

必要时，在滚动轴承的产品图样、产品样本、产品标准、用户手册和使用说明书中可采用规定画法绘制滚动轴承。各种滚动轴承的规定画法可查看《机械制图》国家标准；表8-6中列出了三种滚动轴承的规定画法。

在装配图中，滚动轴承的保持架及倒角等可省略不画。

规定画法一般绘制在轴的一侧，另一侧按通用画法绘制，见图9-6。

二、滚动轴承的标记和代号（摘自 GB/T 272—2017，GB/T 271—2017）

滚动轴承的标记举例如表8-6所示。它由名称、代号和标准编号组成。其格式如下：

| 名称 | 代号 | 标准编号 |　　例如：滚动轴承　51208　GB/T 301—2015

名称：滚动轴承。

代号：各种不同的滚动轴承用代号表示。它由前置代号、基本代号、后置代号三部分组成。通常用其中的基本代号表示。只有当轴承的形状结构、尺寸、公差、技术要求等有改变时，才在其基本代号前、后添加前置代号、后置代号。这些代号的有关规定可查阅滚动轴承手册。

基本代号表示轴承的基本类型、结构和尺寸，是轴承代号的基础。其中类型代号用数字或字母表示，其余都用数字表示，最多为7位。基本代号的排列形式为：

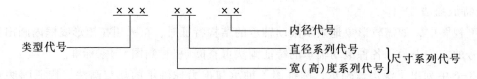

类型代号　表示轴承的基本类型。各种不同的轴承类型代号可查有关标准或滚动轴承手册。例如：深沟球轴承(GB/T 276—2013)的类型代号为 6；圆锥滚子轴承 (GB/T 297—2015) 的类型代号为 3；推力球轴承 (GB/T 301—2015) 的类型代号为 5。

尺寸系列代号　由轴承的宽(高)度系列代号和直径系列代号组合而成。宽(高)度系列代号表示轴承的内、外径相同的同类轴承有几种不同的宽(高)度。直径系列代号表示内径相同的同类轴承有几种不同的外径。尺寸系列代号均可查有关标准。

内径代号　表示滚动轴承的内径尺寸。若轴承内径在 20~480 mm 范围内，内径代号乘以 5 为轴承的公称内径。如果内径不在此范围内，内径代号另有规定，可查阅有关标准或滚动轴承手册。

为了便于识别轴承，生产厂家一般将轴承代号打印在轴承圈的端面上。

第九章 装 配 图

§9-1 装配图的作用和内容

　　装配图是表达机器、部件或组件的图样。表达机器中某个部件或组件的装配图，称为部件装配图或组件装配图。表达一台完整机器的装配图，称为总装配图。在产品设计中，一般先画出机器、部件和组件的装配图，然后根据装配图画出零件图；在产品制造中，机器、部件和组件的装配工作，都必须根据装配图来进行；使用和维修机器时，也往往需要通过装配图来了解机器的构造。因此，装配图在生产中起着非常重要的作用。

　　图9-1是安装在流体管道中的一种电磁阀的轴测图，图9-2是它的装配图。当电流通过线圈组

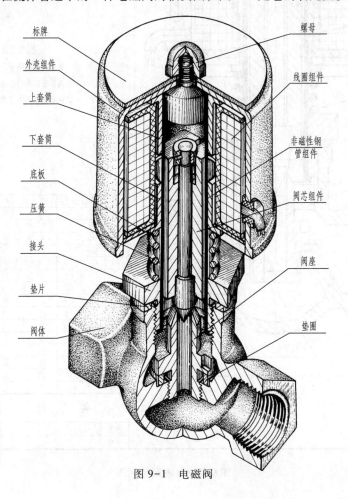

标牌　外壳组件　上套筒　下套筒　底板　压簧　接头　垫片　阀体　螺母　线圈组件　非磁性钢管组件　阀芯组件　阀座　垫圈

图 9-1　电磁阀

件时，阀芯组件在电磁力的作用下上升，阀门打开。这时，流体从阀体左边管道进入，通过阀座中间的孔（φ6）向右边管道流去。当电流截断后，阀芯组件依靠自重下落，阀门关闭，截断流体流动。

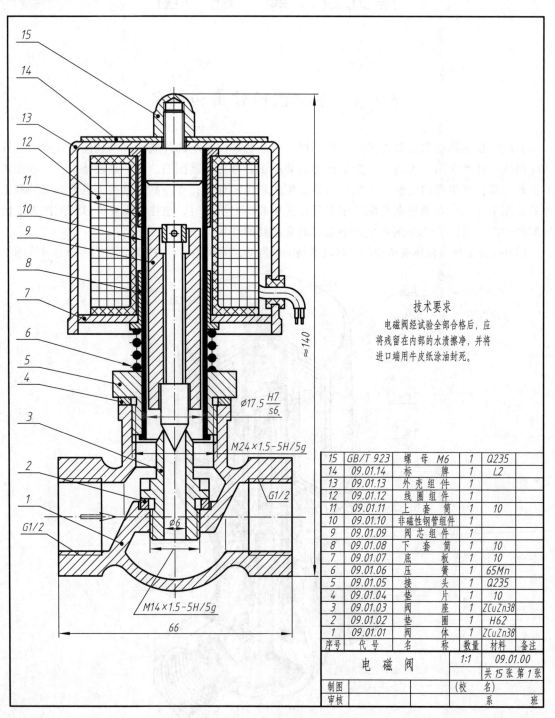

技术要求

电磁阀经试验全部合格后，应将残留在内部的水渍擦净，并将进口端用牛皮纸涂油封死。

15	GB/T 923	螺 母 M6	1	Q235	
14	09.01.14	标 牌	1	L2	
13	09.01.13	外 壳 组 件	1		
12	09.01.12	线 圈 组 件	1		
11	09.01.11	上 套 筒	1	10	
10	09.01.10	非磁性钢管组件	1		
9	09.01.09	阀 芯 组 件	1		
8	09.01.08	下 套 筒	1	10	
7	09.01.07	底 板	1	10	
6	09.01.06	压 簧	1	65Mn	
5	09.01.05	接 头	1	Q235	
4	09.01.04	垫 片	1	10	
3	09.01.03	阀 座	1	ZCuZn38	
2	09.01.02	垫 圈	1	H62	
1	09.01.01	阀 体	1	ZCuZn38	
序号	代 号	名 称	数量	材料	备注
电 磁 阀			1:1	09.01.00	
				共15张 第1张	
制图			(校 名)		
审核				系 班	

图 9-2 电磁阀装配图

从图 9-2 可以看出，一张完整的装配图应具有下列内容：

1. 视图

表明机器、部件的工作原理、结构特征、零件间的相对位置、装配和连接关系等。

2. 几种尺寸

表示机器、部件的规格、性能及装配、检验、安装时所需要的一些尺寸。

3. 技术要求

说明装配、调试、检验、安装以及维修、使用等要求。无法在视图中表示时，一般在明细栏的上方或左侧用文字加以说明。

4. 零、部件的编号，明细栏和标题栏

说明机器、部件及其所包含的零件和组件的名称、代号、材料、数量、图号、比例以及设计、审核者的签名等。

由于装配图和零件图的作用不同，因此它们的内容和要求有很大区别。在学习中，除了了解这两种图样的共同点外，必须着重注意装配图的特殊点。

§9-2 装配图的图样画法

一、视图、剖视、断面和局部放大图

第六章中介绍的各种视图、剖视、断面和局部放大图等表示方法，都适用于装配图。在装配图的视图中，各种剖视应用得非常广泛。例如：

图 9-2 是全剖视图，剖切平面包含阀芯组件的轴线并与阀的对称面重合。

图 9-3、图 9-4 分别表示滑动轴承的分解轴测图和装配图。在图 9-4 中，主视图是半剖视图，剖切平面包含油杯轴线和螺栓轴线；左视图是局部剖视图，剖切平面包含轴瓦的轴线。

图 9-5 表示电动机转子的装配图，是半剖视图，剖切平面包含转子的轴线，并用两个移出断面表示转子轴两端的形状。

从上述图例中可以看出：在部件中，一般有多个零件围绕一条或几条轴线装配起来，这些轴线称为装配线，依其重要性可将装配线分为装配干线和装配支线。为了表达这些零件间的装配关系，必须采用剖视，剖切平面应该包含装配线。

装配图中的视图和剖视，不只是表示一个零件的形状，还要表示各零件的相对位置和装配关系，因此需要规定相应的画法。

二、装配图视图中特有的画法

1. 基本画法

（1）零件间接触面和配合面的画法

装配图中，零件间的接触面和两零件的配合表面（如轴与轴承孔的配合面等）都只画一条线。不接触或不配合的表面（如相互不配合的螺钉与通孔），即使间隙很小，也应画成两条线，如图 9-6 所示。

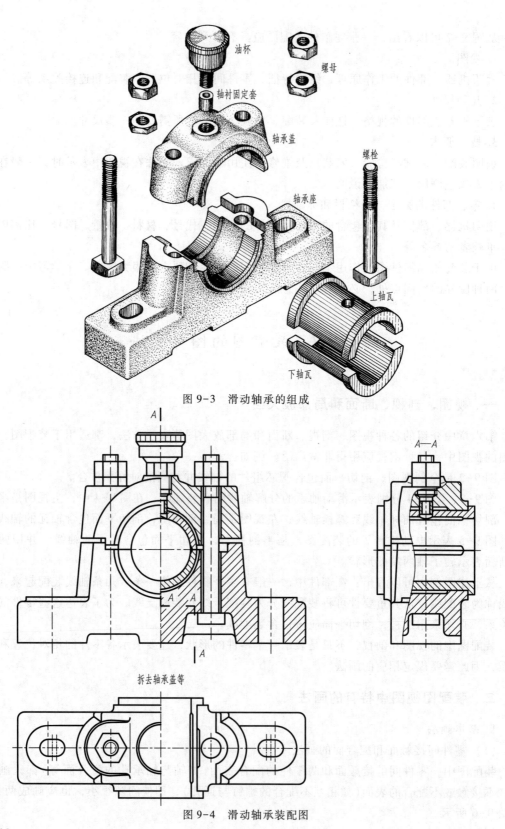

油杯

螺母

轴衬固定套

轴承盖

螺栓

轴承座

上轴瓦

下轴瓦

图 9-3　滑动轴承的组成

A

A—A

A　A

A

拆去轴承盖等

图 9-4　滑动轴承装配图

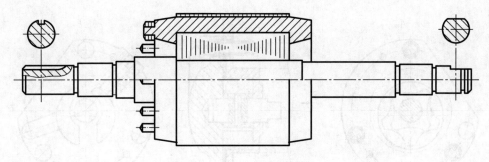

图 9-5　电动机转子装配图

（2）剖面符号的画法

装配图中剖面符号的画法在 GB/T 17453—2005 中有详细规定，要点如下：

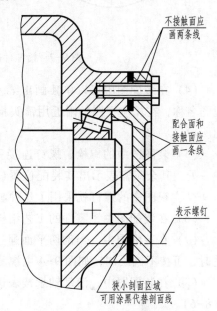

图 9-6　规定画法和简化画法

① 为了区别不同零件，在装配图中，相邻两金属零件的剖面线倾斜方向应相反；当三个零件相邻时，其中有两个零件的剖面线倾斜方向一致，但要错开且（或）间隔不相等，如图 9-6 所示。

② 同一装配图中，同一零件的剖面线的倾斜方向和间隔应一致。

③ 在装配图中，宽度小于或等于 2 mm 的狭小面积的剖面，可用涂黑代替剖面符号，如图 9-6 中垫片的画法。若用涂黑表示的相邻两个狭小剖面，则相邻剖面之间至少应留下 0.7 mm 的间距。

2. 简化画法

（1）剖视图中紧固件和实心零件的画法

在装配图中，对于紧固件和实心的轴、连杆、拉杆、球、钩子、键等零件，若按纵向剖切，且剖切平面通过其对称中心线或轴线时，这些零件均按不剖画出，如图 9-5 中的轴、图 9-6 中的轴和螺钉。若需要特别表明这些零件的局部结构，如凹槽、键槽、销孔等则用局部剖视表示；如果剖切平面垂直于上述零件的轴线，则一般要画剖面线，如图 9-7 中 A—A 剖视图中小轴和三个螺钉的画法。

（2）沿零件间的结合面剖切

为了清楚地表达部件的内部结构，可假想沿某些零件的结合面剖切，这时零件的结合面不画剖面线，但被剖到的其他零件一般都应画剖面线，如图 9-7 中的 A—A 剖视。

（3）拆卸画法

当需要表达部件中被遮盖部分的结构，或者为了减少不必要的画图工作时，有的视图可以假想将某一个或几个零件拆卸后绘制，例如图 9-4 俯视图的右半部。图 9-4 的左视图就是为了减少画图工作而假想把轴承盖顶上的油杯拆去后画出的，这种画法称为拆卸画法。

采用拆卸画法的图，为了便于看图而需加说明时，可加标注"拆去××等"，如图 9-4 中的俯视图所示。

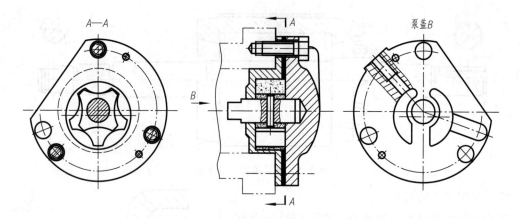

图 9-7　沿零件间结合面剖切和单独画出零件的视图

（4）在装配图中可以单独画出某一零件的视图，但必须在所画视图的上方注明该零件的视图名称，在相应视图的附近用箭头指明投射方向，并注上同样的字母，如图 9-7 的 B 向视图所示。

（5）装配图中的螺栓、螺钉连接和销连接等若干相同的零件组或零件，可仅详细画出其中一处，其余只需表示出其装配位置（用螺栓、螺钉的轴线或对称中心线表示），如图 9-6 和图 9-7 主视图中的螺钉就采用了这种画法。

（6）在装配图中，零件的工艺结构，如起模斜度、小圆角、倒角、退刀槽等可以不画。

（7）在装配图中，当剖切平面通过的某些部件为标准产品或该部件已由其他图样表示清楚时，可按不剖绘制，如图 9-4 主视图中的油杯。

（8）在装配图中，滚动轴承按表达需要可采用通用画法或规定画法，如图 9-6 所示（详见§8-6）。

3. 假想画法

在装配图中，用细双点画线画出某些零件的外形，用以表示：

（1）机器（或部件）中某些运动零件、操作手柄等的极限位置或中间位置，如图 1-9 和图 9-31 中细双点画线表示手柄等的另一个极限位置。

（2）不属于本部件，但能表明部件的作用或安装情况的相邻的辅助零件的投影，如图 9-7 主视图左边所示。相邻辅助零件的剖面区域不画剖面线。

§9-3　装配图中的尺寸和技术要求

一、尺寸标注

装配图和零件图的作用不同，对尺寸标注的要求也不同。在装配图中，只需标注下列几种尺寸。

1. 规格尺寸

说明机器（或部件）的规格或性能的尺寸，它是设计和用户选用产品的主要根据，如图9-8

中轴瓦的孔径 $\phi50H8$。

2. 外形尺寸

是指机器(或部件)的总长、总宽和总高的尺寸。外形尺寸表明了机器(或部件)所占的空间大小，供包装、运输和安装时参考，如图 9-8 中的 240、80 和 152。

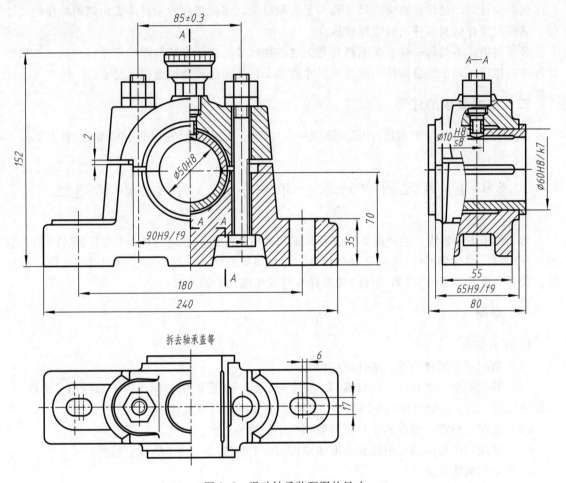

图 9-8　滑动轴承装配图的尺寸

3. 装配尺寸

表明部件内部零件间装配关系的尺寸，主要包括：

（1）配合尺寸

表示零件间有配合要求的尺寸，如图 9-8 中的 90H9/f9、$\phi60H8/k7$ 等。

（2）零件间的连接尺寸

如连接用的螺钉、螺栓和销等的定位尺寸(如图 9-8 中两个螺栓间的距离 85±0.3)，和非标准零件上的螺纹副的标记或螺纹标记，如图 9-2 下部标注的 M14×1.5-5H/5g 和 G1/2 等。

（3）重要的相对位置尺寸

表示零件之间或部件之间比较重要的相对位置尺寸，如图 9-8 中的轴承孔中心高 70、一对啮合齿轮的中心距等。

4. 安装尺寸

将机器安装在基础上或部件装配在机器上所使用的尺寸，如图 9-8 中轴承座底板上的 180、6、17 和 35。

5. 其他重要尺寸

包括设计时经过计算确定的尺寸和为了装配时保证相关零件的相对位置协调而标注的尺寸等。这些尺寸在拆画零件图时应照样标注。

必须指出：不是每一张装配图都具有上述各种尺寸。在学习装配图的尺寸标注时，要根据装配图的作用，真正领会标注上述几种尺寸的意义，从而做到合理地标注尺寸。

二、技术要求的注写

在图纸标题栏或明细栏附近，用简明的文字注写装配、试验及包装的方法和应满足的技术要求。

§9-4 装配图中的零、部件序号，明细栏和标题栏

为了便于图样管理、生产准备、进行装配和看懂装配图，必须对机器（或部、组件）的各组成部分（零件、组件和部件）编注序号和代号，并填写明细栏。序号是为了看图时便于图、栏对照，代号一般是指零件（或部、组件）的图样编号或标准件的标准编号。

一、序号

1. 基本要求

（1）装配图中所有的零、部件均应编号。

（2）装配图中一个部件可以只编写一个序号，同一装配图中相同的零、部件用一个序号，一般只标注一次。多处出现的相同的零、部件，必要时也可重复标注。

（3）装配图中零、部件的序号应与明细栏中的序号一致。

（4）装配图中所用的指引线和基准线应按 GB/T 4457.2—2003 的规定绘制。

2. 序号的编注方法

（1）装配图中编写零、部件序号的表示方法有三种，如图 9-9a 所示。

① 在水平的基准线（细实线）上或圆（细实线）内注写序号，序号字号比该装配图中所注尺寸数字大一号或两号。

② 在指引线的非零件端的附近注写序号，序号字号比尺寸数字大一号或两号。

（2）同一装配图中编注序号的形式应一致。

（3）指引线应自所指部分的可见轮廓内引出，并在末端画一圆点。当所指部分（很薄的零件或涂黑的剖面区域）内不便画圆点时，可在指引线的末端画出箭头，并指向该部分的轮廓，如图 9-9b 中件 5 所示。

指引线彼此不能相交，当指引线通过有剖面线的区域时，不应与剖面线平行。必要时，指引线可以画成折线，但只可曲折一次，如图 9-9b 中的件 1。

一组紧固件以及装配关系清楚的零件组，可采用公共指引线，如图 9-9b 中件 2、3、4。

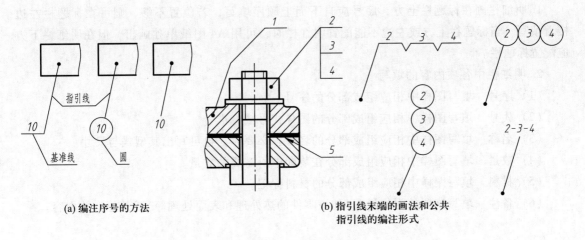

(a) 编注序号的方法

(b) 指引线末端的画法和公共
指引线的编注形式

图 9-9　序号的编注形式

（4）装配图中序号应按水平或竖直方向排列整齐。并按顺时针或逆时针方向顺序排列，在整个图上无法连续时，可只在每个水平或竖直方向顺序排列。

二、标题栏和明细栏填写的一些规定

每张装配图都必须填写标题栏。标题栏的格式和尺寸在国家标准中都有规定。在制图作业中，建议采用图 1-3 所示的标题栏和图 9-10 所示的明细栏格式和尺寸。明细栏是装配图中所有组成部分（零件或组、部件）的详细目录。填写时应遵守下列规定：

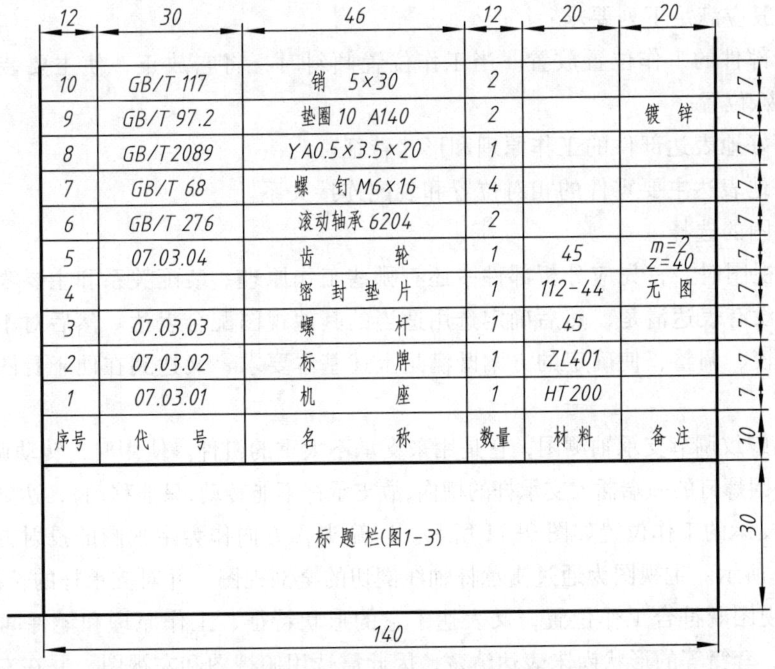

序号	代　号	名　　称	数量	材料	备注
10	GB/T 117	销　5×30	2		
9	GB/T 97.2	垫圈 10　A140	2		镀锌
8	GB/T 2089	YA0.5×3.5×20	1		
7	GB/T 68	螺　钉 M6×16	4		
6	GB/T 276	滚动轴承 6204	2		
5	07.03.04	齿　　　轮	1	45	$m=2$ $z=40$
4		密 封 垫 片	1	112-44	无图
3	07.03.03	螺　杆	1	45	
2	07.03.02	标　　牌	1	ZL401	
1	07.03.01	机　　座	1	HT200	

标题栏(图1-3)

图 9-10　标题栏（见图 1-3）和明细栏

1. 明细栏画在标题栏上方，序号应自下而上顺序填写，若位置不够，则可在标题栏左边接着填写。当标题栏上方或左边不能配置明细栏时，可用 A4 图纸单独画出，但在明细栏下方应配置标题栏。

2. 明细栏中各项内容的填写

（1）序号　填写图样中相应组成部分的序号。

（2）代号　填写图样中相应组成部分的图样代号或标准号。

（3）名称　填写图样中相应组成部分的名称。必要时，也可写出其型式与尺寸。

（4）数量　填写图样中相应组成部分在装配中所需要的数量。

（5）材料　填写图样中相应组成部分的材料标记。

（6）备注　填写该项的附加说明（如该零件的热处理和表面处理等）或其他有关内容。

§9-5　装配图的视图选择和画图步骤

一、视图选择

对部件装配图视图选择的基本要求是：必须清楚地表达部件的工作原理、各零件的相对位置和装配连接关系。因此，在选择表达方案以前，必须仔细了解部件的工作原理和结构情况。在选择表达方案时，首先要选好主视图，然后配合主视图选择其他视图。

1. 主视图的选择

主视图一般应满足下列要求：

（1）应按部件的工作位置放置。当工作位置倾斜时，将它放正，使主要装配线、主要安装面等处于特殊位置。

（2）应较好地表达部件的工作原理和形状特征。

（3）较好地表达主要零件的相对位置和装配连接关系。

2. 其他视图的选择

选择其他视图时，首先应分析部件中还有哪些工作原理、装配关系和主要零件的主要结构在主视图中还没有表达清楚，然后确定选用适当的其他视图配合表达。然后对不同的表达方案进行分析、比较、调整，使确定的方案既满足上述基本要求，又达到在便于看图的前提下，绘图简便。

图 9-11 为螺纹调节支承轴测图，它是用来支承不太重的机件。使用时，转动调节螺母，支承杆便上下移动（因螺钉的一端插入支承杆的槽内，故支承杆不能转动，只能移动），达到所需的高度。

螺纹调节支承的工作位置如图 9-11 所示。以箭头 A 方向作为主视图的投射方向。视图表达方案如图 9-13 所示。主视图为通过支承杆轴线剖切的全剖视图，并对支承杆的长槽作局部剖视。这样画出的主视图既符合工作位置，又表达了它的形状特征、工作原理和零件间的装配连接关系。但对底座、套筒等的形状尚未表达清楚，因此需选用俯视图和左视图，并在左视图中采用局部剖视，以表达支承杆上长槽的形状。另外，底座前后两肋板的形状也通过左视图进行了表达。

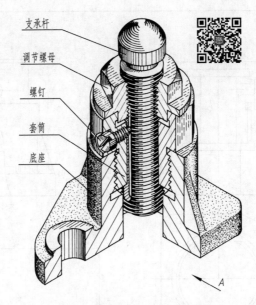

图9-11　螺纹调节支承轴测图

支承杆

调节螺母

螺钉

套筒

底座

A

二、画图步骤

按照选定的表达方案，根据所画部件的大小，再考虑标注尺寸、序号、标题栏、明细栏和注写技术要求所应占的位置，选择绘图比例，确定图幅，然后按下述步骤画图。

1. 画图框和标题栏、明细栏的外框。

2. 布置视图，画出各视图的作图基线。在布置视图时，要注意为标注尺寸和编写序号留出足够的地位。

3. 画底稿。一般从主视图入手，几个视图按投影关系相互配合同时进行。

4. 标注尺寸。

5. 画剖面线。

6. 检查底稿后进行编号和加深。加深步骤与零件图的加深步骤相同。

7. 填写明细栏、标题栏和技术要求。

8. 全面检查图样。

画装配图一般比画零件图要复杂些，因为零件多且又有一定的相对位置关系。为了使底稿画得又快又好，必须注意画图顺序，应该先画哪个零件，后画哪个零件，才便于在图上确定每个零件的具体位置，并且可少画一些不必要的（被遮盖的）线条。为此，要围绕装配干线进行考虑，根据零件间的装配关系来确定画图顺序。作图的基本顺序可分两种：一种是由里向外画，即大体上是先画里面的零件，后画外面的零件。另一种是由外向里画，即大体上是先画外面的大件（画出视图的大致轮廓），后画里面的小件。这两种方法各有优、缺点，一般情况下，将它们结合使用。

图9-12为螺纹调节支承装配图底稿的画图步骤。

图9-13为画好的螺纹调节支承装配图。

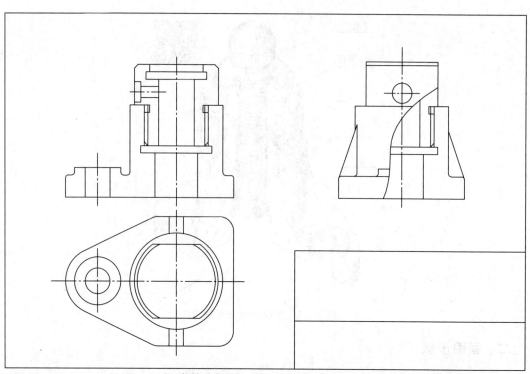

(a) 画图框和标题栏、明细栏外框及底座、套筒

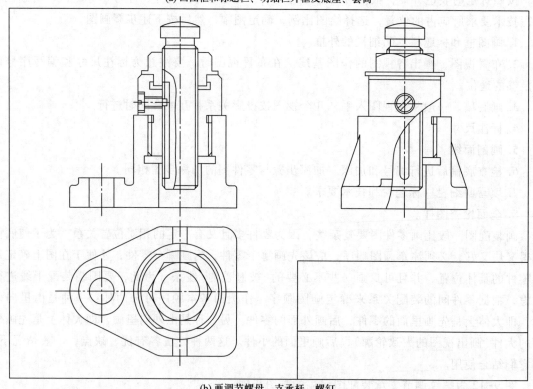

(b) 画调节螺母、支承杆、螺钉

图 9-12 装配图底稿的画图步骤

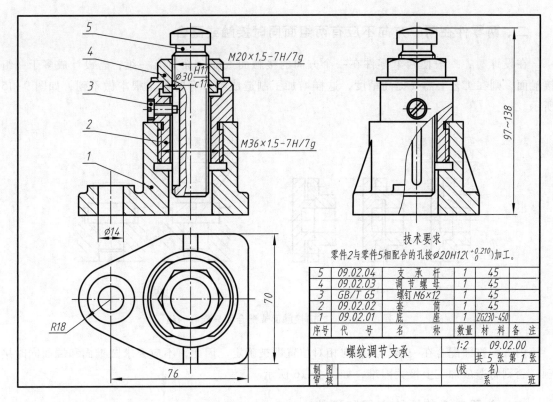

技术要求

零件2与零件5相配合的孔按φ20H12($^{+0.210}_{0}$)加工。

5	09.02.04	支承杆	1	45	
4	09.02.03	调节螺母	1	45	
3	GB/T 65	螺钉 M6×12	1	45	
2	09.02.02	套筒	1	45	
1	09.02.01	底座	1	ZG230-450	
序号	代 号	名 称	数量	材料	备注
螺纹调节支承			1:2	09.02.00	
				共5张 第1张	
制 图			(校 名)		
审 核			系		班

图 9-13 螺纹调节支承装配图

§9-6 装配结构的合理性

为了使机器装配后达到设计要求，并且便于装拆、加工和维修，在设计时必须注意装配结构的合理性。下面列举数例，作为启发。

一、保证轴肩与孔的端面接触

为了保证轴肩与孔的端面接触，孔口应制出适当的倒角（或圆角），或在轴根处加工出槽，如图 9-14 所示。

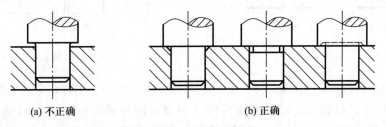

(a) 不正确　　　　　　(b) 正确

图 9-14 轴肩与孔端面接触处的结构

二、两零件在同一方向不应有两组面同时接触或配合

在设计时，一般使两个零件在一个方向的接触面或配合面只有一组，若设计成多于一组接触面，则在工艺上需要提高精度，这样增加了制造成本，有时甚至根本做不到，如图 9-15 所示。

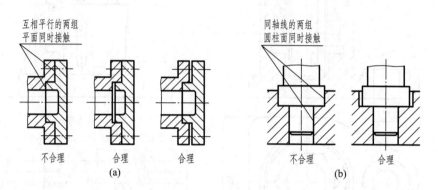

图 9-15　同方向接触面或配合面只能有一组

内外圆锥面配合在一起，其轴向相对位置即被确定。因此，不应要求圆锥面和端面同时接触，否则将造成加工上极大困难，如图 9-16 所示。

三、必须考虑装拆的方便和可能

图 9-17 和图 9-18 分别表示滚动轴承装在轴上和箱体孔内的情况。如果轴肩高度大于或等于轴承内圈厚度（图 9-17a），或箱体中左边的孔径小于或等于轴承外圈的内径（图9-18a），则轴承无法拆卸。若箱体中左边的孔径不允许做得太大，则可在箱体左边对称地加工出几个小孔，供拆卸时用适当的工具顶出轴承，如图 9-18c 所示。

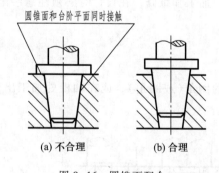

图 9-16　圆锥面配合

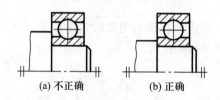

图 9-17　轴上安装滚动轴承

图 9-19 表示销钉装配的情况。为了便于装拆，在可能情况下，销钉孔应做成通孔（图 9-19a），如果下面零件很厚，则选用上端制有螺孔的"内螺纹圆柱销"（图 9-19b）或"内螺纹圆锥销"。为了使销钉能全部打入孔内，必须将孔加工到足够深度，以容纳被压缩的空气，或在孔的下端加工出一个小孔（图 9-19c），以便于装拆和排出被压缩的空气。

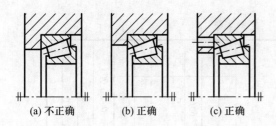

(a) 不正确　　　(b) 正确　　　(c) 正确

图 9-18　箱体孔内安装滚动轴承

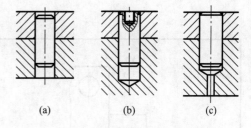

(a)　　　　　(b)　　　　　(c)

图 9-19　销钉装配的正确设计

图 9-20 表示在轴的中间部位安装滚动轴承时，必须使轴的右端直径略小于轴承的孔径，否则难于装拆。

图 9-21 表示在箱体内安装轴承时，若设计成图 9-21a 的形式，则不便装拆，箱体中用来安装轴承的平面也难以加工，因此设计成如图 9-21b 的形式较合理。

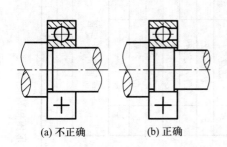

(a) 不正确　　　(b) 正确

图 9-20　轴的中间部位安装滚动轴承

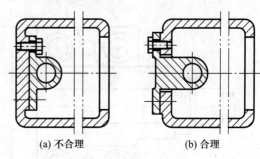

(a) 不合理　　　(b) 合理

图 9-21　箱体内安装轴承座

§9-7　读装配图及拆绘零件图的方法

一、读装配图的要求和方法

装配、安装、使用和维修机器设备，或学习先进技术以及讨论设计方案和从装配图拆画零件图等，都要读装配图，因此必须掌握读装配图的方法。

1. 读部件装配图的要求

可归纳如下：

（1）了解部件的名称、用途、性能（规格）和工作原理。

（2）了解零件间的相对位置、装配关系及装拆顺序和装拆方法。

（3）弄清每个零件的名称、数量、材料、作用和结构形状。

要达到上述要求，除了制图知识外，还应有一定的生产实践知识，其中包括一般的机械结构设计和制造工艺知识，以及与部件有关的专业知识。因此在今后的学习和工作中，必须不断提高有关知识，多读装配图，并不断总结经验，以便逐步提高读图能力。

2. 读装配图的方法和步骤

以图 9-22 所示的侧面钩形压板装配图为例，介绍读装配图的方法和步骤。

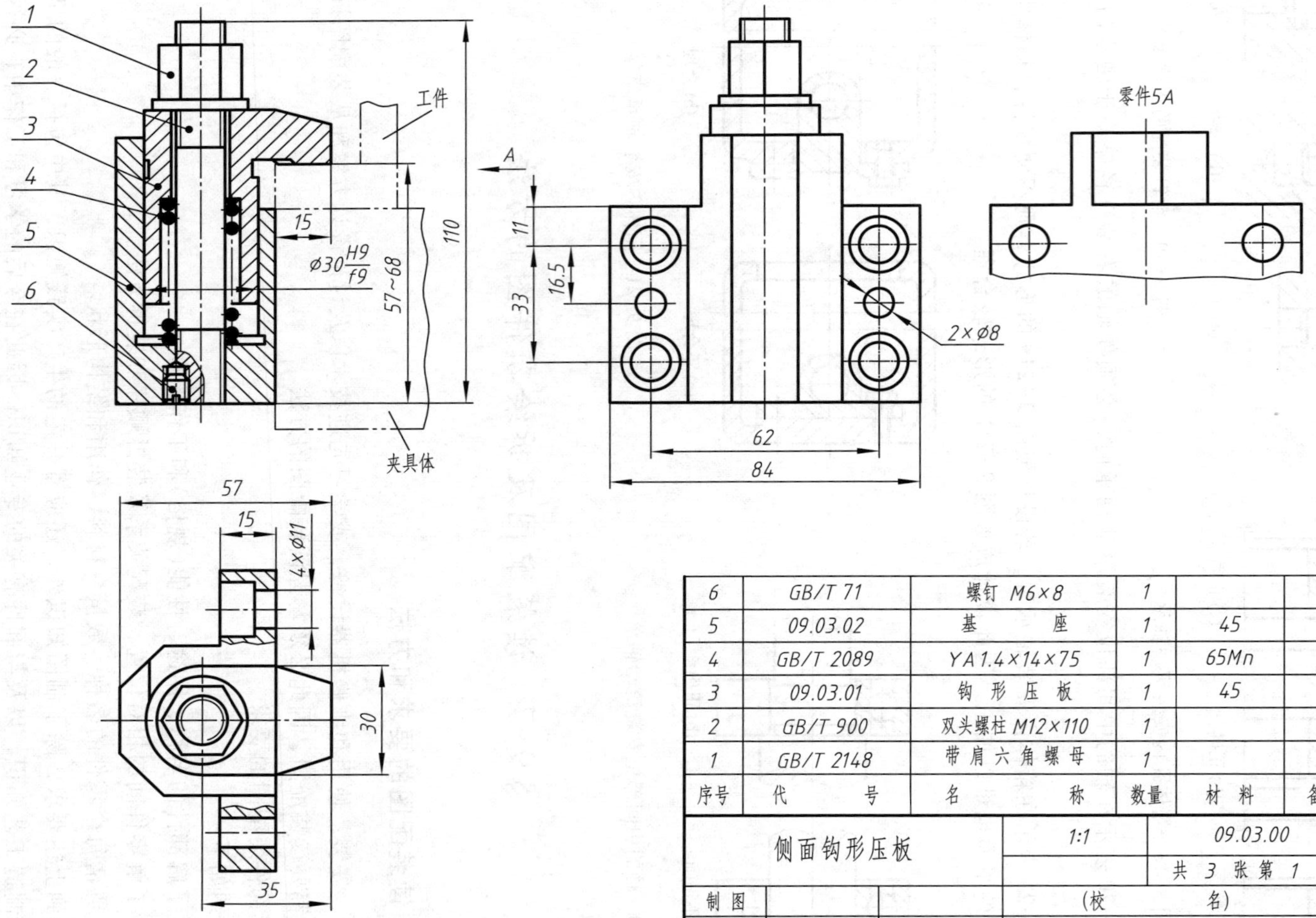

零件5A

2×∅8

62
84

16.5
11
33

A

工件

110

57~68

∅30 H9/f9

15

夹具体

30

4×∅11

15

57

35

1
2
3
4
5
6

序号	代号	名称	数量	材料	备注
6	GB/T 71	螺钉 M6×8	1		
5	09.03.02	基 座	1	45	
4	GB/T 2089	YA1.4×14×75	1	65Mn	
3	09.03.01	钩形压板	1	45	
2	GB/T 900	双头螺柱 M12×110	1		
1	GB/T 2148	带肩六角螺母	1		

侧面钩形压板		1:1		09.03.00	
制图			(校 名)	共 3 张 第 1 张	
审核			系	班	

图 9–22 侧面钩形压板装配图

（1）了解部件的名称、用途、性能和工作原理

许多零件是由毛坯经过机械加工后形成的，加工过程中被加工件称为工件。加工时为了将工件定位并夹紧在机床上，必须使用夹具。侧面钩形压板就是夹具上的一个部件，用来压紧工件的。它用两个销钉定位、四个螺钉固定在夹具体的左侧面上。旋紧带肩六角螺母 *1*，钩形压板 *3* 便向下移动，将工件压紧，就可进行加工。旋松螺母 *1* 后，压缩弹簧 *4* 将钩形压板往上顶，即可松开工件。钩形压板可绕双头螺柱 *2* 在基座 *5* 的缺口中向后转动，以改变钩形压板头部的方位，便于装卸工件。

（2）分析视图

要弄清楚该装配图采用了哪些视图（包括剖视图、断面图和局部放大图），各视图之间的投影关系，剖切面的位置以及每个视图的表达意图。

侧面钩形压板装配图采用了三个基本视图，一个局部视图；主视图是全剖视图，剖切平面通过双头螺柱 *2* 的轴线，表达了钩形压板 *3*、螺柱 *2*、弹簧 *4*、基座 *5*、螺钉 *6* 的相对位置和装配关系。

左视图、俯视图和 *A* 向局部视图配合主视图表达了钩形压板 *3* 和基座 *5* 的形状，以及该部件的安装方法。俯视图中用两个局部剖视表达了该部件安装在夹具体侧面的螺钉沉孔和销钉孔。

（3）了解各零件的作用、形状及它们之间的装配关系

根据部件的工作原理，了解它的装配结构和每个零件的作用，进而读懂每个零件的形状。读部件装配图时，应以装配干线为单元，逐个读懂每条装配干线的结构。一般从表达主要装配干线的视图入手，依序看懂干线上每个零件的形状。为此，先要弄清零件的作用和在各视图中的投影形状，这可以从下列三个方面联系起来进行：

（ⅰ）根据零件的序号，从明细栏中了解零件的名称；

（ⅱ）看剖面符号，根据国家标准规定，同一零件的剖面线都应方向相同、间隔相等；

（ⅲ）对投影关系。

对装配干线的结构初步了解以后，干线上的简单零件形状很快能看懂，因此读图难点往往在形状较复杂的主要零件上。当零件的某个部位一时看不懂时，可先看与它相关的零件，最后达到看懂每个零件的目的。与此同时，也逐渐读懂了每条装配干线上各零件的装配关系。

从图 9-22 的主视图可以看出：沿双头螺柱轴线上的各零件间的装配关系和连接方法都表达得很清楚。根据零件序号和名称、剖面线画法和投影关系，便可将钩形压板和基座在各视图中的投影轮廓区分开来；钩形压板根据主、俯两视图就能读懂；基座的结构形状必须将所有四个图上的投影结合起来，用形体分析法才能逐步读懂。

双头螺柱旋在基座的螺孔中，并用螺钉 *6* 固定在一起，螺钉 *6* 的作用是当松开螺母 *1* 时，螺柱不会跟着松动。因此在基座和双头螺柱下端各有半个螺孔。

（4）分析尺寸

分析装配图上所注的尺寸，有助于进一步了解部件的规格、性能、外形大小、零件间的装配要求以及该部件的安装方法等。图中 15、57~68 是侧面钩形压板的规格尺寸；110、84、57 是外形尺寸；螺柱 *2* 与螺钉 *6* 的规格尺寸 M12 和 M6 是装配连接尺寸；φ30H9/f9 是配合尺寸，表明钩形压板与基座之间为间隙配合，保证旋动螺母 *1* 时，钩形压板在基座孔中能灵

活地上、下移动；30、35 为其他重要尺寸；其余为安装尺寸。希望读者弄懂每个尺寸的意义。

（5）归纳总结

在上面分析的基础上，按照读装配图的三个要求进行归纳总结，以便对部件有一个完整的、全面的认识。

以上仅介绍看装配图的一般方法和步骤。实际上有些步骤是不能截然分开的，而是互相联系的，如在了解工作原理和分析视图时，同时也了解各零件的作用和相对位置；在分析装配关系时，同时也了解了装配尺寸。因此读装配图是一个不断深入、综合认识的过程。

图 9-23 是侧面钩形压板的轴测图。

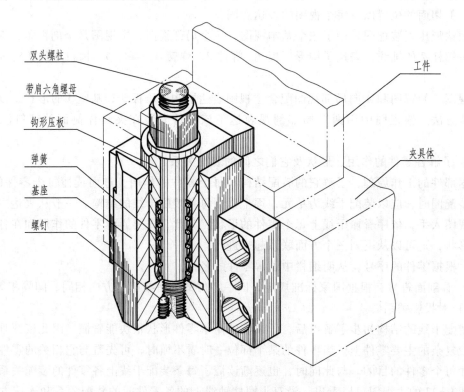

图 9-23　侧面钩形压板的轴测图

下面再按照前例所介绍的读图方法和步骤，来读图 9-24 所示的虎钳装配图。

（1）了解部件的名称、用途、性能和工作原理

虎钳是机械加工中用来夹持工件的通用夹具。它的工作原理为：将扳手（图上未表示）套在螺杆 5 右端的方头上，转动螺杆时，螺母 4 带动活动钳身 3 左右移动，以夹紧或松开装在两个钳口 2 之间的工件。

（2）分析视图

虎钳装配图采用了三个基本视图。主视图通过螺杆轴线剖切画有局部剖视，表达了钳身 1、螺杆 5、螺母 4、活动钳身 3 和钳口 2 等零件间的装配关系，并较好地反映了虎钳的形状特征。

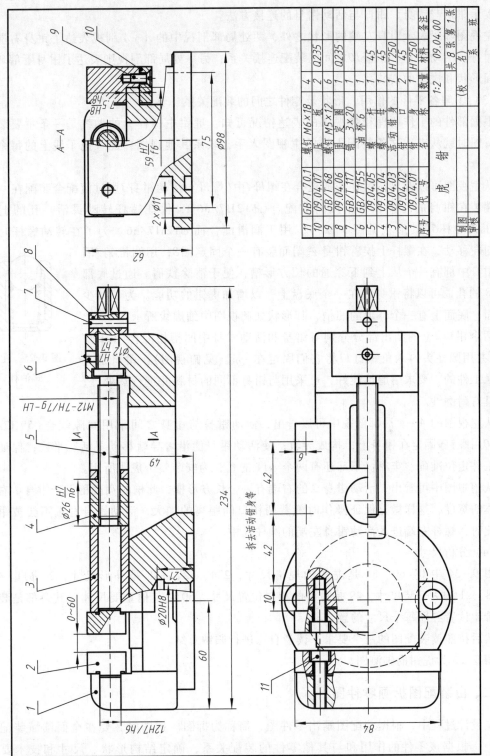

图 9-24 虎钳装配图

11	GB/T 70.1	螺钉 M6×18	4	Q235	
10	09.04.07	压板	6	Q235	
9	GB/T 68	螺钉 M5×12	1		
8	09.04.06	固定圈	1	45	
7	GB/T 117	销 3×20	1	45	
6	GB/T 1155	油杯 6	1		
5	09.04.05	螺杆	1	HT250	
4	09.04.04	活动钳口	1	45	
3	09.04.03	钳口	2	45	
2	09.04.02	钳身	1	HT250	
1	09.04.01	钳身	1	HT250	
序号	代号	名称	数量	材料	备注

虎钳

09.04.00

共 8 张 第 1 张

1:2

(校) (名) 班 系

制图

审核

· 247 ·

俯视图中的前半部采用拆卸画法，整个图形主要表达钳身、活动钳身的外形，两处局部剖视则表示钳口与钳身、钳口与活动钳身的连接方法。

左视图除了表示钳身左端的形状之外，两处局部剖视中的 A—A 剖视表达了钳身右端的形状和钳身、活动钳身、压板10之间的装配连接关系；另一处局部剖视则表达了钳身下部环形槽的截面形状和虎钳的安装孔。

（3）了解各零件的作用、形状及零件之间的装配关系

根据部件的工作原理和各视图的表达情况可知：虎钳中螺杆 5 的轴线是一条主要装配干线，看图时就从表达这条装配干线的主视图入手，联系其他视图，逐一把干线上的每个零件看懂。

从主视图可以看出：螺杆左端旋合在螺母4中（螺母与活动钳身3用过渡配合装配在一起），其右端装在钳身的孔中，并采用间隙配合（φ12H7/h6），保证螺杆转动灵活。孔的上部装有注压式油杯6（其形状见图 9-25），用于润滑配合面 φ12H7/h6。为了在转动螺杆时阻止螺杆向左移动，在螺杆上挨着钳身右端面装有一个固定圈8，用圆锥销7固定。钳身中部有一个从上到下穿通的长方形槽，便于清除铁屑。通过底部 φ20H8 的孔，可以将钳身装在一个底盘上，以增加虎钳的功能。为了减少加工面，底面上有一个环形的凹槽，其形状如俯视图中细虚线所示。

图 9-25　注压式油杯

两个钳口2上的凸出部分分别与钳身和活动钳身中凹槽相配合（12H7/h6），并用圆柱头内六角螺钉11将它们固定在一起（见俯视图）。钳口是直接接触工件的，要求耐磨性能好，可采用与钳身不同的材料并进行热处理，使之具有耐磨性。

从左视图的 A—A 局部剖视中可以看出，活动钳身与钳身之间采用间隙配合（59H7/f6），压板10用螺钉9固定在钳身上，构成导轨；使活动钳身能沿着导轨移动灵活、平稳，保证被夹紧的工件定位准确、牢靠。下部还有两个 φ11 的孔，为安装整个虎钳所用。

从俯视图中可看出，活动钳身 3 的右端有一个长方形槽，此槽的宽度稍大于钳身 1 右端上部形体的宽度，这样做是保证操作时随着两钳口间距离的加大，活动钳身右端不会被钳身顶住。此时，螺杆左端进入活动钳身左端的圆柱孔中。

（4）分析尺寸

图 9-24 中 0~60、84 是虎钳的规格尺寸，234、62、φ98 是外形尺寸，2×φ11、75 及 φ20H8、21 均为安装尺寸，49 是重要的相对位置尺寸，60 是其他重要尺寸。其余都是装配尺寸。希望读者弄懂每个尺寸的意义。

然后按照读装配图的三个要求，读者自己进行归纳总结。

图 9-26 为虎钳的轴测图。

二、由装配图拆画零件图

在设计过程中，根据装配图画出零件图，简称为拆图。拆图时，要在全面读懂装配图的基础上，根据该零件的作用和与其他零件的装配关系，确定结构形状、尺寸和技术要求等内容。因此，要具备一定的设计和工艺知识，才能画出符合生产要求的零件图。拆图时，

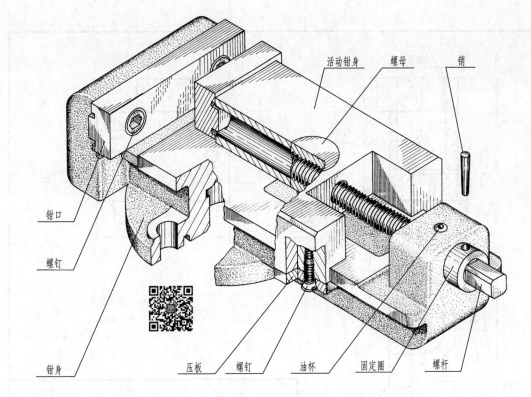

图 9-26　虎钳轴测图

活动钳身　螺母　销
钳口
螺钉
钳身
压板　螺钉　油杯　固定圈　螺杆

通常先画主要零件，然后根据装配关系逐一画出其他零件，以便保证各零件的形状和尺寸要求等协调一致。

关于零件图的内容和要求，在第七章中已有说明，下面着重介绍由装配图拆画零件图时应注意的几个问题。

1. 关于零件的形状和视图选择

装配图主要表达部件的工作原理、零件间的相对位置和装配关系，不一定把每一个零件的结构形状都表达完整。因此，在拆画零件图时，对那些未表达完整的结构，要根据零件的作用和装配关系进行设计。零件的视图必须按照§7-3中的要求来选择，不能机械地从装配图上照搬。

此外，装配图上未画出的工艺结构，如起模斜度、圆角、倒角和退刀槽等，在零件图上都应表示清楚。

2. 关于零件图的尺寸

如第七章中所述，零件图的尺寸应按"齐全、合理、清晰"的要求来标注。拆图时，零件图的尺寸数值从以下几个方面来确定。

（1）装配图上标注的尺寸

装配图上的尺寸，除了某些外形尺寸和装配时要求通过调整来保证的尺寸(如间隙尺寸)等不能作为零件图的尺寸外，其他尺寸一般都应该直接移注到零件图中去，例如图 9-27 所示基座上的 11、33、62、84、ϕ30H9 等。图 9-29 所示钳身上的 2×ϕ11、75、ϕ98 等。

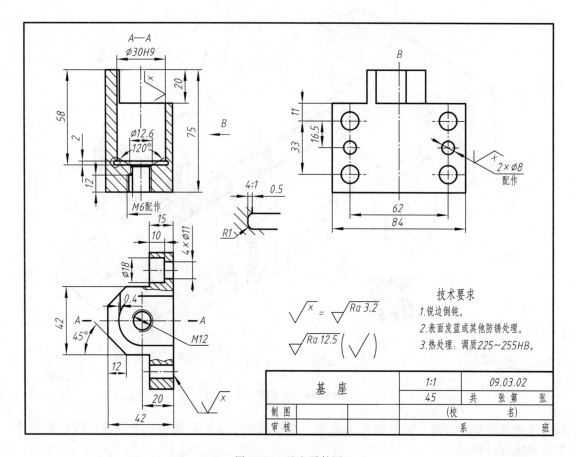

图 9-27　基座零件图

（2）查阅标准确定的尺寸

　　零件上的标准结构，如螺栓通孔直径、螺孔深度、键槽、倒角、退刀槽等尺寸，都应查标准确定。

（3）需要计算确定的尺寸

　　例如齿轮的分度圆直径等。

（4）在装配图上直接量取的尺寸

　　除前面三种尺寸外，其他的尺寸都从装配图上按比例量取。

　　在标注各零件图的尺寸时，应特别注意有装配关系的尺寸，要彼此协调，不要互相矛盾。例如，图 9-28 钩形压板中外径公差尺寸和图 9-27 中基座孔径公差尺寸应满足配合要求。与螺钉 6 旋合的螺孔 M6，必须将基座与螺柱装配在一起后加工出来才行，这在有关零件图上应标注清楚。又如图 9-24 虎钳中螺母 4 零件图上的外径公差尺寸和活动钳身零件图中的孔径公差尺寸同样应该相配；压板 10 上的螺钉通孔和活动钳身上螺孔的定形和定位尺寸应彼此协调，不能矛盾。

　　3. 零件的技术要求

　　各零件的表面结构要求和其他技术要求，应根据其作用、装配关系和装配图上提出的其他

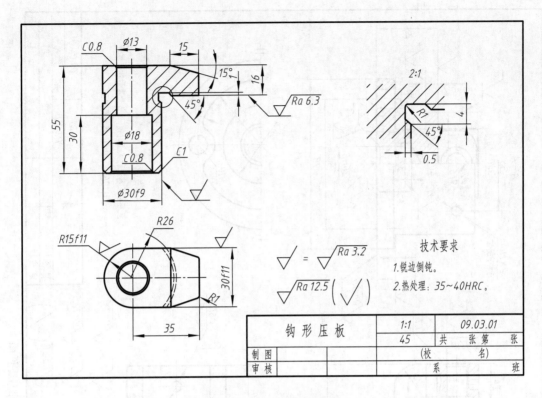

图 9-28　钩形压板零件图

要求，并依靠有关专业知识和生产实践经验来确定。

最后必须检查零件图是否已经画全，必须对所拆画的零件图进行仔细校核。校核时应注意：每张零件图的视图、尺寸、表面结构要求和其他技术要求是否完整、合理，有装配关系的尺寸是否协调，零件的名称、材料等是否与明细栏一致等。

图 9-27 和图 9-28 分别为基座和钩形压板的零件图，图 9-29 和图 9-30 分别为钳身和活动钳身的零件图，多数图未标注几何公差。上述图例作为拆画零件图的例子，供读者参考。

图 9-31 为折叠式摇臂旋钮装配图，供读者作为读装配图的练习。

折叠式摇臂旋钮装在电台发射机上调节空气可变电容器，以改变波长。图 9-31 中的主视图反映了它的工作位置，轴套 5 用 M4 螺钉连接在电容器的轴上。调节时，握住把手 13 作快速连续转动。调节完毕后，为了使摇柄 9 等零件不被碰撞，必须把摇柄推入旋钮 1 的槽内，并将支臂 12 等折叠在旋钮的空腔中，如主视图中的细双点画线所示。

若慢速调节，则不必将摇柄拉出，只要直接转动旋钮 1 即可。

图 9-32 和图 9-33 分别为支臂和槽板的零件图。图 9-34 为折叠式摇臂旋钮的轴测分解图。建议读者在仔细看了装配图后再对照轴测分解图进行核对。

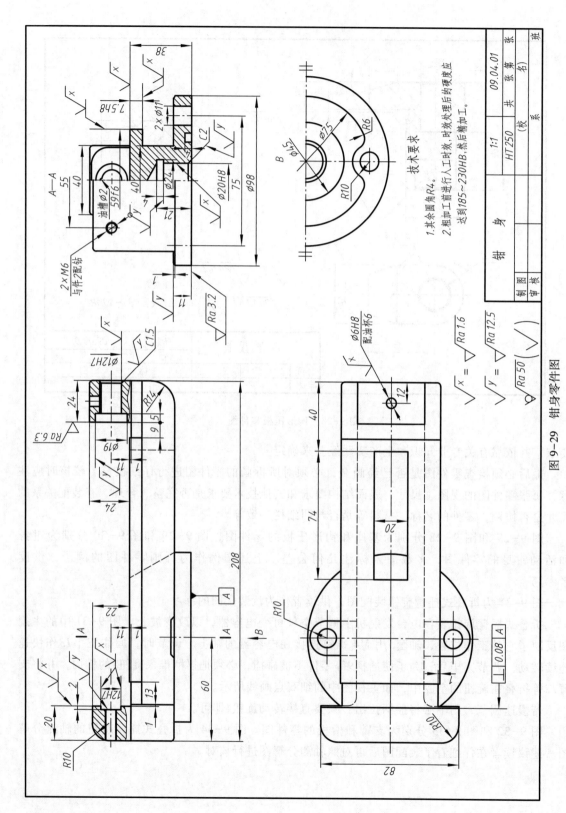

图 9-29 钳身零件图

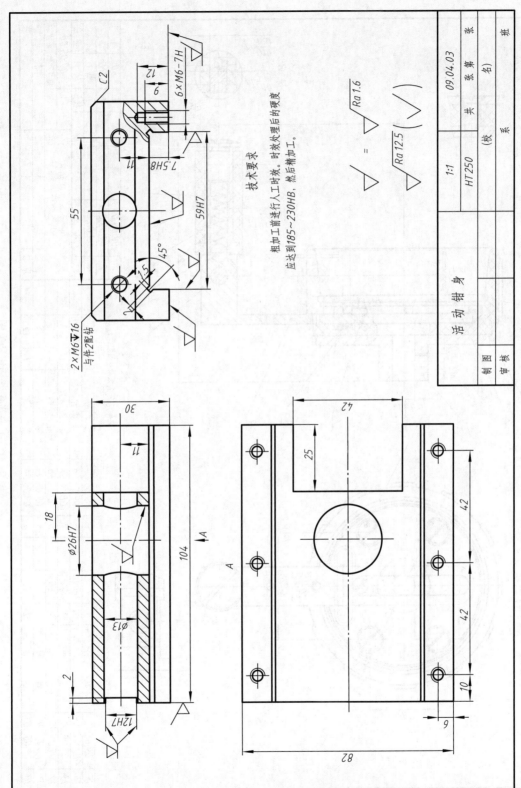

图 9-30 活动钳身零件图

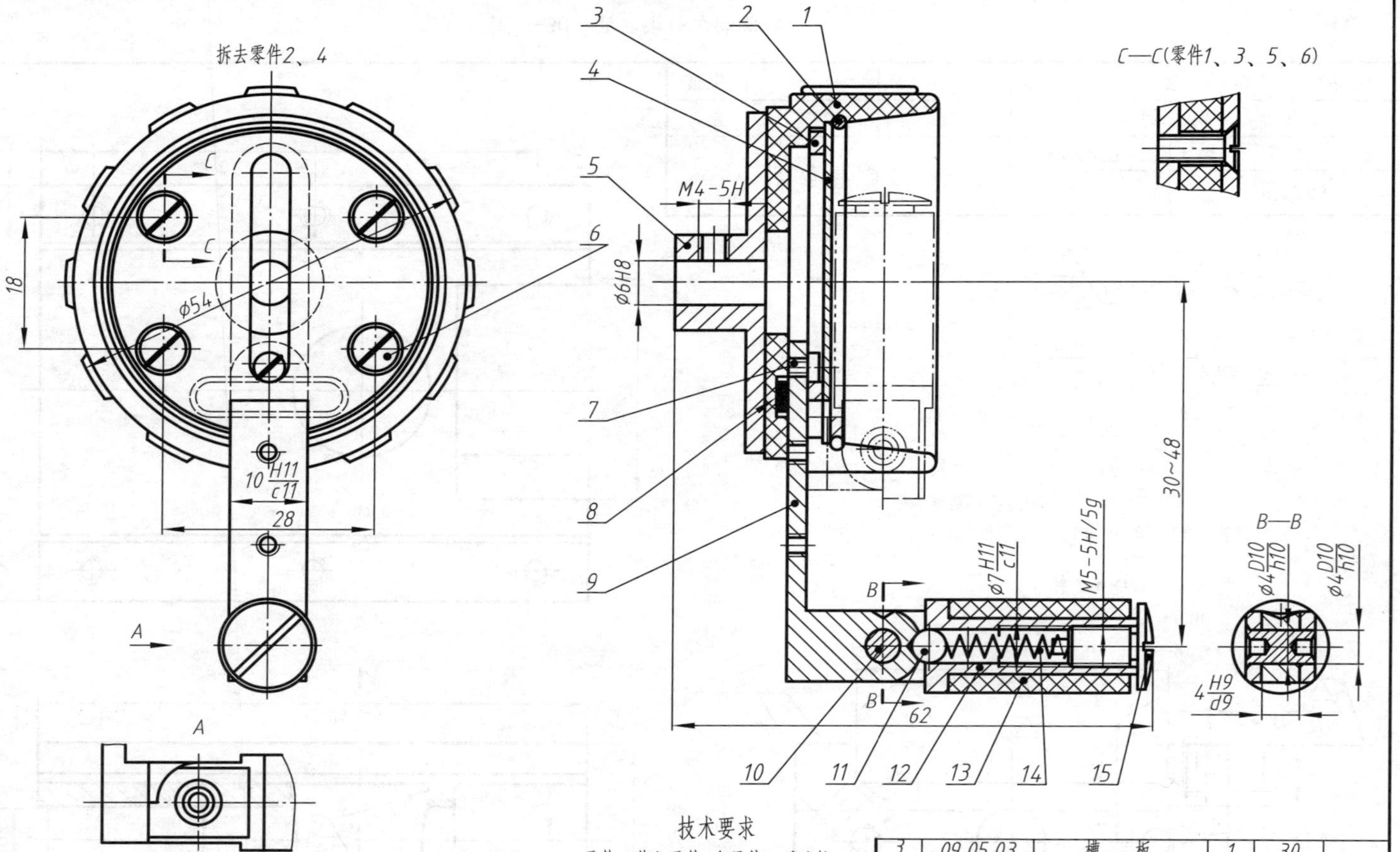

图 9-31　折叠式摇臂旋钮装配图

技术要求
零件10装入零件9和零件12后涨铆。

3	09.05.03	槽板	1	30	
2	09.05.02	弹簧圈	1	65Mn	
1	09.05.01	壳	1	塑料	
序号	代号	名称	数量	材料	备注

15	09.05.11	螺钉	1		
14	GB/T 2089	YA 0.5×3.5×20	1	65Mn	
13	09.05.10	手臂	1	酚醛塑料	
12	09.05.09	支臂	1	35	
11	GB/T 308	钢球 4 Ⅵ	1		
10	09.05.08	小轴	1	35	
9	09.05.07	摇柄	1	35	
8	09.05.06	弹簧片	1	65Mn	
7	GB/T 67	螺钉 M2.5×10	1		
6	GB/T 68	螺钉 M3×10	4		
5	09.05.05	轴套	1	35	
4	09.05.04	盖板	1	10	

折叠式摇臂旋钮		2:1		共 12 张 第 1 张
制图			(校名)	(班名)
审核				系

254

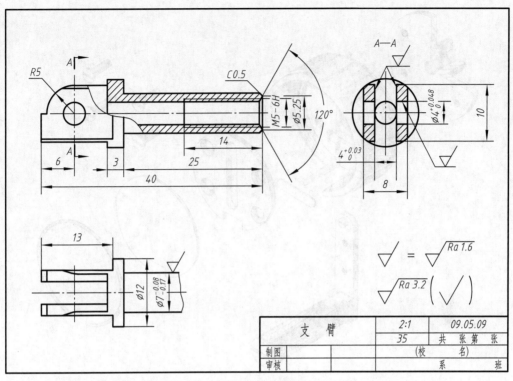

图 9-32 支臂零件图

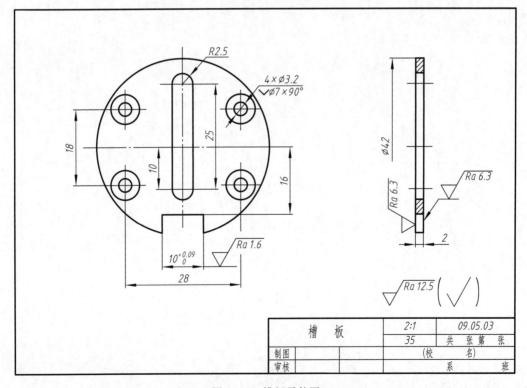

图 9-33 槽板零件图

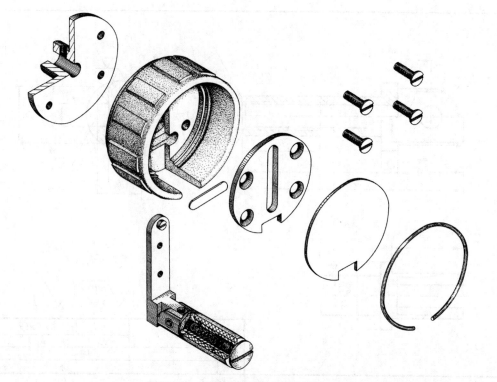

图 9-34 折叠式摇臂旋钮轴测分解图

第十章 计算机绘图基础

计算机绘图是借助计算机构建的绘图环境，通过调用计算机语言中的绘图函数或绘图软件中的绘图命令来绘制图形，并将其显示于屏幕或者打印、绘制在图纸上的一门技术。计算机绘图具有速度快，缩短设计周期；精度高，提高图样质量；可重复使用、方便存储管理等诸多优点。因此，已被广泛应用于机械制造、土木建筑、轻纺化工等众多工程领域。利用计算机进行辅助绘图是工程技术人员必须掌握的基本技能。

§10-1　计算机绘图系统简介

计算机绘图系统应具有的基本功能为：输入功能、计算功能、存储功能、交互功能以及输出功能等。

计算机绘图系统由硬件和软件两部分组成。

一、硬件

计算机绘图系统的硬件主要是指主计算机（主机）及其所需的外围设备（外设），由于这些部件或设备都是由各种器件和电子线路构成的有形物体，因而称为硬件或硬设备。常用硬件包括：计算机主机、键盘、鼠标、存储设备、显示设备和打印输出设备等。

二、软件

软件是指计算机中全部程序的集合，按其功能可分为系统软件和应用软件。

1. 系统软件

系统软件是指具有实现计算机管理、调度、监视和服务等通用功能的软件，一般包括操作系统（如 Windows、UNIX）、语言处理系统（如编译型程序和解释型程序处理系统）、数据库管理系统（如 Oracle、FoxPro）以及服务程序（如故障诊断和纠错程序）等。具体内容请参考相关资料。

2. 应用软件

应用软件是为解决实际应用问题而编写的软件，计算机辅助设计（computer aided design，简称 CAD）软件就是其中的一类。目前，国内外已开发了许多 CAD 绘图软件，有数字化设计软件，也有主要用于二维辅助绘图的软件（如 AutoCAD）。本书以 AutoCAD 2016 版本为例，简单介绍用计算机绘制二维图样的方法。

任何应用软件的操作都是建立在硬件和系统软件基础之上的。因此，为了保证 AutoCAD 2016 的正常运行，必须配置必要的硬件和系统软件，具体内容请参考相关资料。

§10-2 AutoCAD 2016 的主要功能和基本操作命令

一、AutoCAD 的基本功能

AutoCAD 是由美国 Autodesk 公司开发的计算机辅助绘图应用软件，自 1982 年推出后，经过 40 多年的应用和不断升级，使其在功能性、稳定性和操作性等方面日趋完善。AutoCAD 的主要功能有以下几个方面：

1. 图样绘制和编辑功能

AutoCAD 可以创建基本的二维和三维图形，例如：直线、圆、旋转曲面、长方体和圆柱等；可以对二维和三维图形进行编辑，例如：删除、复制、移动和旋转等；可以附加文字和符号信息并编辑这些信息；可以标注文字和编辑文字；可以为图形标注尺寸和编辑尺寸；可以为指定区域进行图案填充；还可以直接创建表格，并保存表格样式以便重复使用等。

2. 图形显示和输入、输出功能

AutoCAD 允许导入多种格式的图形文件，并能以不同的方式进行显示，例如：可以在正投影、透视、轴测和着色等不同模式下显示图形；可以改变视点从主视、俯视和轴测等不同方向上显示图形；可以将绘图区域分成多视区，并将各视区采用不同视点显示同一图形；可以通过任意放大、缩小方式等动态显示图形；还可以将图形以各种格式，如 dwg、dwf 等格式存储、输出或打印等。

3. 开发定制、管理和 Internet 功能

AutoCAD 可以进行用户定制（即根据需要改造 AutoCAD 软件，例如：重新确定工具栏的内容等）和二次开发（即能用 Auto LISP、Visual BASIC 等语言开发适合特定行业的 CAD 产品）；可以利用 Internet 工具和多种软件接口，与其他计算机用户之间实现设计数据和图形资源的共享等。

二、AutoCAD 2016 的界面

1. 软件启动

启动 AutoCAD 2016 软件有两种方式：

（1）双击桌面上的图标快捷方式按钮 ▲①，即可进入 AutoCAD 2016 的用户界面（图10-1a），通过单击界面左上角【新建】图标 ▢，打开某一"样板文件"后就可进入工作界面。图 10-1b 所示为 AutoCAD 2016 工作界面（图中长方框中的文字是加入的注释）。

---

① 用鼠标操作的按钮通常在屏幕上用小图标或文字表示，称之为图标按钮或文字按钮。操作时，将鼠标光标置于所选定的某个图标按钮或文字按钮处，点击鼠标上的左键或右键（点击一次称为单击，点击两次称为双击）就完成一次操作，一次成功的操作会使屏幕画面发生某种变化。当使用两键+滚轮鼠标时，用食指单击鼠标左键（左击）表示确定选项；用无名指单击右键（右击）表示结束命令，或者从弹出的新菜单中做出进一步选择；而用中指滚动滚轮则可快速浏览计算机的屏幕。由于左击使用较多，因此如无特殊说明，书中所述的"单击"和"双击"均指点击鼠标左键。

（2）依次单击计算机左下角按钮【开始】→【程序】→【Autodesk】→【AutoCAD 2016-Simplified Chinese】→【AutoCAD 2016】，继续单击【新建】→"样板文件"，屏幕上同样会出现图 10-1b 所示的工作界面（注意："→"为步骤分隔符，整个过程为：选择单击【开始】为第一步，选择【程序】为第二步，以此类推）。

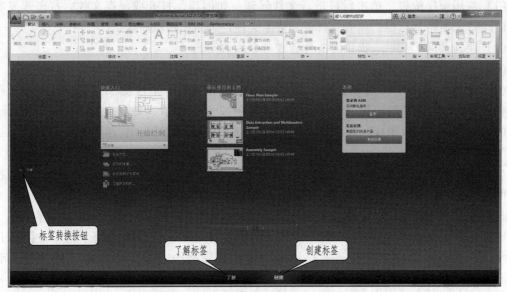

(a) 用户界面

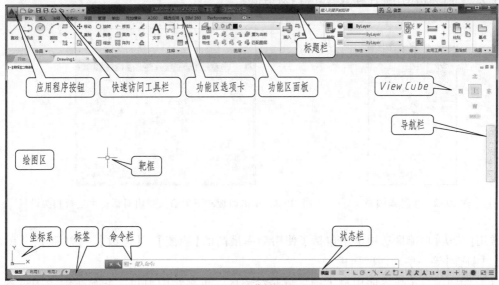

(b) 工作界面

图 10-1　AutoCAD 2016 界面

2. AutoCAD 2016 界面概貌

AutoCAD 2016 用户界面（图 10-1a）的开始选项卡上包括两个标签：

（1）了解　是了解新特性、观看快速入门视频、查看学习提示、使用联机资源的入口。

（2）创建　是快速入门、打开文件、打开最近使用的文档等快速启动文件的入口。

AutoCAD 2016 工作界面（图 10-1b）是用户进行设计绘图的主要界面，它由应用程序按钮、快速访问工具栏、绘图区、命令栏和坐标系等多个部分组成。

AutoCAD 2016 工作界面上各部分的内容和功能简述如下：

（1）应用程序按钮　单击后可进行文件管理，如创建、打开或保存文件；打印或发布文件；访问"选项"对话框；核查、修复和清除文件；关闭应用程序等。

（2）快速访问工具栏　提供对文件管理命令的访问。

（3）标题栏　显示正在运行的软件名称、版本和当前图形的文件名。

（4）功能区选项卡　用于控制各类命令的显示和调用。系统提供了【默认】、【插入】、【注释】、【参数化】、【视图】、【管理】、【输出】等 12 个选项卡，每个功能区选项卡均由一些相关的同类功能区面板组成。其中【默认】功能区选项卡最为常用，它涵盖了大部分绘制二维图形所需的相关命令。

（5）功能区面板　是一些同类常用命令的图标按钮的集合，单击这些图标按钮就可执行相应的 AutoCAD 命令。当将鼠标光标悬停（不要点击,仅放在图标按钮上）在面板中任一命令的图标按钮上时，就会显示出该命令的名称、功能，操作示例等。若图标按钮下方有"▼"符号，则表示单击该符号后会出现与此命令相关的更多同类命令，图 10-2 所示为单击【绘图】面板中"圆"命令下方"▼"符号后显示出的多种画圆命令。若面板的右下角带有一小箭头 ↘，则说明单击该箭头后还会弹出相关的设置对话框，图 10-3 所示为单击【标注】面板右下角箭头 ↘ 后弹出的［标注样式管理器］对话框。

 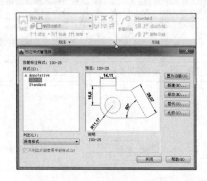

图 10-2　多种画圆命令　　　　图 10-3　单击面板右下角箭头弹出对话框可进行相关设置

常用【默认】功能区选项卡中包括了使用频率最高的【绘图】、【修改】、【注释】、【图层】、【块】、【特性】等一些功能区面板。

（6）绘图区　工作界面中最大的区域是绘图区，也称绘图窗口，它显示绘图的过程和结果，类似于手工绘图时的图纸。绘图区中有一个十字靶框光标，它将随着鼠标的移动而移动。绘图时，十字靶框光标的形状为十字形"+"，选择操作对象（点、线、面以及几何形状等均可作为操作对象）时，靶框光标的形状为拾取框"□"。

（7）坐标系　绘图栏左下角是 AutoCAD 所采用的坐标系。世界坐标系（world coordinate system,简称 WCS）是 AutoCAD 系统默认坐标系，其坐标原点（0,0）位于绘图栏的左下角，X 轴的正向水平向右，Y 轴的正向竖直向上。AutoCAD 也允许用户根据需要自行设置用户坐标系（user coordinate system，简称 UCS），用户坐标系在三维建模中很有用处，但对于二维绘图来说，使用世界坐标系就能够满足要求。

（8）标签　绘图区底部有一个模型标签和若干个布局标签（图 10-1b），其中"模型"标签代表模型工作空间（用户可以在此完整地创建图形并加上注释，它是使用 AutoCAD 创建图形的传统方法），"布局 X"标签代表图纸工作空间 X（它是图纸布局环境，用户可以在此指定图纸大小、添加标题栏、显示模型的多个视图，创建图形的标注和注释等），单击所需要的标签即可实现不同工作空间的切换。

（9）命令栏　亦称命令行窗口，默认位于绘图区下方，它是显示输入命令、系统提示和人机交互信息的窗口。当出现"键入命令"提示后，即标志着 AutoCAD 准备接受命令。用户输入命令后，按照提示区给出的提示进行参数输入或选项确定，即可完成相应的命令操作。AutoCAD 能够记录有效的人机交互过程，若要查看交互历史可按计算机上的功能键【F2】进行切换，系统弹出一个可滚动的多行文字的操作记录窗口。再次按【F2】可取消文本窗口。

（10）状态栏　位于命令栏下方，它主要用于显示或设置当前绘图方式的操作状态和工作状态，如图 10-4 所示。状态栏中左边两部分中的若干按钮是比较常用的用于精确绘图的辅助绘图工具。最右边是【自定义】按钮，单击此按钮，会显示已被勾选添加到状态栏中的按钮，还可继续勾选添加或关闭状态栏按钮。建议操作者将常用的【线宽】按钮勾选添加到状态栏中，以便绘图时控制线宽显示。单击按钮右边的"▼"符号，可在打开的菜单中进行状态按钮功能的选择和设置。单击状态栏按钮时，按钮亮显表示该项辅助绘图工具处于启用状态，按钮灰暗则表示该工具已关闭。

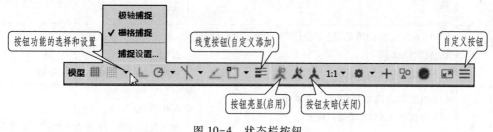

图 10-4　状态栏按钮

三、AutoCAD 2016 的基础性操作

1. 人-机交互操作

AutoCAD 属于交互式通用绘图软件，为了对其操作方法有个初步认识，下面以画圆为例（表 10-1），描述用户如何通过人-机对话操作计算机完成绘图的方法，使初学者能较好地理解后面即将出现的"绘图命令""系统提示""用户对提示的回应""选项"等术语的含义。

表 10-1　人-机对话操作计算机画圆(每一次操作下的小字是对系统提示或回应含义的说明)

操作方法	步骤序号	系统提示	用户对提示做出回应时所输入的信息
画圆操作方法（一）	1	命令： 键入命令	*C*✓ C 是画圆命令，✓表示按下【Enter】键
	2	CIRCLE 指定圆的圆心或［三点(3P)　两点(2P)　切点、切点、半径(T)］： 请根据各"选项"确定画圆的方法： 指定圆的圆心或［通过圆周三点(3P)/通过直径两个端点(2P)/指定与圆相切的两个对象(直线、圆或圆弧等)和此圆的半径(T)］	*500,400*✓ 用指定圆心的方法画圆，输入圆心坐标值
	3	CIRCLE 指定圆的半径或［直径(D)］<0,0>： 请选择采用圆半径或是圆直径(D)画圆，若出现尖括号，表示尖括号内的数值是系统给出的参考半径值	*d*✓ 采用输入直径的方法画圆：输入表示该方法的字母 d(此处输入大小写字母均可)
	4	CIRCLE 指定圆的直径<0,0>： 请给出圆直径的数值，尖括号内的数值是系统给出的参考直径值	*300*✓ 输入直径(若尖括号内的值就是待输入的值，可直接✓，表示接受此值)，结束此次作图过程
画圆操作方法（二）	1	命令： 键入命令	⊘ 直接单击【绘图】功能区面板上的画圆图标按钮
	2	CIRCLE 指定圆的圆心或［三点(3P)　两点(2P)　切点、切点、半径(T)］： _ circle 是系统给出的命令名	*2P*✓ 用指定直径两个端点的方法画圆
	3	CIRCLE 指定圆直径的第一个端点： 请给出圆直径的第一个端点位置	*600,700*✓ 输入直径的第一个端点坐标值，也可用光标直接在屏幕绘图区中确定第一个端点位置
	4	CIRCLE 指定圆直径的第二个端点： 请给出圆直径的第二个端点位置	*800,900*✓ 输入直径第二个端点坐标值，结束此次作图过程
画圆操作方法（三）	1	命令： 键入命令	✓ 直接按下【Enter】键表示重复上次的"画圆"命令
	2	…… 继续下一个圆绘制的后续操作步骤(本例省略)	…… 继续做出回应(本例省略)

有关人-机对话操作的说明：

（1）实现 AutoCAD 的绘图功能是通过调用系统中的各种命令来完成的，只有当命令栏内出现"命令："二字提示时，用户才能输入命令，否则系统不予执行。

（2）在人-机对话中，系统的各种提示将随着执行命令的进程一步步显示出来。每当命令栏出现提示，用户都必须给予回应，否则绘图将会中止。当提示中出现多个选项时，系统会将它们一一列出，其中第一选项为默认项，其余选项将依次在"[ ]"内，用空格分隔。

（3）绘图时，若选用默认项，可直接输入相应数据（如上例中默认"指定圆的圆心"，可直接输入"500,400"）；若选定"[ ]"内的某一项，则须先输入表示该项的字母（如上例中的"d"，这些字母列在文字之后的"（）"括号内），然后按下【Enter】键作为回应。

（4）有些提示行还会出现带有数字的"< >"，这些放在"< >"内的数字是系统提供的默认值，若接受默认值可直接按下【Enter】键作为回应，否则输入新的数值。

（5）【Enter】键也称回车键，当用键盘输入信息时，须按回车键以确认所输入的内容，若直接按它则表示结束命令或表示重复输入上一个命令。

注意：为了区别绘图软件的提示和用户输入的信息，本书约定，在此后表述中凡是用户输入信息均用"斜体"字符表示，对有关操作的说明均采用较小的字体放在后面。

2. 命令的输入方法

AutoCAD 2016 常用的命令输入方法有 4 种，如表 10-2 所示。若要终止 AutoCAD 命令的执行，可按键盘左上角的【Esc】键或通过右击鼠标从弹出的菜单中选择【取消】项即可。

表 10-2　AutoCAD 2016 常用的命令输入方法

命令输入方法	操作方法	举例	注释
通过图标按钮输入	单击功能区面板上的图标按钮输入命令	╱	"╱"是【绘图】面板上绘制直线的图标按钮
通过键盘输入	在"命令："提示后，从键盘输入命令	*line* ↙	"line"是绘制直线的命令
通过菜单栏输入	从单击菜单项后出现的主菜单或子菜单中选择一项菜单名输入命令	【绘图】→【直线】	【绘图】是"菜单栏"内的菜单项，【直线】是"绘图"主菜单中的一个菜单名
重复输入	在"命令："提示后，按下【Enter】键输入命令	↙	重复执行上一次命令

有关菜单栏的说明：

（1）AutoCAD 2016 默认界面中没有显示菜单栏，打开的方法是单击快速访问工具栏中最右边的"▼"符号，在弹出的选项中单击"显示菜单栏"。显示的菜单栏位于快速访问工具栏与功能区选项卡之间，如图 10-5 所示。

菜单栏

| (a) 自定义显示菜单栏 | (b) 菜单栏位置 |

图 10-5　菜单栏

（2）菜单栏提供了 AutoCAD 的大部分命令，并将这些命令按照不同的类型分别组织在不同的下拉菜单中，通过逐层选择相应的下拉菜单可以激活 AutoCAD 命令或相应的对话框。在 AutoCAD 2016 中共有 12 个下拉菜单，凡是在下拉菜单中有"▶"符号的菜单项，表示还有子菜单。凡是选择下拉菜单中有"…"符号的菜单项，则会打开一个对话框。

（3）功能区面板中的命令在菜单栏中基本上都有，对于习惯使用较旧版本软件的用户，会比较熟悉从菜单栏中选择命令。

3. 数据的输入方法

在执行 AutoCAD 命令时，系统经常会提示输入某些数据，如坐标点、直径（或半径），距离和角度等。

（1）点的输入

点的输入实际上是输入点的坐标，主要有以下两种方法：

① 利用键盘输入　指通过键盘输入点的坐标值，又称坐标输入法。由于坐标系分直角坐标系和极坐标系，坐标输入又分绝对坐标输入和相对坐标输入，因此点坐标的输入有多种方式，其中最常用的输入方式如表 10-3 所示。

表 10-3　点坐标输入的常用方式

坐 标 分 类		举　例	注　释
绝对坐标	直角坐标系	100,50	① 点坐标用"X，Y"表示，各坐标之间用逗号隔开； ② X，Y 均指该点相对于坐标系原点的坐标
	极坐标系	100<45	① 点坐标用"距离<角度"表示； ② 距离指该点与坐标系原点的距离，角度指原点与该点的连线与 X 轴正方向间的夹角
相对坐标	直角坐标系	@100,30	① 点坐标用"@ΔX，ΔY"或"@距离<角度"表示； ② 相对坐标的输入是指该点坐标相对于前一点坐标的偏移量；
	极坐标系	@100<45	注意：采用相对坐标时，需在数值前面加上前缀"@"

264

② 利用鼠标输入　指通过控制鼠标操作，在屏幕上确定点位置的方法。常用方式有：利用鼠标在屏幕上拾取点、利用对象捕捉模式确定点、利用极轴追踪法确定点，如表 10-4 所示。

表 10-4　点位置的确定方法

点位置的确定方法	操 作 说 明
利用鼠标在屏幕上拾取点	在屏幕上，移动鼠标到所需位置，单击后系统将自动获取该点的坐标值
利用对象捕捉模式确定点	利用对象捕捉功能准确地捕捉特殊点。详见本节"四、精确绘图辅助工具"
利用极轴追踪法确定点	在屏幕上，拖动鼠标沿正交方向或限制的角度方向运动，同时输入沿该方向相对于前一点的距离，此时在设定的限制方向上会出现一条虚线和相应的信息(图 10-13)。注意使用本方法时，需先在"状态栏"中启用【正交限制】或【极轴追踪】模式(可右击【极轴追踪】按钮进行限制角度设置)

（2）角度输入

输入角度数值时，AutoCAD 默认 X 轴的正方向为 0°，逆时针旋转为正，顺时针旋转为负。可通过键盘直接输入角度数值，例如：输入 60°，则只需在指定角度提示符下输入"60"即可。

4. 对象的选择方法

当对图形进行编辑修改时，需要选取操作对象(泛指任何图形对象,如点、线、面、图块和实体等)。AutoCAD 选取对象的方法很多，常用的方法有：单击对象选择方法，窗口与窗交选择方法。

（1）单击对象选择方法　是指单击鼠标选取单个对象的方法。使用时，可以将十字靶标或小方框"□"（又称拾取框）移动到需要被选取的对象上，单击后若该对象以加粗方式显示，则表明其被选中，如图 10-6 所示。本方法的特点是可以连续选取相同或不同的操作对象。

按【Shift】键并单击对象，可取消已选的该对象。按【Esc】键可取消已选的所有对象。

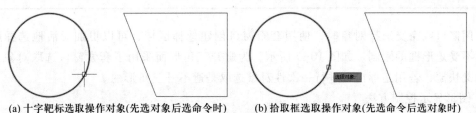

(a) 十字靶标选取操作对象(先选对象后选命令时)　　(b) 拾取框选取操作对象(先选命令后选对象时)

图 10-6　用单击对象选择方法选取操作对象

（2）窗口与窗交选择方法　是指构建一个区域选择多个对象的方法。该区域可以是矩形（由指定两点的窗口构建），也可以是任意形状（由套索窗口构建）。

创建矩形、套索区域以及窗口、窗交选择的操作方法如表 10-5 所示。

表 10-5　创建矩形、套索区域以及窗口、窗交选择的操作方法

操作目的	操作任务	鼠标、光标操作方法
构建选择区域	建矩形区域	单击并释放鼠标按钮，然后移动光标并再次单击，即可框定矩形选择区域
	建套索区域	单击且不释放鼠标按钮、然后拖动并释放鼠标按钮，可创建套索选择区域
选取操作对象	窗口选择	从左到右拖动光标以选择完全封闭在矩形窗或套索中的所有对象
	窗交选择	从右到左拖动光标以选择由矩形窗或套索相交的所有对象

按住【Shift】键并用窗口、窗交选择的方式，可取消已选的多个对象。按【Esc】键可取消已选的所有对象。

采用窗口选取对象的特点是凡完整位于矩形或套索之内的所有对象都被选中；采用窗交选取对象的特点是除了位于矩形或套索区域之内的对象外，但凡与矩形或套索各条边相交的对象也都同时被选中。窗口与窗交选取结果的对比如表 10-6 所示。

表 10-6　窗口与窗交选取结果的对比

选取方法	选取对象	选取结果
窗口选择	圆、三角形、四边形中的斜边和两条水平边	选取对象需完整地位于窗口中才能被选中。四边形的两条水平边虽与窗口边框相交，但因不在窗口内，故没有被选中
窗交选择	圆、三角形、四边形中的斜边和两条水平边	四边形的斜边和三角形在窗内，故被选中。四边形中两条水平边以及圆虽然不在窗内但与窗口相交，故也被选中；只有四边形的竖直边既不在窗内也不与窗边相交，故没有被选中

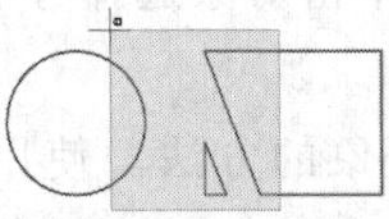

在用窗口或窗交选择对象时，使用套索窗口创建选择区域，可以更加灵活地选择所需对象，而不受矩形框的限制。如图 10-7 所示，为避开三角形而采用了套索窗口选取对象，此时既方便又快捷，若用矩形窗口进行一次性对象选取是避不开三角形的。

5. 图形显示控制方法

当进行设计绘图时，常会根据不同需求，调整设计方案的整体或局部在计算机屏幕上的显示情况，为此 AutoCAD 提供了一系列的显示控制方法。应注意，任何一种显示控制方法只改

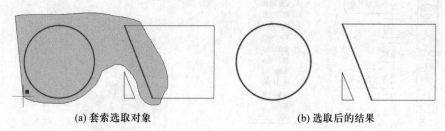

(a) 套索选取对象   (b) 选取后的结果

图 10-7　用套索窗口选择对象

变图形在屏幕上的显示大小和位置，并未改变其图形的实际大小和空间位置。

二维绘图中常用的显示控制方法为平移和缩放，通过平移可重新确定图形的显示位置，通过缩放可更改图形的显示比例。常用的平移和缩放功能可通过以下方法实现：

（1）鼠标滚轮

使用鼠标滚轮可快速地完成图形的平移和缩放，直接滚动滚轮可缩放图形，按住滚轮同时拖动鼠标则可平移图形。

（2）导航栏

导航栏中提供的平移和缩放工具如图 10-8a 所示。屏幕显示控制的操作方法如下：

① 平移　单击平移图标按钮，光标形状变为手形，按住鼠标左键并拖动实现实时平移。

② 缩放　单击缩放图标按钮将显示前一次操作的缩放方式。点击缩放按钮下方 "▼" 符号将提供更多缩放选项，如图 10-8b 所示。各缩放选项含义如下：

【范围缩放】　用于缩放目前显示的所有图形，使图形充满整个绘图栏，与图形界限无关。

【窗口缩放】　用于缩放通过框选方式选择的图形，单击后框选图形将充满整个屏幕。

【缩放上一个】　用于快速恢复上一次缩放的图形。

【全部缩放】　用于缩放显示整个图形。若图形未超出图形界限，则显示全部绘图区域，反之只显示全部图形。

【动态缩放】　用于使用矩形框进行平移和缩放。可以更改矩形框的大小，或在图形中移动。移动矩形框或调整它的大小，将其中的图形平移或缩放，以充满整个视口。

【缩放比例】　用于按输入的比例值缩放图形，如果相对当前图形缩放，输入比例因子为 nX，例如：0.5X。如果相对图纸空间缩放，则输入比例因子为 nXP，例如：0.5XP。

【中心缩放】　用于重设图形的显示中心和缩放倍数。

系统还会有进一步的提示。其命令格式如下：

指定中心点：　　　　　　　　　　输入新的显示中心点

输入比例或高度<当前>：　　　　　输入新图形的缩放倍数或高度

【缩放对象】　用于尽可能大地显示一个或多个选定对象，并使其位于视图的中心。

【放大】/【缩小】　用于实时缩放。每单击一次图标即可将图形放大一倍或缩小一半。

③ 全导航控制盘　除平移、缩放外，还包含了其他一些常用的导航工具，如图 10-9 所示。将鼠标光标移到 "平移" 或 "缩放" 控制区，按住鼠标左键进行平移、滚动滚轮按钮可进行放大和缩小。

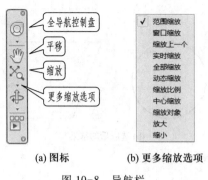

(a) 图标   (b) 更多缩放选项

图 10-8   导航栏

图 10-9   全导航控制盘

6. 信息查询方法

绘图中有时需要查询一些与图形相关的信息，例如，查询两点间的距离、某一区域的面积、显示点的坐标值等。在功能区面板【实用工具】中提供了查询【距离】、【半径】、【角度】、【面积】、【体积】以及【点坐标】等工具。

四、精确绘图辅助工具

绘图需要讲究效率和精确性。AutoCAD 提供的极轴、对象捕捉、自动追踪等辅助工具就可以帮助人们准确地捕捉到各种特殊点的位置（如直线的端点、两线的交点或垂足、直线与圆的切点、圆及圆弧的圆心等），实现图线轨迹追踪和实时动态数据输入等，从而为快速精确绘图提供方便。

1. 绘图辅助工具的设置

右击"状态栏"中【捕捉模式】或【按指定角度限制光标（极轴追踪）】或【将光标捕捉到二维参照点（对象捕捉）】按钮边的"▼"符号，在展开的快捷菜单底部选择"捕捉设置"等选项，然后就可在弹出的［草图设置］对话框（图 10-10）中对辅助工具进行设置。［草图设置］对话框包含七个选项卡，其中四个比较常用，对应着四个不同的辅助工具，因此下面分别介绍它们的设置方法。点击对话框第一行中的选项卡标签按钮可以实现各选项卡之间的切换。

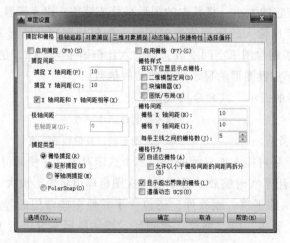

图 10-10   ［草图设置］对话框——【捕捉和栅格】选项卡

（1）【捕捉和栅格】选项卡（图 10-10）

栅格是由系列网格组成的图案（其作用类似于坐标纸），通过网格点间的距离获得尺寸。网格仅显示在屏幕上而不会输出到图纸上。

如图 10-10 所示，捕捉间距和栅格间距能够分别设置各自的间距。当设置好 X 轴和 Y 轴间距值，并打开捕捉和栅格后（同时启用"状态栏"中的【图形栅格】和【捕捉图形栅格】工具），鼠标光标就会进行跳跃式移动，只能根据设置的捕捉间距来捕捉相应的点位置。

捕捉类型分两种，可以选用矩形捕捉也可选用等轴测捕捉，如图 10-11 所示。

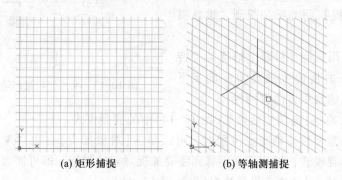

(a) 矩形捕捉　　　　　　　(b) 等轴测捕捉

图 10-11　捕捉方式

（2）【极轴追踪】（按指定角度限制光标）选项卡（图 10-12）

极轴追踪是指根据预先设定的角度增量来追踪特殊点。绘图时，系统会按预设角度增量显示一条无限延伸的辅助线（需启用"状态栏"中的【极轴追踪】工具），当给出距离或沿辅助线方向追踪就可得到所需点的位置。

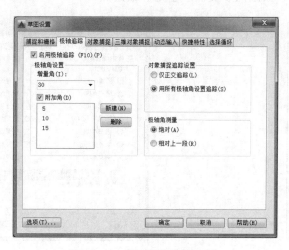

图 10-12　【极轴追踪】选项卡

设置极轴角有两种方式：

① 增量角：在下拉列表框中选择系统预设的角度，如图 10-12 中的"30"。一旦选定，该角度的倍数将是极轴追踪的角度。

② 附加角：如果增量角不能满足需要，则可设置附加角。通过单击【新建】按钮，即可在

弹出的矩形框中输入所需的角度值，如图10-12中的"5""10"和"15"。输入的附加角是绝对角度。

图10-13表示利用极轴追踪辅助工具画一条过已知点 A，且长度为200并与 X 轴夹角为15°的直线的作图情况（需启用"状态栏"中的【极轴追踪】工具）。

启用极轴追踪后，当光标处于直线的终点方向时，只要输入线段的长度值即可实现快速绘图。

（3）【对象捕捉】（将光标捕捉到二维参照点）选项卡

对象捕捉是指用鼠标在屏幕上捕捉某个特殊点时，能将该点的精确位置显示并确定下来。实现对象捕捉的常用方法有两种：

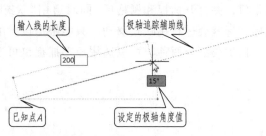

图 10-13　利用极轴追踪辅助工具画直线

① 选择【对象捕捉】选项快捷菜单（图10-14）中的捕捉模式

在绘图过程中需要精确确定点位置时，可以单击【对象捕捉】右边"▼"，在【对象捕捉】快捷菜单中勾选捕捉模式，然后把光标移到需要捕捉对象的附近，即可捕捉到相应的特殊点。

② 使用【对象捕捉】选项卡设置捕捉模式（图10-15）

在【对象捕捉】选项卡中可以一次设置多种捕捉模式。当对象捕捉模式启用后（【对象捕捉】按钮亮显），只要把光标放到操作对象上，则系统就会自动捕捉所有符合设置条件的特殊点，并显示出相应的标记。

［草图设置］对话框共提供了14种对象捕捉模式，如图10-15所示。常用的对象捕捉模式有：端点、中点、圆心、象限点、交点、垂足、最近点。

图 10-14　【对象捕捉】选项快捷菜单

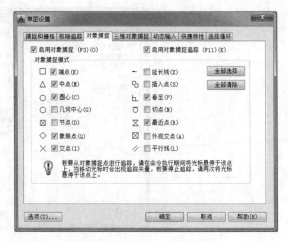

图 10-15　【对象捕捉】选项卡

（4）【动态输入】选项卡

动态输入是指在十字光标附近出现的窗口中输入信息的功能。在［草图设置］对话框中，【动态输入】选项卡如图10-16所示。系统默认【动态输入】处于启用状态，如需控制其启用或关闭，需从状态栏右边"自定义"中将【动态输入】按钮添加到状态栏中，并单击鼠标进行启用或关闭。一般情况下，动态输入采用默认设置，并使【动态输入】处于启用状态。快捷键【F12】是动态输入的快速开关。

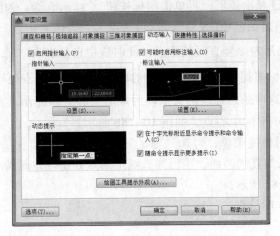

图 10-16 【动态输入】选项卡

2. 绘图辅助工具的使用方法

（1）图形栅格模式和捕捉图形栅格模式

虽然图形栅格模式按钮和捕捉图形栅格模式按钮位于"状态栏"的左端最前面位置，但由于机械制图很少使用栅格绘图，因此应将【图形栅格】和【捕捉图形模式】均处于常关闭状态，以避免出现光标跳跃而不能精确定位的问题。两种模式的快速开关分别是【F7】和【F9】。

（2）正交模式

正交限制模式主要用于绘制水平线和竖直线。当启用"状态栏"中的【正交限制】模式后，无论光标处于什么位置，都只能画水平和竖直线段，不能画斜线。快捷键【F8】是【正交限制】模式的快速开关，绘图过程中需要经常启用或关闭【正交限制】模式。

（3）极轴追踪模式

极轴追踪模式主要用于绘制已设置了角度限制的直线。当启用"状态栏"中的【极轴追踪】模式后，可以画设置了角度限制斜线，以及水平线和竖直线。可以单击【极轴追踪】右边"▼"符号，从快捷菜单中单选需限制的角度，如图 10-17 所示。极轴追踪模式与正交限制模式不可同时使用。快捷键【F10】是【极轴追踪】的快速开关，绘图过程中需要经常启用或关闭【极轴追踪】模式。

（4）运用对象捕捉追踪模式画图

除极轴追踪外，对象捕捉追踪也是常用的画图模式。对象捕捉追踪是指从操作对象的捕捉点及其延长线开始追踪，按照指定的角度或与其他对象的特定关系绘制新对象。

【例】 过矩形中心点画一条直线与另一条直线垂直（图 10-18）。

图 10-17 【极轴追踪】选项
快捷菜单

操作过程如下：

① 启用"状态栏"中的【对象捕捉追踪】(显示捕捉参照线)按钮和【对象捕捉】工具。

② 单击图标按钮□画出矩形；再单击图标按钮／画出直线，如图 10-18a 所示。

③ 打开[草图设置]对话框中的【对象捕捉】选项卡，勾选"中点"对象捕捉模式。

④ 移动光标捕捉矩形左侧竖直线的中点，此时该中点处出现"△"符号和一条水平虚线(追踪线)，继续移动光标捕捉矩形上侧水平线的中点，同样该中点处出现"△"符号和另一条竖直虚线(追踪线)，这两条追踪线的交点即为矩形中心点的位置，其交点处出现"╳"符号，单击该点从而获得矩形的中心点，如图 10-18b 所示。

⑤ 打开【对象捕捉】快捷菜单，勾选"垂足"对象捕捉模式。

⑥ 从矩形中点向已知直线画线，当已知直线上某点处出现垂足符号"╘"时，单击该点即完成作图，如图 10-18c 所示。

图 10-18d 为最终作图结果。

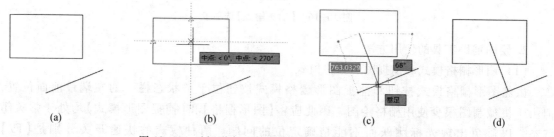

(a)　　　　　　(b)　　　　　　(c)　　　　　　(d)

图 10-18　过矩形中心点画一条直线与另一条直线垂直

运用对象捕捉和追踪工具，可以方便地将指定点与已有的点在某方向上对齐，从而满足各视图之间的投影关系，实现"长对正""高平齐""宽相等"的投影规律。快捷键【F11】和【F3】分别是【对象捕捉追踪】和【对象捕捉】的快速开关。

（5）线宽显示开关

如前所述，需通过状态栏中的"自定义"选项将【线宽】添加到工作界面内。在【线宽】按钮上右击鼠标，可在弹出的[线宽设置]对话框中设置线宽以及调整显示比例等，如图 10-19 所示。

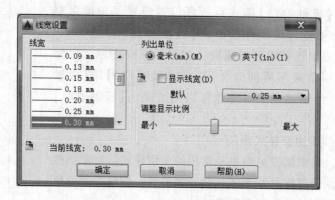

图 10-19　[线宽设置]对话框

§10-3 图形文件和样板文件

一、图形文件管理

用 AutoCAD 制作并保存的文件统称为图形文件。图形文件与其他计算机类文件(如文本、视频等)一样,需要进行文件的管理,其主要操作命令的名称、功能和调用方式如表 10-7 所示。

表 10-7 图形文件管理操作命令的名称、功能和调用方式

操作命令	功　　能	调 用 方 式			
		命令	快速访问工具栏图标按钮	单击应用程序按钮	快捷键
新建	创建新图形文件	New[①]		【新建】	【Ctrl】+【N】
打开	打开已保存的图形文件	Open		【打开】	【Ctrl】+【O】
保存	将当前图形文件以原文件名保存	Qsave		【保存】	【Ctrl】+【S】
另存为	将当前图形文件以新文件名保存	Saveas		【另存为】	【Ctrl】+【Shift】+【S】

① AutoCAD 的命令不区分大小写,即 NEW = New = new。

表 10-7 所列图形文件操作命令的几点说明如下:

(1) 执行【新建】命令后,系统将在屏幕上弹出[选择样板](有关样板概念参考本节第二部分)对话框(图 10-20),用户通过以下任意一种方式都可创建一个新的图形文件。

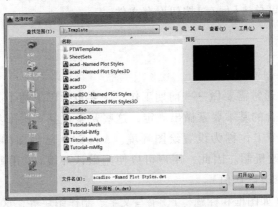

图 10-20　[选择样板]对话框

① 单击中间窗口中系统所提供的某一个样板文件→【打开】后创建新文件。这个新文件将继承该样板文件的环境设置和常规图，如图框、标题栏等。

② 单击自制的样板文件（通过左上角【查找范围】框中给出的图形文件存放路径即可查找确定）→【打开】后创建新文件。这个新文件将继承自制样板文件的环境设置、图形和带属性的图块等。

③ 单击右下角【打开】旁的"▼"按钮后选择其中的某个选项（通常选用【无样板打开-公制】项，见图 10-22）→【打开】后创建新文件，这个新文件将继承系统默认的环境设置但没有任何图形，即所谓的空白图形文件。

对任何新图形文件来说，所继承的绘图环境若不适合都可随时修改，设置新绘图环境的方法请参考样板文件的制作。

（2）执行【打开】命令后，系统将在屏幕上自动弹出[选择文件]对话框供用户选择所要打开的文件。AutoCAD 支持多文档操作，即可以同时打开多个图形文件，但当前可操作的图形文件只有一个。用户可使用快捷键【Ctrl】+【F6】或【Ctrl】+【Tab】在已打开的文件之间进行切换。

（3）执行【保存】命令时，若当前文件已进行过命名保存，则系统将以原文件名保存该图形。若当前文件从未命名保存过，则系统会按【另存为】命令的执行方式保存该图形。AutoCAD 2016 图形文件保存时的默认后缀名为".dwg"，但也可以根据需要选择文件的其他类型进行保存，如后缀名为".dwt"".dxf"等，使用时可通过如图 10-21 所示的下拉菜单进行选择。

图 10-21　选择图形文件的保存类型

（4）执行【另存为】命令时，系统将会弹出[图形另存为]对话框。只有当指定了文件的保存位置和新名称后，才可单击【保存】按钮保存文件。

二、样板文件

1. 样板文件的作用

用 AutoCAD 绘图时通常需要做一些前期工作，主要包括以下两个方面：

（1）对图样中所包含的基本要素做出规定，这些要素包括：图形界面、绘图单位、图线、文字和标注样式等。这个工作称为设置绘图环境。AutoCAD 已为图样基本要素预先设置了默认值，同时也提供了修改机制。因此，用户可以使用默认环境（采用默认值），也可以根据需要设置新的绘图环境（修改默认值）。

（2）绘制一些图形（如图框和标题栏）、书写文字、制作图块等，这个工作称为制作常规图。

由于绘制每一张图样都需设置绘图环境和制作常规图，因此这是一项重复性工作。为了节省图样绘制时间，可以预先将某次所设置的绘图环境和制作的常规图保存在一个样板文件中。绘图时只要调用这个样板文件，就等于继承了这个样板文件中的绘图环境和常规图，可起到事半功倍的作用。对于企业来说，使用样板文件还便于实现图样的标准化和规范化。当然，样板文件中的绘图环境和常规图都可随时修改。

实质上，样板文件也是一种图形文件，它与其他图形文件的不同之处在于：① 后缀名不同，样板文件的后缀名为".dwt"；② 作用不同，样板文件一般仅作为新建图形文件时调用的一种基础文件。因此，前述的有关图形文件的操作方法同样适用于样板文件。

AutoCAD 在系统的 Template 模板文件夹中已存放了一些不同样式的样板文件供选用。用户也可根据不同需求预先自制多种样板文件。自制的样板文件可以保存在 Template 模板文件夹中，也可以保存在任意的指定目录下。

2. 样板文件的制作

制作样板文件的一般步骤为：

（1）新建一个空白图形文件（后缀名为".dwg"）；

（2）设置新绘图环境；

（3）画图框和标题栏；

（4）书写文字；

（5）制作带属性的图块；

（6）将上述内容命名保存为样板文件（后缀名为".dwt"）。

实现方法如下：

1）新建一个空白图形文件

单击【新建】，在弹出的[选择样板]对话框（图 10-22）中单击右下角【打开】旁的"▼"按钮，选择【无样板打开-公制】选项，单击后即新建一个空白图形文件，该文件具有当前系统提供的默认绘图环境。此时，在工作界面上方的标题栏内显示新建图形文件名：[Drawing1.dwg]。

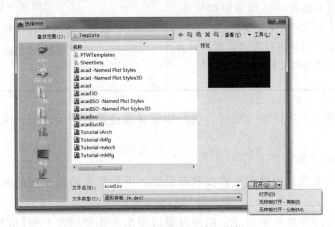

图 10-22 [选择样板]对话框

2）设置新绘图环境

用户根据需要可对空白图形文件绘图环境中的默认值进行必要的修改。通常设置新绘图环境时所涉及的内容及其功能和调用命令方式如表 10-8 所示。

表 10-8 需新设置的绘图环境内容、功能及调用命令方式

设 置 内 容	功　　能	调用命令方式	
		键盘输入	单击图标按钮
系统环境	通过设置系统环境,确定图形文件的保存格式、工作界面的背景色和系统的捕捉方式等	options	单击应用程序按钮 ▲ →【选项】→[选项]对话框
绘图单位格式	通过设置绘图单位格式,确定绘图的长度单位和角度单位的格式及其精度等	units	单击应用程序按钮 ▲ →【图形实用工具】→【单位】→[图形单位]对话框
图层(包括颜色、线型和线宽等)	通过设置图层,确定各图层所采用的颜色、线型和线宽等	layer	功能区→【默认】→【图层】→ 🖥 【图层特性】→[图层特性管理器]对话框
文字样式	通过设置文字样式,定义文字的字体、大小和倾斜方向等	style	功能区→【注释】→【文字】→ ↘【文字样式】→[文字样式]对话框
标注样式	通过设置标注样式,定义标注尺寸时所采用的标准、格式以及单位等; 根据实际需要,可以设置多种尺寸标注样式	dimstyle	功能区→【注释】→【标注】→ ↘【标注样式】→[标注样式管理器]对话框

以下在叙述各项内容的设置方法时,仅介绍需要新设置的若干选项,未涉及的选项仍采用默认值。

(1) 系统环境的设置

系统环境有许多选项,可以根据需要重新设置。下面仅介绍最常用的背景色、窗口元素配色、靶框大小设置。

系统默认绘图区的背景色是黑色,用户可通过单击工作界面左上角【应用程序按钮】→【选项】,在[选项]对话框的【显示】选项卡中分别设置窗口元素配色方案以及绘图区颜色,如图 10-23a 所示两者均设置为白色。

靶框大小可通过单击【应用程序按钮】→【选项】,在[选项]对话框的【绘图】选项卡中拖动标尺进行设置,如图 10-23b 所示。

| (a) 设置颜色 | (b) 设置靶框大小 |

图 10-23　颜色和靶框大小设置

系统环境的其他选项设置方法请参考其他资料。

（2）绘图单位格式的设置

绘图前应该先设置合适的图形单位，主要是设置长度和角度的类型、精度以及角度增加的正方向（顺时针还是逆时针）。一般图形单位的"长度类型"选用"小数"类型，并将每个图形单位认定为 1 mm（也可根据需要将其认定为 1 cm、1 m 等）。其设置方法如下：

单击【应用程序按钮】→【图形实用工具】→【单位】，在弹出的[图形单位]对话框（图 10-24）中按表 10-9 进行选项设置。

图 10-24　[图形单位]对话框

表 10-9　[图形单位]对话框的设置

长度：				角度：			
选项	设置值	选项	设置值	选项	设置值	选项	设置值
类型	小数	精度	0 或根据需要选择	类型	十进制度数	精度	0 或根据需要选择

（3）图层的设置

图层是将图形信息分类进行组织管理的有效工具之一，使用这种工具能够方便地绘制、修改和管理图形。例如，按照制图国标规定，图线有很多类型，如粗实线、细实线、细点画线、细虚线，等等。就一张图样来说，各种线型会反复多次地出现在不同的图形上（如主、俯、左视图等），若画一条不同类型的图线就去设置一次图线属性当然麻烦。为了简化操作，可采用"图层"控制线型，即可设置若干图层并为每个图层设置不同类型的图线属性，然后将某类图线集中画在某层上。再如，绘制施工图时，可将不同结构（如门窗、楼梯等）画在不同的图层上，一旦需要修改某结构时，只需打开与该结构有关的图层而关闭或冻结其他图层，这样就能避免由于误操作而破坏其他图形的事情发生，从而使修改工作方便许多。

图层可以看成是一些透明的、完全对齐、叠在一起的电子胶片，用户见到的图形是已打开图层上的所有图形的叠加。不管图层有多少，只要其中的一层打开，就可以在该层上绘图，显示该层上已绘制的图形并能对该层图形进行修改。用户可以根据需要增加和删除图层，为每个图层设置不同的属性。

图层的主要特性如下：

① 图层用图层名来标识，每个文件中的图层名是唯一的。

② 用户可以创建很多图层，但当前图层只有一个，只允许在当前图层上绘图。

③ 每个图层都有属性，如颜色、线型、线宽等。可根据需要为每个图层设置新的属性。

④ 图形可以继承所在图层的属性（"ByLayer"，随层），也可在绘图前，为其定义新的属性。

⑤ 系统提供了一个默认图层——"0"图层，该图层不可更名和删除，但可修改它的其他属性。

创建新图层和设置新属性（修改原有属性）的方法如下：

① 单击功能区选项卡【默认】→【图层】，在面板上单击图层特性图标按钮 ，弹出如图 10-25 所示的[图层特性管理器]对话框。

② 新建图层：单击对话框上方的【新建图层】图标按钮 ，其名为"图层 1"的新图层显示在对话框中间的列表中，它具有系统提供的默认属性，如图 10-25 所示。

③ 设置新图层名：可以通过输入新图层名来替换原图层名，也可不修改原图层名。

④ 设置新图层颜色：单击该图层的原有颜色名，弹出图 10-26 所示的[选择颜色]对话框，选择一种新颜色后单击【确定】按钮即可完成修改。

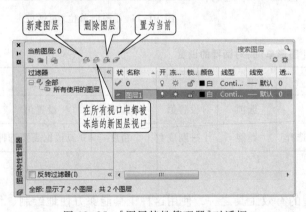

图 10-25　[图层特性管理器]对话框

图 10-26　[选择颜色]对话框

⑤ 设置新图层线型：单击该图层的原有线型名，弹出如图 10-27 所示的[选择线型]对话框，选择一种新线型后单击【确定】按钮即可完成修改。如果对话框中没有列出所需的线型，可通过单击对话框下方的【加载】按钮进行线型加载，其[加载或重载线型]对话框如图 10-28 所示。操作时，可一次性地将所有线型全部加载，也可随用随加。

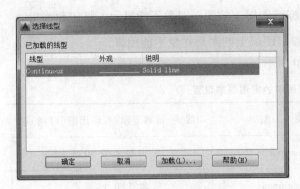

图 10-27 ［选择线型］对话框

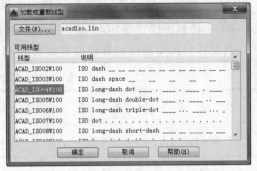

图 10-28 ［加载或重载线型］对话框

⑥ 设置新图层线宽：单击该图层的原有线宽名，弹出如图 10-29 所示的［线宽］对话框，选择一种线宽后单击【确定】按钮即可完成修改。

需要创建多个图层时，可重复步骤②~⑥。

⑦ 单击【应用】→【确定】，即完成了图层设置并回到原来的工作界面。

绘图中，改变图层状态和属性的操作方法如下：

① 删除图层：选中欲删除的图层(该图层变成深色长条)，单击图 10-25 所示［图层特性管理器］对话框中的【删除图层】按钮 即可删除该图层(不可删除"0"图层和具有图形或文字等对象的图层)。

② 设置某图层为当前图层：包括两类不同要求的操作：a. 若要将某图层设为当前图层，只需在【图层】面板的下拉框中单击欲置为当前图层的图层名即可。如在图 10-30 中，若要将粗实线层置为当前图层，只需单击粗实线层即可替换掉原当前图层(剖面符号层)。b. 若要将已有某图形元素的所在层置为当前图层，只需先选择(显亮)该图形元素，再单击【图层】面板中的【置为当前】图标按钮 即可。

图 10-29 ［线宽］对话框

图 10-30 设置"粗实线"
层为当前图层

③ 控制图层状态：主要用以下 3 个图标按钮进行控制，其按钮含义为：

：控制图层"开/关"按钮。被关闭图层上的图形对象不能显示和打印。

☼：控制图层"冻结/解冻"按钮。被冻结图层上的图形对象不能显示、打印和编辑。

🔓：控制图层"锁定/解锁"按钮。被锁定图层上的图形对象不能编辑。

自制样板图中图层的常用设置如表 10-10 所示。

表 10-10 样板图中的常用图层设置

图 层 名	颜 色	线 型	线宽[屏幕显示/打印出图(可调)]
粗实线	黑色	Continuous	0.30 毫米/0.50 毫米
细实线	黑色	Continuous	默认/0.15 毫米
虚线	蓝色	ACAD_ISO02W100	默认/0.15 毫米
点画线	红色	ACAD_ISO04W100	默认/0.15 毫米
尺寸标注	洋红色	Continuous	默认/0.15 毫米
剖面符号	灰色(9)	Continuous	默认/0.15 毫米
文字(细实线)	黑色	Continuous	默认/0.15 毫米
辅助线	绿色	Continuous	默认/0.15 毫米

(4) 文字样式的设置

设置文字样式就是对图样上的文字、数字等文本样式作出规定，如宋体、楷体等。

文字样式的设置方法(以新建一种符合国家标准规范的字体样式"文字 GB"为例)如下：

① 单击功能区选项卡【注释】→在【文字】面板右下角单击 ↘【文字样式】→在打开的[文字样式]对话框(图 10-31a)中，单击【新建】按钮→在弹出的[新建文字样式]对话框(图 10-31b)中，输入"文字 GB"→【确定】。

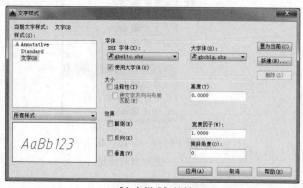

(a) [文字样式]对话框

(b) [新建文字样式]对话框

图 10-31 [文字样式]和[新建文字样式]对话框

② 在"SHX 字体(X)"列表中选择"gbeitc.shx"选项→"勾选"使用大字体(U)→在"大字体(B)"列表中选择"gbcbig.shx"选项→【应用】→【关闭】。

新设置的文字样例在[文字样式]对话框中左下方的框中会显示出所有预览样式。

（5）标注样式的设置

设置标注样式就是对尺寸标注中的"尺寸界线""尺寸线"和"尺寸数字"等一些参数做出规定。为了满足不同要求，用户可以设置一种或多种标注样式。

标注样式的设置方法（以新建一种符合国家标准规范的标注样式尺寸"GB"为例）如下：

单击功能区选项卡【注释】→在【标注】面板右下角单击 ↘【标注样式】→在打开的[标注样式管理器]对话框（图10-32a）中，单击【新建】按钮→在弹出的[创建新标注样式]对话框（图10-32b）中，输入"尺寸 GB"→【继续】→在弹出的[新建标注样式:尺寸 GB]对话框（图10-33）中有 7 个选项卡，其中 5 个选项卡的参数设置如表 10-11 所示。

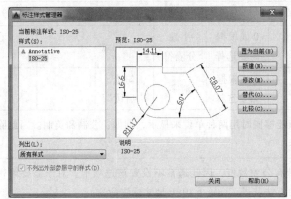

(a) [标注样式管理器]对话框　　　　　　　　(b) [创建新标注样式]对话框

图 10-32　[标注样式管理器]和[创建新标注样式]对话框

图 10-33　[新建标注样式:尺寸 GB]对话框

表 10-11 ［新建标注样式:尺寸 GB］对话框中常用选项卡的设置
（其中"ByLayer"表示跟随所在图层的属性）

选项卡	大项	选项	设置值	选项	设置值	选项	设置值	选项	设置值
线	尺寸线	颜色	ByLayer	线型	ByLayer	线宽	ByLayer	基线间距	8
	尺寸界线	颜色	ByLayer	超出尺寸线	2		线宽	ByLayer	起点偏移量	0
符号和箭头	箭头	引线	无	箭头大小	2.5				
	圆心标记	选"无"							
文字	文字外观	文字样式	文字 GB	文字颜色	ByLayer	文字高度	5		
	文字位置	从尺寸线偏移	1						
调整	调整选项	选"文字"				优化	勾选"手动放置文字"		
	文字位置	选"尺寸线旁边"							
主单位	线性标注	单位格式	小数	精度	0 或根据需要选择	小数分隔符	"."句点		
	角度标注	单位格式	十进制度数	精度	0 或根据需要选择	消零	勾选"后续"		
换算单位	此选项卡设置后,可以使一个尺寸数值能够同时用两种单位来显示,例如:公制和英制。因此除非有特殊要求,否则通常不设置此选项卡								
公差	此选项卡设置后,将会使所有尺寸都带有公差数值,因此通常不设置该选项卡。对于需要附带公差数值的尺寸,一般都采用尺寸编辑的方法获得,详见§10-6尺寸标注命令								

图 10-34 所示为【线】、【符号和箭头】、【文字】选项卡中部分选项的含义。

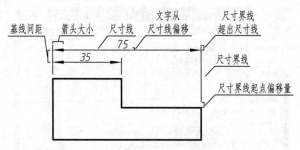

图 10-34 尺寸标注样式中的部分选项含义

设置完成各选项卡后,单击【确定】按钮返回［标注样式管理器］对话框(图 10-35a)。

注意:

① 必须将新设置的"尺寸 GB"尺寸样式置为当前样式,其设置方法如下:

选中"尺寸 GB",单击【置为当前】按钮即可。此时,"尺寸 GB"文字呈现灰色显示。

② 在新设置的"尺寸 GB"尺寸样式中,角度尺寸的书写方向还不符合国家标准,需作如下设置:

单击【新建】按钮，在[创建新标注样式]对话框中，选择"用于(U):"列表中的"角度标注"（图 10-35a）→【继续】，在弹出的[新建标注样式:尺寸 GB:角度]对话框（图 10-35b）中，单击【文字】选项卡，在"文字对齐(A)"下方，选择【水平】选项→【确定】，返回[标注样式管理器]对话框。

(a)   (b)

图 10-35　设置角度尺寸的标注样式

③ 为了使圆的直径尺寸标注符合 ISO 标准，需对"尺寸 GB"尺寸样式作如下设置（与角度尺寸设置类似）：

单击【新建】按钮，在[创建新标注样式]对话框中，选择"用于(U):"列表中的"直径标注"→【继续】，在弹出的[新建标注样式:尺寸 GB:直径]对话框中，单击【文字】选项卡，在"文字对齐(A)"下方，选择【ISO 标准】选项→【确定】，返回[标注样式管理器]对话框。

④ 为了使圆弧的半径尺寸标注符合 ISO 标准，也需设置其"文字对齐(A)"方式为【ISO标准】，由于其过程类似于步骤③，因此不再赘述。

设置完成的[标注样式管理器]对话框如图 10-36 所示。最后，单击【关闭】按钮退出标注样式设置。

由于"角度标注""直径标注"和"半径标注"都是在"尺寸 GB"上新建的尺寸标注样式，因此称其为"尺寸 GB"样式的"子样式"。AutoCAD 可以根据需要设置多种子样式。

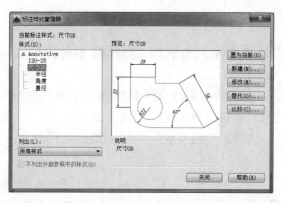

图 10-36　尺寸设置完成的[标注样式管理器]对话框

3) 画图框和标题栏

图框和标题栏都是样板文件中的重要组成部分。下面仅以第一章图1-3所示的标题栏和A4幅面为例说明它们的绘制方法。画好的图框和标题栏如图10-37所示。

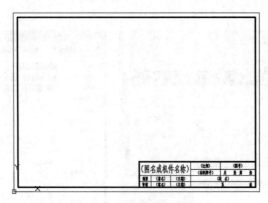

图 10-37　图框和标题栏

（1）画图纸区域框和画图框，其方法如下：

画图纸区域框：

① 单击功能区选项卡【默认】→【图层】面板，在图层选择列表中选择"细实线"图层，这样就可以开始在"细实线"图层上画图纸区域框。

② 命令：_ rectang↙　　　　　　　　　　　　　　　　　　也可单击画矩形图标
　　　　　　　　　　　　　　　　　　　　　　　　　　　　按钮▢

　　指定第一个角点或［倒角（C） 标高（E） 圆角（F） 厚度（T）
　　宽度（W）］：0,0↙　　　　　　　　　　　　　　　　　输入矩形的左下角点

　　指定另一个角点或［面积（A） 尺寸（D） 旋转（R）］：297,210↙　　输入矩形的右下角点

画图框：

① 单击功能区选项卡【默认】→【图层】面板，在图层选择列表中选择"粗实线"图层，在该图层上画图框。

② 命令：_ rectang↙　　　　　　　　　　　　　　　　　　也可单击画矩形图标
　　　　　　　　　　　　　　　　　　　　　　　　　　　　按钮▢

　　指定第一个角点或［倒角（C） 标高（E） 圆角（F） 厚度（T）
　　宽度（W）］：5,5↙　　　　　　　　　　　　　　　　　输入矩形的左下角点

　　指定另一个角点或［面积（A） 尺寸（D） 旋转（R）］：292,205↙　　输入矩形的右下角点

（2）画标题栏（格式和尺寸见图10-38），其方法如下：

① 在【图层】面板中，选择在"粗实线"图层上画标题栏的左、上外框线（不画下、右外框线）。

② 命令：line↙　　　　　　　　　　　　　　也可单击画直线图标按钮／

　　指定第一点：152,5↙　　　　　　　　　　输入绝对坐标，确定点①，如图10-39所示

　　指定下一点或［放弃（U）］：@0,30↙　　　输入相对坐标，画线到点②

指定下一点或［放弃(U)］：@ 140,0↙　　　　　　输入相对坐标，画线到点③

指定下一点或［闭合(C) 放弃(U)］：↙　　　　结束画直线命令

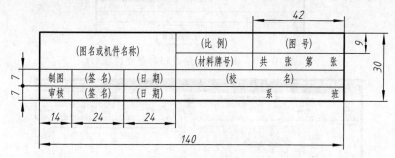

图 10-38　标题栏的格式和尺寸

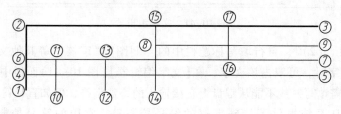

图 10-39　画标题栏的顺序

③ 在【图层】面板中，选择在"细实线"图层上画标题栏的内框线。

④ 命令：↙　　　　　　　　　　　　　　　　　重复执行上次画直线命令

　指定第一点：152,12↙　　　　　　　　　　　输入绝对坐标，确定点④

　指定下一点或［放弃(U)］：@ 140,0↙　　　　输入相对坐标，画线到点⑤

　指定下一点或［放弃(U)］：↙　　　　　　　　结束画直线命令

⑤ 重复作图步骤④，自行画出标题栏内框中的其他图线。

4）书写文字

以标题栏内"（图名或机件名称）"几个字为例说明书写文字的方法，其步骤如下：

（1）在【图层】面板，选择"文字"图层。

（2）单击绘制多行文字的图标按钮 **A**，命令栏内会出现如下提示：

命令：mtext↙

当前文字样式："文字 GB"文字高度：5　　　　注释性：否

指定第一角点：　　　　　　　　　　　　　　　确定第一角点的位置，如图 10-40 所示

指定对角点或［高度(H) 对正(J) 行距(L)

旋转(R) 样式(S) 宽度(W) 栏(C)］：　　　　确定对角点的位置

确定两点位置后功能区面板转换到【文字编辑器】选项卡，如图 10-41 所示。

用户可先设置新的文字高度"10"，然后在待输入文本的文本输入框中输入汉字"（图名或机件名称）"，并在【段落】面板上单击文字对齐方式按钮 **A** 下方的"▼"，可选择如"左对齐""对正"等，图中已选用"正中"对齐方式（其他选项含义参见图 10-41 中的文字注释）→【确定】。

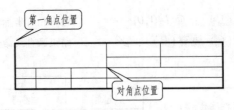

图 10-40 确定第一角点和对角点位置

图 10-41 文字编辑器

（3）重复步骤"（2）"，自行填写标题栏中的"制图""审核"等其他文字。

当需要编辑文字时，可双击该文字，在【文字编辑器】（图 10-41）面板中编辑文字。

工程图样中常需填写一些不能从键盘上直接输入的特殊字符，例如直径符号、角度度数符号等，为此，AutoCAD 系统提供了特殊字符的符号控制符。常用的符号控制符和应用样例如表 10-12 所示，更多的符号控制符可通过单击【插入】面板中的"符号"图标按钮@符号 获得。

表 10-12　常用符号控制符和应用样例

符号控制符	功　　能	键盘输入样例	文本效果样例
％％C	标注直径符号（ϕ）	％％C100	$\phi100$
％％D	标注度数符号（°）	180％％D	180°
％％P	标注正负公差符号（±）	120％％P0.015	120±0.015

5）制作带属性的图块

详见 §10-7 图块的创建和插入。

6）保存样板文件

自制的样板文件可以保存在由 AutoCAD 提供的专门存放样板文件的"Template"模板文件夹中，也可存放在用户指定的任何地方。下面以保存"样板文件 A4.dwt"为例说明具体方法：

（1）新建文件夹"AutoCAD 教学"

（2）单击【另存为】，在弹出的［图形另存为］对话框中，做如下设置：

保存于（I）：*AutoCAD 教学*（或选择存入 AutoCAD 系统文件夹"Template"中）

文件名（N）：*样板文件A4*

文件类型（T）：*AutoCAD 图形样板（＊.dwt）*（选择方式见图 10-21）

（3）单击【保存（S）】按钮

执行结果是在文件夹"AutoCAD 教学"中，保存了一个名为"样板文件 A4.dwt"的样板文件。

3. 样板文件的使用

使用样板文件，其实质是以样板文件为基础新建一个图形文件，该文件继承了样板文件中的所有绘图环境和常规图。

使用样板文件的方法（以使用保存在"AutoCAD 教学"文件夹中的"样板文件 A4. dwt"为例）如下：

（1）新建一个图形文件（注意不能直接打开已保存的样板文件，否则不能以该样板文件为基础新建图形文件）

单击【新建】，在弹出的［选择样板］对话框中作如下选择：

搜索（I）：*AutoCAD 教学*

文件名（N）：*样板文件 A4. dwt*（在中间的"名称"框内）

文件类型（T）：*图形样板（ * . dwt）*

单击【打开】按钮，出现一个新图形文件的工作界面

若第一次新建文件，则系统会自动命名该文件名为"Drawing1. dwg"，第二次新文件名为"Drawing2. dwg"，以此类推。若用户要修改图形文件名，则只能通过"另存为"的方式去改变。

（2）绘图

在新建的图形文件中，完成绘图、标注尺寸等各项操作。

（3）保存文件

单击【另存为】，在弹出的［图形另存为］对话框中，给图形文件重新命名，如"填料压盖 . dwg"等→【保存（S）】。

注意：如果绘图时不想采用任何样板文件来新建图形文件，那么只要选择新建一个图形文件即可，如图 10-22 所示。

§10-4　二维图形的常用绘图命令

绘图命令是让计算机进行绘图操作的指令，因此了解绘图命令的功能和使用方法，进而利用这些命令可以绘制出各种基本图形。绘图命令可以通过键盘、图标按钮以及菜单启动。如图 10-42 所示，在功能区选项卡【默认】的功能区面板【绘图】上，有许多绘图命令图标按钮，单击这些图标按钮即可启动相应的绘图命令。

本节主要介绍绘制二维图形的常用绘图命令。

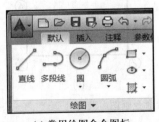
(a) 常用绘图命令图标

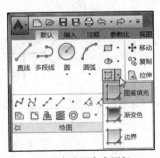
(b) 更多绘图命令图标

图 10-42　【绘图】面板上的绘图命令图标

一、直线绘制命令

绘制直线命令的名称、功能和调用方式如表 10-13 所示。

表 10-13　绘制直线命令的名称、功能和调用方式

名称	功　能	调 用 方 式			
		命令	简化命令	图标按钮	功能区选项卡→功能区面板→图标
直线	绘制给定端点的连续直线	Line	L	╱	【默认】→【绘图】→【直线】
构造线	绘制沿双向无限长的直线，常作为辅助线使用	Xline	XL	╱	【默认】→【绘图】▼→【构造线】

下面说明直线命令的用法：

1. 使用 Line 命令画直线时，其命令格式如下：

命令：_ line ↙

指定第一点：　　　　　　　　　　输入第一点坐标或按回车键，后者表示选择上一条线或
　　　　　　　　　　　　　　　　　圆弧的最后一点作为第一点

指定下一点或[放弃(U)]：　　　　输入第二点坐标

指定下一点或[放弃(U)]：　　　　输入第三点坐标或按回车键，后者表示结束本次命令

指定下一点或[闭合(C) 放弃(U)]：　若不结束命令，则可以连续输入第四、第五等下一点的
　　　　　　　　　　　　　　　　　坐标，以画出由多条直线段组成的折线

…

提示中各选项含义如下：

"闭合(C)"选项用于当画出两条或两条以上直线后，自动将线段的首尾连接以形成闭合图形，并结束本次命令；

"放弃(U)"选项用于删除最新绘制的线段。

[例]　绘制图 10-43a 所示的图形。

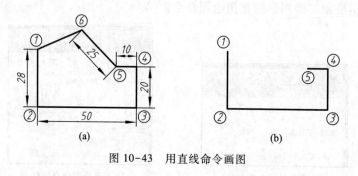

图 10-43　用直线命令画图

操作过程如下：

命令：_ line ↙

指定第一点：*50,106* ✓	输入绝对坐标，确定点①
指定下一点或[放弃(U)]：*@ 0,-28* ✓	输入相对坐标，确定点②，画出线段①②
指定下一点或[放弃(U)]：*50* ✓	启用极轴，用鼠标指示向右方向，当水平追踪线显示后直接输入距离，确定点③，画出线段②③
指定下一点或[闭合(C) 放弃(U)]：*20* ✓	启用极轴，用鼠标指示向上方向，当竖直追踪线显示后直接输入距离，确定点④，画出线段③④
指定下一点或[闭合(C) 放弃(U)]：*@ -10,0* ✓	输入相对坐标，确定点⑤，画出线段④⑤
指定下一点或[闭合(C) 放弃(U)]：*@ 25<135* ✓	输入相对极坐标，确定点⑥，画出线段⑤⑥
指定下一点或[闭合(C) 放弃(U)]：*C* ✓	输入"C"，画出线段⑥①，封闭图形并结束绘图命令

如果最后一次操作不想封闭图形，而是想将画出的线段⑤⑥去掉，则可将最后一次操作的输入"C✓"改为输入"U✓"（即回退一步），其结果是删除了线段⑤⑥，如图 10-43b 所示。如果需要还可以连续输入"U✓"，依序删除前面所画的线段，最后按回车键结束命令。

2. 使用 Xline 命令绘制构造线时，其命令格式如下：

命令：_ *xline* ✓	
指定点或[水平(H) 垂直(V) 角度(A) 二等分(B) 偏移(O)]：	输入第一点或选项字母
指定通过点：	输入第二点，随机绘制一条通过第二点和第一点的构造线，若要结束命令可按回车键

提示中各选项含义如下：

【水平(H)】 用于画通过指定点的水平构造线；

【垂直(V)】 用于画通过指定点的垂直构造线；

【角度(A)】 用于画沿指定方向或与指定直线之间的夹角为给定值的构造线；

【二等分(B)】 用于画平分由给定三点的两相交直线间夹角的构造线；

【偏移(O)】 用于画与指定直线平行的构造线。

二、圆、圆弧和其他曲线绘制命令

圆、圆弧和其他曲线绘制命令的名称、功能和调用方式如表 10-14 所示。

表 10-14 圆、圆弧和其他曲线绘制命令的名称、功能和调用方式

名称	功　　能	调用方式			
		命令	简化命令	图标按钮	功能区选项卡→功能区面板→图标
圆	绘制给定尺寸的圆	Circle	C		【默认】→【绘图】→【圆】
圆弧	绘制给定尺寸的圆弧	Arc	A		【默认】→【绘图】→【圆弧】

名称	功 能	调用方式			
		命令	简化命令	图标按钮	功能区选项卡→功能区面板→图标
椭圆	绘制给定尺寸的椭圆或椭圆弧	Ellipse	EL	⊕	【默认】→【绘图】→【圆心】
椭圆弧				⌒	【默认】→【绘图】→【圆心】▼→【椭圆弧】
样条曲线	绘制非均匀有理 B 样条曲线	Spline	SPL	∿	【默认】→【绘图】▼→【样条曲线拟合】

下面说明画圆和圆弧命令的用法：

1. 用 Circle 命令画圆

AutoCAD 系统提供了 6 种画圆方式，如图 10-44 所示。

下面举例说明其中两种画圆方式。

（1）选用【圆心、半径】方式画圆（系统默认画圆方式）。

命令：_ circle ↙

指定圆的圆心或［三点(3P) 两点(2P) 相切、相切、半径(T)］：100,80↙　　输入圆心位置

指定圆的半径或［直径(D)］：200↙　　输入半径数值

（2）选用【相切、相切、半径】方式画圆，如图 10-45 所示。

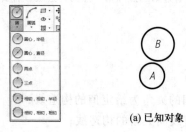

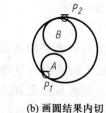

(a) 已知对象　　(b) 画圆结果内切

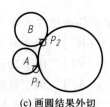

(c) 画圆结果外切

图 10-44　画圆方式　　　　图 10-45　选用【相切、相切、半径】方式画圆

首先画圆 A 和圆 B，如图 10-45a 所示。然后画公切圆，其作图过程如下：

命令：_ circle ↙

指定圆的圆心或［三点(3P) 两点(2P) 相切、相切、半径(T)］：T↙　　选用【相切相切半径】输入 T

指定对象与圆的第一个切点：　　　　　　　　　　在已知圆 A 上拾取点 P_1

指定对象与圆的第二个切点：　　　　　　　　　　在已知圆 B 上拾取点 P_2

指定圆的半径<20.00>：28↙　　　　　　　　　输入公切圆的半径

采用【相切、相切、半径】方式画圆时的注意点：

① 与圆相切的两个对象必须预先存在，它们可以是直线、圆、圆弧或其他曲线。

② 指定对象与圆的切点时，只需在切点附近给出大概位置即可（实际上也不知道切点的准确位置）。

③ 指定不同的切点位置，则公切圆的结果不同，如图 10-45b、c 所示。

④ 如果给定的公切圆半径不合适，则无解。

2. 用 Arc 命令画圆弧

AutoCAD 系统提供了 11 种画圆弧的方式，如图 10-46 中的菜单所示。下面举例说明其中 3 种画圆弧方式。

（1）选用【三点】方式画圆弧（图 10-47），其命令格式如下：

命令：_ arc ↙

指定圆弧的起点或[圆心(C)]：　　　　　　　　　　　　　输入点 P_1 坐标

指定圆弧的第二个点或[圆心(C) 端点(E)]：　　　　　　　输入点 P_2 坐标

指定圆弧的端点：　　　　　　　　　　　　　　　　　　　输入点 P_3 坐标

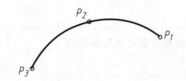

图 10-46　画圆弧方式　　　　　　　　图 10-47　用【三点】方式画圆弧

（2）选用【起点、圆心、角度】方式画圆弧（图 10-48），其命令格式如下：

命令：_ arc ↙

指定圆弧的起点或[圆心(C)]：　　　　　　　　　　　　　输入圆弧起点

指定圆弧的第二个点或[圆心(C) 端点(E)]：C ↙　　　　　选择输入圆心方式

指定圆弧的圆心：　　　　　　　　　　　　　　　　　　　输入圆弧圆心

指定圆弧的端点或[角度(A) 弦长(L)]：a ↙　　　　　　　选择输入角度方式

指定包含角：90 ↙　　　　　　　　　　　　　　　　　　　输入包含角 90°

当包含角为正值时，圆弧按逆时针方向画出；输入的包含角为负值时，圆弧按顺时针方向画出。

（3）选用【起点、端点、半径】方式画圆弧（图 10-49），其命令格式如下：

命令：_ arc ↙

指定圆弧的起点或[圆心(C)]：　　　　　　　　　　　　　输入圆弧起点

指定圆弧的第二个点或[圆心(C) 端点(E)]：e ↙　　　　　选择输入端点方式

指定圆弧的端点：　　　　　　　　　　　　　　　　　　　输入圆弧端点（控制端点到起点的
　　　　　　　　　　　　　　　　　　　　　　　　　　　　距离大约为 40 左右）

指定圆弧的圆心或[角度(A) 方向(D) 半径(R)]：r ↙　　　选择输入半径方式

指定圆弧的半径：*30* ↙ 　　　　　　　　　　　　　　　　　　输入半径值并结束命令

圆弧按逆时针画出。若半径为正值，所画圆弧为劣弧；若半径为负值，则所画圆弧为优弧，如图 10-49 所示。

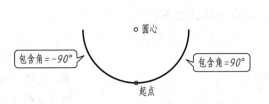

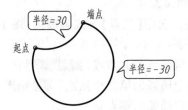

图 10-48　用【起点、圆心、角度】方式画圆弧　　　图 10-49　用【起点、端点、半径】方式画圆弧

三、矩形和正多边形的绘制命令

矩形和正多边形绘制命令的名称、功能和调用方式如表 10-15 所示。

表 10-15　绘制矩形和正多边形命令的名称、功能和调用方式

名称	功　能	调 用 方 式			
		命令	简化命令	图标按钮	功能区选项卡→功能区面板→图标
矩形	绘制给定尺寸和条件的矩形	Rectang	REC	▭	【默认】→【绘图】→【矩形】
正多边形	绘制正多边形	Polygon	POL	⬠	【默认】→【绘图】→【正多边形】

下面说明绘制矩形和正多边形命令的用法：

1. 用 Rectang 命令绘制矩形时，其命令格式如下：

命令：_ *rectang* ↙

指定第一个角点或 [倒角（C） 标高（E） 圆角（F）

厚度（T） 宽度（W）]：　　　　　　　　　　　　输入矩形第一角点坐标或选项字母

指定另一个角点或 [面积（A） 尺寸（D） 旋转（R）]：　　　　　输入矩形第二角点坐标或选项字母

默认情况下，系统根据输入的两个对角点（第一角点和另一角点的相对位置可以任意给定）坐标绘制矩形。当有选项字母输入后，系统则根据选项要求绘制不同形式的矩形。带有倒角、圆角、宽带等不同形式的矩形如图 10-50 所示。

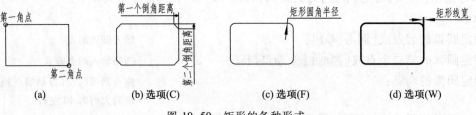

（a）　　　　　（b）选项（C）　　　　　（c）选项（F）　　　　　（d）选项（W）

图 10-50　矩形的各种形式

提示中各选项含义如下：

【倒角(C)】 表示绘制一个带有倒角的矩形，该项还需进一步输入矩形倒角的两个距离；

【标高(E)】 表示输入矩形所在平面的高度，该选项用于三维绘图；

【圆角(F)】 表示绘制一个带有圆角的矩形，该项还需进一步输入矩形的圆角半径；

【厚度(T)】 表示按输入的厚度画矩形，该选项用于三维绘图；

【宽度(W)】 表示按输入线宽绘制矩形，该项还需进一步输入矩形的线宽；

【面积(A)】 表示按输入矩形的面积和长度(或宽度)绘制矩形；

【尺寸(D)】 表示按输入矩形的长度、宽度和矩形另一角点的方向绘制矩形；

【旋转(R)】 表示按输入旋转的角度和拾取两个参考点绘制矩形。

2. 用 Polygon 命令绘制正多边形，其命令格式如下：

命令：_ polygon ↙

输入边的数目<当前值>：

指定正多边形的中心点或[边(E)]：

输入选项[内接于圆(I) 外切于圆(C)]<I>：

在默认情况下，当用户输入正多边形的中心点后，系统将根据选择的是内接于圆还是外切于圆的不同方式绘制正多边形。

绘制正多边形的情况如图 10-51 所示。

内接于圆
(a)

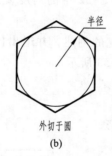
外切于圆
(b)

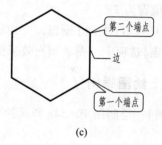
(c)

图 10-51 正多边形的选项

提示中各选项含义如下：

【边(E)】 表示需要输入两点距离，以此作为一条边长来绘制正多边形；

【内接于圆(I)】 表示需要输入正多边形外接圆的半径；

【外切于圆(C)】 表示需要输入正多边形内切圆的半径。

利用 Polygon 命令绘制的正多边形是一个独立对象，而用 Line 命令绘制的多边形是多个对象，例如，用 Line 命令画出的是以六个边为对象的正六边形(图 10-51c)。

四、图案填充命令

用一种图案填充某一区域称之为图案填充。执行图案填充命令就可以用一些规定的符号(图案)为机械图样中的剖视图或断面图的剖切区域进行剖面符号的绘制。

图案填充必须在一个封闭的区域中进行，围成该封闭区域的边界称为填充边界。边界可以是直线、圆、圆弧、样条曲线等对象或由这些对象组成的块(块的概念见§10-7)。

所需的填充图案可在功能选项卡【图案填充创建】的功能区面板【图案】（图10-52）中选择。
图案填充主要方法如下：

（1）输入命令 *hatch* 或在功能区面板【绘图】上点击图案填充按钮 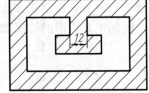 。

（2）点击功能区选项卡【图案填充创建】（图10-52）。

图 10-52　图案填充创建选项卡

（3）在【边界】面板上，单击【拾取点】或【选择】按钮确定填充边界。用"拾取点"获取边界的操作，需在填充区域内的任意一点上点击鼠标，以确定填充边界。用"选择"获取边界的操作，则是选取封闭区域的轮廓线，以确定填充边界。两种选取方式在需要填充多个区域时，都可以做连续选择。

（4）在【图案】面板上，选取所需要的图案（一般机械图样中，选剖面线"ANSI31"作为填充图案，如图10-52所示）。

（5）在【特性】面板上进行图案特性的设置，机械图样中重点是设置【角度】和【比例】数值，例如，图 10-52 中的角度设为 0，比例数值设为 2。

（6）点击【关闭】按钮，完成图案填充的创建，并退出【图案填充创建】选项卡。图案填充效果如图 10-53 所示。

图 10-53　图案填充效果

五、绘图举例

［**例**］　绘制图 10-54a 所示的平面图形。

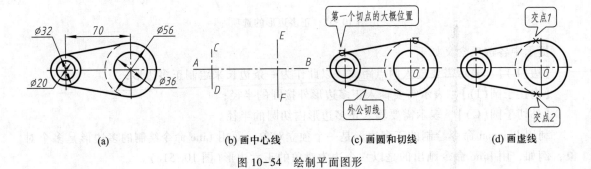

（a）　　　　　（b）画中心线　　　　　（c）画圆和切线　　　　　（d）画虚线

图 10-54　绘制平面图形

操作过程如下：

1. 新建图形文件

单击快速访问工具栏中的【新建】按钮，在弹出的［选择样板］对话框中，单击右下角【打开】旁的"▼"按钮，选择"无样板打开-公制"选项后新建一个空白图形文件。

2. 设置图层（按表10-16所示设置）

表 10-16　图层设置要求

层　　名	颜　色	线　　型	线　宽	说　　　明
粗实线	黑色	Continuous	0.3 mm	此层用于画可见轮廓线
点画线	红色	ACAD _ ISO04W100	0.15 mm	此层用于画中心线
虚线	蓝色	ACAD _ ISO02W100	0.15 mm	此层用于画不可见轮廓线

3. 绘制图形

（1）绘制三条中心线（图 10-54b）

① 把"点画线"层置为当前层；

② 命令：_ line ✓　　　　　　　　　　　　　　　　　绘制中心线

　　指定第一点：　　　　　　　　　　　　　　　　　输入点 *A*

　　指定下一点或［放弃(U)］：　　　　　　　　　　输入点 *B*，绘制中心线 *AB*

　　指定下一点或［放弃(U)］：✓　　　　　　　　　结束命令

③ 用步骤②的方法分别绘制点画线 *CD*、*EF*。

（2）绘制四个圆（图 10-54c）

① 把"粗实线"层置为当前图层；

② 启用辅助工具栏中【对象捕捉】，单击【对象捕捉】旁的"▼"按钮，勾选"交点"选项；打开"对象捕捉"作图

③ 命令：_ circle ✓　　　　　　　　　　　　　　　绘制直径 36 的圆

　　指定圆的圆心或［三点(3P) 两点(2P) 相切、相切、半径(T)］：输入圆心位置 *O*（捕捉交点）

　　指定圆的半径或［直接(D)］：*18* ✓　　　　　　键入半径值并结束命令

④ 用步骤③的方法分别绘制直径为 20、32 和 56 的圆。

（3）绘制两条切线（图 10-54c）

① 单击【对象捕捉】旁的"▼"按钮，勾选"切点"选项；

② 命令：_ line ✓　　　　　　　　　　　　　　　　绘制图形上部的切线

　　指定第一点：　　　　　　　　　　　　　　　　拾取第一个切点的大概位置

　　指定下一点或［放弃(U)］：　　　　　　　　　拾取第二个切点的大概位置

　　指定下一点或［放弃(U)］：✓　　　　　　　　绘制上部切线后并结束命令

③ 用步骤②的方法绘制图形下部的外公切线。

（4）绘制虚线圆弧（图 10-54d）

① 使用"修剪"命令（图 10-63）去除 φ56 圆与两条外公切线的两个切点之间的左侧圆弧；

② 把"虚线"层置为当前图层；

③ 命令：_ arc ✓　　　　　　　　　　　　　　　　绘制圆弧

指定圆弧的起点或［圆心(C)］：　　　　　　　　　输入起点（捕捉直线与圆弧的交点 *1*）

指定圆弧的第二个点或［圆心(C) 端点(E)］：*c* ✓　选择输入圆心方式

指定圆弧的圆心：　　　　　　　　　　　　　　　输入圆心 *O*（捕捉两中心线的交点）

指定圆弧的端点或[角度(A) 弦长(L)]：　　　　　输入端点(捕捉交点2)并结束命令

4. 保存图形

单击快速访问工具栏中的【另存为】按钮，在弹出的[图形另存为]对话框中，指定保存位置和名称后单击【保存】按钮进行文件保存。

通过上述绘图过程就达到了题目所提出的要求。

注意：本例和以后举例所介绍的绘图过程和方法并不是唯一的，绘图者可根据个人习惯和对 AutoCAD 软件的理解，选用最合适自己的方法和步骤去作图。

§10-5　二维图形的主要编辑命令

编辑命令是 AutoCAD 的另一类重要命令，主要功能是对图形进行修改。在功能区选项卡【默认】中，其功能区面板【修改】上的编辑命令如图 10-55 所示。

(a) 常用编辑命令图标

(b) 更多编辑命令图标

图 10-55　【修改】面板上的编辑命令图标

下面主要介绍一些常用的二维编辑命令。

一、删除与恢复命令

常用删除与恢复命令的名称、功能和调用方式如表 10-17 所示。

表 10-17　常用删除与恢复命令的名称、功能和调用方式

名称	功　能	调　用　方　式			
		命令	简化命令	图标按钮	功能区选项卡→功能区面板→图标
删除	删除一个或一组对象	Erase	E	✐	【默认】→【修改】→【删除】
恢复	恢复上一次通过 Erase、Block 或 Wblock 命令删除的对象	Oops			

二、图形基本变换命令

常用图形变换命令的名称、功能和调用方式如表 10-18 所示。

表 10-18　常用图形变换命令的名称、功能和调用方式

名称	功能	调用方式			
		命令	简化命令	图标按钮	功能区选项卡→功能区面板→图标
移动	移动（平移）一个或一组对象的位置	Move	M	✥	【默认】→【修改】→【移动】
旋转	将一个或一组对象绕指定基点旋转指定角度	Rotate	RO	○	【默认】→【修改】→【旋转】
缩放	以指定点为基点，按比例缩放一个或一组对象	Scale	SC	▢	【默认】→【修改】→【缩放】

下面说明常用图形变换命令的用法。

1. 用 Move 命令移动图形对象，以图 10-56 所示为例，其命令格式如下：

命令：_ move ↙

选择对象：找到 1 个　　　　　　　　　　　　选取需要移动的圆

选择对象：↙　　　　　　　　　　　　　　　结束选择对象

指定基点或［位移（D）］<位移>：　　　　　输入移动前的圆心（在点 A）作为基点

指定第二个点或<使用第一个点作为位移>：　输入移动后的圆心（在点 B），圆被移动

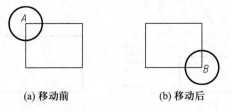

(a) 移动前　　　　　　　　　　(b) 移动后

图 10-56　移动命令图例

提示中各选项含义如下：

【位移（D）】　用于根据位移量移动对象。

2. 用 Rotate 命令旋转图形对象，以图 10-57 所示为例，其命令格式如下：

命令：_ rotate ↙

UCS 当前的正角方向：ANGDIR＝逆时针　　ANGBASE＝0　　系统默认角度逆时针旋转为正

选择对象：找到 1 个　　　　　　　　　　　　框选需要旋转的六边形

选择对象：↙　　　　　　　　　　　　　　　结束选择对象

指定基点：　　　　　　　　　　　　　　　　输入圆心作为旋转基点

指定旋转角度，或［复制（C）参照（R）］<0>：90↙　　键入旋转角度 90°，六边形被旋转

提示中各选项含义如下：

【复制（C）】 用于旋转并复制原对象。

【参照（R）】 用于将图形对象从指定参照角度旋转到新角度，即：旋转角度＝新角度－参照角度。

3. 用 Scale 命令缩放图形对象，以图 10-58 所示为例，其命令格式如下：

命令：_scale↙

选择对象：找到 1 个　　　　　　　　　　　　　　　选取需要缩放的五边形

选择对象：找到 1 个，总计 2 个　　　　　　　　　选取需要缩放的圆

选择对象：↙　　　　　　　　　　　　　　　　　　结束选择对象

指定基点：　　　　　　　　　　　　　　　　　　　输入圆心作为缩放基点

指定比例因子或［复制（C） 参照（R）］<1.0000>：0.5↙　　键入缩放比例 0.5，图形被缩放

(a) 旋转前　　　　(b) 旋转90°后　　　　　　　(a) 缩放前　　　　(b) 缩放0.5后

图 10-57　旋转命令图例　　　　　　　　　图 10-58　缩放命令图例

提示中各选项含义如下：

【复制（C）】 用于缩放并保留对象。

【参照（R）】 根据参照物长度与新长度的值自动计算比例因子，即：缩放比例因子＝新长度值÷参照长度值。

［例］ 将矩形放大，其放大比例为 AB/CD（其中，AB 为新长度值，CD 为参照长度值），如图 10-59 所示。

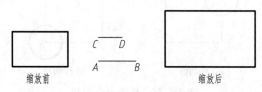

图 10-59　缩放命令图例

操作过程如下：

命令：_scale↙

选择对象：指定对角点：找到 1 个　　　　　　　　选取要缩放的矩形

选择对象：↙　　　　　　　　　　　　　　　　　　结束选择对象

指定基点：　　　　　　　　　　　　　　　　　　　输入矩形左下角点为缩放基点

指定比例因子或［复制（C） 参照（R）］<1.0000>：r↙　选用"参照（R）"选项

指定参照长度<1.0000>：　　　　　　　　　　　　输入点 C

指定第二点：　　　　　　　　　　　　　　　　　　输入点 D

指定新的长度或［点（P）］<1.0000>：p↙　　　　选择"点（P）"选项

| 指定第一点： | | 输入点 A |
| 指定第二点： | | 输入点 B |

执行结果为图 10-59 中的缩放后矩形。

三、图形对象复制命令

常用图形对象复制命令的名称、功能和调用方式如表 10-19 所示。

表 10-19　常用图形对象复制命令的名称、功能和调用方式

名称	功能	调用方式			
		命令	简化命令	图标按钮	功能区选项卡→功能区面板→图标
复制	一次或多次复制一个或一组对象到指定位置	Copy	CO	🔗	【默认】→【修改】→【复制】
镜像	镜像复制，相对于指定镜像线复制一个或一组对象	Mirror	MI	◭	【默认】→【修改】→【镜像】
偏移	偏移复制，按给定的偏移距离或通过一点来复制对象	Offset	O	🝙	【默认】→【修改】→【偏移】
阵列	阵列复制，在矩形、路径或环形上均匀复制对象	ArrayRect	AR	⊞	【默认】→【修改】→【阵列】
		ArrayPath		⟋	
		ArrayPolar		⣏	

下面说明常用图形对象复制命令的用法。

1. 用 Copy 命令复制图形对象，以图 10-60 所示为例，其命令格式如下：

命令：_ copy ↙

选择对象：指定对角点：找到 5 个　　　　　　　　框选需要复制的五角星的
　　　　　　　　　　　　　　　　　　　　　　　五条边

选择对象：↙　　　　　　　　　　　　　　　　　结束选择对象

指定基点或[位移(D) 模式(O)]<位移>：　　　　 输入五角星最高点 A 作为
　　　　　　　　　　　　　　　　　　　　　　　复制基点

指定第二个点或[阵列(A)]<使用第一个点作为位移>：@ 150,0 ↙　键入第二点相对第一点
　　　　　　　　　　　　　　　　　　　　　　　（基点）的位移量。如果
　　　　　　　　　　　　　　　　　　　　　　　坐标数值前不加@，则位
　　　　　　　　　　　　　　　　　　　　　　　移量的默认基点为坐标
　　　　　　　　　　　　　　　　　　　　　　　原点

指定第二个点或[阵列(A) 退出(E) 放弃(U)]<退出>：↙　结束命令。如需要还可继
　　　　　　　　　　　　　　　　　　　　　　　续多次复制

如果不输入相对位移量，而是直接将五角星最高点 A 拖动到某个指定复制点也可，其移动结果可从图 10-60 中看出。

提示中各选项含义如下：

【位移（D）】 根据给出的下一点坐标确定位移的距离和方向。

【模式（O）】 控制复制对象的副本数。【单一】：创建选定对象的单个副本，并结束命令；
【多个】：在命令执行期间，将 Copy 命令设定为自动重复。

【阵列（A）】 指定在线性阵列中排列的副本数量。

2. 用 Mirror 命令镜像复制图形对象，以图 10-61 所示为例，其命令格式如下：

命令：_ mirror ↙

选择对象：指定对角点：找到 6 个	用窗交框选需要镜像的图形
找到对象：↙	结束选择对象
指定镜像线的第一点：	选取 P_1 作为镜像线的第一点
指定镜像线的第二点：	选取 P_2 作为镜像线的第二点
要删除源对象吗？［是（Y） 否（N）］<N>：↙	不删除原图并结束命令。若要删除原图，则输入选项字母"Y"

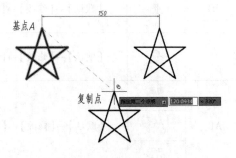
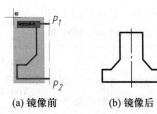

图 10-60 复制命令图例　　　　　图 10-61 镜像命令图例

3. 用 Offset 命令偏移复制图形对象，以图 10-62 所示为例，其命令格式如下：

命令：_ offset ↙

当前设置：删除源＝否　图层＝源　OFFSETGAPTYPE＝0	含义请参考相关"帮助"文件
指定偏移距离或［通过（T） 删除（E） 图层（L）］<1.00>：10 ↙	键入偏移量 10
选择要偏移的对象，或［退出（E） 放弃（U）］<退出>：	点选正四边形
指定要偏移的那一侧上的点，或［退出（E） 多个（M）放弃（U）］：<退出>：	拾取正四边形外侧或内侧的任意一点
选择要偏移的对象，或［退出（E） 放弃（U）］<退出>：↙	结束命令。如需要还可继续多次偏移

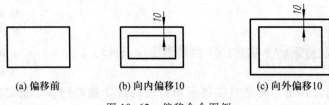

(a) 偏移前　　　　　(b) 向内偏移10　　　　　(c) 向外偏移10

图 10-62 偏移命令图例

4. 用 Array 系列命令阵列(按照特定方式排列)复制图形对象,其命令格式如下:

命令: _array ↙

在命令提示栏弹出命令选择对话框,如图 10-63 所示,可以根据需要选择"矩形阵列(ARRAYRECT)""环形阵列(ARRAYPOLAR)"或"路径阵列(ARRAYPATH)"。

(1)用 ArrayRect(矩形阵列)将选定对象按设置的行数、列数等参数进行图形对象的复制分布,以图 10-64 所示为例,其命令格式如下:

命令: _ArrayRect ↙

选择对象: 选择矩形图形对象

选择对象: ↙   结束选择对象

选择夹点以编辑阵列或[关联(AS) 基点(B) 计数(COV)
间距(S) 列数(COL) 行数(R) 层数(L) 退出(X)]   如图 10-64 所示在自动转换出的【阵列创建】选项卡的【列】、【行】面板上,设置行数、行间距,列数、列间距等参数

                   结束阵列

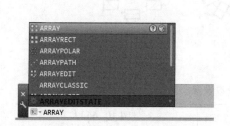

图 10-63 阵列命令选择对话框

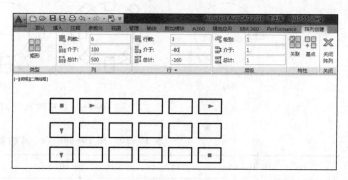

图 10-64 矩形阵列

(2)用 ArrayPolar(环形阵列)将选定对象按设置的项目数、填充角度等参数进行图形对象的环形复制分布,以图 10-65 所示为例,其命令格式如下:

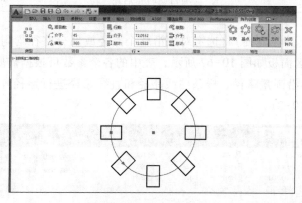

图 10-65 环形阵列

命令：_ ArraypPolar ↙

选择对象：　　　　　　　　　　　　　　　　　　　　　　选择矩形图形对象

选择对象：↙　　　　　　　　　　　　　　　　　　　　　结束选择对象

指定阵列的中心点或 [基点(B) 旋转轴(A 　)]　　　　选择圆的圆心为阵列中心点

选择夹点以编辑阵列或 [关联(AS) 基点(B) 项目(I)

项目间角度(A) 填充角度(F) 行(ROW) 层(L)

旋转项目(POT) 退出(X)]　　　　　　　　　　　　如图 10-65 所示，在自动转换出的

　　　　　　　　　　　　　　　　　　　　　　　　　　　【阵列创建】选项卡的【项目】面板上，

　　　　　　　　　　　　　　　　　　　　　　　　　　　设置项目数、介于、填充角度等参数

↙　　　　　　　　　　　　　　　　　　　　　　　　　　结束阵列

　　环形阵列【项目】面板的主要参数设置包括"项目数""项目间的角度（介于）"和"填充角度"三项。【特性】面板中【项目旋转】开关用于控制项目对象是否自身旋转；【方向】开关用于控制阵列沿逆时针方向（正）旋转还是沿顺时针方向（负）旋转。对于图 10-66a 中的矩形（阵列前），设置不同参数的环形阵列效果如图 10-66b、c、d 所示，其具体参数设置见表 10-20。

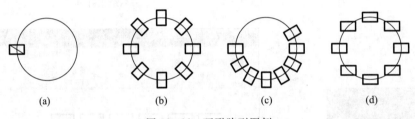

(a)　　　　　　　　(b)　　　　　　　　(c)　　　　　　　　(d)

图 10-66　环形阵列图例

表 10-20　图 10-66b、c、d 的参数设置

图 10-66b	图 10-66c	图 10-66d
项目数：8	项目数：8	项目数：8
项目间的角度：45	项目间的角度：30	项目间的角度：45
填充角度：360	填充角度：210	填充角度：360
项目旋转：启用	项目旋转：启用	项目旋转：关闭

　　（3）用 ArrayPath（路径阵列）将选定对象沿整个路径或部分路径均匀分布。功能区选项卡【阵列创建】上各功能区面板如图 10-67 所示，表中的各个参数可根据需要进行设置。图10-68a、b、c 分别表示矩形沿圆弧路径、样条曲线路径和直线路径进行路径阵列的效果，其中部分主要参数的设置见表 10-21。

图 10-67　路径阵列面板

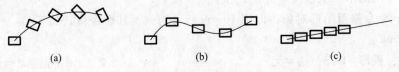

(a)   (b)   (c)

图 10-68　路径阵列图例

表 10-21　图 10-68a、b、c 的参数设置

图 10-68a	图 10-68b	图 10-68c
项目数：5	项目数：5	项目数：5
定数等分	定数等分	定距等分，设置间距
对齐项目：启用	对齐项目：关闭	对齐项目：关闭

四、图形形状改变命令

常用图形形状改变命令的名称、功能和调用方式如表 10-22 所示。

表 10-22　常用图形形状改变命令的名称、功能和调用方式

名称	功　能	调 用 方 式			
		命令	简化命令	图标按钮	功能区选项卡→功能区面板→图标
修剪	剪除在两剪切边中间所夹的直线、圆弧等对象	Trim	TR	-/-	【默认】→【修改】→【修剪】
延伸	将直线或弧延长到与另一对象相交为止	Extend	EX	--/	【默认】→【修改】→【延伸】
打断	将直线、多边形、圆、圆弧、样条曲线等单个对象上两点间的部分线段删除	Break	BR	▭	【默认】→【修改】▼→【打断】
打断于点	将直线、圆弧、样条曲线等单个对象在指定点处断开，使其成为两部分			▭	【默认】→【修改】▼→【打断于点】
拉伸	将相交窗口中的目标对象进行伸展，但对窗口中的圆只做平移	Stretch	S	◹	【默认】→【修改】→【拉伸】
倒角	给对象加倒角	Chamfer	CHA	◰	【默认】→【修改】→【倒角】
圆角	给对象加圆角	Fillet	F	◱	【默认】→【修改】→【圆角】
合并	合并相似对象以形成一个完整的对象	Join	J	⊣⊢	【默认】→【修改】▼→【合并】
分解	分解尺寸标注、矩形及区域填充等组合对象成为单个对象，以便单独修改	Explode	X	▱	【默认】→【修改】→【分解】

下面说明常用图形形状改变命令的用法。

1. 用 Trim 命令修剪图形对象，以图 10-69 所示为例，其命令格式如下：

命令：_ trim ↙

当前设置：投影＝UCS，边＝无　　　　　　　　　含义见工作界面菜单栏的"帮助"项

选择剪切边…

选择对象或<全部选择>：找到 1 个　　　　　　拾取线段 *AB* 作为剪切边

选择对象：找到 1 个，总计 2 个　　　　　　　拾取线段 *ED* 作为剪切边

选择对象：↙　　　　　　　　　　　　　　　结束剪切边的选择

选择要修剪的对象，或按住【Shift】键选择要延伸的　　拾取 *AE* 作为修剪对象（图 10-69b），

对象，或［栏选（F）窗交（C）投影（P）边（E）删除（R）　结果见图 10-69c

放弃（U）］：

……　　　　　　　　　　　　　　　　　　重复上述过程，依次修剪 *ED*、*DC*、

　　　　　　　　　　　　　　　　　　　　CB、*AB*

选择要修剪的对象，或按住【Shift】键选择要延伸的

对象，或［栏选（F）窗交（C）投影（P）边（E）删除（R）

放弃（U）］：↙　　　　　　　　　　　　　结束命令。修剪结果见图 10-69d

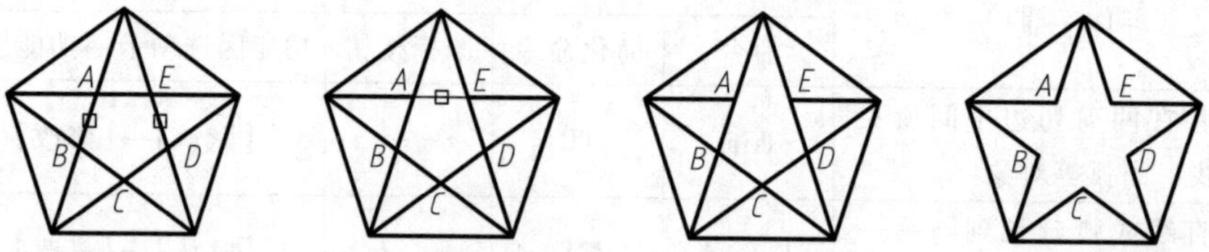

(a) 选择剪切边　　　(b) 选择修剪对象　　　(c) 修剪后图形　　　(d) 最终图形

图 10-69　修剪命令图例

注意：

（1）剪切边也可以同时被选作为修剪对象。

（2）在回应"选择对象或<全部选择>"时，若直接按下回车键，就表示将图形中的所有显示对象都作为剪切边。然后，在回应"选择要修剪的对象"时，用户可以多次选择修剪对象，当选择完成再次按下回车键后，就能一次性地去除所有修剪对象。由此可见，图 10-69 中 *AB* 等五条线是可以一次被修剪的。

（3）按住【Shift】键选择的对象是被延伸而不是被修剪的对象，延伸命令的含义和操作方法见图 10-70。此选项提供了一种在修剪和延伸命令之间切换的简便方法。

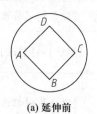

拾取框　　延伸边

延伸对象

(a) 延伸前　　　　　(b) 延伸 *AD* 后　　　　(c) 全部延伸后

图 10-70　延伸命令图例

2. 用 Extend 命令延伸图形对象，以图 10-70 所示为例，其命令格式如下：

命令：_extend ↙

当前设置：投影 = UCS，边 = 无

选择边界的边 ...

选择对象或<全部选择>：　　　　　　　　　确定限制延伸范围的边界对象，如外圆

选择对象：↙　　　　　　　　　　　　　　　结束边界选择，也可继续确定边界对象

选择要延伸的对象，或按住【Shift】键选择要修剪的对　在线段 AD 的点 D 附近拾取一点

象，或［栏选(F) 窗交(C) 投影(P) 边(E) 放弃(U)］：依次选择 DC、CB、BA 作为对象逐一

　　　　　　　　　　　　　　　　　　　　　　延伸

......

选择要延伸的对象，或按住【Shift】键选择要修剪的对　结束命令。延伸结果见图 10-70c

象，或［栏选(F) 窗交(C) 投影(P) 边(E) 放弃(U)］：↙

延伸命令的使用注意点与修剪命令类似，此处不再赘述。

3. 用 Break 命令打断或删除部分图形对象，以图 10-71 所示为例，其命令格式如下：

命令：_break ↙

选择对象：　　　　　　　　　　　　　　　　用拾取框选择要打断的对象(拾取对象)

指定第二个打断点或［第一点(F)］：　　　　输入第二端点或 F 或 @

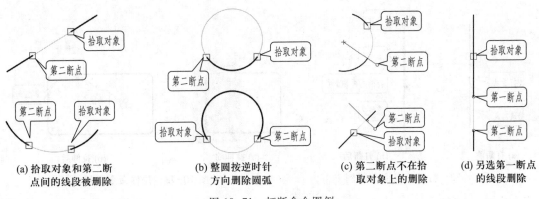

(a) 拾取对象和第二断　　(b) 整圆按逆时针　　(c) 第二断点不在拾　　(d) 另选第一断点
　　点间的线段被删除　　　　方向删除圆弧　　　　取对象上的删除　　　　的线段删除

图 10-71　打断命令图例

对上述提示有三种回应方式(图 10-71 中的浅色线段是被删除的线段)：

（1）直接输入第二断点，则对象在"拾取对象"与"第二断点"之间的线段删除（图10-71a）。如果是整圆，则按逆时针方向删除圆弧（图10-71b）。如果第二断点选在对象之外，则按照一定的规则删除对象，如图 10-71c 所示。

（2）键入符号"@ ↙"，表示"第二断点"与"拾取对象"点重合。此时，所选对象变成两部分，分界点即为打断点。注意圆不能选用此方式。

（3）键入字母"F"，表示要重新输入第一断点，则随后的提示为：

指定第一个打断点：

F 选项的执行结果如图 10-71d 所示。

将线段、圆弧等对象在指定点处断开(打断于点)的另一种简单方法是使用【修改】▼面板

中的图标按钮 ▯ 。当单击按钮 ▯ 后，其命令格式如下：

命令：_ break 选择对象：　　　　　　　　　　　　拾取对象，见图 10-72a

指定第二个打断点或[第一点(F)]：_ f　　　　　（不需回应，系统自动显示）

指定第一个打断点：　　　　　　　　　　　　　输入打断点位置，见图 10-72a

指定第二个打断点：@　　　　　　　　　　　　（系统自行确定第二断点并结束命令）

　　在 AutoCAD 中单击图形对象后，会使对象的一些点（特征点）上出现实心小框，这些小框称为夹点。夹点所在的区域确定了对象的范围，因此不同的图形对象其夹点的数量和位置分布在各个角点上。从图 10-72b 可以看出，该图中的直线已被打断成两条直线，打断点即为直线的分界点。图中上面三个夹点即表示了直线 1 的长度。用户若要查看各种对象的范围和夹点，只需在所查对象上单击即可。

　　4. 用 Stretch 命令拉伸图形对象，以图 10-73 所示为例，其命令格式如下：

命令：_ stretch ↙

以交叉窗口或交叉多边形选择要拉伸的对象……

选择对象：指定对角点　　　　　　　　　　　用交叉窗口选定要被拉伸的图形

选择对象：↙　　　　　　　　　　　　　　　　结束选择对象，也可继续选择其他对象

指定第二个点或[位移(D)]<位移>：　　　　　输入拉伸图形前的"基点"

指定第二个点或<使用第一个点作为位移>：　　输入拉伸后基点的新位置"第二点"，并结束命令

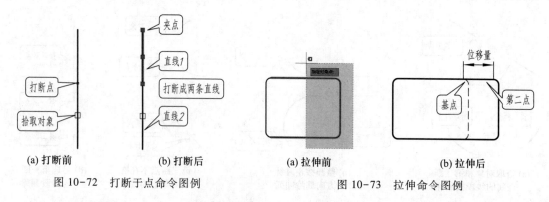

(a) 打断前　　　　　　(b) 打断后　　　　　　(a) 拉伸前　　　　　　(b) 拉伸后

图 10-72　打断于点命令图例　　　　　　图 10-73　拉伸命令图例

　　执行 Stretch 命令时，完全落在选择窗口之内的图形对象将被移动，部分落在选择窗口之内的图形对象将按下述规则拉伸或压缩：

　　（1）直线　位于窗口内的端点移动，位于窗口外的端点不动。

　　（2）圆弧　与直线类似，但在改变过程中圆弧的弦高保持不变，仅调整圆心的位置、圆弧的起始角和终止角。

　　（3）其他对象　如果图形对象的定义点在选择窗口之内，则对象移动，否则不动。其中，圆的定义点是圆心，块的定义点是插入点，文字和属性的定义点是字符串位置的定义点。

　　5. 用 Chamfer 命令给图形对象倒尖角，如图 10-74 所示，其命令格式如下：

命令：_ chamfer ↙

（"修剪"模式）当前倒角距离 1 =<当前设定值>，距离 2 =<当前设定值>

选择第一条直线或[放弃(U) 多线段(P)]　　　首次使用倒角命令时,必须先设置倒角

距离(D) 角度(A) 修剪(T) 方式(E) 多个(M)］：*d* ↙参数

指定第一个倒角距离<当前设定值>：	输入第一个倒角距离，如图 10-74a 所示
指定第二个倒角距离<默认输入的第一个倒角距离>：	输入第二个倒角距离，如果角度为 45°，可直接按回车键
选择第一条直线或［放弃(U) 多线段(P) 距离(D) 角度(A) 修剪(T) 方式(E) 多个(M)］	输入选项，或确定要进行倒角的第一条直线
选择第二条直线，或按住【Shift】键选择要应用角点的直线：	确定要进行倒角的第二条直线。如果确定第二条直线的同时按下【Shift】键，则会使被选择的两条直线以倒角距离为"零"的方式相交

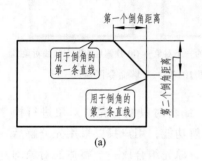
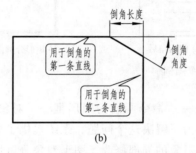
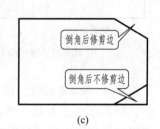

(a)　　　　　　　　　　　(b)　　　　　　　　　　　(c)

图 10-74　常用的倒角参数

提示中各选项含义如下：

【放弃(U)】　　用于恢复上一次命令所做的操作；

【多线段(P)】　　用于设置多段线上各顶点的倒角；

【距离(D)】　　用于指定第一个和第二个倒角的距离；

【角度(A)】　　用于指定第一条直线的倒角长度和倒角角度，如图 10-74b 所示；

【修剪(T)】　　用于设置倒角的修剪模式，即是否要对倒角边进行修剪，如图 10-74c 所示；

【方式(E)】　　用于设置倒角方式，可用倒角长度和角度，或者两个距离值来创建倒角；

【多个(M)】　　用于多次创建倒角。

6. 用 Fillet 命令给图形对象倒圆角，如图 10-75 所示，其命令格式如下：

命令：_*fillet* ↙

当前设置：模式=修剪，半径=<当前设定值>

选择第一个对象或［放弃(U) 多段线(P) 半径(R) 修剪(T) 多个(M)］：*r* ↙	首次使用圆角命令时，必须先设置圆角半径值
指定圆角半径<当前设定值>：	键入圆角半径值
选择第一个对象或［放弃(U) 多段线(P) 半径(R) 修剪(T) 多个(M)］	输入选项，或拾取第一个需要倒圆角的对象
选择第二个对象，或按住【Shift】键选择要应用角点的对象：	拾取第二个需要倒圆角的对象，如果拾取第二

个对象的同时按下【Shift】键，则会将被拾取的两个对象以圆角半径为"零"的方式相交

除半径(R)选项外，其余各选项含义与倒角命令相同。

7. 用 Explode 命令分解(将一个对象分解成多个对象)图形对象，其命令格式如下：

命令：_ explode ↙

选择对象： 拾取要分解的对象并结束命令

如图 10-76 所示，分解前，用 Rectang 命令绘制的矩形是由一条折线组成的对象，分解后，该矩形变成了由四条直线组成的图形。

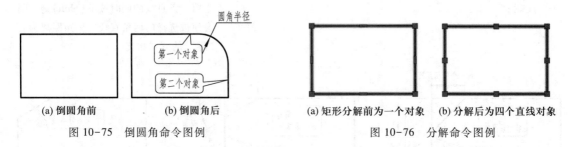

(a) 倒圆角前　　　(b) 倒圆角后

图 10-75　倒圆角命令图例

(a) 矩形分解前为一个对象　(b) 分解后为四个直线对象

图 10-76　分解命令图例

就 AutoCAD 来说，执行一次命令画出的图形是一个对象，编辑时只能对完整对象进行操作，局部修改是不允许的。为了解决这个问题，系统提供了分解功能，用户只要采用先分解后编辑的原则就能实现对图形对象的局部修改。图形对象分解后，原先组合成一个整体的对象均分解成了最简单的图形元素，例如，一个尺寸标注对象通过分解后就变成了箭头、尺寸线、尺寸界线和尺寸数字四个部分。

8. 用 Join 命令合并多个图形对象，其命令格式如下：

命令：_join ↙

选择源对象或要一次合并的多个对象： 选择作为源对象的直线、圆弧、样条曲线等

AutoCAD 的后续提示将随着选择的源对象不同而不同。下面仅以直线和圆弧为例，说明 Join 命令的使用。

(1) 直线　以图 10-77 所示为例，需合并的两条直线必须共线(即位于同一条无限长的直线上)，它们之间可以有间隙，合并后就消除了其间的间隙成为一条直线。

命令：_join ↙

选择源对象或要一次合并的多个对象： 拾取作为源对象的直线 1

选择要合并到源的直线： 拾取作为合并到源对象的直线 2

选择要合并到源的直线：↙ 结束命令，也可继续拾取要合并到源对象的其他直线

(2) 圆弧　以图 10-78 所示为例，合并的两条或多条圆弧必须位于同一个假想圆上，它们之间可以有间隙，且从源对象开始按逆时针方向合并成为一条圆弧。

命令：_join ↙

选择源对象或要一次合并的多个对象： 拾取作为源对象的圆弧 1

选择圆弧，以合并到源或进行[闭合(L)]： 拾取作为合并到源对象的圆弧 2、圆弧 3

选择要合并到源的圆弧：↙ 结束命令。也可继续拾取要合并到源对象的其他圆弧

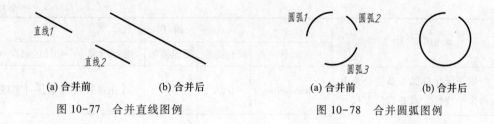

图 10-77　合并直线图例　　　　　图 10-78　合并圆弧图例

提示中各选项含义如下：

【闭合(L)】可使一段圆弧合并后转换为一个圆。

§10-6　尺寸标注命令

尺寸是图样中不可缺少的部分，因此标注尺寸是一项重要的内容。AutoCAD 提供了两个选择尺寸标注工具图标按钮的入口，① 从功能区选项卡【默认】→功能区面板【注释】(图 10-79a)中选择，其优点是不切换选项卡即可直接进行尺寸标注；② 从功能区选项卡【注释】→【标注】或【引线】(图 10-79b)中选择图标按钮。

 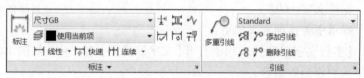

(a)【默认】选项卡上【注释】面板　　　　(b)【注释】选项卡上【标注】和【引线】面板

图 10-79　与尺寸标注相关的工具栏

为了了解各标注类型，下面分别介绍一些常用的尺寸标注和引线标注命令的使用方法。

尺寸标注的样式设置已在 §10-3 中制作样板文件时介绍过，此处不再赘述。在进行尺寸标注和引线标注时，需要打开【对象捕捉】等精确绘图工具。

一、线性类尺寸标注命令

线性类尺寸标注命令的名称、功能和调用方式如表 10-23 所示。

表 10-23　线性类尺寸标注命令的名称、功能和调用方式

名称	功　　能	调　用　方　式			
		命令	简化命令	图标按钮	功能区选项卡→功能区面板→图标
线性	用于标注水平尺寸或垂直尺寸	Dimlinear	DLI	┠线性	【默认】→【注释】→【线性】
					【注释】→【标注】→【线性】
对齐	用于标注倾斜尺寸	Dimaligned	DAL	⟍对齐	【默认】→【注释】→【对齐】
					【注释】→【标注】→【对齐】

名称	功 能	调 用 方 式			
		命令	简化命令	图标按钮	功能区选项卡→功能区面板→图标
基线	用于标注自同一基线处测量的多个线性、对齐或角度尺寸	Dimbaseline	DBA	⊏┐ 基线	【注释】→【标注】→【基线】
连续	用于标注首尾相连的多个线性、对齐或角度尺寸	Dimcontinue	DC0	⊢⊢⊢ 连续	【注释】→【标注】→【连续】

下面说明线性类尺寸标注命令的用法。

1. 使用 Dimlinear 命令标注线性尺寸(主要用于标注水平方向和竖直方向的尺寸),以图 10-80 中标注尺寸 60 为例,其命令格式如下:

命令:: _ *dimlinear* ↙   输入标注线性尺寸的命令
指定第一条尺寸界线原点或<选择对象>   输入第一条尺寸界线的起点 *A*
指定第二条尺寸界线原点: 输入第二条尺寸界线的起点 *B*
指定尺寸线位置或[多行文字(M) 文字(T)   拖动光标将尺寸线放置在合适位置
角度(A) 水平(H) 垂直(V) 旋转(R)]:   点 *C* 后,单击鼠标左键
标注文字=60   (系统自动显示并结束命令)

提示中各选项含义如下:

【多行文字(M)】   用于打开【文字编辑器】选项卡,如图 10-41 所示,以修改给出的尺寸数字或增添新的内容;

【文字(T)】   用于在命令行输入新的文字,以替换系统默认的测量值;

【角度(A)】   用于设置标注文字的倾斜角度;

【水平(H)】   用于强制性地生成水平尺寸;

【垂直(V)】   用于强制性地生成竖直尺寸;

【旋转(R)】   用于设置尺寸线的旋转角度。

2. 使用 Dimaligned 命令标注对齐尺寸(主要用于标注倾斜方向的尺寸)。

由于标注对齐尺寸的命令格式及操作步骤与标注线性尺寸相类似,因此不再赘述。图 10-80 所示的尺寸 36 即为对齐尺寸的标注图例。

3. 使用 Dimbaseline 命令标注基线尺寸(主要用于标注具有相同起点的尺寸),以图 10-81a 所示为例,其命令格式如下:

命令: _ *dimlinear* ↙   在使用基线尺寸标注之前,须
    先标注一个线性、对齐或角度
    尺寸
指定第一条尺寸界线原点或<选择对象>:   输入第一条尺寸界线起点 *A*
指定第二条尺寸界线原点: 输入第二条尺寸界线起点 *B*
指定尺寸线位置或[多行文字(M) 文字(T)
角度(A) 水平(H) 垂直(V) 旋转(R)]:   选择适当位置后单击鼠标左键

标注文字＝20	标注第一个线性尺寸20
命令：_ *dimbaseline* ↙	输入标注基线尺寸的命令
指定第二条尺寸界线原点或 [选择(S) 放弃(U)] <选择>：	输入第三条尺寸界限终点 C
标注文字＝25	标注第一个基线尺寸25
指定第二条尺寸界线原点或 [选择(S) 放弃(U)] <选择>：	输入第四条尺寸界限终点 D
标注文字＝37	标注第二个基线尺寸37
指定第二条尺寸界线原点或 [选择(S) 放弃(U)] <选择>：	输入第五条尺寸界限终点 E
标注文字＝57	标注第三个基线尺寸57
指定第二条尺寸界线原点或 [选择(S) 放弃(U)] <选择>： ↙	结束基线尺寸标注命令

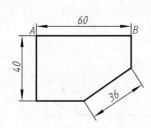

图 10-80　线性和对齐尺寸标注图例

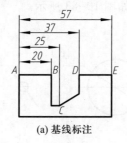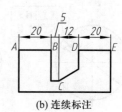

(a) 基线标注　　　　(b) 连续标注

图 10-81　基线和连续尺寸标注图例

提示中各选项含义如下：

【选择(S)】　　用于指定基线标注时作为基线的尺寸界线。

4. 使用 Dimcontinue 命令标注连续尺寸(主要用于标注首尾相连的尺寸)。

由于标注连续尺寸的命令格式及操作步骤与标注基线尺寸相类似，因此不再赘述。连续尺寸的标注图例如图 10-81b 所示。

二、圆、圆弧及角度尺寸标注命令

圆、圆弧及角度尺寸标注命令的名称、功能和调用方式如表 10-24 所示。

表 10-24　圆、圆弧及角度尺寸标注命令的名称、功能和调用方式

名称	功　能	调　用　方　式			
		命令	简化命令	图标按钮	功能区选项卡→功能区面板→图标
直径	用于标注圆或圆弧的直径尺寸	Dimdiameter	DDI	⊘ 直径	【默认】→【注释】→【直径】
					【注释】→【标注】→【直径】
半径	用于标注圆弧的半径尺寸	Dimradius	DRA	◯ 半径	【默认】→【注释】→【半径】
					【注释】→【标注】→【半径】
角度	用于标注圆弧的圆心角、两条不平行直线间的夹角以及三点间的角度等	Dimangular	DAN	△ 角度	【默认】→【注释】→【角度】
					【注释】→【标注】→【角度】

下面说明常用的圆、圆弧类及角度尺寸标注命令的用法。

1. 使用 Dimdiameter 命令标注直径尺寸,以图 10-82 所示为例,其命令格式如下:

命令: _ *dimdiameter* ↙   输入标注直径尺寸的命令

选择圆弧或圆: 拾取需要标注尺寸的圆 P_1

标注文字 = 40   40 是系统测量值

指定尺寸线位置或[多行文字(M)

文字(T) 角度(A)]:   用光标确定尺寸线位置或输入选项字母

上述各选项含义与线性尺寸标注相同,因此不再赘述。

2. 使用 Dimradius 命令标注半径尺寸的方法和步骤与标注直径尺寸相类似,因此不再赘述,其半径尺寸的标注图例如图 10-83 所示。

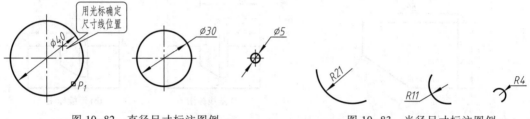

图 10-82   直径尺寸标注图例   图 10-83   半径尺寸标注图例

3. 使用 Dimangular 命令标注角度尺寸,如图 10-84 所示,共有四种方式。下面仅以标注两直线间的夹角(图 10-84a)和三点间的夹角(图 10-84b)为例说明其命令格式。

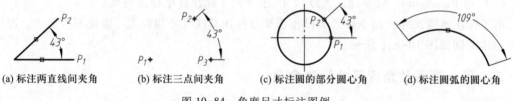

(a) 标注两直线间夹角   (b) 标注三点间夹角   (c) 标注圆的部分圆心角   (d) 标注圆弧的圆心角

图 10-84   角度尺寸标注图例

(1) 命令: _ *dimangular* ↙   输入标注角度尺寸的命令

选择圆弧、圆、直线或<指定顶点>:   拾取直线 P_1,见图 10-84a

选择第二条直线: 拾取直线 P_2

指定标注弧线位置或[多行文字(W) 文字(T) 角度(A) 象限点(Q)]:

标注文字 = 43   用光标确定放置角度尺寸的合适位置或输入
                                     选项字母

(2) 命令: _ *dimangular* ↙   输入标注角度尺寸的命令

选择圆弧、圆、直线或<指定顶点>:   选择指定顶点的方式

指定角的顶点: 拾取点 P_1,见图 10-84b

指定角的第一个端点: 拾取点 P_2

指定角的第二个端点: 拾取点 P_3

指定标注弧线位置或[多行文字(W) 文字(T) 角度(A) 象限点(Q)]:

标注文字 = 43 　　　　　　　　用光标确定放置角度尺寸的合适位置或输入
　　　　　　　　　　　　　　　选项字母

在标注角度尺寸命令时，系统会根据用户的不同选择而给出不同的提示，因此操作时必须按照命令行中的提示逐步进行。

三、通用尺寸标注命令

AutoCAD 2016 提供了一个比较智能化的通用尺寸标注命令——【标注】，其图标按钮为 🖾（DIM），其调用方式为：【默认】→【注释】→【标注 🖾】或【注释】→【标注】→【标注 🖾】。

【标注 🖾】可在同一命令任务中创建多种类型的标注，其支持的标注类型包括垂直标注、水平标注、对齐标注、角度标注、半径标注、直径标注、基线标注和连续标注等。

单击【标注 🖾】后，会出现提示如下：

🖾 DIM 选择对象或指定第一个尺寸界线原点或［角度（A）基线（B）连续（C）坐标（O）对齐（G）分发（D）图层（L）放弃（U）］：

用户可根据需要选择相应字母进行该类型的尺寸标注，随后的操作步骤类似前述的各尺寸标注命令。

当单击【标注 🖾】按钮后，若将光标悬停在标注对象的上方片刻，DIM 命令就会自动识别标注类型，并给出与该标注类型相对应的提示。例如：所选对象为圆弧时，DIM 将默认为半径类型标注；所选对象为圆时，将默认为直径类型标注；所选对象为直线时，将默认为线性类型标注，等等。

另外，标注斜线尺寸时，通过用户向不同方向移动鼠标，即可用【标注 🖾】一个命令完成对该斜线的水平、竖直、对齐等不同类型的尺寸标注，使用非常方便。

为此，建议用户多学习、多实践，尽快掌握【标注 🖾】的使用方法，提高尺寸标注效率。

四、尺寸公差标注

公差分尺寸公差和几何公差两大类，下面仅介绍尺寸公差标注的方法，几何公差的标注请参考相关资料。

标注尺寸公差的方法很多，此处仅介绍用标注替代法标注尺寸公差的方法，具体如下：

（1）单击功能区选项卡【注释】，在功能区面板【标注】右下角单击 ↘【标注样式】，打开［标注样式管理器］对话框，选择某一尺寸样式（如"尺寸 GB"）后单击【替代】按钮，在弹出的［替代当前样式］对话框中，选择【公差】选项卡，如图 10-85 所示。

（2）在【公差】选项卡中进行如下的设置：

方式：　　　极限偏差　　　精度：　　　　　0.00
上偏差[①]：0.02　　　　　下偏差：　　　　0.01
高度比例：0.7　　　　　　垂直位置：下（表示下偏差数字与尺寸数字底端对齐）

（3）单击【确定】按钮后，标注列表"尺寸 GB"下会增加"样式替代"子样式，如图 10-86 所示。

---

① 这里的上、下偏差即为 §7-6 中的上、下极限偏差。

图 10-85 [替代当前样式]对话框

（4）将"样式替代"置为当前标注样式后，就可标注带有公差的尺寸，如图 10-87 所示。若要标注不带公差的尺寸，则只需将"尺寸 GB"置为当前样式即可。

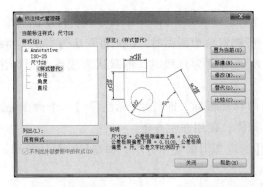

图 10-86 增加样式替代的[标注样式管理器]对话框

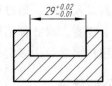

图 10-87 带有公差的尺寸标注图例

五、尺寸编辑命令

常用尺寸编辑命令的名称、功能及调用方式如表 10-25 所示。

表 10-25 常用尺寸编辑命令的名称、功能及调用方式

名称	功　能	调 用 方 式			
		命令	简化命令	图标按钮	功能区选项卡→功能区面板→图标
倾斜	使线性标注的尺寸界线倾斜	Dimedit	DED		【注释】→【标注】▼→【倾斜】
编辑标注文字	编辑尺寸文字的位置	Dimtedit	DIMTED		【注释】→【标注】▼ →【文字角度】/【左对正】/【中对正】/【右对正】
打断	打断尺寸标注和直线引线	Dimbreak			【注释】→【标注】→【打断】

· 314 ·

名称	功　　能	调　用　方　式			
		命令	简化命令	图标按钮	功能区选项卡→功能区面板→图标
调整间距	调整线性标注和角度标注之间的间距	Dimspace		⬚	【注释】→【标注】→【调整间距】
检验	添加或删除与选定标注关联的检验信息	Diminspect		⬚	【注释】→【标注】→【检验】
更新	用当前标注样式更新标注对象	Dimstyle		⬚	【注释】→【标注】→【更新】
快速	创建系列基线或连续标注，或者为一系列圆或圆弧创建标注	Qdim		⬚	【注释】→【标注】→【快速】
替代	控制对选定标注中所使用的系统变量的替代	Dimoverride	DIMOVER	⬚	【注释】→【标注】▼→【替代】

下面说明尺寸编辑命令的用法。

1. 使用图标按钮 ⊢ 编辑倾斜尺寸界线等，如图 10-88 所示。其命令格式如下：

命令：_ *dimedit* ↙　　　　　　　　　　　输入编辑标注的命令

输入标注编辑类型［默认（H）新建（N）旋转（R）倾斜（O）］＜默认＞：*o*

选择对象：　　　　　　　　　　　　　　拾取需要编辑的尺寸 φ26

选择对象：↙　　　　　　　　　　　　　结束选择对象

输入倾斜角度（按 ENTER 表示无）：*30*↙　　将尺寸界线倾斜 30°

提示中各选项含义如下：

【默认（H）】　用于将所选尺寸退回到未编辑的状态；

【新建（N）】　用于打开【文字编辑器】选项卡，编辑某个尺寸数值；

【选择（R）】　用于将所标注的文字旋转某个角度；

【倾斜（O）】　用于将所标注的尺寸界线倾斜某个角度。

2. 使用图标按钮 ⊢⊣ 编辑标注文字的位置，如图 10-89 所示。其命令格式如下：

命令：_ *dimtedit* ↙　　　　　　　　　　输入编辑标注文字的命令

选择标注：　　　　　　　　　　　　　　拾取需要编辑的尺寸 φ25

为标注文字指定新位置或［左对齐（L）右对齐（R）

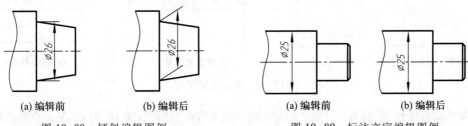

图 10-88　倾斜编辑图例　　　　　　　　　图 10-89　标注文字编辑图例

居中(C)默认(H)角度(A)]：c↙　　　　　　使偏置的尺寸数字居中，见图10-89b(图中须断开通过尺寸数字的细点画线)

提示中各选项含义如下：

【左(L)】　　用于沿尺寸线左端标注文字；

【右(R)】　　用于沿尺寸线右端标注文字；

【中心(C)】　　用于将标注文字放在尺寸线中间；

【默认(H)】　　用于将标注文字移回到默认位置；

【角度(A)】　　用于修改标注文字的倾斜角度。

3. 使用图标按钮 □ 更新尺寸标注样式，如图10-90所示。其方法如下：

（1）创建一个新的标注样式"更新样式"（如果已设置完成，可直接调用），设置方法如图10-90a所示。

（2）在"更新样式"中，只需在【主单位】选项卡的"前缀(X)"文本框中输入"%%C"（表示"φ"符号）即可，如图10-90b所示。

（3）将"更新样式"置为当前样式，如图10-90c所示。

（4）单击 □ 按钮，连续选择所要更新的尺寸标注（如尺寸16、23、37），按回车键结束命令。更新前、后的尺寸标注如图10-90d、e所示。

(a) 创新新标注样式"更新样式"

(b) 在"更新样式"中设置φ符号

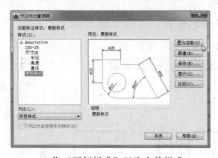

(c) 将"更新样式"置为当前样式

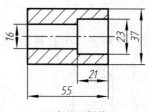

(d) 标注更新前

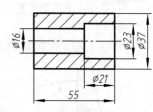

(e) 标注更新后

图 10-90　标注更新图例

4. 使用图标按钮 □ 编辑尺寸线之间的距离，使其等距或对齐(图10-91)，其命令格式如下：

命令：_ *dimspace* ↙　　　　　　输入标注间距的命令

选择基准标注：	选择作为基准标注的尺寸 25
选择要产生间距的标注：找到 1 个	选择要使其等间距的尺寸 45
选择要产生间距的标注：找到 1 个，总计 2	选择要使其等间距的尺寸 60
选择要产生间距的标注：↙	结束选择，也可继续选择其他尺寸
输入值或[自动(A)]<自动>：8 ↙	输入间距值并结束命令，结果见图 10-91b

除了调整尺寸线的间距外，该命令还可以通过输入间距值为 0，使尺寸线相互对齐。

5. 使用图标按钮 ⊥ 打断尺寸标注和直线引线，使其中的一个或多个线条被打断（图 10-92），其命令格式如下：

命令：_ dimbreak ↙	输入打断标注的命令
选择要添加/删除折断的标注或[多个(M)]：	选择尺寸标注 35 或多重引线(M 选项表示可重复多选)
选择要折断标注的对象或[自动(A) 恢复(R) 手动(M)] <自动>：	选择与尺寸标注或多重引线相交的对象，如尺寸 45
选择要折断标注的对象：↙	结束选择，也可继续选择要打断标注的对象

由图 10-92b 可见，第一次所选的尺寸标注被打断。

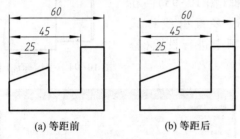

(a) 等距前 (b) 等距后

图 10-91　尺寸线等间距分布图例

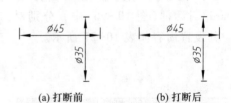

(a) 打断前 (b) 打断后

图 10-92　尺寸线打断标注图例

六、多重引线标注命令

图样中有些结构，如倒角、管螺纹等尺寸需采用引线标注。引线通常包含引线头、引线、基线和文字等（图 10-93）。多重引线包含多条引线对象。多重引线标注命令的名称、功能和调用方式如表 10-26 所示。

图 10-93　引线格式

表 10-26　多重引线标注命令的名称、功能和调用方式

名　称	功　能	调　用　方　式		
		命令	图标按钮	功能区选项卡→功能区面板→图标
多重引线	创建引线	Mleader		【默认】→【注释】→【引线】
				【注释】→【引线】→【多重引线】
添加引线	添加与指定引线共端点的新引线	Mleaderedit		【默认】→【注释】→【添加引线】
				【注释】→【引线】→【添加引线】

名　　称	功　　能	调　用　方　式		
		命令	图标按钮	功能区选项卡→功能区面板→图标
删除引线	删除选定引线	Mleaderedit		【默认】→【注释】→【删除引线】
				【注释】→【引线】→【删除引线】
多重引线对齐	将选定的多重引线按指定方式对齐和排列	Mleaderalign		【默认】→【注释】→【对齐】
				【注释】→【引线】→【对齐】
多重引线合并	将选定的多重引线编为一组并附着至单个引线	Mleadercollec		【默认】→【注释】→【合并】
				【注释】→【引线】→【合并】

　　下面以图10-94为例说明采用多重引线标注倒角尺寸的方法，其过程如下：

1. 设置多重引线样式

　　单击功能区选项卡【注释】中功能区面板【引线】的右下角 ◢
(图10-79b)→打开［多重引线样式管理器］对话框(图10-95)→在
对话框中单击【修改】按钮→在弹出的［修改多重引线样式
Standard］对话框(图10-96)中，分别对三个选项卡进行设置(修
改)。其设置内容如表10-27所示。

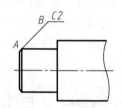

图10-94　引线标注图例

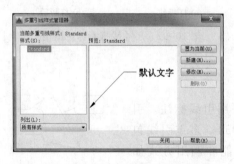

图10-95　［多重引线样式管理器］对话框

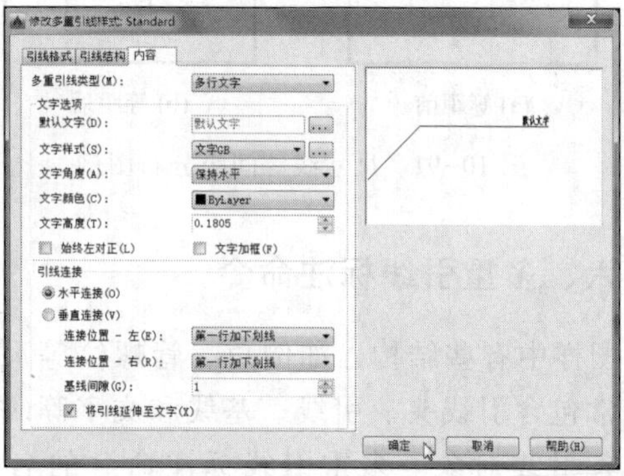

图10-96　［修改多重引线样式：Standard］对话框

2. 标注倒角尺寸，其命令格式如下：

命令：_ Mleader ↙　　　　　　　　　　　　　　　输入多重引线命令(也可单击图标按钮 ⌀)

指定引线箭头的位置或［引线基线优先(L)

内容优先(C)　选项(O)］＜选项＞：　　　　　　输入引线头的位置，见图10-94中点 A

指定引线基线的位置：　　　　　　　　　　　　　输入引线基线位置，见图10-94中点 B

在弹出的文字输入框中输入文字"C2"→点击鼠标右键，结束多重引线命令。

有关多重引线标注命令的更多内容请参考相关资料。

表 10-27 ［修改多重引线样式 Standard］对话框中的设置内容（未做设置的选项采用系统默认值）

选项卡	大项	选项	设置值	选项	设置值	选项	设置值	选项	设置值
引线格式	常规	类型	直线	颜色	ByLayer	线型	ByLayer	线宽	ByLayer
	箭头	符号	无	大小	0				
	引线打断	2							
引线结构	约束	最大引线点数	2	第一段角度	45	第二段角度			
	基线设置	勾选"自动包含基线"			勾选"设置基线距离"，并设置距离为"I"				
	比例	根据实际情况调整，本案采用默认值							
内容	多重引线类型	多行文字							
	文字选项	文字样式	文字 GB	文字角度	保持水平	文字颜色	ByLayer	文字高度	5 或根据需要设置
	引线连接	连接位置-左	第一行加下画线	连接位置-右	第一行加下画线	基线间距	1		

§10-7 图块的创建和插入

图块是由一组图形对象组成的整体。图块一旦创建，就可根据需要多次插入图样中，并能任意缩放和旋转，一些非图形信息也能够以属性的方式附带在图块上。图块因具有使用方便、节省空间等诸多优点而被广泛使用。

一、图块创建

图块分为带属性图块（附带一些非图形信息的图块）和不带属性图块两大类。

其中，带属性图块的创建过程分为三步：

（1）画出所需的图形；

（2）设置属性；

（3）制作图块。

不带属性图块的创建过程只有上述步骤的(1)和(3)。

注意：图块又分为内部图块或外部图块。内部图块是指只能将其插入到制作该图块时所在的图形文件中的图块；外部图块则允许插入到任何一个图形文件中去（实际上，外部图块本身就是一个图形文件)。

下面以零件图中去除材料的表面结构代号为例，说明带属性图块的创建方法。

表面结构代号(详细内容参见§7-5)如图 10-97 所示。其中，图形部分是表面结构完整图形符号(以下简称图形符号)；文字(包括字母、数字等)部分则为表面结构参数，需作为属性进行设置。

1. 画表面结构完整图形符号(以与 5 号字相配的符号为例，图 10-98)，其绘图过程如下：

命令：_ line ↙

指定第一点：150，100 ↙   确定点 A 位置

指定下一点或[放弃(U)]：@20<180 ↙   画长水平线 AB

指定下一点或[放弃(U)]：@17<240 ↙   画长斜线 BC

指定下一点或[闭合(C) 放弃(U)]：@8<120 ↙   画短斜线 CD

指定下一点或[闭合(C) 放弃(U)]：@8<0 ↙   画短水平线 DE

指定下一点或[闭合(C) 放弃(U)]：↙   结束命令

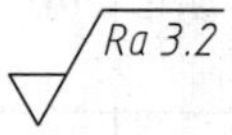

图 10-97 表面结构代号

图 10-98 图形符号

2. 定义和编辑属性

属性主要用于说明图块中的一些非图形信息，其中作为属性内容的文本称之为属性值。属性值有两个特点：

(1) 属性值可作为变量附在图块上，插入时可再根据具体要求确定其属性值；

(2) 属性值可以编辑，即使已将图块插入图形中，也仍可以对属性值进行编辑。

因此，可将一些经常使用但需不断变更的内容作为属性来处理，例如，表面结构代号中的表面结构参数就可作为属性来进行设置，如图 10-99 所示。

AutoCAD 在【默认】和【插入】两个功能区选项卡中提供了选择图块工具的面板，如图 10-100 所示。

表 10-28 是属性定义和编辑命令的名称、功能和调用方式。

图 10-99 带有属性标记的图形

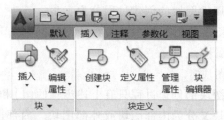

(a) 【默认】选项卡中【块】面板   (b) 【插入】选项卡中【块】和【块定义】面板

图 10-100 图块工具面板

表 10-28　属性定义和编辑命令的名称、功能和调用方式

名　　称	功　　能	调 用 方 式		
		命令	图标按钮	功能区选项卡→功能区面板→图标
定义属性	定义图块的属性	Attdef	🏷	【默认】→【块】▼→【定义属性】
				【插入】→【块定义】→【定义属性】
编辑属性	创建图块前编辑属性。可编辑文本文字	Textedit	A⁄	在属性标记上双击鼠标左键，弹出［编辑属性定义］对话框
	创建图块后编辑属性	Eattedit	🏷	【默认】→【块】→【编辑属性】
				【插入】→【块】→【编辑属性】

下面说明定义属性和编辑属性命令的使用方法。

（1）定义属性

单击功能区选项卡【默认】→【块】▼→【定义属性】，或单击功能区选项卡【插入】→【块定义】→【定义属性】，弹出的【属性定义】对话框如图 10-101 所示。

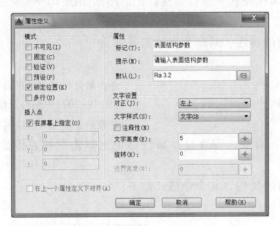

图 10-101　［属性定义］对话框

【属性定义】对话框中的主要选项含义如下：

① 模式部分

【不可见(I)】　表示指定插入块时，系统不显示或打印属性值。

【固定(C)】　表示插入块时，系统赋予属性固定值。

【验证(V)】　表示插入块时，系统提示验证属性值是否正确。

【预置(P)】　表示插入包含预置属性值的块时，系统将属性设置为默认值。

【锁定位置(K)】　表示锁定块参照中属性的位置。解锁后，属性可以相对于使用夹点编辑的块的其他部分移动，并且可以调整多行属性的大小。

【多行(U)】　表示指定属性值时可以包含多行文字，并可以指定属性的边界宽度。

② 插入点部分

【插入点】 用于指定属性标记在图形中的插入基点。通常，勾选"在屏幕上指定"，以便在图形上指定属性标记插入基点的位置，如图 10-98 所示。当然，用户也可选择在下面的框中直接输入插入基点的坐标。

③ 属性部分

【标记(T)】 用于输入属性标记，不能为空值。属性标记可由任何字符组成，最多为256 个字符。实际上，属性标记是个变量，在图块插入时，属性标记会被具体给定的属性值取代。图 10-101 中将文字"表面结构参数"作为属性标记。

【提示(M)】 用于输入属性提示。在图块插入时，属性提示将在命令行中显示出来。图 10-101 中将文字"请输入表面结构参数"作为属性提示。

【默认(L)】 用于输入默认属性值。在图块插入时，若用户不更改默认值，则该属性值就会自动显示在图形中。图 10-101 中将文字"Ra3.2"作为默认属性值。

④ 文字选项部分

【文字设置】 用于指定属性值在图形中的对齐方式、文字样式、文字高度和旋转角度等。具体各项值的设置参见图 10-101。

单击【确定】按钮，用鼠标在已画好的"表面结构完整图形符号"上拾取属性标记的插入位置(图 10-98)。经过属性设置并带有属性标记的图形如图 10-99 所示。

（2） 编辑属性

① 编辑图块创建前的属性，其命令格式如下：

命令： _ *textedit* ✓

选择注释对象：   单击属性标记，在弹出的［编辑属性定义］对话框（图 10-102）中编辑属性的标记、提示和默认值

单击【确定】按钮   结束命令。也可继续编辑其他属性标记

说明：也可以不输入命令，而直接在属性标记上双击鼠标左键，即可弹出［编辑属性定义］对话框。

② 编辑图块创建后的属性，其命令格式如下：

命令： _ *eattedit* ✓

选择块：   可直接单击图块，在弹出的［增强属性编辑器］对话框（图 10-103） 中编辑属性、文字选项和特性等

图 10-102 ［编辑属性定义］对话框

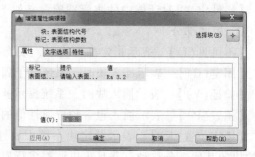

图 10-103 ［增强属性编辑器］对话框

说明：也可以不输入命令，而直接在块上双击鼠标左键，即可弹出［增强属性编辑器］对话框。

3. 制作图块

制作图块命令的名称、功能和调用方式如表 10-29 所示。

表 10-29　制作图块命令的名称、功能和调用方式

名　称	功　能	调　用　方　式		
		命令	图标按钮	功能区选项卡→功能区面板→图标
创建块	制作的图块只能插入定义块时所在的图形文件中（制作内部块）	Block		【默认】→【块】→【创建】
				【插入】→【块定义】→【创建块】
写块	制作的图块可以插入任何的图形文件中（制作外部块）	Wblock		【插入】→【块定义】→【写块】

下面说明制作图块命令的用法。

（1）使用 Block 命令制作内部图块

单击【创建块】图标按钮，在弹出的［块定义］对话框（图 10-104）中作如下设置（未说明选项采用默认值）：

① 在"名称(N)"下方的文本框中输入图块名"表面结构代号"；

② 单击"基点"下方的拾取点按钮，按照图 10-105 中所示位置拾取图块的插入基点；

③ 单击"对象"下方的选择对象按钮，框选如图 10-105 所示的全部图形和属性标记；

④ 单击【确定】按钮，在弹出的［编辑属性］对话框（图 10-106）中进一步核实默认属性值，若不满意可进行修改。当确认无误后单击【确定】按钮，即完成了附有属性的"表面结构代号"内部图块的制作。

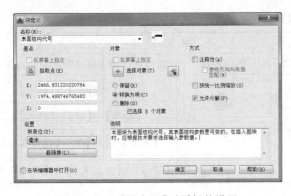

图 10-104　［块定义］对话框的设置

图 10-105　拾取图块的插入基点

（2）使用 Wblock 命令制作外部图块（仍以图 10-105 所示为例）

命令：_Wblock ↙

弹出［写块］对话框（图 10-107），需设置的选项如下（未说明选项采用默认值）：

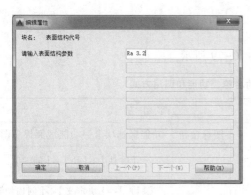

图 10-106 ［编辑属性］对话框

图 10-107 ［写块］对话框的设置

① 单击"基点"下方的拾取点按钮，按照图 10-105 所示位置拾取图块插入基点；

② 单击"对象"下方的选择对象按钮，框选如图 10-105 所示的全部图形和属性标记；

③ 在"文件名和路径(F)"下方的文本框中输入新图块文件的存储路径和文件名，例如"E:\AutoCAD 教学\ 表面结构代号.dwg"；

④ 单击【确定】按钮，在弹出的［编辑属性］对话框(图 10-106)中进一步核实默认属性值，若不满意可进行修改。当确认无误后单击【确定】按钮，即完成了附有属性的"表面结构代号"外部图块的制作。

注意：

(1) 与内部图块不同，制作外部图块时需要指定该图块文件所存储的路径和文件名。

(2) 用 Wblock 命令制作的图块文件，其后缀名是.dwg。

二、图块插入和设置图块的新插入基点

图块插入和设置图块新插入基点命令的名称、功能和调用方式如表 10-30 所示。

表 10-30 图块插入和设置图块新插入基点命令的名称、功能和调用方式

名 称	功 能	调 用 方 式		
		命令	图标按钮	功能区选项卡→功能区面板→图标
插入块	插入图块或图形文件	Insert		【默认】→【块】→【插入】
				【插入】→【块】→【插入】
设置基点	为图块或图形文件指定新插入基点	Base		【默认】→【块】▼→【设置基点】
				【插入】→【块定义】▼→【设置基点】

下面说明图块插入和设置图块新插入基点命令的方法。

1. 使用 Insert 命令插入图块(以插入图块"表面结构代号"为例，见图 10-108)

单击【插入块】图标按钮 ，再单击面板中的【更多选项】(图 10-109)，在弹出的［插入］对话框(图 10-110)中需作如下设置：

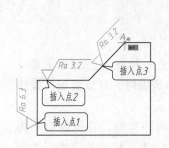

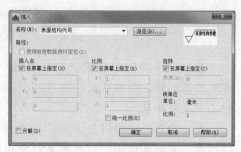

图 10-108　插入含属性　　　　图 10-109　单击【插入块】　　　　图 10-110　［插入］对话框的设置
　　　　图块图例　　　　　　　　面板的更多选项

（1）在"名称（N）"右边的文本框中选择图块名"表面结构代号"。若有多个图块，则可单击旁边下拉按钮"▼"进行查找。若要插入图形文件，则可单击旁边【浏览（B）】按钮进行查找。

（2）在"插入点""比例"和"旋转"三选项中勾选下面的小方框，以表示插入图块时将在屏幕上指定各项数值。当然，用户也可直接在其下面的各个矩形框中输入 X、Y 坐标值，缩放比例和角度值。

（3）单击【确定】按钮后返回绘图区，然后根据命令栏内的提示操作。

其过程如下：

命令：_ insert ↙　　　　　　　　　　　　　　　　　　　输入插入块的命令

指定插入点或［基点（B）　比例（S）　X　Y　Z　旋转（R）］：　　　拾取图块的插入点 1

输入 X 比例因子，指定对角点，或［角点（C）　XYZ(XYZ)］<1>：0.5↙　　键入新的比例值 0.5

输入 Y 比例因子或<使用 X 比例因子>：↙　　　　　　　　　确认 Y 与 X 的比例值相同

指定旋转角度<0.0>：90↙　　　　　　　　　　　　　　　输入新的旋转角度 90°

在弹出的［编辑属性］对话框中：

请输入表面结构参数<Ra3.2>：Ra6.3↙　　　　　　　　　输入新属性值

单击【确定】　　　　　　　　　　　　　　　　　　　　结束命令

在"插入点 2"插入"表面结构代号"图块时，除比例值选为 0.5 外，其余提示均按回车键作为回应，即表示插入了一个缩小 1/2、无旋转、未改变属性值的"表面结构代号"图块。

在"插入点 3"插入"表面结构代号"图块时，除比例值选为 0.5 外，在提示"指定旋转角度<0.0>:"时，可用"对象捕捉追踪"方式追踪 A 点方向，以插入垂直于斜面的图块，其余提示均按回车键作为回应，即表示插入了一个缩小 1/2、有旋转、未改变属性值的"表面结构代号"图块。

2. 使用 Base 命令指定新的插入基点

对于没有指定插入基点的图形文件来说，当将它作为图块插入时，系统会自动将该图的坐标原点默认为插入基点。

若要改变图块或图形的插入基点，可以使用 Base 命令为其指定新的基点，其命令格式如下：

命令：Base ↙

输入基点<0,0,0>:x,y ↙　　　　　　　　　　在图形中指定新的插入基点，并结束命令

§10-8 参数化图形

AutoCAD 2016 具有较强的参数化绘图和编辑功能。参数化图形是一种在一组图形元素或多组图形间建立起参数关联关系的图形，当进行参数化图形的绘图和编辑时，可以实现对操作对象的关联驱动。

AutoCAD 通过给对象添加"约束"体现参数化的功能。约束分两种类型，几何约束和标注约束。几何约束用于控制图形对象相对于彼此的形状、位置和方向关系；标注约束用于控制图形对象的距离、长度、角度和半径值等大小尺寸。绘制参数化图形就是指通过对图形添加约束来限制图形的大小和形状。图形可能存在着三种约束状态，即"未约束"（未对图形添加任何约束）、"欠约束"（对图形添加了部分约束）和"完全约束"（对图形添加了全部几何约束和标注约束，并包含至少一个固定约束）。

在功能区选项卡【参数化】上，提供了【几何】约束功能区面板、【标注】约束功能区面板，以及【管理】功能区面板，如图 10-111 所示。

图 10-111 【参数化】选项卡上的【几何】、【标注】、【管理】面板

一、几何约束

1. 几何约束的类型

几何约束用于限制图形的形状、位置和方向。各类型的几何约束图标及其约束功能见表 10-31。在【几何】功能区面板上单击所需的约束命令图标，并按照提示选择相应的对象或参照物，即可为对象添加几何约束。

表 10-31 几何约束的类型

约束类型	图标	约束功能及应用特点
重合	⊥	约束两个点使其重合，或约束一个点使其位于对象或对象延长部分的任意位置，第二个选定点或对象将设为与第一个点或对象重合
共线	∥	约束两条直线，使其位于同一无限长的线上，默认时将第二条选定直线设为与第一条共线
同心	◎	约束选定的圆、圆弧或椭圆，使其具有相同的圆心

约束类型	图标	约束功能及应用特点
固定	🔒	约束一个点或一条曲线，使其固定在相对于世界坐标系的特定位置和方向上
平行	//	选择要置为平行的两个对象。默认时，第二个对象将被设为与第一个对象平行
垂直	⊻	约束两直线或多段线线段，使其夹角始终保持90°，第二个选定对象将设为与第一个对象垂直
水平	〓	约束一条直线或一对点，使其与当前 UCS 的 X 轴平行。默认时，对象上的第二个选定点将设定为与第一个选定点水平
竖直	∦	约束一条直线或一对点，使其与当前 UCS 的 Y 轴平行。默认时，对象上的第二个选定点将设定为与第一个选定点竖直
相切	⌒	约束两条曲线，使其彼此相切或其延长线彼此相切
平滑	⤳	约束一条样条曲线，使其与其他样条曲线、直线、圆弧或多段线彼此相连并保持 G2 连续性。选定的第一个对象必须为样条曲线，第二个选定对象将设为与第一条样条曲线 G2 连续
对称	[:]	约束对象上的两条曲线或两个点，使其以选定直线为对称轴彼此对称
相等	=	约束两条直线或多段线线段使其具有相同长度，或约束圆弧和圆使其具有相同半径值。使用"多个"选项可将两个或多个对象设为相等

下面举例说明应用几何约束的方法。

[例] 绘制图 10-112 所示的几何图形(该图形没有尺寸限制)。

(1) 绘制图形几何元素草图

通过【默认】→【绘图】，在任意位置，用【直线】绘制任意长度和方向的三条直线，用【圆弧】及【圆】绘制任意大小的一个圆弧和一个圆，如图 10-113 所示。

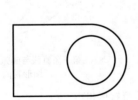

图 10-112　几何图形

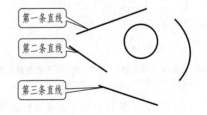

图 10-113　绘制图形几何元素

(2) 添加几何约束

① 添加固定约束，约束圆使其位置固定。

在功能区选项卡【参数化】上，单击【固定】约束图标，命令提示：

命令：_GcFix

选择点或[对象(O)] <对象>:　　　　　　　　　　　　　　　　　　选择圆，图 10-114a

圆被添加了固定约束，固定于当前位置，显示的固定约束标识如图 10-114b 所示。

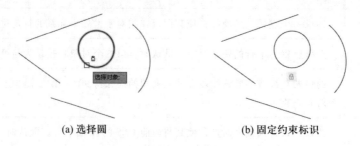

(a) 选择圆　　　　　　　　　　　　　(b) 固定约束标识

图 10-114　添加固定约束

② 添加重合约束，添加重合约束使三条直线与圆弧首尾相连，形成封闭轮廓。

在功能区选项卡【参数化】上，单击【重合】约束图标，命令提示：

命令：_ GcCoincident

选择第一个点或[对象(O) 自动约束(A)] <对象>:　　　　选择第一条直线左端点，图 10-115a

选择第二个点或[对象(O)] <对象>:　　　　　　　　　　选择第二条直线上端点，图 10-115b

添加两端点重合约束的结果，如图 10-115c 所示。

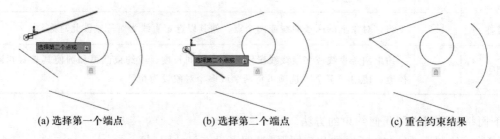

(a) 选择第一个端点　　　　　　(b) 选择第二个端点　　　　　　(c) 重合约束结果

图 10-115　为第一条与第二条直线端点添加重合约束

重复应用【重合】约束，使剩余各直线和圆弧首尾相连，如图 10-116 所示。

(a) 第二条与第三条直线端点重合　　(b) 第三条直线与圆弧端点重合　　(c) 第一条直线与圆弧端点重合，
　　　　　　　　　　　　　　　　　　　　　　　　　　　　　　　　　　图形封闭

图 10-116　重复添加重合约束，使图形首尾相连

③ 添加同心约束，使圆弧与圆同心。

命令：_ GcCocentric

选择第一个对象：　　　　　　　　　　　　　　　　　　选择圆，图 10-117a

选择第二个对象：　　　　　　　　　　　　　　　　　　选择圆弧，图 10-117b

添加同心约束的结果如图 10-117c 所示，图中显示了同心约束标识。

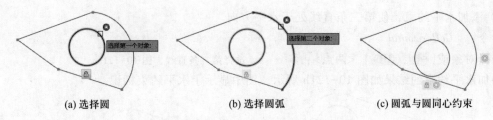

(a) 选择圆   (b) 选择圆弧   (c) 圆弧与圆同心约束

图 10-117　添加圆弧与圆的同心约束

④　添加垂直约束，使第一条直线与第二条直线垂直

命令：_ GcPerpendicular

选择第一个对象：　　　　　　　　　　　　　选择第一条直线，图 10-118a

选择第二个对象：　　　　　　　　　　　　　选择第二条直线，图 10-118b

添加垂直约束的结果如图 10-118c 所示，图中显示了垂直约束标识。

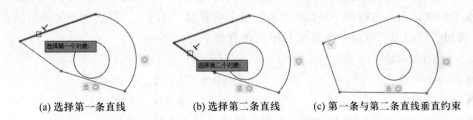

(a) 选择第一条直线   (b) 选择第二条直线   (c) 第一条与第二条直线垂直约束

图 10-118　添加垂直约束的两条直线

⑤　添加相切约束，使圆弧与第一条直线和第三条直线分别相切。

命令：_ GcTangent

选择第一个对象：　　　　　　　　　　　　选择第一条直线，图 10-119a

选择第二个对象：　　　　　　　　　　　　选择圆弧，图 10-119b

添加相切约束的结果如图 10-119c 所示，图中显示了相切约束标识。

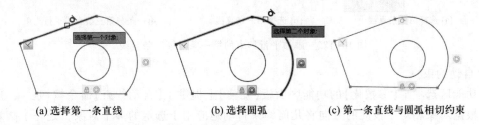

(a) 选择第一条直线   (b) 选择圆弧   (c) 第一条直线与圆弧相切约束

图 10-119　添加相切约束的第一条直线与圆弧

重复应用【相切】约束，使第三条直线与圆弧相切，如图 10-120 所示。

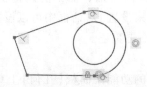

图 10-120　添加相切约束的第三条直线与圆弧

⑥ 添加水平约束，使第三条直线处于水平方向。

命令：_ *GcHorizontal*

选择对象或［两点(2P)］<两点>： 选择第三条直线，图 10-121a

添加水平约束的结果如图 10-121b 所示，图中显示了水平约束标识。

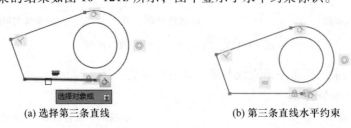

(a) 选择第三条直线　　　　　　　　　(b) 第三条直线水平约束

图 10-121　添加水平约束的第三条直线

注意：比较图 10-120 与图 10-121b 中的第三条直线上的约束标识，可以看到图 10-120 中没有水平约束标识。虽然图 10-120 中第三条直线看似"水平"，但其处于欠约束状态。

⑦ 添加平行约束，使第一条直线与第三条直线平行。

命令：_ *GcParallel*

选择第一个对象： 选择第三条直线，图 10-122a

选择第二个对象： 选择第一条直线，图 10-122b

添加平行约束的结果如图 10-122c 所示，图中显示了平行约束标识。

经过添加几何约束，已将几何图形的形状调整好，并约束了几何条件，完成的几何图形如图 10-122c 所示。

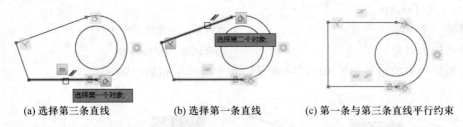

(a) 选择第三条直线　　　　(b) 选择第一条直线　　　　(c) 第一条与第三条直线平行约束

图 10-122　添加平行约束的第一条与第三条直线

2. 自动约束

在功能区选项卡【参数化】的功能区面板【几何】上提供了【自动约束】命令按钮，自动约束可以根据对象相对于彼此的方向将几何约束自动地应用于选定的多个对象，是一个高效的几何约束命令。

当用【自动约束】命令为图形添加几何约束时，一般要求原始图形的几何形状均已规范。使用【自动约束】仅能完成对几何约束的添加，而不能调整图形形状。在功能区面板【几何】右下角单击 ↘【约束设置】，在其［约束设置］对话框中可以设置约束类型及优先等级。

更多内容请看相关资料，本节不再赘述。

3. 约束的显示控制

（1）在功能区选项卡【参数化】的功能区面板【几何】上单击【显示/隐藏】或【全部显示】或【全部隐藏】（图 10-123）→选择对象按回车键→在命令提示栏选择输入：［显示(S) 重置

（R）〕，则相应对象上就会亮显或隐藏已有的几何约束，如图 10-124 所示。

（2）将鼠标悬停在对象上，屏幕上会亮显该对象已有的几何约束。如图 10-125 中，在光标悬停处的上方显示出了该直线具有平行、垂直、水平和相切约束，与之有约束关系的对象也同时显示出了相对应的几何约束标识。

（3）若将鼠标悬停在约束栏（约束标识）上，将亮显该几何约束已对哪些对象做了约束。如图 10-126 中，鼠标悬停在平行约束的标识上，与之相关的两条直线同时加粗亮显（上、下两条水平线）。

（4）单击约束栏右边的"×"可隐藏约束栏，如图 10-127 所示。

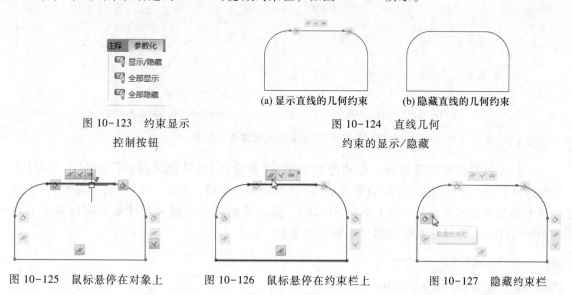

图 10-123　约束显示　　　　　　图 10-124　直线几何
　　　　控制按钮　　　　　　　　　约束的显示/隐藏

图 10-125　鼠标悬停在对象上　　图 10-126　鼠标悬停在约束栏上　　图 10-127　隐藏约束栏

二、标注约束

标注约束用于控制对象的大小和比例。创建标注约束的步骤与创建标注尺寸的步骤类似，但创建的标注约束可输入值或指定的表达式来驱动图形。标注约束的图标按钮位于功能区选项卡【参数化】的功能区面板【标注】上，如图 10-128 所示。

标注约束的图标含义与标注尺寸类似，其创建步骤也类似，本节不再赘述。

对图 10-122c 创建标注约束后的图形如图 10-129 所示。至此，通过添加几何约束和标注约束已全约束了该图形。

图 10-128　标注约束面板

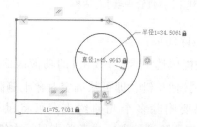

图 10-129　标注约束

三、编辑标注约束

如果标注约束出现问题，可以通过编辑进行修改。另外，编辑标注约束的参数值还是改变图形大小的一种简单易行的途径。编辑标注约束有以下两种方式：

1. 编辑标注约束的参数值。

（1）双击某标注约束，在激活状态的输入框中修改参数值，如图 10-130 所示。

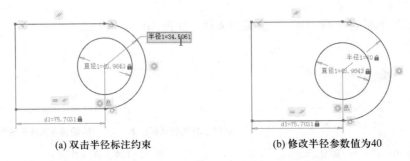

(a) 双击半径标注约束　　　　　　(b) 修改半径参数值为40

图 10-130　双击标注约束修改参数值

（2）通过参数管理器编辑。在功能区选项卡【参数化】的功能区面板【管理】上单击【参数管理器】图标 fx，打开的[参数管理器]对话框如图 10-131 所示。在[参数管理器]对话框中双击相关参数值并进行修改（图 10-132a），修改参数后的图形因尺寸驱动而改变了大小（图10-132b）。通过参数管理器可编辑多个参数。

图 10-131　【参数管理器】对话框

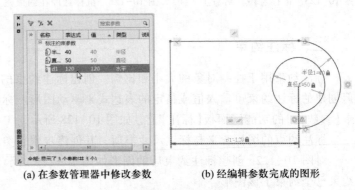

(a) 在参数管理器中修改参数　　(b) 经编辑参数完成的图形

图 10-132　参数管理器中修改参数

2. 删除约束

在功能区选项卡【参数化】的功能区面板【管理】上单击【删除约束】图标 ，接着选择所需对象并按回车键，即可从选定对象上删除所有的几何约束和标注约束。

如果要删除多个几何约束，可将鼠标悬停在该几何约束的标识图标上，用键盘上的【Delete】键删除该约束，或者单击鼠标右键并从右键快捷菜单中选择"删除"选项以删除该几何约束。用【Delete】键同样可以快速删除选定的标注约束。

§10-9　综 合 举 例

[**例**]　绘制并保存图10-133所示的填料压盖零件图。

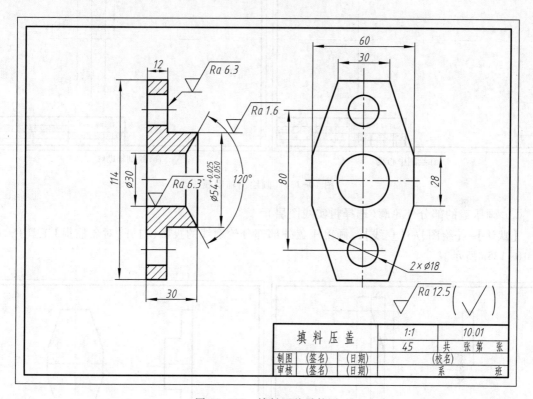

图10-133　填料压盖零件图

一、绘制零件图

1. 在样板环境下新建图形文件

单击【新建】→在弹出的［选择样板］对话框（图10-21）中做如下选择：

① 搜索（I）：*AutoCAD* 教学；

② 文件名（N）：样板文件 *A4.dwt*（在中间"名称"框内寻找）；

③ 文件类型（T）：图形样板（∗.*dwt*）→单击【打开】按钮。

2. 绘制填料压盖（以下简称压盖）零件图

（1）绘制压盖的外部轮廓

在图框中部适当位置开始绘图。

① 画轴线、中心线（选择中心线图层）

【默认】→【绘图】→【直线】，画出轴线、中心线（打开【对象捕捉】、【对象捕捉追踪】按钮），如图10-134a所示。

② 画绘图辅助线（选择辅助线图层）

【默认】→【修改】→【偏移】，画出所需的辅助线，如图 10-134b 所示。

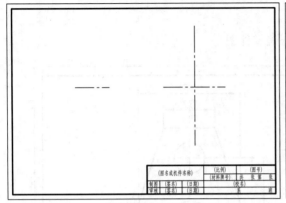

(a) 绘制中心线

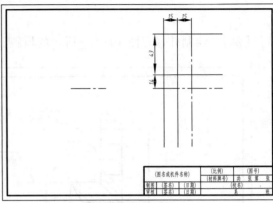

(b) 绘制辅助线

图 10-134　画绘图辅助线

③ 画压盖的部分外轮廓（选择粗实线图层）

【默认】→【绘图】→【直线】，画出压盖外部部分轮廓线的投影（打开【对象捕捉】工具），如图 10-135a 所示。

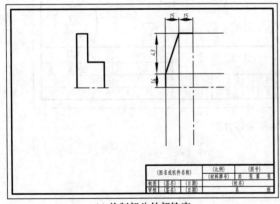

(a) 绘制部分外部轮廓

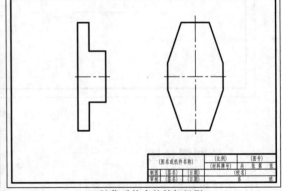

(b) 镜像后的完整外部投影

图 10-135　绘制填料压盖零件的部分外部轮廓

④ 画压盖的完整外轮廓（选择粗实线图层）

【默认】→【修改】→【镜像】，分别用镜像功能完成图 10-135a 中所示的完整轮廓，如图 10-135b 所示。（图 10-135b 已关闭了辅助线图层）。

（2）绘制压盖的内孔和小孔

① 画辅助线（选择辅助线图层），如图 10-136a 所示。

【默认】→【绘图】→【构造线】，画一条倾斜构造线，其角度为 60°。

【默认】→【修改】→【偏移】，根据尺寸偏移距离得到所需的水平线。

② 画内孔和小孔的投影（选择粗实线图层）

【默认】→【绘图】→【直线】，画出压盖内孔和上面小孔的轮廓线及圆的投影，如图 10-136a 所示。

【默认】→【修改】→【镜像】，通过镜像功能画出下面小孔的轮廓线及圆的投影，如图 10-136b 所示。

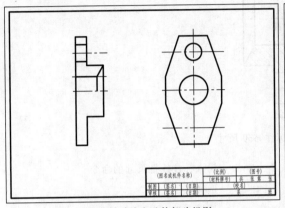 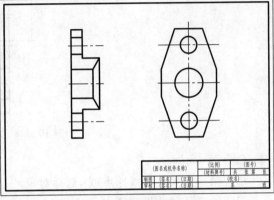

(a) 绘制辅助线和孔的部分投影　　　　　　　　(b) 镜像后的投影

图 10-136　绘制填料压盖零件的内孔和小孔

（3）绘制剖面线（选择剖面符号图层）

【默认】→【绘图】→【图案填充】，画出主视图中的剖面线，如图 10-137a 所示。

【默认】→【修改】→【打断】，打断过长的轴线、中心线，经整理后得到的填料压盖的视图如图 10-137b 所示。

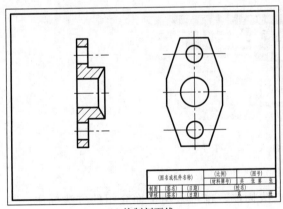

(a) 绘制剖面线　　　　　　　　　　　　(b) 填料压盖视图

图 10-137　绘制剖面线并经整理得到填料压盖视图

3. 标注尺寸（选择尺寸标注图层）

（1）标注线性尺寸：114、12、30、80、60、30 和 28。

（2）标注圆类尺寸和角度尺寸：$\phi30$、$2\times\phi18$ 和 120°。

下面以标注主视图中 $\phi30$ 尺寸为例，说明圆尺寸如何用线性尺寸方式进行标注的方法，如图 10-138 所示。

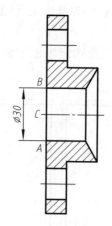

图 10-138 标注 φ30 尺寸

命令:_ dimlinear ↙   输入标注线性尺寸的命令

指定第一条尺寸界线原点或<选择对象>   选择点 A

指定第二条尺寸界线原点: 选择点 B

指定尺寸线位置或[多行文字(M) 文字(T)

角度(A) 水平(H) 垂直(V) 旋转(R)]:m ↙   选择输入多行文字方式

单击符号@ →选择"直径%%C"↙   操作界面上部弹出的【文字编辑器】(图 10-139)

指定尺寸线位置或[多行文字(M) 文字(T)

角度(A) 水平(H) 垂直(V) 旋转(R)]:   拾取点 C

标注文字 = 30   完成尺寸 φ30 标注并结束命令

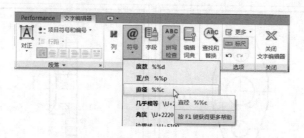

图 10-139　选择加入"φ"符号

（3）标注带有公差的尺寸 $\phi54^{-0.025}_{-0.050}$

带公差的尺寸可以采用图 10-87 所介绍的方法标注，也可采用下面介绍的方法标注。其过程如下：

① 按照图 10-138 所述方法标注尺寸 φ54。

② 单击所标注的尺寸 φ54→再点击鼠标右键→在弹出的快捷菜单中选择"特性"选项→在弹出的[特性]对话框（图 10-140）中，移动左侧滚动条向下找到【公差】选项→按图 10-141 所示设置各项参数→按回车键→点击[特性]对话框左上角"×"关闭对话框→按"Esc"键，结束公差标注。

标注结果如图 10-142 所示。

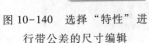

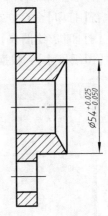

图 10-140　选择"特性"进　　　　图 10-141　［特性］对话框　　　图 10-142　带公差的尺寸标注
　　行带公差的尺寸编辑

4. 标注表面结构代号（图 10-133）

单击【插入块】的图标按钮 ，在弹出的［插入］对话框中选择图块名"表面结构代号"，通过输入结构参数、指定图中的放置位置，逐一完成三个图块的插入。

最后，在标题栏附近插入"表面结构代号"图块（其中 $Ra12.5$ 是零件大多数表面所具有的结构参数值），并在其右面画一个圆括号和表面结构的基本图形符号（也可将它们预先制成不含属性的图块）。

5. 填写标题栏（图 10-133）

在标题栏内的文字上双击鼠标，在文字编辑框中编辑已有文字，如将"（图名或机件名称）"改为"填料压盖"。同样，编辑文字填上图号、比例、材料等。如需在标题栏空白处填写文字，则需单击功能区选项卡【注释】→【多行文字】（选择文字图层），逐一完成。

二、保存图形文件

执行【另存为】命令，在弹出的［图形另存为］对话框中给图形文件起名为"填料压盖"→【保存（S）】。

§10-10　图　形　输　出

AutoCAD 图样最常用的输出方法有两种，一种是用打印机将图样打印在纸张上供阅读；另一种是通过电子打印，将图样形成 DWF 格式或 PDF 格式文件后在计算机上供浏览。本节将对这两种输出方法作一些简单介绍，更多的内容请参考有关资料。

一、通过打印机输出图样

以填料压盖零件图为例，说明在 AutoCAD 模型空间（详见§10-2 工作界面中有关绘图栏的介绍）中打印图样的步骤：

1. 执行【打印】命令，在弹出的［打印-模型］对话框中（图 10-143）进行如下设置：

（1）【打印机/绘图仪】：选择用户实际安装的打印机型号，本例略。

（2）【图纸尺寸】：根据实际需要进行输出设置，本例选择"A4"，预览窗显示（210×297）。

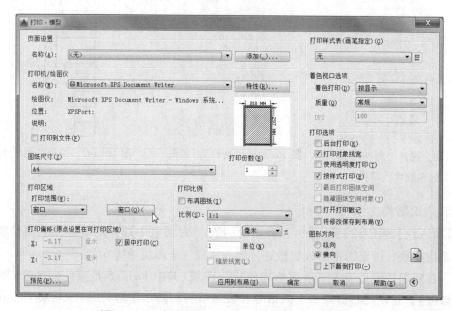

图 10-143　打印机输出时［打印-模型］对话框设置

（3）【打印区域】：有多种打印范围方式，本例选择"窗口"方式。单击右侧的【窗口(O)<】按钮，选择具体的打印区域，如图 10-144 所示。

（4）【打印偏移】：根据图样输出在纸张上的实际位置进行设置，本例勾选"居中打印"。

（5）【打印比例】：根据图样所需的输出比例，选择打印比例，本例选择"1：1"。

（6）【图形方向】：根据图样与纸张匹配的方向，选择图纸的方向是纵向或横向，本例选择"横向"。

2. 单击对话框左下角的【预览(P)…】按钮查看欲打印的图形，如果认可，单击【确定】按钮即可打印图形，否则修改上述有关参数。

二、通过电子打印输出图样及浏览电子图样

电子打印的图样输出方式不需要任何硬件打印设备，可输出".dwf"和".pdf"两种格式的电子文档。通过系统自带的虚拟电子打印机"DWF6 ePlot.pc3"就可输出 DWF（Design Web Format）图样文件；通过虚拟电子打印机"AutoCAD PDF（General Documentation）.pc3"就可输出 PDF（Portable Document Format）电子文档。DWF 文件是矢量图形文件，由于它具有数据存储量小、实时缩放不影响显示精度等诸多优点而被广泛应用。DWF 电子文件特别适合于

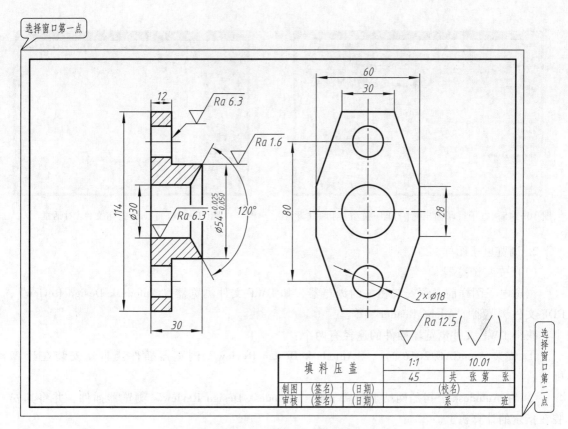

图 10-144　用【窗口】选择打印区域

在互联网上进行交流和分享，其文件后缀为 ".dwf"。PDF 文件是较通用的电子文档，可通过多种应用软件打开，其文件后缀为 ".pdf"。

1. 打印电子图样（仍以填料压盖零件图输出为例）

（1）执行【打印】命令，在弹出的［打印-模型］对话框（图 10-145）中进行如下设置：

① 【打印机/绘图仪】：选择 "DWF6 ePlot.pc3"（单击右边按钮【▼】，在打开的下拉菜单中寻找）；

② 【图纸尺寸】：根据需要设置，本例选择 "ISO full bleed A4（210.00×297.00 毫米）"；

③ 【打印区域】：根据需要设置，本例选择 "窗口" 方式；

④ 【打印偏移】：根据实际需要设置，本例勾选 "居中打印"。

⑤ 【打印比例】：根据图样所需的输出比例，选择打印比例，本例选择 "1∶1"。

⑥ 【图形方向】：根据图样，本例选择 "横向"。

（2）单击对话框左下角的【预览（P）…】按钮查看欲打印的图形，如果认可，单击【确定】按钮，在弹出的［浏览打印文件］对话框（图 10-146）中设置电子图形文件的存放路径和文件名（文件名后缀为：.dwf），单击【确定】按钮即可完成 DWF 文件的输出。

打印输出 PDF 电子文档图样时，除了选择 PDF 格式的虚拟电子打印机，如 "AutoCAD PDF（General Documentation）.pc3" 以外，其他设置选项的方法与 DWF 文件输出设置类似，此处不再赘述。

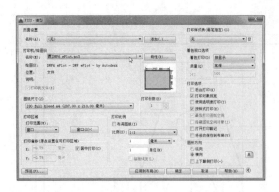

图 10-145 电子打印输出时［打印-模型］对话框设置　　　　图 10-146 ［浏览打印文件］对话框

2. 浏览电子图样

（1）安装浏览器

浏览电子图样前必须安装相关的浏览器，如 DWF 文件浏览器 "Autodesk Design Review"、PDF 文件浏览器 "Adobe Reader" 等。

获得 DWF 文件浏览器插件的途径有两个：

① 安装 AutoCAD 2016 时，"Autodesk Design Review" 浏览器插件会自动安装在计算机上；

② 在 Autodesk 公司的网站上免费下载 "Autodesk Design Review" 浏览器插件，并将其安装在指定的计算机上。

（2）浏览图样

双击 DWF 文件或 PDF 文件的图标即可在相关浏览器中打开电子图样。打开的图样如图 10-147 所示。

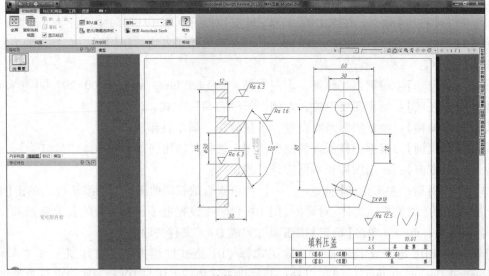

(a)"填料压盖.dwf"文件

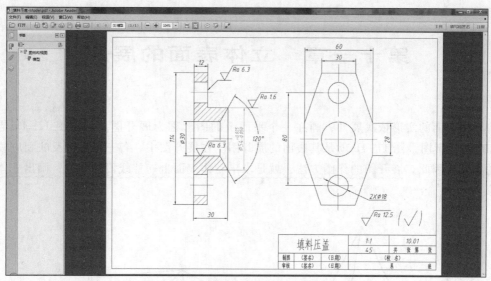

(b) "填料压盖.pdf" 文件

图 10-147　打开的 "填料压盖" 电子文件

在 "Autodesk Design Review" 浏览器中，可以使用各种工具，通过平移、缩放等多种方式查看 DWF 图样，还可以进行审阅批注（图 10-148）、标记、测量，以及打印输出等。

在 "Adobe Reader" 浏览器中，同样可以对 PDF 图样进行相关的操作。

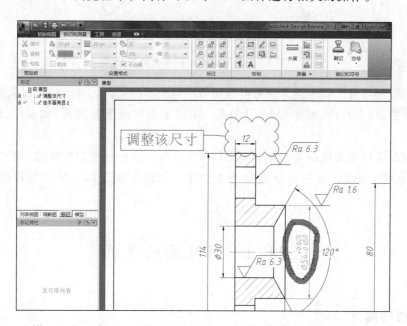

图 10-148　在 "Autodesk Design Review" 中对图样审阅批注和标记

第十一章　立体表面的展开

　　将立体表面的实形依次展开，画在一个平面上的图形称为展开图。例如图 11-1a 是三棱锥 S-ABC 的投影图，图 11-1b 就是其表面的展开图。在展开图中，各三角形都反映相应棱面或底面的实形。因此，展开图的作图方法，就是求出立体表面上一些线段的实长，画出立体表面的实形。

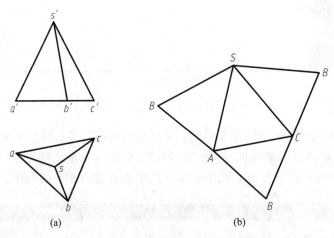

(a)　　　　　　　　　　　(b)

图 11-1　三棱锥的投影图和表面展开图

　　立体表面按其可展性的不同，分为可展面与不可展面两类。凡表面是平面或连续两素线是平行或相交的曲面(如柱面、锥面)都是可展面，不属于上述范围的曲面(如球面、环面)都是不可展面。

　　展开图广泛应用于薄板制件，在生产中画展开图时，还必须考虑板材的性能、厚度、制造工艺和经济效益等问题，这些内容本章不予介绍。下面主要介绍立体表面理论上的展开图画法。

§11-1　可展面的展开

一、柱面的展开

　　由于柱面的棱线或素线都是互相平行的，所以当柱体的底面垂直于其棱线或素线时，展开后：(1)底面的周边必成一条直线段；(2)各棱线或素线在展开图上都和这直线段相互垂直。以上两点是柱面展开图的作图依据。

1. 截头三棱柱的棱面展开图画法(图 11-2)

从图 11-2a 中可以看出，截头三棱柱的底面为水平面，其棱线和底面垂直，因此在展开图中，底面周边展开成直线段 $ABCA$，其长度可从俯视图中量取。展开后各棱线 AI、BII、$CIII$ 都与线段 $ABCA$ 垂直，其长度可以从主视图中量取。最后用折线连接 IIIIIIII，就作出了截头三棱柱的棱面展开图，如图 11-2b 所示。画展开图时，一般是从最短的棱线或最短的素线开始。

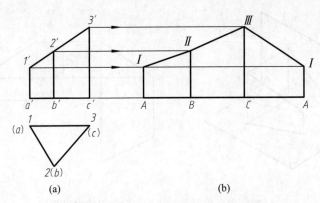

图 11-2　截头三棱柱的棱面展开图画法

2. 截头正圆柱的柱面展开图画法(图 11-3)

正圆柱的柱面展开图是一矩形，其长为底圆周长，高为圆柱高。画展开图时，常用内接于正圆柱的正棱柱的棱面展开图来代替，正棱柱底面的边数愈多，展开图的精确度愈高。图 11-3 表示以截头正十二棱柱代替截头圆柱来作圆柱面展开图的方法(俯视图中未将正十二边形画出)。作图时，各素线的上端点必须用光滑曲线连接起来。

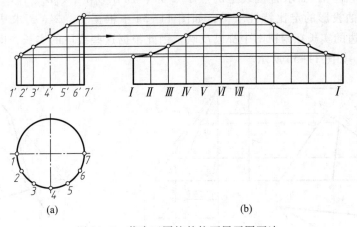

图 11-3　截头正圆柱的柱面展开图画法

二、锥面的展开

由于锥面的棱线或素线都相交于一点，所以作锥面展开图时，要先求出锥面各棱线或一系列素线和底面周边的实长(当底面周边为曲线时，则以底面周边的内接多边形周边的实长来代替)。然后依次画出各棱面(三角形)或锥面(用若干三角形取代)的实形而求得。

1. 用直角三角形法求一般位置线段的实长

图 11-4a 表示一般位置线段 AB 及其两面投影，如果过点 A 作 $AC /\!/ ab$，交 Bb 于点 C，则三角形 ABC 是一直角三角形，$\angle ACB = 90°$，$AC = ab$，$BC = Bb - Cb = z_b - z_a = \Delta z$；由此可见，线段 AB 的实长可由投影图求得。

图 11-4b 表示根据投影图作出直角三角形 $A_0 B_0 C_0$，其斜边 $A_0 B_0$ 就是 AB 的实长。

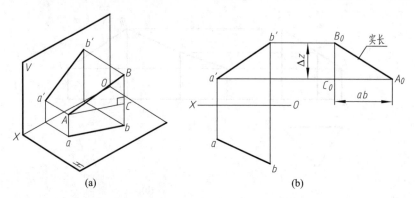

(a)　　　　　　　(b)

图 11-4　用直角三角形法求一般位置线段的实长

2. 截头三棱锥的棱面展开图画法（图 11-5）

画截头锥体的锥面展开图时，应首先画出完整的锥面展开图，然后在展开图上找出各棱线或一些素线与截平面交点的位置，再连接起来即完成作图。

图 11-5a 是一截头三棱锥，它的各棱线都处于一般位置，因此可以利用直角三角形法求出各棱线的实长 $S_0 A_0$、$S_0 B_0$、$S_0 C_0$。为了简化作图，图中将三个直角三角形重叠在一起画出（因为它们的 Δz 相同）。而求各棱线上的点 I、II、III 在 $S_0 A_0$、$S_0 B_0$、$S_0 C_0$ 上的位置时，可以利用直线上点的投影的定比特性求得，如图 11-5a 中根据 $1'$、$2'$、$3'$ 求 I_0、II_0、III_0 的作图。由于底面各边的实长在俯视图中都已反映，因此根据这些线段的实长，即可作出截头三棱锥的棱面展开图，如图 11-5b 所示。

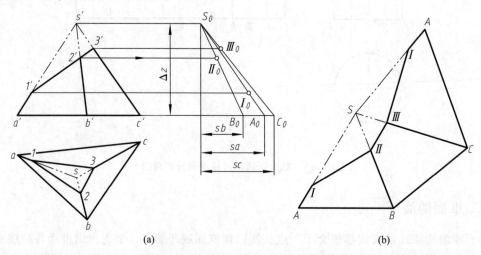

(a)　　　　　　　(b)

图 11-5　截头三棱锥的棱面展开图画法

3. 正圆锥面的展开图画法(图 11-6)

正圆锥面的展开图是一个以素线的长度为半径、底圆的周长为弧长的扇形。画正圆锥面的展开图时，常用内接于正圆锥面的正棱锥的棱面展开图来代替。图 11-6a 就是以内接正十二棱锥代替正圆锥面(俯视图中未将正十二边形画出)，作出圆锥面的展开图的。

4. 斜椭圆锥面的展开图画法(图 11-7)

轴线倾斜于底面、底面为圆的锥体，称为斜椭圆锥。斜椭圆锥面的展开图画法与正圆锥面的展开图画法相似，其不同之处仅在于斜椭圆锥面上的素线长度不是都相等。画斜椭圆锥面的展开图时，还是用内接于斜椭圆锥面的斜棱锥面的展开图来代替。图 11-7 表示以斜八棱锥面来代替斜椭圆锥面作展开图的方法。作图时，各素线的实长，除 SI 和 SV 在主视图中已直接反映外，其余都用直角三角形法求出，如图 11-7a 所示。完成的展开图如图 11-7b 所示。

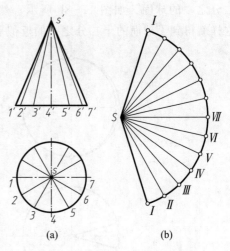

图 11-6　正圆锥面的展开图画法

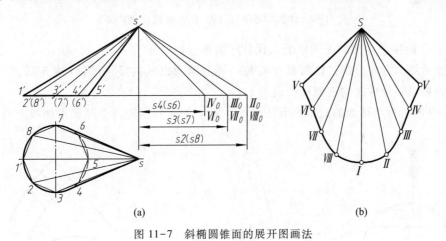

(a)　　　　　　　　　　　　(b)

图 11-7　斜椭圆锥面的展开图画法

§11-2　不可展面的展开——近似展开

不可展面需要展开时，通常用近似的可展面来代替，从而作出其近似展开图。

一、球面的近似展开

球面的近似展开图画法有多种，现介绍两种画法如下。

1. 以若干外切于球面的正圆柱面来代替球面作近似展开

将球面沿经线方向分成若干等份，并将每一等份以球面的外切正圆柱面来代替，然后将这部分圆柱面的展开图作为该部分球面的近似展开图。图 11-8a 表示先将球面沿经线作十二等份(等份数愈多愈接近球面)，图中只画出一个等份。再以相应的部分外切圆柱面来代替这十二分之一的球面，如图 11-8b 所示。然后作出这部分正圆柱面的展开图，如图 11-8c 所示。这样就得到了球面的十二分之一的近似展开图。

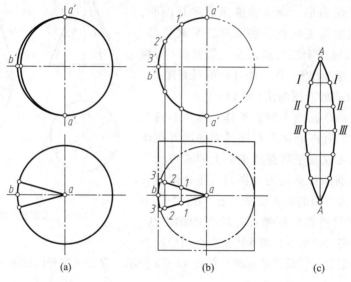

(a)　　　　　　　　　　(b)　　　　　　　　　(c)

图 11-8　球面的近似展开图画法（以圆柱面代替）

2. 以若干内接于球面的正圆锥面来代替球面作近似展开

将球面沿纬圆方向分割，这时就可将每一部分球面以其内接正圆锥（或正圆台）的锥面展开图来作为相应部分球面的近似展开图。

图 11-9 所示为半球面的近似展开图画法。图 11-9a 表示先将半球面沿纬线方向分割成三

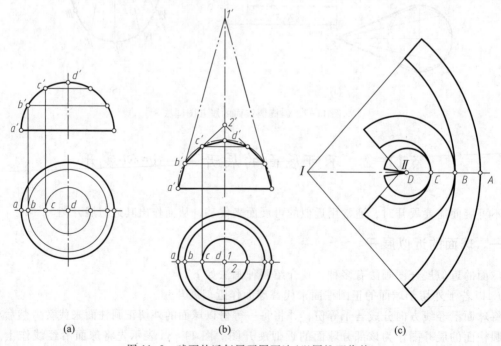

(a)　　　　　　　　(b)　　　　　　　(c)

图 11-9　球面的近似展开图画法（以圆锥面代替）

部分，再将这三部分球面分别用内接正圆锥（或正圆台）的锥面来代替，如图 11-9b 所示。这些圆锥面的展开图如图 11-9c 所示。这样就得到了半球面的近似展开图。

二、环面的近似展开

环面可用若干外切于环面的正圆柱面来代替，从而作出其近似展开图。

图 11-10 是一个四分之一环面的近似展开图画法。作图时，可先将环面沿素线方向作若干等份（等份数愈多，近似展开后愈接近于环面），图 11-10a 表示作四等份。将这四个环面用相同的外切于环面的截头正圆柱面来代替，如图 11-10b 所示。图 11-10c 表示 Ⅰ、Ⅳ 两个相同部分的展开图，图 11-10d 是将 Ⅱ、Ⅲ 两个相同部分连接在一起的展开图。

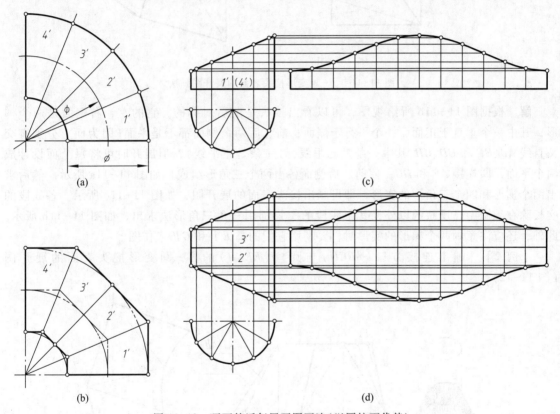

图 11-10　环面的近似展开图画法（以圆柱面代替）

§11-3　变形接头表面的展开

如果将两个截面形状不同的管道连接起来，需要使用变形接头。变形接头的表面应设计成可展面，以保证其表面能准确展开。现举例说明其展开图的画法。

［**例 1**］　画出连接方口（*ABCD*）与矩形口（*EFGH*）的方–矩变形接头表面的展开图（图 11-11）。

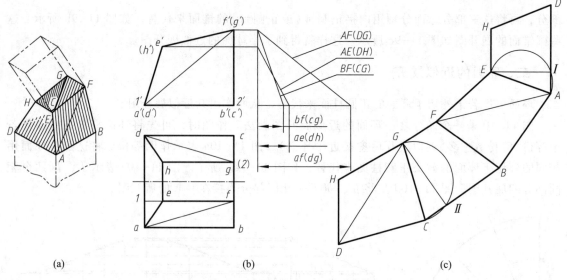

图 11-11　方-矩变形接头表面的展开图画法

解　根据图 11-11b 所给视图，可以看出接头是前后对称的，它的左、右侧面是两个梯形，其中一个垂直于正面，一个平行于侧面；前、后两个侧面都不是平面（因为面上分别有交叉直线 AB、EF 和 CD、GH，其中一条是侧垂线，另一条是正平线），但展开时可将每个面设计成两个平面，即连接 AF 和 DG，使前、后侧面各由两个三角形组成，如图 11-11a 所示。然后求出两个梯形和四个三角形的实形，即可画出接头表面的展开图，如图 11-11c 所示。各线段的实长除在视图中已反映的以外，其余线段的实长都用直角三角形法求出，如图 11-11b 所示。此外，还应注意画两个梯形的实形时，要利用它们的高 EI 和 GII 来作图。

[**例 2**]　画出连接方口（ABCD）与圆口（EFGH）的方-圆变形接头表面的展开图（图 11-12）。

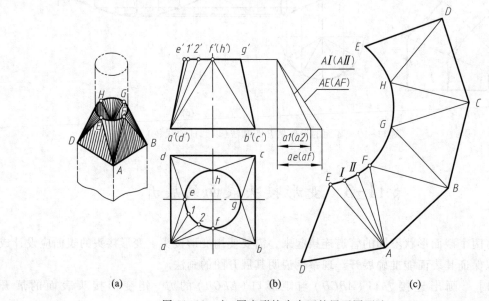

图 11-12　方-圆变形接头表面的展开图画法

解 根据图 11-12b 所给视图，可以看出接头的表面既非平面，又非可展曲面。图 11-12a 表示了将它设计成可展面的方法，即设计成由四个相同的部分斜椭圆锥面和四个全等的三角形所组成，这样就可用前面介绍的方法，作出方-圆变形接头表面的展开图，如图 11-12c 所示。这里要指出的是，圆周上的四个分界点 E、F、G、H 不是任取的，过这些点与圆的切线应分别平行于方口的四条边。

通过以上举例，说明变形接头的表面按可展面设计。在设计时，一般对应于管口的直线边或曲线边分别采用平面或锥面来连接两管口，这样设计的变形接头，它的表面都是可以展开的。

附　　录

为了突出重点，便于学生查阅，附录中的图、表都是相应标准的摘录。

一、常用零件结构要素

1. 零件倒圆与倒角（摘自 GB/T 6403.4—2008）

附表 1　　　　　　　　　　　　　　　　　　　　　　　　mm

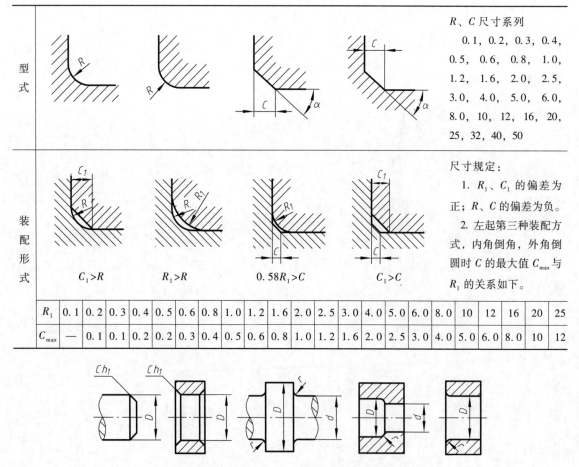

R、C 尺寸系列

0.1, 0.2, 0.3, 0.4, 0.5, 0.6, 0.8, 1.0, 1.2, 1.6, 2.0, 2.5, 3.0, 4.0, 5.0, 6.0, 8.0, 10, 12, 16, 20, 25, 32, 40, 50

尺寸规定：

1. R_1、C_1 的偏差为正；R、C 的偏差为负。

2. 左起第三种装配方式，内角倒角，外角倒圆时 C 的最大值 C_{max} 与 R_1 的关系如下。

型式

装配形式

$C_1>R$　　$R_1>R$　　$0.58R_1>C$　　$C_1>C$

R_1	0.1	0.2	0.3	0.4	0.5	0.6	0.8	1.0	1.2	1.6	2.0	2.5	3.0	4.0	5.0	6.0	8.0	10	12	16	20	25
C_{max}	—	0.1	0.1	0.2	0.2	0.3	0.4	0.5	0.6	0.8	1.0	1.2	1.6	2.0	2.5	3.0	4.0	5.0	6.0	8.0	10	12

附表 2　与直径 D 相应的倒角 h_1、倒圆 r 的推荐值　　　　　　mm

直径 D	<3	3~6	>6~10	>10~18	>18~30	>30~50	>50~80	>80~120	>120~180
r 或 h_1	0.2	0.4	0.6	0.8	1.0	1.6	2.0	2.5	3.0

注：倒角一般用 45°，也可采用 30°或 60°。

2. 砂轮越程槽(摘自 GB/T 6403.5—2008)

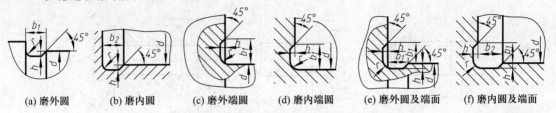

(a) 磨外圆　　(b) 磨内圆　　(c) 磨外端圆　　(d) 磨内端圆　　(e) 磨外圆及端面　　(f) 磨内圆及端面

附表 3　回转面及端面砂轮越程槽的尺寸 　　　　　　　　　mm

b_1	0.6	1	1.6	2.0	3.0	4.0	5.0	8.0	10
b_2	2	3.0		4.0		5.0		8.0	10
h	0.1	0.2		0.3	0.4		0.6	0.8	1.2
r	0.2	0.5		0.8	1		1.6	2.0	3.0
d	~10			>10~50		>50~100		>100	

注：① 越程槽内与直线相交处，不允许产生尖角。
　　② 越程槽深度 h 与圆弧半径 r，要满足 $r \leqslant 3h$。
　　③ 磨削具有数个直径的工件时，可使用同一规格的越程槽。
　　④ 直径 d 值大的零件，允许选择小规格的砂轮越程槽。
　　⑤ 砂轮越程槽的尺寸公差和表面结构要求根据该零件的结构、性能确定。

附表 4　平面砂轮越程槽的尺寸 　　　　　　　　　mm

	b	2	3	4	5
	r	0.5	1	1.2	1.6

平面砂轮越程槽

附表 5　燕尾导轨砂轮越程槽的尺寸 　　　　　　　　　mm

H	<5	6	8	10	12	16	20	25	32	40	50	63	80
b h	1	2		3			4			5			6
r	0.5	0.5		1.0			1.6			1.6			2.0

燕尾导轨砂轮越程槽

3. 螺纹结构

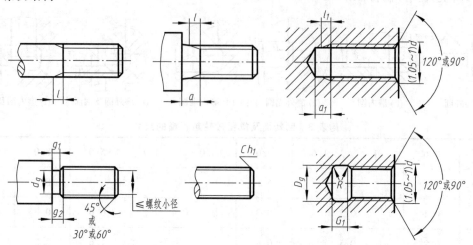

附表6 普通螺纹收尾、肩距、退刀槽、倒角（摘自 GB/T 3—1997）　　　　mm

螺距 P	粗牙螺纹大径 D、d	外　　螺　　纹							倒角 c	内　　螺　　纹						
		螺纹收尾 l（不大于）		肩距 a（不大于）			退刀槽				螺纹收尾 l_1（不大于）		肩距 a_1（不大于）		退刀槽		
		一般	短的	一般	长的	短的	g_2 max	g_1 min	d_g		一般	长的	一般	长的	G_1 一般	$R\approx$	D_g
0.2	—	0.5	0.25	0.6	0.8	0.4				0.2	0.4	0.6	1.2	1.6			
0.25	1；1.2	0.6	0.3	0.75	1	0.5	0.75	0.4	$d-0.4$		0.5	0.8	1.5	2			
0.3	1.4	0.75	0.4	0.9	1.2	0.6	0.9	0.5	$d-0.5$	0.3	0.6	0.9	1.8	2.4			
0.35	1.6；1.8	0.9	0.45	1.05	1.4	0.7	1.05	0.6	$d-0.6$		0.7	1.1	2.2	2.8			
0.4	2	1	0.5	1.2	1.6	0.8	1.2	0.7	$d-0.7$	0.4	0.8	1.2	2.5	3.2			
0.45	2.2；2.5	1.1	0.6	1.35	1.8	0.9	1.35	0.7	$d-0.7$		0.9	1.4	2.8	3.6			
0.5	3	1.25	0.7	1.5	2	1	1.5	0.8	$d-0.8$	0.5	1	1.5	3	4	2	0.2	
0.6	3.5	1.5	0.75	1.8	2.4	1.2	1.8	0.9	$d-1$		1.2	1.8	3.2	4.8	2.4	0.3	
0.7	4	1.75	0.9	2.1	2.8	1.4	2.1	1.1	$d-1.1$	0.6	1.4	2.1	3.5	5.6	2.8	0.4	$d+0.3$
0.75	4.5	1.9	1	2.25	3	1.5	2.25	1.2	$d-1.2$		1.5	2.3	3.8	6	3	0.4	
0.8	5	2	1	2.4	3.2	1.6	2.4	1.3	$d-1.3$	0.8	1.6	2.4	4	6.4	3.2	0.4	
1	6；7	2.5	1.25	3	4	2	3	1.6	$d-1.6$	1	2	3	5	8	4	0.5	
1.25	8	3.2	1.6	4	5	2.5	3.75	2	$d-2$	1.2	2.5	3.8	6	10	5	0.6	
1.5	10	3.8	1.9	4.5	6	3	4.5	2.5	$d-2.3$	1.5	3	4.5	7	12	6	0.8	
1.75	12	4.3	2.2	5.3	7	3.5	5.25	3	$d-2.6$		3.5	5.2	9	14	7	0.9	
2	14；16	5	2.5	6	8	4	6	3.4	$d-3$	2	4	6	10	16	8	1	
2.5	18；20；22	6.3	3.2	7.5	10	5	7.5	4.4	$d-3.6$		5	7.5	12	18	10	1.2	
3	24；27	7.5	3.8	9	12	6	9	5.2	$d-4.4$	2.5	6	9	14	22	12	1.5	$d+0.5$
3.5	30；33	9	4.5	10.5	14	7	10.5	6.2	$d-5$		7	10.5	16	24	14	1.8	
4	36；39	10	5	12	16	8	12	7	$d-5.7$	3	8	12	18	26	16	2	
4.5	42；45	11	5.5	13.5	18	9	13.5	8	$d-6.4$	4	9	13.5	21	29	18	2.2	
5	48；52	12.5	6.3	15	20	10	15	9	$d-7$		10	15	23	32	20	2.5	
5.5	56；60	14	7	16.5	22	11	17.5	11	$d-7.7$	5	11	16.5	25	35	22	2.8	
6	64；68	15	7.5	18	24	12	18	11	$d-8.3$		12	18	28	38	24	3	

注：普通螺纹（第一列左侧竖排）

4. 紧固件通孔及沉头座尺寸

附表7　紧固件通孔(摘自 GB/T 5277—1985)及沉头座尺寸(摘自 GB/T 152.2~152.4)　mm

螺纹规格 d			2	2.5	3	4	5	6	8	10	12	14	16	18	20	22	24
通孔直径 GB/T 5277—1985		精装配	2.2	2.7	3.2	4.3	5.3	6.4	8.4	10.5	13	15	17	19	21	23	25
		中等装配	2.4	2.9	3.4	4.5	5.5	6.6	9	11	13.5	15.5	17.5	20	22	24	26
		粗装配	2.6	3.1	3.6	4.8	5.8	7	10	12	14.5	16.5	18.5	21	24	26	28
六角头螺栓和螺母用沉孔 t—刮平为止 GB/T 152.4—1988	用于标准螺栓对及边六宽度螺母六角头	d_2 (H15)	6	8	9	10	11	13	18	22	26	30	33	36	40	43	48
		d_3	—	—	—	—	—	—	—	—	16	18	20	22	24	26	28
		d_1 (H13)	2.4	2.9	3.4	4.5	5.5	6.6	9	11	13.5	15.5	17.5	20	22	24	26
圆柱头用沉孔 GB/T 152.3—1988	用于 GB/T 70	d_2 (H13)	4.3	5.0	6.0	8.0	10	11	15	18	20	24	26	—	33	—	40
		t (H13)	2.3	2.9	3.4	4.6	5.7	6.8	9	11	13	15	17.5	—	21.5	—	25.5
		d_3	—	—	—	—	—	—	—	—	16	18	20	—	24	—	28
		d_1 (H13)	2.4	2.9	3.4	4.5	5.5	6.6	9	11	13.5	15.5	17.5	—	22	—	26
	用于 GB/T 65 及 GB/T 67	d_2 (H13)	—	—	—	8	10	11	15	18	20	24	26	—	33	—	—
		t (H13)	—	—	—	3.2	4	4.7	6	7	8	9	10.5	—	12.5	—	—
		d_3	—	—	—	—	—	—	—	—	16	18	20	—	24	—	—
		d_1 (H13)	—	—	—	4.5	5.5	6.6	9	11	13.5	15.5	17.5	—	22	—	—
沉头用沉孔 90°±1° GB/T 152.2—2014	用于沉头及半沉头螺钉	D_c (H13) max	4.5	5.6	6.5	9.6	10.65	12.85	17.55	20.3	24.4	28.4	32.4	—	40.4		
		$t\approx$	1.05	1.35	1.55	2.55	2.58	3.13	4.26	4.65	6	7	8	—	10		
		d_h (H13)	2.4	2.9	3.4	4.5	5.5	6.6	9	11	13.5	15.5	17.5	—	22		

注：尺寸下带括弧的为其公差带。

5. 中心孔(摘自 GB/T 4459.5—1999)

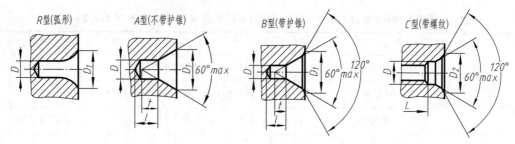

标 记 示 例

R 型中心孔，$D = 3.15$ mm，$D_1 = 6.7$ mm，标记为：GB/T 4459.5—R3.15/6.7

A 型中心孔，$D = 4$ mm，$D_1 = 8.5$ mm，标记为：GB/T 4459.5—A4/8.5

B 型中心孔，$D = 2.5$ mm，$D_1 = 8$ mm，标记为：GB/T 4459.5—B2.5/8

C 型中心孔，$D = M10$，$L = 30$ mm，$D_2 = 16.3$ mm，标记为：GB/T 4459.5—CM10L30/16.3

附表 8 R 型、A 型和 B 型中心孔的有关图样标注尺寸　　　　　　mm

D 公称尺寸	型　式				
	R	A		B	
	D_1 公称尺寸	D_1 公称尺寸	t 参考尺寸	D_1 公称尺寸	t 参考尺寸
(0.5)		1.06	0.5		
(0.63)		1.32	0.6		
(0.8)		1.70	0.7		
1.0	2.12	2.12	0.9	3.15	0.9
(1.25)	2.65	2.65	1.1	4	1.1
1.6	3.35	3.35	1.4	5	1.4
2.0	4.25	4.25	1.8	6.3	1.8
2.5	5.3	5.30	2.2	8	2.2
3.15	6.7	6.70	2.8	10	2.8
4.0	8.5	8.50	3.5	12.5	3.5
(5.0)	10.6	10.60	4.4	16	4.4
6.3	13.2	13.20	5.5	18	5.5
(8.0)	17.0	17.00	7.0	22.4	7.0
10.0	21.2	21.20	8.7	28	8.7

注：尽量避免选用括号中的尺寸。

附表 9 C 型中心孔的有关图样标注尺寸　　　　　　mm

D 公称尺寸	M3	M4	M5	M6	M8	M10	M12	M16	M20	M24
D_2 公称尺寸	5.8	7.4	8.8	10.5	13.2	16.3	19.8	25.3	31.3	38.0

二、螺纹

1. 普通螺纹(摘自 GB/T 193—2003、GB/T 196—2003)

标 记 示 例

粗牙普通螺纹,公称直径 10 mm,右旋,中径公差带代号 5g,顶径公差带代号 6g,短旋合长度的外螺纹,其标记为:M10-5g6g-S。

细牙普通螺纹,公称直径 10 mm,螺距 1 mm,左旋,中径和顶径公差带代号都是 6H,中等旋合长度的内螺纹,其标记为:M10×1-LH。

附表 10　直径与螺距标准组合系列、基本尺寸　　　　　　　mm

公称直径 D、d		螺距 P		粗牙小径 D_1、d_1	公称直径 D、d		螺距 P		粗牙小径 D_1、d_1
第一系列	第二系列	粗牙	细牙		第一系列	第二系列	粗牙	细牙	
3		0.5	0.35	2.459		22	2.5	2、1.5、1	19.294
	3.5	0.6		2.850	24		3		20.752
4		0.7		3.242		27	3		23.752
	4.5	0.75	0.5	3.688	30		3.5	(3)、2、1.5、1	26.211
5		0.8		4.134		33	3.5	(3)、2、1.5	29.211
6		1	0.75	4.917	36		4	3、2、1.5	31.670
8		1.25	1、0.75	6.647		39	4		34.670
10		1.5	1.25、1、0.75	8.376	42		4.5	(4)、3、2、1.5	37.129
12		1.75	1.25、1	10.106		45	4.5		40.129
	14	2	1.5、1.25、1	11.835	48		5		42.587
16		2	1.5、1	13.835		52	5		46.587
	18	2.5	2、1.5、1	15.294	56		5.5	4、3、2、1.5	50.046
20		2.5		17.294					

注:① 优先选用第一系列,括号内尺寸尽可能不用。第三系列未列入。

② 中径 D_2、d_2 未列入。

2. 梯形螺纹(摘自 GB/T 5796.4—2022)

标 记 示 例

单线梯形螺纹,公称直径 40 mm,螺距 7 mm,右旋,中径公差带代号 7e,中等旋合长度,其代号为:
Tr 40×7-7e

多线梯形螺纹,公称直径 40 mm,导程 14 mm,螺距 7 mm,左旋,中径公差带代号 8e,长旋合长度,其代号为:Tr 40×14P7-8e-L-LH

附表 11 梯形螺纹(摘自 GB/T 5796.2—2022)   mm

公称直径	第一系列	8		10		12		16		20		24		28		32		36		40		44		48		52		60		70
	第二系列		9		11		14		18		22		26		30		34		38		42		46		50		55		65	
螺距		1.5	1.5 2		2 3	2, 3		2, 4		3, 5, 8				3, 6, 10				3, 7, 10		3 7, 12		3, 8, 12				3 9, 14		4 10, 16		

3. 55°非密封管螺纹(摘自 GB/T 7307—2001)

标 记 示 例

管螺纹尺寸代号为 3/4,左旋内螺纹:G3/4LH(右旋螺纹不注旋向)

管螺纹尺寸代号为 1/2,A 级左旋外螺纹:G1/2A-LH

管螺纹尺寸代号为 1/2,B 级左旋外螺纹:G1/2B-LH

附表 12   mm

尺 寸 代 号	每 25.4 mm 内的牙数	螺距 P	基 本 直 径	
			大径 D、d	小径 D_1、d_1
1/8	28	0.907	9.728	8.566
1/4	19	1.337	13.157	11.445
3/8	19	1.337	16.662	14.950
1/2	14	1.814	20.955	18.631
5/8	14	1.814	22.911	20.587
3/4	14	1.814	26.441	24.117
7/8	14	1.814	30.201	27.877
1	11	2.309	33.249	30.291
1⅛	11	2.309	37.897	34.939
1¼	11	2.309	41.910	38.952
1½	11	2.309	47.803	44.845
1¾	11	2.309	53.746	50.788
2	11	2.309	59.614	56.656
2¼	11	2.309	65.710	62.752
2½	11	2.309	75.184	72.226
2¾	11	2.309	81.534	78.576
3	11	2.309	87.884	84.926

三、常用紧固件

1. 螺栓
六角头螺栓—C级（GB/T 5780—2016）、六角头螺栓—A级和B级（GB/T 5782—2016）

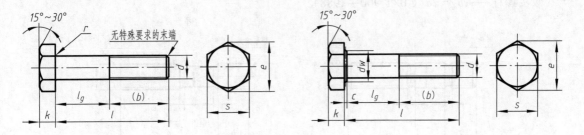

标 记 示 例

螺纹规格为 M12、公称长度 $l=80$、性能等级为 8.8 级，表面不经处理、A级的六角头螺栓：

螺栓 GB/T 5782 M12×80

附表 13   mm

螺纹规格 d			M3	M4	M5	M6	M8	M10	M12	M16	M20	M24	M30	M36	M42
b 参考	$l \leqslant 125$		12	14	16	18	22	26	30	38	46	54	66	—	—
	$125 < l \leqslant 200$		18	20	22	24	28	32	36	44	52	60	72	84	96
	$l > 200$		31	33	35	37	41	45	49	57	65	73	85	97	109
c			0.4	0.4	0.5	0.5	0.6	0.6	0.6	0.8	0.8	0.8	0.8	0.8	1
d_w	产品等级	A	4.57	5.88	6.88	8.88	11.63	14.63	16.63	22.49	28.19	33.61	—	—	—
		B、C	4.45	5.74	6.74	8.74	11.47	14.47	16.47	22	27.7	33.25	42.75	51.11	59.95
e	产品等级	A	6.01	7.66	8.79	11.05	14.38	17.77	20.03	26.75	33.53	39.98	—	—	—
		B、C	5.88	7.50	8.63	10.89	14.20	17.59	19.85	26.17	32.95	39.55	50.85	60.79	72.02
k	公称		2	2.8	3.5	4	5.3	6.4	7.5	10	12.5	15	18.7	22.5	26
r			0.1	0.2	0.2	0.25	0.4	0.4	0.6	0.6	0.8	0.8	1	1	1.2
s	公称		5.5	7	8	10	13	16	18	24	30	36	46	55	65
l(商品规格范围)			20~30	25~40	25~50	30~60	40~80	45~100	50~120	65~160	80~200	90~240	110~300	140~360	160~440
l 系列			12, 16, 20, 25, 30, 35, 40, 45, 50, 55, 60, 65, 70, 80, 90, 100, 110, 120, 130 140, 150, 160, 180, 200, 220, 240, 260, 280, 300, 320, 340, 360, 380, 400, 420, 440, 460, 480, 500												

注：① A级用于 $d \leqslant 24$ 和 $l \leqslant 10d$ 或 ≤150 的螺栓；B级用于 $d > 24$ 和 $l > 10d$ 或 >150 的螺栓。

② 螺纹规格 d 范围：GB/T 5780 为 M5~M64；GB/T 5782 为 M1.6~M64。

③ 公称长度范围：GB/T 5780 为 25~500；GB/T 5782 为 12~500。

2. 双头螺柱

双头螺柱——$b_m = 1d$（GB/T 897—1988）

双头螺柱——$b_m = 1.25d$（GB/T 898—1988）

双头螺柱——$b_m = 1.5d$（GB/T 899—1988）

双头螺柱——$b_m = 2d$（GB/T 900—1988）

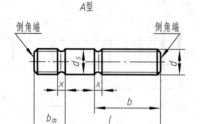

A型

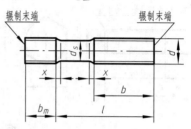

B型

标 记 示 例

两端均为粗牙普通螺纹，$d = 10$ mm，$l = 50$ mm，性能等级为 4.8 级、B 型、$b_m = 1d$ 的双头螺柱的标记为：

螺柱　GB/T 897　M10×50

旋入机体一端为粗牙普通螺纹，旋螺母一端为螺距 $P = 1$ mm 的细牙普通螺纹，$d = 10$ mm，$l = 50$ mm，性能等级为 4.8 级、A 型、$b_m = 1d$ 的双头螺柱的标记为：

螺柱　GB/T 897　AM10—M10×1×50

旋入机体一端为过渡配合螺纹的第一种配合，旋螺母一端为粗牙普通螺纹，$d = 10$ mm，$l = 50$ mm，性能等级为 8.8 级、镀锌钝化、B 型、$b_m = 1d$ 的双头螺柱的标记为：

螺柱　GB/T 897　GM10—M10×50-8.8-Zn·D

附表 14
mm

螺纹规格 d		M5	M6	M8	M10	M12	M16	M20	M24	M30	M36	M42
b_m	GB/T 897—1988	5	6	8	10	12	16	20	24	30	36	42
	GB/T 898—1988	6	8	10	12	15	20	25	30	38	45	52
	GB/T 899—1988	8	10	12	15	18	24	30	36	45	54	65
	GB/T 900—1988	10	12	16	20	24	32	40	48	60	72	84
d_s		5	6	8	10	12	16	20	24	30	36	42
x		1.5P	1.5P	1.5P	1.5P	1.5P	1.5P	1.5P	1.5P	1.5P	1.5P	1.5P
$\dfrac{l}{b}$		$\dfrac{16\sim12}{10}$	$\dfrac{20\sim22}{10}$	$\dfrac{20\sim22}{12}$	$\dfrac{25\sim28}{14}$	$\dfrac{25\sim30}{16}$	$\dfrac{30\sim38}{20}$	$\dfrac{35\sim40}{25}$	$\dfrac{45\sim50}{30}$	$\dfrac{60\sim65}{40}$	$\dfrac{65\sim75}{45}$	$\dfrac{65\sim80}{50}$
		$\dfrac{25\sim50}{16}$	$\dfrac{25\sim30}{14}$	$\dfrac{25\sim30}{16}$	$\dfrac{30\sim38}{16}$	$\dfrac{32\sim40}{20}$	$\dfrac{40\sim55}{30}$	$\dfrac{45\sim65}{35}$	$\dfrac{55\sim75}{45}$	$\dfrac{70\sim90}{50}$	$\dfrac{80\sim110}{60}$	$\dfrac{85\sim110}{70}$
			$\dfrac{32\sim75}{18}$	$\dfrac{32\sim90}{22}$	$\dfrac{40\sim120}{26}$	$\dfrac{45\sim120}{30}$	$\dfrac{60\sim120}{38}$	$\dfrac{70\sim120}{46}$	$\dfrac{80\sim120}{54}$	$\dfrac{95\sim120}{60}$	$\dfrac{120}{78}$	$\dfrac{120}{90}$
					$\dfrac{130}{32}$	$\dfrac{130\sim180}{36}$	$\dfrac{130\sim200}{44}$	$\dfrac{130\sim200}{52}$	$\dfrac{130\sim200}{60}$	$\dfrac{130\sim200}{72}$	$\dfrac{130\sim200}{84}$	$\dfrac{130\sim200}{96}$
										$\dfrac{210\sim250}{85}$	$\dfrac{210\sim300}{91}$	$\dfrac{210\sim300}{109}$
l 系列		16, (18), 20, (22), 25, (28), 30, (32), 35, (38), 40, 45, 50, (55), 60, (65), 70, (75), 80, (85), 90, (95), 100, 110, 120, 130, 140, 150, 160, 170, 180, 190, 200, 210, 220, 230, 240, 250, 260, 280, 300											

注：P 是粗牙螺纹的螺距。

3. 螺钉

（1）开槽圆柱头螺钉（GB/T 65—2016）　开槽盘头螺钉（GB/T 67—2016）

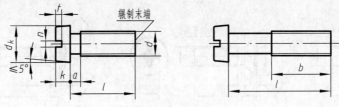

标 记 示 例

螺纹规格为 M5，公称长度 $l=20$ mm，性能等级为 4.8 级，表面不经处理的 A 级开槽圆柱头螺钉：

　　螺钉　GB/T 65　M5×20

附表 15 　　　　　　　　　　　　　　　　　　mm

螺纹规格 d			M3	M4	M5	M6	M8	M10
a	max		1	1.4	1.6	2	2.5	3
b	min		25	38	38	38	38	38
x	max		1.25	1.75	2	2.5	3.2	3.8
n	公称		0.8	1.2	1.2	1.6	2	2.5
GB/T 65—2016	d_k	max	5.5	7	8.5	10	13	16
		min	—	6.78	8.28	9.78	12.73	15.73
	k	max	2	2.6	3.3	3.9	5	6
		min	—	2.45	3.1	3.6	4.7	5.7
	t	min	0.85	1.1	1.3	1.6	2	2.4
GB/T 67—2016	d_k	max	5.6	8	9.5	12	16	20
		min	5.3	7.64	9.14	11.57	15.57	19.48
	k	max	1.8	2.4	3	3.6	4.8	6
		min	1.6	2.2	2.8	3.3	4.5	5.7
	t	min	0.7	1	1.2	1.4	1.9	2.4
GB/T 65—2016 GB/T 67—2016	$\dfrac{l}{b}$		$\dfrac{4\sim30}{l-a}$	$\dfrac{5\sim40}{l-a}$	$\dfrac{6\sim40}{l-a}$ $\dfrac{45\sim50}{b}$	$\dfrac{8\sim40}{l-a}$ $\dfrac{45\sim60}{b}$	$\dfrac{10\sim40}{l-a}$ $\dfrac{45\sim80}{b}$	$\dfrac{12\sim40}{l-a}$ $\dfrac{45\sim80}{b}$

注：① 表中型式(4~30)/($l\sim a$)表示全螺纹，其余同。

　　② 螺钉的长度系列 l 为：2，2.5，3，4，5，6，8，10，12，（14），16，20，25，30，35，40，45，50，（55），60，（65），70，（75），80，尽可能不采用括号内的规格。

（2）开槽沉头螺钉（GB/T 68—2016）、十字槽沉头螺钉（GB/T 819.1—2016）、十字槽半沉头螺钉（GB/T 820—2015）

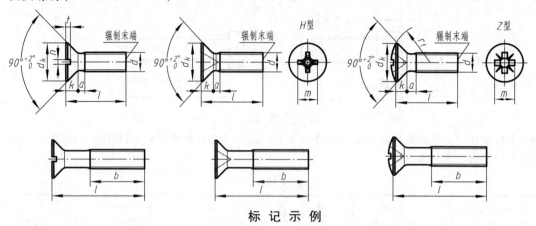

标 记 示 例

螺纹规格为 M5、公称长度 $l=20$ mm、性能等级为 4.8 级，表面不经处理的开槽沉头螺钉，其标记为：

螺钉　GB/T 68　M5×20

螺纹规格为 M5、公称长度 $l=20$ mm、性能等级为 4.8 级、表面不经处理的 H 型十字槽沉头螺钉，其标记为：

螺钉　GB/T 819.1　M5×20

附表 16

mm

螺纹规格 d		M2	M2.5	M3	M4	M5	M6	M8	M10
a max		0.8	0.9	1	1.4	1.6	2	2.5	3
b min		25	25	25	38	38	38	38	38
d_k 实际值	max	3.8	4.7	5.5	8.4	9.3	11.3	15.8	18.3
	min	3.5	4.4	5.2	8.04	8.94	10.87	15.37	17.78
k 公称=max		1.2	1.5	1.65	2.7	2.7	3.3	4.65	5
$r_f \approx$		4	5	6	9.5	9.5	12	16.5	19.5
n 公称		0.5	0.6	0.8	1.2	1.2	1.6	2	2.5
t	min	0.4	0.5	0.6	1	1.1	1.2	1.8	2
	max	0.6	0.75	0.85	1.3	1.4	1.6	2.3	2.6
H 型十字槽 m 参考	GB/T 819.1	1.9	2.9	3.2	4.6	5.2	6.8	8.9	10
	GB/T 820	2	3	3.4	5.2	5.4	7.3	9.6	10.4
l 公称（系列值）		2.5、3、4、5、6、8、10、12、（14）、16、20、25、30、35、40、45、50、（55）、60、（65）、70、（75）、80								

注：① l 公称值尽可能不采用括号内的规格。

　　② GB/T 68 当 $d \leqslant 3$、$l \leqslant 30$ 时，及当 $d>3$、$l \leqslant 45$ 时，杆部制出全螺纹。

　　③ 螺纹规格 d 从 M1.6~M10。

　　④ GB/T 819.1 公称长度 l 从 3~60，当 $d \leqslant 3$、$l \leqslant 35$ 时，及当 $d \geqslant 4$、$l \leqslant 45$ 时，杆部制出全螺纹。

（3）紧定螺钉

开槽锥端紧定螺钉	开槽平端紧定螺钉	开槽长圆柱端紧定螺钉
（GB/T 71—2018）	（GB/T 73—2017）	（GB/T 75—2018）

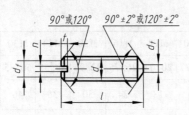 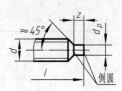

标 记 示 例

螺纹规格为 M5、公称长度 $l=12$ mm、钢制、硬度等级为 14H 级、表面不经处理、产品等级为 A 级的开槽锥端紧定螺钉，其标记为：

螺钉 GB/T 71 M5×12

螺纹规格为 M8、公称长度 $l=20$ mm、钢制、硬度等级为 14H 级、表面不经处理、产品等级为 A 级的开槽长圆柱端紧定螺钉，其标记为：

螺钉 GB/T 75 M8×20

附表 17　　　　　　　　　　　　　　　　　　　　　　　　　　mm

螺纹规格 d		M1.6	M2	M2.5	M3	M4	M5	M6	M8	M10	M12
P（螺距）		0.35	0.4	0.45	0.5	0.7	0.8	1	1.25	1.5	1.75
n		0.25	0.25	0.4	0.4	0.6	0.8	1	1.2	1.6	2
t		0.74	0.84	0.95	1.05	1.42	1.63	2	2.5	3	3.6
d_t		0.16	0.2	0.25	0.3	0.4	0.5	1.5	2	2.5	3
d_p		0.8	1	1.5	2	2.5	3.5	4	5.5	7	8.5
z		1.05	1.25	1.5	1.75	2.25	2.75	3.25	4.3	5.3	6.3
l	GB/T 71—1985	2~8	3~10	3~12	4~16	6~20	8~25	8~30	10~40	12~50	14~60
	GB/T 73—1985	2~8	2~10	2.5~12	3~16	4~20	5~25	6~30	8~40	10~50	12~60
	GB/T 75—1985	2.5~8	3~10	4~12	5~16	6~20	8~25	10~30	10~40	12~50	14~60
l 系列		2, 2.5, 3, 4, 5, 6, 8, 10, 12, (14), 16, 20, 25, 30, 35, 40, 45, 50, (55), 60									

注：① l 为公称长度。

　　② 括号内的规格尽可能不采用。

4. 六角螺母

1 型六角螺母—A 级和 B 级	2 型六角螺母—A 级和 B 级	六角薄螺母—A 级和 B 级—倒角
（GB/T 6170—2015）	（GB/T 6175—2016）	（GB/T 6172.1—2016）

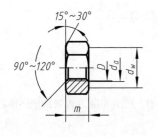 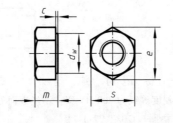 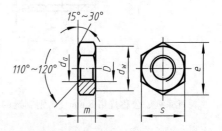

标 记 示 例

螺纹规格为 M12、性能等级为 8 级、表面不经处理、产品等级为 A 级的 1 型六角螺母，其标记为：

螺母 GB/T 6170 M12

附表 18　　　　　　　　　　　　　　　　　　mm

螺纹规格 D		M3	M4	M5	M6	M8	M10	M12	M16	M20	M24	M30	M36
e_{min}		6.01	7.66	8.79	11.05	14.38*	17.77	20.03	26.75	32.95	39.55	50.85	60.79
s	max	5.5	7	8	10	13	16	18	24	30	36	46	55
	min	5.32	6.78	7.78	9.78	12.73	15.73	17.73	23.67	29.16	35	45	53.8
c_{max}		0.4	0.4	0.5	0.5	0.6	0.6	0.6	0.8	0.8	0.8	0.8	0.8
d_{wmin}		4.6	5.9	6.9	8.9	11.6	14.6	16.6	22.5	27.7	33.2	42.7	51.1
d_{amax}		3.45	4.6	5.75	6.75	8.75	10.8	13	17.3	21.6	25.9	32.4	38.9
GB/T 6170— 2015 m	max	2.4	3.2	4.7	5.2	6.8	8.4	10.8	14.8	18	21.5	25.6	31
	min	2.15	2.9	4.4	4.9	6.44	8.04	10.37	14.1	16.9	20.2	24.3	29.4
GB/T 6172.1— 2016 m	max	1.8	2.2	2.7	3.2	4	5	6	8	10	12	15	18
	min	1.55	1.95	2.45	2.9	3.7	4.7	5.7	7.42	9.10	10.9	13.9	16.9
GB/T 6175— 2016 m	max	—	—	5.1	5.7	7.5	9.3	12	16.4	20.3	23.9	28.6	34.7
	min	—	—	4.8	5.4	7.14	8.94	11.57	15.7	19	22.6	27.3	33.1

注：① GB/T 6170 和 GB/T 6172.1 的螺纹规格为 M1.6~M64；GB/T 6175 的螺纹规格为 M5~M36。

② A 级用于 D≤M16；B 级用于 D>M16。

5. 垫圈

（1）平垫圈

小垫圈—A 级　　　　平垫圈—A 级　　　　平垫圈 倒角型—A 级
（GB/T 848—2002）　　（GB/T 97.1—2002）　　（GB/T 97.2—2002）

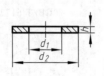

标 记 示 例

标准系列、公称规格 8 mm、由钢制造的硬度等级为 200 HV 级、不经表面处理、产品等级为 A 级的平垫圈：

垫圈 GB/T 97.1 8

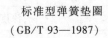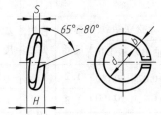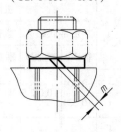

附表 19　　　　　　　　　　　　　　　　　　　　　　　　　mm

公称规格 （螺纹大径 d）		1.6	2	2.5	3	4	5	6	8	10	12	14	16	20	24	30	36
d_1	GB/T 848 GB/T 97.1	1.7	2.2	2.7	3.2	4.3	5.3	6.4	8.4	10.5	13	15	17	21	25	31	37
	GB/T 97.2	—	—	—	—	—	5.3	6.4	8.4	10.5	13	15	17	21	25	31	37
d_2	GB/T 848	3.5	4.5	5	6	8	9	11	15	18	20	24	28	34	39	50	60
	GB/T 97.1	4	5	6	7	9	10	12	16	20	24	28	30	37	44	56	66
	GB/T 97.2	—	—	—	—	—	10	12	16	20	24	28	30	37	44	56	66
h	GB/T 848 GB/T 97.1	0.3	0.3	0.5	0.5	0.8	1	1.6	1.6	2	2.5	2.5	3	3	4	4	5
	GB/T 97.2	—	—	—	—	—	1	1.6	1.6	2	2.5	2.5	3	3	4	4	5

（2）弹簧垫圈

标准型弹簧垫圈　　　　　　　　　　轻型弹簧垫圈
（GB/T 93—1987）　　　　　　　　（GB/T 859—1987）

标 记 示 例

规格 16 mm、材料为 65 Mn、表面氧化的标准型弹簧垫圈：

垫圈　GB/T 93　16

附表 20　　　　　　　　　　　　　　　　　　　　　　　　　mm

规格（螺纹大径）		3	4	5	6	8	10	12	(14)	16	(18)	20	(22)	24	(27)	30
d		3.1	4.1	5.1	6.1	8.1	10.2	12.2	14.2	16.2	18.2	20.2	22.5	24.5	27.5	30.5
H	GB/T 93	1.6	2.2	2.6	3.2	4.2	5.2	6.2	7.2	8.2	9	10	11	12	13.6	15
	GB/T 859	1.2	1.6	2.2	2.6	3.2	4	5	6	6.4	7.2	8	9	10	11	12
$S(b)$	GB/T 93	0.8	1.1	1.3	1.6	2.1	2.6	3.1	3.6	4.1	4.5	5	5.5	6	6.8	7.5
S	GB/T 859	0.6	0.8	1.1	1.3	1.6	2	2.5	3	3.2	3.6	4	4.5	5	5.5	6
$0<m\leqslant$	GB/T 93	0.4	0.55	0.65	0.8	1.05	1.3	1.55	1.8	2.05	2.25	2.5	2.75	3	3.4	3.75
	GB/T 859	0.3	0.4	0.55	0.65	0.8	1	1.25	1.5	1.6	1.8	2	2.25	2.5	2.75	3
b	GB/T 859	1	1.2	1.5	2	2.5	3	3.5	4	4.5	5	5.5	6	7	8	9

注：括号内的规格尽可能不采用。

四、常用键与销

1. 平键

(1) 平键和键槽的剖面尺寸（GB/T 1095—2003）

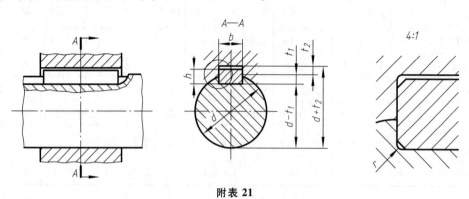

附表 21

mm

轴	键	键槽										
		宽度 b						深度				半径 r
			极限偏差					轴 t₁		毂 t₂		
公称直径 d	键尺寸 b×h	基本尺寸	正常联结		紧密联结	松联结		基本尺寸	极限偏差	基本尺寸	极限偏差	
			轴 N9	毂 JS9	轴和毂 P9	轴 H9	毂 D10					min	max
自 6~8	2×2	2	−0.004 −0.029	±0.012 5	−0.006 −0.031	+0.025 0	+0.060 +0.020	1.2	+0.1 0	1.0	+0.1 0	0.08	0.16
>8~10	3×3	3						1.8		1.4		
>10~12	4×4	4	0 −0.030	±0.015	−0.012 −0.042	+0.030 0	+0.078 +0.030	2.5		1.8		0.16	0.25
>12~17	5×5	5						3.0		2.3		
>17~22	6×6	6						3.5		2.8		
>22~30	8×7	8	0 −0.036	±0.018	−0.015 −0.051	+0.036 0	+0.098 +0.040	4.0		3.3		
>30~38	10×8	10						5.0		3.3		
>38~44	12×8	12	0 −0.043	±0.021 5	−0.018 −0.061	+0.043 0	+0.120 +0.050	5.0	+0.2 0	3.3	+0.2 0	0.25	0.40
>44~50	14×9	14						5.5		3.8		
>50~58	16×10	16						6.0		4.3		
>58~65	18×11	18						7.0		4.4		
>65~75	20×12	20	0 −0.052	±0.026	−0.022 −0.074	+0.052 0	+0.149 +0.065	7.5	+0.2 0	4.9	+0.2 0	0.40	0.60
>75~85	22×14	22						9.0		5.4		
>85~95	25×14	25						9.0		5.4		
>95~110	28×16	28						10.0		6.4		
>110~130	32×18	32						11.0		7.4		

注：在标准表中没有第一列"公称直径 d"这项内容，编者加上这一列是帮助初学者根据轴径 d 来确定键尺寸 b×h。

（2）普通平键型式尺寸（GB/T 1096—2003）

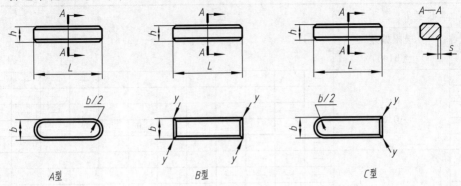

A型　　　　　　　　　B型　　　　　　　　　C型

注：$y \leqslant S_{max}$

标 记 示 例

普通 A 型平键、宽度 $b=18$ mm、高度 $h=11$ mm、长度 $L=100$ mm，其标记为：GB/T 1096　键　18×11×100

普通 B 型平键、宽度 $b=18$ mm、高度 $h=11$ mm、长度 $L=100$ mm，其标记为：GB/T 1096　键　B　18×11×100

普通 C 型平键、宽度 $b=18$ mm、高度 $h=11$ mm、长度 $L=100$ mm，其标记为：GB/T 1096　键　C　18×11×100

附表 22 mm

宽度 b	基本尺寸	2	3	4	5	6	8	10	12	14	16	18	20	22
	极限偏差（h8）	0 −0.014		0 −0.018			0 −0.022		0 −0.027				0 −0.033	

高度 h	基本尺寸		2	3	4	5	6	7	8	8	9	10	11	12	14
	极限偏差	矩形（h11）	—			—				0 −0.090				0 −0.110	
		方形（h8）	0 −0.014			0 −0.018			—						

倒角或倒圆 s	0.16～0.25		0.25～0.40		0.40～0.60		0.60～0.80

长度 L														
基本尺寸	极限偏差（h14）													
6	0 −0.36		—	—	—	—	—	—	—	—	—	—	—	—
8				—	—	—	—	—	—	—	—	—	—	—
10					—	—	—	—	—	—	—	—	—	—
12	0 −0.43					—	—	—	—	—	—	—	—	—
14							—	—	—	—	—	—	—	—
16							—	—	—	—	—	—	—	—
18								—	—	—	—	—	—	—
20								—	—	—	—	—	—	—
22	0 −0.52		—		标准				—	—	—	—	—	—
25			—							—	—	—	—	—
28			—							—	—	—	—	—

长度 L													
基本尺寸	极限偏差（h14）												
32	0 −0.62	—						—	—	—	—	—	
36										—	—	—	
40											—	—	
45		—	—			长度						—	
50		—	—	—									—
56	0 −0.74	—	—	—									
63		—	—	—									
70		—	—	—	—								
80		—	—	—	—								
90	0 −0.87	—	—	—	—		范围						
100		—	—	—	—	—							
110		—	—	—	—	—							

2. 销

（1）圆柱销（GB/T 119.1—2000）——不淬硬钢和奥氏体不锈钢

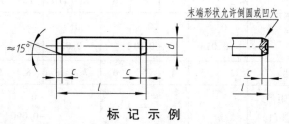

末端形状允许倒圆或凹穴

标 记 示 例

公称直径 $d=8$ mm，公差为 m6，公称长度 $l=30$ mm，材料为钢，不经淬火，不经表面处理的圆柱销，其标记为：

销　GB/T 119.1　8　m6×30

公称直径 $d=8$ mm，公差为 m6，公称长度 $l=30$ mm，材料为 A1 组奥氏体不锈钢，表面简单处理的圆柱销，其标记为：

销　GB/T 119.1　8　m6×30—A1

附表 23

mm

公称直径 d(m6/h8)	0.6	0.8	1	1.2	1.5	2	2.5	3	4	5
c≈	0.12	0.16	0.20	0.25	0.30	0.35	0.40	0.50	0.63	0.80
l(商品规格范围公称长度)	2~6	2~8	4~10	4~12	4~16	6~20	6~24	8~30	8~40	10~50
公称直径 d(m6/h8)	6	8	10	12	16	20	25	30	40	50
c≈	1.2	1.6	2.0	2.5	3.0	3.5	4.0	5.0	6.3	8.0
l(商品规格范围公称长度)	12~60	14~80	18~95	22~140	26~180	35~200	50~200	60~200	80~200	95~200
l系列	2, 3, 4, 5, 6, 8, 10, 12, 14, 16, 18, 20, 22, 24, 26, 28, 30, 32, 35, 40, 45, 50, 55, 60, 65, 70, 75, 80, 85, 90, 95, 100, 120, 140, 160, 180, 200									

注：① 材料用钢时硬度要求为 125~245 HV30，用奥氏体不锈钢 A1（GB/T 3098.6）时硬度要求 210~230 HV30。

② 公差 m6：$Ra \leqslant 0.8$ μm；公差 h8：$Ra \leqslant 1.6$ μm。

（2）圆锥销（GB/T 117—2000）

A 型（磨削）

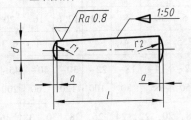

$$r_1 \approx d$$

$$r_2 \approx \frac{a}{2} + d + \frac{(0.021)^2}{8a}$$

B 型（切削或冷镦）

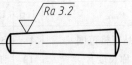

标 记 示 例

公称直径 $d = 10$ mm、公称长度 $l = 60$ mm、材料为 35 钢、热处理硬度 28~38 HRC、表面氧化处理的 A 型圆锥销：

销　GB/T 117　10×60

附表 24　　　　　　　　　　　　　mm

d（公称）	0.6	0.8	1	1.2	1.5	2	2.5	3	4	5
$a \approx$	0.08	0.1	0.12	0.16	0.2	0.25	0.3	0.4	0.5	0.63
l（商品规格范围公称长度）	4~8	5~12	6~16	6~20	8~24	10~35	10~35	12~45	14~55	18~60
d（公称）	6	8	10	12	16	20	25	30	40	50
$a \approx$	0.8	1	1.2	1.6	2	2.5	3	4	5	6.3
l（商品规格范围公称长度）	22~90	22~120	26~160	32~180	40~200	45~200	50~200	55~200	60~200	65~200
l 系列	2，3，4，5，6，8，10，12，14，16，18，20，22，24，26，28，30，32，35，40，45，50，55，60，65，70，75，80，85，90，95，100，120，140，160，180，200									

（3）开口销（GB/T 91—2000）

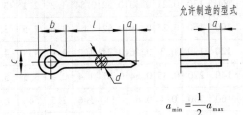

允许制造的型式

$$a_{\min} = \frac{1}{2} a_{\max}$$

标 记 示 例

公称规格为 5 mm、公称长度 $l = 50$ mm、材料为 Q215 或 Q235，不经表面处理的开口销，其标记为：

销　GB/T 91　5×50

附表 25　　　　　　　　　　　　　mm

公 称 规 格		0.6	0.8	1	1.2	1.6	2	2.5	3.2	4	5	6.3	8	10	13
d	max	0.5	0.7	0.9	1.0	1.4	1.8	2.3	2.9	3.7	4.6	5.9	7.5	9.5	12.4
	min	0.4	0.6	0.8	0.9	1.3	1.7	2.1	2.7	3.5	4.4	5.7	7.3	9.3	12.1
C	max	1	1.4	1.8	2	2.8	3.6	4.6	5.8	7.4	9.2	11.8	15	19	24.8
	min	0.9	1.2	1.6	1.7	2.4	3.2	4	5.1	6.5	8	10.3	13.1	16.6	21.7

公 称 规 格	0.6	0.8	1	1.2	1.6	2	2.5	3.2	4	5	6.3	8	10	13
$b \approx$	2	2.4	3	3	3.2	4	5	6.4	8	10	12.6	16	20	26
a_{max}	1.6	1.6	1.6	2.5	2.5	2.5	2.5	3.2	4	4	4	4	6.3	6.3
l(商品规格范围 公称长度)	4~12	5~16	6~20	8~26	8~32	10~40	12~50	14~65	18~80	22~100	30~120	40~160	45~200	70~200
l 系列	4, 5, 6, 8, 10, 12, 14, 16, 18, 20, 22, 24, 26, 28, 30, 32, 36, 40, 45, 50, 55, 60, 65, 70, 75, 80, 85, 90, 95, 100, 120, 140, 160, 180, 200													

注：公称规格等于开口销孔直径。对销孔直径推荐的公差为：

公称规格≤1.2：H13；

公称规格>1.2：H14。

五、线性尺寸公差 ISO 代号体系

附表 26 公称尺寸至 500 mm 的标准公差数值(摘自 GB/T 1800.1—2020)

公称尺寸 mm		标准公差等级																	
		IT1	IT2	IT3	IT4	IT5	IT6	IT7	IT8	IT9	IT10	IT11	IT12	IT13	IT14	IT15	IT16	IT17	IT18
大于	至	μm											mm						
—	3	0.8	1.2	2	3	4	6	10	14	25	40	60	0.1	0.14	0.25	0.4	0.6	1	1.4
3	6	1	1.5	2.5	4	5	8	12	18	30	48	75	0.12	0.18	0.3	0.48	0.75	1.2	1.8
6	10	1	1.5	2.5	4	6	9	15	22	36	58	90	0.15	0.22	0.36	0.58	0.9	1.5	2.2
10	18	1.2	2	3	5	8	11	18	27	43	70	110	0.18	0.27	0.43	0.7	1.1	1.8	2.7
18	30	1.5	2.5	4	6	9	13	21	33	52	84	130	0.21	0.33	0.52	0.84	1.3	2.1	3.3
30	50	1.5	2.5	4	7	11	16	25	39	62	100	160	0.25	0.39	0.62	1	1.6	2.5	3.9
50	80	2	3	5	8	13	19	30	46	74	120	190	0.3	0.46	0.74	1.2	1.9	3	4.6
80	120	2.5	4	6	10	15	22	35	54	87	140	220	0.35	0.54	0.87	1.4	2.2	3.5	5.4
120	180	3.5	5	8	12	18	25	40	63	100	160	250	0.4	0.63	1	1.6	2.5	4	6.3
180	250	4.5	7	10	14	20	29	46	72	115	185	290	0.46	0.72	1.15	1.85	2.9	4.6	7.2
250	315	6	8	12	16	23	32	52	81	130	210	320	0.52	0.81	1.3	2.1	3.2	5.2	8.1
315	400	7	9	13	18	25	36	57	89	140	230	360	0.57	0.89	1.4	2.3	3.6	5.7	8.9
400	500	8	10	15	20	27	40	63	97	155	250	400	0.63	0.97	1.55	2.5	4	6.3	9.7

注：① IT01 和 IT0 的标准公差未列入。

② 公称尺寸小于或等于 1 mm 时，无 IT14 至 IT18。

			标准公差等级大于 IT7							Δ 值 标准公差等级					
S	T	U	V	X	Y	Z	ZA	ZB	ZC	IT3	IT4	IT5	IT6	IT7	IT8
−14		−18		−20		−26	−32	−40	−60	0	0	0	0	0	0
−19		−23		−28		−35	−42	−50	−80	1	1.5	1	3	4	6
−23		−28		−34		−42	−52	−67	−97	1	1.5	2	3	6	7
−28		−33		−40		−50	−64	−90	−130	1	2	3	3	7	9
				−45		−60	−77	−108	−150						
−35		−41	−47	−54	−63	−73	−98	−136	−188	1.5	2	3	4	8	12
	−41	−48	−55	−64	−75	−88	−118	−160	−218						
−43	−48	−60	−68	−80	−94	−112	−148	−200	−274	1.5	3	4	5	9	14
	−54	−70	−81	−97	−114	−136	−180	−242	−325						
−53	−66	−87	−102	−122	−144	−172	−226	−300	−405	2	3	5	6	11	16
−59	−75	−102	−120	−146	−174	−210	−274	−360	−480						
−71	−91	−124	−146	−178	−214	−258	−335	−445	−585	2	4	5	7	13	19
−79	−104	−144	−172	−210	−254	−310	−400	−525	−690						
−92	−122	−170	−202	−248	−300	−365	−470	−620	−800	3	4	6	7	15	23
−100	−134	−190	−228	−280	−340	−415	−535	−700	−900						
−108	−146	−210	−252	−310	−380	−465	−600	−780	−1 000						
−122	−166	−236	−284	−350	−425	−520	−670	−880	−1 150	3	4	6	9	17	26
−130	−180	−258	−310	−385	−470	−575	−740	−960	−1 250						
−140	−196	−284	−340	−425	−520	−640	−820	−1 050	−1 350						
−158	−218	−315	−385	−475	−580	−710	−920	−1 200	−1 550	4	4	7	9	20	29
−170	−240	−350	−425	−525	−650	−790	−1 000	−1 300	−1 700						
−190	−268	−390	−475	−590	−730	−900	−1 150	−1 500	−1 900	4	5	7	11	21	32
−208	−294	−435	−530	−660	−820	−1 000	−1 300	−1 650	−2 100						
−232	−330	−490	−595	−740	−920	−1 100	−1 450	−1 850	−2 400	5	5	7	13	23	34
−252	−360	−540	−660	−820	−1 000	−1 250	−1 600	−2 100	−2 600						

公称尺寸 mm		上极限偏差 es									
		所有标准公差等级									
大于	至	a	b	c	cd	d	e	ef	f	fg	g
—	3	−270	−140	−60	−34	−20	−14	−10	−6	−4	−2
3	6	−270	−140	−70	−46	−30	−20	−14	−10	−6	−4
6	10	−280	−150	−80	−56	−40	−25	−18	−13	−8	−5
10	14	−290	−150	−95		−50	−32		−16		−6
14	18										
18	24	−300	−160	−110		−65	−40		−20		−7
24	30										
30	40	−310	−170	−120		−80	−50		−25		−9
40	50	−320	−180	−130							
50	65	−340	−190	−140		−100	−60		−30		−10
65	80	−360	−200	−150							
80	100	−380	−220	−170		−120	−72		−36		−12
100	120	−410	−240	−180							
120	140	−460	−260	−200		−145	−85		−43		−14
140	160	−520	−280	−210							
160	180	−580	−310	−230							
180	200	−660	−340	−240		−170	−100		−50		−15
200	225	−740	−380	−260							
225	250	−820	−420	−280							
250	280	−920	−480	−300		−190	−110		−56		−17
280	315	−1 050	−540	−330							
315	355	−1 200	−600	−360		−210	−125		−62		−18
355	400	−1 350	−680	−400							
400	450	−1 500	−760	−440		−230	−135		−68		−20
450	500	−1 650	−840	−480							

注：① 公称尺寸小于或等于 1 mm 时，基本偏差 a 和 b 均不采用。

② 公差带 js7 至 js11，若 IT_n 值数是奇数，则取偏差 $= \pm \dfrac{IT_n - 1}{2}$。

附表 27 轴的基本偏差数值(摘自 GB/T 1800.1—2020)

	基本偏差数值								下极限	
	IT5和IT6	IT7	IT8	IT4至IT7	≤IT3 >IT7					
js	j			k		m	n	p	r	s
偏差 = $\dfrac{IT_n}{2}$,式中 IT_n 是 IT 值数	−2	−4	−6	0	0	+2	+4	+6	+10	+14
	−2	−4		+1	0	+4	+8	+12	+15	+19
	−2	−5		+1	0	+6	+10	+15	+19	+23
	−3	−6		+1	0	+7	+12	+18	+23	+28
	−4	−8		+2	0	+8	+15	+22	+28	+35
	−5	−10		+2	0	+9	+17	+26	+34	+43
	−7	−12		+2	0	+11	+20	+32	+41	+53
									+43	+59
	−9	−15		+3	0	+13	+23	+37	+51	+71
									+54	+79
	−11	−18		+3	0	+15	+27	+43	+63	+92
									+65	+100
									+68	+108
	−13	−21		+4	0	+17	+31	+50	+77	+122
									+80	+130
									+84	+140
	−16	−26		+4	0	+20	+34	+56	+94	+158
									+98	+170
	−18	−28		+4	0	+21	+37	+62	+108	+190
									+114	+208
	−20	−32		+5	0	+23	+40	+68	+126	+232
									+132	+252

附表 28　孔的基本偏差数值（摘自 GB/T 1800.1—2020）

H	JS	J IT6	J IT7	J IT8	K ≤IT8	K >IT8	M ≤IT8	M >IT8	N ≤IT8	N >IT8	P至ZC ≤IT7	P	R
0		+2	+4	+6	0	0	−2	−2	−4	−4		−6	−10
0		+5	+6	+10	−1+Δ		−4+Δ	−4	−8+Δ	0		−12	−15
0		+5	+8	+12	−1+Δ		−6+Δ	−6	−10+Δ	0		−15	−19
0		+6	+10	+15	−1+Δ		−7+Δ	−7	−12+Δ	0		−18	−23
0		+8	+12	+20	−2+Δ		−8+Δ	−8	−15+Δ	0		−22	−28
0	偏差=	+10	+14	+24	−2+Δ		−9+Δ	−9	−17+Δ	0		−26	−34
0	$\pm\dfrac{IT_n}{2}$,	+13	+18	+28	−2+Δ		−11+Δ	−11	−20+Δ	0	在大于IT7的相应数值上增加一个Δ值	−32	−41 / −43
0	式中 IT_n 是	+16	+22	+34	−3+Δ		−13+Δ	−13	−23+Δ	0		−37	−51 / −54
0	IT 值数	+18	+26	+41	−3+Δ		−15+Δ	−15	−27+Δ	0		−43	−63 / −65 / −68
0		+22	+30	+47	−4+Δ		−17+Δ	−17	−31+Δ	0		−50	−77 / −80 / −84
0		+25	+36	+55	−4+Δ		−20+Δ	−20	−34+Δ	0		−56	−94 / −98
0		+29	+39	+60	−4+Δ		−21+Δ	−21	−37+Δ	0		−62	−108 / −114
0		+33	+43	+66	−5+Δ		−23+Δ	−23	−40+Δ	0		−68	−126 / −132

右侧选取。

限偏差 ei

所有标准公差等级

t	u	v	x	y	z	za	zb	zc
	+18		+20		+26	+32	+40	+60
	+23		+28		+35	+42	+50	+80
	+28		+34		+42	+52	+67	+97
	+33		+40		+50	+64	+90	+130
		+39	+45		+60	+77	+108	+150
	+41	+47	+54	+63	+73	+98	+136	+188
+41	+48	+55	+64	+75	+88	+118	+160	+218
+48	+60	+68	+80	+94	+112	+148	+200	+274
+54	+70	+81	+97	+114	+136	+180	+242	+325
+66	+87	+102	+122	+144	+172	+226	+300	+405
+75	+102	+120	+146	+174	+210	+274	+360	+480
+91	+124	+146	+178	+214	+258	+335	+445	+585
+104	+144	+172	+210	+254	+310	+400	+525	+690
+122	+170	+202	+248	+300	+365	+470	+620	+800
+134	+190	+228	+280	+340	+415	+535	+700	+900
+146	+210	+252	+310	+380	+465	+600	+780	+1 000
+166	+236	+284	+350	+425	+520	+670	+880	+1 150
+180	+258	+310	+385	+470	+575	+740	+960	+1 250
+196	+284	+340	+425	+520	+640	+820	+1 050	+1 350
+218	+315	+385	+475	+580	+710	+920	+1 200	+1 550
+240	+350	+425	+525	+650	+790	+1 000	+1 300	+1 700
+268	+390	+475	+590	+730	+900	+1 150	+1 500	+1 900
+294	+435	+530	+660	+820	+1 000	+1 300	+1 650	+2 100
+330	+490	+595	+740	+920	+1 100	+1 450	+1 850	+2 400
+360	+540	+660	+820	+1 000	+1 250	+1 600	+2 100	+2 600

公称尺寸 mm		下极限偏差 EI 所有标准公差等级									
大于	至	A	B	C	CD	D	E	EF	F	FG	G
—	3	+270	+140	+60	+34	+20	+14	+10	+6	+4	+2
3	6	+270	+140	+70	+46	+30	+20	+14	+10	+6	+4
6	10	+280	+150	+80	+56	+40	+25	+18	+13	+8	+5
10	14	+290	+150	+95		+50	+32		+16		+6
14	18										
18	24	+300	+160	+110		+65	+40		+20		+7
24	30										
30	40	+310	+170	+120		+80	+50		+25		+9
40	50	+320	+180	+130							
50	65	+340	+190	+140		+100	+60		+30		+10
65	80	+360	+200	+150							
80	100	+380	+220	+170		+120	+72		+36		+12
100	120	+410	+240	+180							
120	140	+460	+260	+200		+145	+85		+43		+14
140	160	+520	+280	+210							
160	180	+580	+310	+230							
180	200	+660	+340	+240		+170	+100		+50		+15
200	225	+740	+380	+260							
225	250	+820	+420	+280							
250	280	+920	+480	+300		+190	+110		+56		+17
280	315	+1 050	+540	+330							
315	355	+1 200	+600	+360		+210	+125		+62		+18
355	400	+1 350	+680	+400							
400	450	+1 500	+760	+440		+230	+135		+68		+20
450	500	+1 650	+840	+480							

注：① 公称尺寸小于或等于 1 mm 时，基本偏差 A 和 B 及大于 IT8 的 N 均不采用。

② 公差带 JS7 至 JS11，若 IT_n 值数是奇数，则取偏差 $=\pm\dfrac{IT_n-1}{2}$。

③ 对小于或等于 IT8 的 K、M、N 和小于或等于 IT7 的 P 至 ZC，所需 Δ 值从表
例如：18~30 mm 段的 K7：Δ=8 μm，所以 ES＝（-2+8）μm＝+6 μm
18~30 mm 段的 S6：Δ=4 μm，所以 ES＝（-35+4）μm＝-31 μm

④ 特殊情况：250~315 mm 段的 M6，ES＝-9 μm（代替-11 μm）。

附表 29　优先配合中轴的极限偏差(摘自 GB/T 1800.2—2020)　　　　μm

公称尺寸 mm		公差带												
		c	d	f	g	h				k	n	p	s	u
大于	至	11	9	7	6	6	7	9	11	6	6	6	6	6
—	3	-60 / -120	-20 / -45	-6 / -16	-2 / -8	0 / -6	0 / -10	0 / -25	0 / -60	+6 / 0	+10 / +4	+12 / +6	+20 / +14	+24 / +18
3	6	-70 / -145	-30 / -60	-10 / -22	-4 / -12	0 / -8	0 / -12	0 / -30	0 / -75	+9 / +1	+16 / +8	+20 / +12	+27 / +19	+31 / +23
6	10	-80 / -170	-40 / -76	-13 / -28	-5 / -14	0 / -9	0 / -15	0 / -36	0 / -90	+10 / +1	+19 / +10	+24 / +15	+32 / +23	+37 / +28
10	14	-95 / -205	-50 / -93	-16 / -34	-6 / -17	0 / -11	0 / -18	0 / -43	0 / -110	+12 / +1	+23 / +12	+29 / +18	+39 / +28	+44 / +33
14	18	-95 / -205	-50 / -93	-16 / -34	-6 / -17	0 / -11	0 / -18	0 / -43	0 / -110	+12 / +1	+23 / +12	+29 / +18	+39 / +28	+44 / +33
18	24	-110 / -240	-65 / -117	-20 / -41	-7 / -20	0 / -13	0 / -21	0 / -52	0 / -130	+15 / +2	+28 / +15	+35 / +22	+48 / +35	+54 / +41
24	30	-110 / -240	-65 / -117	-20 / -41	-7 / -20	0 / -13	0 / -21	0 / -52	0 / -130	+15 / +2	+28 / +15	+35 / +22	+48 / +35	+61 / +48
30	40	-120 / -280	-80 / -142	-25 / -50	-9 / -25	0 / -16	0 / -25	0 / -62	0 / -160	+18 / +2	+33 / +17	+42 / +26	+59 / +43	+76 / +60
40	50	-130 / -290	-80 / -142	-25 / -50	-9 / -25	0 / -16	0 / -25	0 / -62	0 / -160	+18 / +2	+33 / +17	+42 / +26	+59 / +43	+86 / +70
50	65	-140 / -330	-100 / -174	-30 / -60	-10 / -29	0 / -19	0 / -30	0 / -74	0 / -190	+21 / +2	+39 / +20	+51 / +32	+72 / +53	+106 / +87
65	80	-150 / -340	-100 / -174	-30 / -60	-10 / -29	0 / -19	0 / -30	0 / -74	0 / -190	+21 / +2	+39 / +20	+51 / +32	+78 / +59	+121 / +102
80	100	-170 / -390	-120 / -207	-36 / -71	-12 / -34	0 / -22	0 / -35	0 / -87	0 / -220	+25 / +3	+45 / +23	+59 / +37	+93 / +71	+146 / +124
100	120	-180 / -400	-120 / -207	-36 / -71	-12 / -34	0 / -22	0 / -35	0 / -87	0 / -220	+25 / +3	+45 / +23	+59 / +37	+101 / +79	+166 / +144
120	140	-200 / -450	-145 / -245	-43 / -83	-14 / -39	0 / -25	0 / -40	0 / -100	0 / -250	+28 / +3	+52 / +27	+68 / +43	+117 / +92	+195 / +170
140	160	-210 / -460	-145 / -245	-43 / -83	-14 / -39	0 / -25	0 / -40	0 / -100	0 / -250	+28 / +3	+52 / +27	+68 / +43	+125 / +100	+215 / +190
160	180	-230 / -480	-145 / -245	-43 / -83	-14 / -39	0 / -25	0 / -40	0 / -100	0 / -250	+28 / +3	+52 / +27	+68 / +43	+133 / +108	+235 / +210
180	200	-240 / -530	-170 / -285	-50 / -96	-15 / -44	0 / -29	0 / -46	0 / -115	0 / -290	+33 / +4	+60 / +31	+79 / +50	+151 / +122	+265 / +236
200	225	-260 / -550	-170 / -285	-50 / -96	-15 / -44	0 / -29	0 / -46	0 / -115	0 / -290	+33 / +4	+60 / +31	+79 / +50	+159 / +130	+287 / +258
225	250	-280 / -570	-170 / -285	-50 / -96	-15 / -44	0 / -29	0 / -46	0 / -115	0 / -290	+33 / +4	+60 / +31	+79 / +50	+169 / +140	+313 / +284
250	280	-300 / -620	-190 / -320	-56 / -108	-17 / -49	0 / -32	0 / -52	0 / -130	0 / -320	+36 / +4	+66 / +34	+88 / +56	+190 / +158	+347 / +315
280	315	-330 / -650	-190 / -320	-56 / -108	-17 / -49	0 / -32	0 / -52	0 / -130	0 / -320	+36 / +4	+66 / +34	+88 / +56	+202 / +170	+382 / +350
315	355	-360 / -720	-210 / -350	-62 / -119	-18 / -54	0 / -36	0 / -57	0 / -140	0 / -360	+40 / +4	+73 / +37	+98 / +62	+226 / +190	+426 / +390
355	400	-400 / -760	-210 / -350	-62 / -119	-18 / -54	0 / -36	0 / -57	0 / -140	0 / -360	+40 / +4	+73 / +37	+98 / +62	+244 / +208	+471 / +435
400	450	-440 / -840	-230 / -385	-68 / -131	-20 / -60	0 / -40	0 / -63	0 / -155	0 / -400	+45 / +5	+80 / +40	+108 / +68	+272 / +232	+530 / +490
450	500	-480 / -880	-230 / -385	-68 / -131	-20 / -60	0 / -40	0 / -63	0 / -155	0 / -400	+45 / +5	+80 / +40	+108 / +68	+292 / +252	+580 / +540

附表30 优先配合中孔的极限偏差（摘自 GB/T 1800.2—2020）

μm

公称尺寸 mm 大于	至	C11	D9	F8	G7	H7	H8	H9	H11	K7	N7	P7	S7	U7
—	3	+120 / +60	+45 / +20	+20 / +6	+12 / +2	+10 / 0	+14 / 0	+25 / 0	+60 / 0	0 / -10	-4 / -14	-6 / -16	-14 / -24	-18 / -28
3	6	+145 / +70	+60 / +30	+28 / +10	+16 / +4	+12 / 0	+18 / 0	+30 / 0	+75 / 0	+3 / -9	-4 / -16	-3 / -20	-15 / -27	-19 / -31
6	10	+170 / +80	+76 / +40	+35 / +13	+20 / +5	+15 / 0	+22 / 0	+36 / 0	+90 / 0	+5 / -10	-4 / -19	-9 / -24	-17 / -32	-22 / -37
10	14	+205 / +95	+93 / +50	+43 / +16	+24 / +6	+18 / 0	+27 / 0	+43 / 0	+110 / 0	+6 / -12	-5 / -23	-11 / -29	-21 / -39	-26 / -44
14	18	+205 / +95	+93 / +50	+43 / +16	+24 / +6	+18 / 0	+27 / 0	+43 / 0	+110 / 0	+6 / -12	-5 / -23	-11 / -29	-21 / -39	-26 / -44
18	24	+240 / +110	+117 / +65	+53 / +20	+28 / +7	+21 / 0	+33 / 0	+52 / 0	+130 / 0	+6 / -15	-7 / -28	-14 / -35	-27 / -48	-33 / -54
24	30	+240 / +110	+117 / +65	+53 / +20	+28 / +7	+21 / 0	+33 / 0	+52 / 0	+130 / 0	+6 / -15	-7 / -28	-14 / -35	-27 / -48	-40 / -61
30	40	+280 / +120	+142 / +80	+64 / +25	+34 / +9	+25 / 0	+39 / 0	+62 / 0	+160 / 0	+7 / -18	-8 / -33	-17 / -42	-34 / -59	-51 / -76
40	50	+290 / +130	+142 / +80	+64 / +25	+34 / +9	+25 / 0	+39 / 0	+62 / 0	+160 / 0	+7 / -18	-8 / -33	-17 / -42	-34 / -59	-61 / -86
50	65	+330 / +140	+174 / +100	+76 / +30	+40 / +10	+30 / 0	+46 / 0	+74 / 0	+190 / 0	+9 / -21	-9 / -39	-21 / -51	-42 / -72	-76 / -106
65	80	+340 / +150	+174 / +100	+76 / +30	+40 / +10	+30 / 0	+46 / 0	+74 / 0	+190 / 0	+9 / -21	-9 / -39	-21 / -51	-48 / -78	-91 / -121
80	100	+390 / +170	+207 / +120	+90 / +36	+47 / +12	+35 / 0	+54 / 0	+87 / 0	+220 / 0	+10 / -25	-10 / -45	-24 / -59	-58 / -93	-111 / -146
100	120	+400 / +180	+207 / +120	+90 / +36	+47 / +12	+35 / 0	+54 / 0	+87 / 0	+220 / 0	+10 / -25	-10 / -45	-24 / -59	-66 / -101	-131 / -166
120	140	+450 / +200	+245 / +145	+106 / +43	+54 / +14	+40 / 0	+63 / 0	+100 / 0	+250 / 0	+12 / -28	-12 / -52	-28 / -68	-77 / -117	-155 / -195
140	160	+460 / +210	+245 / +145	+106 / +43	+54 / +14	+40 / 0	+63 / 0	+100 / 0	+250 / 0	+12 / -28	-12 / -52	-28 / -68	-85 / -125	-175 / -215
160	180	+480 / +230	+245 / +145	+106 / +43	+54 / +14	+40 / 0	+63 / 0	+100 / 0	+250 / 0	+12 / -28	-12 / -52	-28 / -68	-93 / -133	-195 / -235
180	200	+530 / +240	+285 / +170	+122 / +50	+61 / +15	+46 / 0	+72 / 0	+115 / 0	+290 / 0	+13 / -33	-14 / -60	-33 / -79	-105 / -151	-219 / -265
200	225	+550 / +260	+285 / +170	+122 / +50	+61 / +15	+46 / 0	+72 / 0	+115 / 0	+290 / 0	+13 / -33	-14 / -60	-33 / -79	-113 / -159	-241 / -287
225	250	+570 / +280	+285 / +170	+122 / +50	+61 / +15	+46 / 0	+72 / 0	+115 / 0	+290 / 0	+13 / -33	-14 / -60	-33 / -79	-123 / -169	-267 / -313
250	280	+620 / +300	+320 / +190	+137 / +56	+69 / +17	+52 / 0	+81 / 0	+130 / 0	+320 / 0	+16 / -36	-14 / -66	-36 / -88	-138 / -190	-295 / -347
280	315	+650 / +330	+320 / +190	+137 / +56	+69 / +17	+52 / 0	+81 / 0	+130 / 0	+320 / 0	+16 / -36	-14 / -66	-36 / -88	-150 / -202	-330 / -382
315	355	+720 / +360	+350 / +210	+151 / +62	+75 / +18	+57 / 0	+89 / 0	+140 / 0	+360 / 0	+17 / -40	-16 / -73	-41 / -98	-169 / -226	-369 / -426
355	400	+760 / +400	+350 / +210	+151 / +62	+75 / +18	+57 / 0	+89 / 0	+140 / 0	+360 / 0	+17 / -40	-16 / -73	-41 / -98	-187 / -244	-414 / -471
400	450	+840 / +440	+385 / +230	+165 / +68	+83 / +20	+63 / 0	+97 / 0	+155 / 0	+400 / 0	+18 / -45	-17 / -80	-45 / -108	-209 / -272	-467 / -530
450	500	+880 / +480	+385 / +230	+165 / +68	+83 / +20	+63 / 0	+97 / 0	+155 / 0	+400 / 0	+18 / -45	-17 / -80	-45 / -108	-229 / -292	-517 / -580

六、机械制造常用的材料

机械制造使用的材料种类繁多,都是为满足各种机件的不同功能而研制出来的。随着生产技术的进步,新材料不断涌现。常用的材料都已标准化,设计者应根据材料的性能和价格,合理选用材料。在图样中应填写材料牌号。

最常用的材料是钢铁材料(黑色金属),其次是有色金属及其合金和高分子材料,必要时可用陶瓷材料和复合材料。

1. 铸铁和钢

铸铁和钢都是铁碳合金。铸铁的平均含碳量 $w_C > 2.11\%$,又含有少量硅、锰、硫、磷等,碳元素以游离的石墨形式存在,按石墨形状的不同分灰铸铁、球墨铸铁和可锻铸铁等。

钢按化学成分分为两类——碳素钢(俗称碳钢)和合金钢。碳钢含碳量 $w_C < 2.11\%$,并含有少量锰、硫、硅、磷等元素。合金钢是在碳钢中特意加入某些金属元素后得到的以铁为基的多元合金。

碳素钢又可以按含碳量分为低碳钢、中碳钢和高碳钢,含碳量越少,钢的延伸率越大,硬度越低。合金钢按合金元素总含量分为低合金、中合金钢和高合金钢。合金钢也可以按所含主合金元素分为铬钢、铬镍钢、锰钢等。

除按化学成分分类外,钢也常用以下方法分类。

(1) 按质量分类　主要按钢中有害杂质的硫、磷含量分为普通钢、优质钢和高级优质钢。

(2) 按用途分类　可分为结构钢、工具钢、特殊性能钢。

(3) 按冶炼方法分类　可按使用炉种分为平炉钢、转炉钢、电炉钢等。也可按钢脱氧方法分为沸腾钢(以"F"表示)、镇静钢(以"Z"表示或不注写字母)等。

2. 有色金属及其合金

金属材料分两部分:黑色金属和有色金属及其合金。后者具有许多更优越的力学、物理、化学性能,是现代机械不可缺少的材料。

3. 高分子材料

机械制造常用的高分子材料有塑料、合成纤维和橡胶等。

塑料通常可在加热、加压条件下塑制成形。塑料制件具有重量轻、易制成复杂形状的特点。

合成纤维具有强度高、密度小、弹性好、耐酸碱性好等特性。

橡胶分为天然橡胶和合成橡胶,具有极高的弹性,其弹性系数可达 $100\% \sim 1\,000\%$,而且回弹性好,回弹速度快。橡胶还有摩擦系数大、耐磨、绝缘、不透气等特性,是机械制造中常用的弹性材料、密封材料、减振防振材料和摩擦传动材料。

名称	牌号		说　明	名称	牌号		说　明
灰铸铁	HT 150		"HT"表示灰铸铁，后面的数字表示最小抗拉强度值（MPa）	低合金高强度结构钢	Q345	A级	碳素结构钢中加入少量合金元素（总量<3%）。其力学性能较碳素钢高，焊接性、耐蚀性、耐磨性较碳素钢好，但经济指标与碳素钢相近
	HT 200					B级	
	HT 250				Q390	A级	
	HT 300					B级	
	HT 350					C级	
球墨铸铁	QT800-2		"QT"表示球墨铸铁，其后第一组数字表示最小抗拉强度值（MPa），第二组数字表示伸长率（%）			D级	
	QT600-3					E级	
	QT500-7				Q420	A级	
	QT450-10					B级	
	QT400-15					C级	
可锻铸铁	KTH 300-06		"KT"表示可锻铸铁，"H"表示黑心，"B"表示白心，第一组数字表示抗拉强度值（MPa），第二组数字表示伸长率（%）。KTH300-06适用于气密性零件。有＊号者为过渡牌号			D级	
	KTH 350-10					E级	
	KTH 370-12			合金结构钢	15Cr		钢中加入一定量的合金元素，提高了钢的力学性能和耐磨性，也提高了钢在热处理时的淬透性，保证金属在较大截面上获得好的力学性能
	KTB 350-04				30Cr		
	KTB 400-05				45Cr		
普通碳素结构钢	Q215	A级	"Q"为碳素结构钢屈服强度"屈"字的汉语拼音首位字母，后面数字表示规定的最小上屈服强度数值。如Q235表示碳素结构钢最小上屈服强度为235 MPa。A级、B级、C级、D级质量渐高		50Cr		
		B级			20CrMn		
	Q235	A级			40CrMn		
		B级			20CrMnTi		
		C级			30CrMnTi		
		D级		碳素工具钢	T7		用"碳"或"T"后附以平均含碳量的千分数表示，有T7～T13。高级优质碳素工具钢须在牌号后加注"A"。平均含碳量为0.7%～1.3%
	Q275	A级			T7A		
		B级			T8		
		C级			T8A		
		D级		一般工程用铸造碳钢	ZG200-400		铸钢的符号用"ZG"表示。后面两组数分别表示力学性能。ZG230-450表示工程用铸钢，屈服强度最低值为230 MPa，抗拉强度最低值为450 MPa
优质碳素结构钢	08F		牌号的两位数字表示平均含碳量，称碳的质量分数。45钢即表示碳的质量分数为0.45%，表示平均含碳量为0.45%。在牌号后加符号"F"表示沸腾钢		ZG230-450		
	15				ZG270-500		
	20				ZG310-570		
	25				ZG340-640		
	30						
	35						
	40						
	45						
	55						
	65						
	20Mn		锰的含量较高的钢，须加注化学元素符号"Mn"				
	30Mn						
	40Mn						
	50Mn						
	60Mn						

附表 32　常用有色金属及其合金

合金牌号	合金名称（或代号）	说　明	合金牌号	合金名称（或代号）	说　明
普通黄铜（GB/T 5231—2012）及铸造铜合金（GB/T 1176—2013）			铸造铝合金（GB/T 1173—2013）		
H62	普通黄铜	H 表示黄铜，后面数字表示平均含铜量的百分数	ZAlSi12	ZL102 铝硅合金	ZL102 表示含硅（10~13）%、余量为铝的铝硅合金
ZCuSn5Pb5Zn5	5-5-5 锡青铜	"Z" 为铸造汉语拼音的首位字母，各化学元素后面的数字表示该元素含量的百分数	ZAlSi9Mg	ZL104 铝硅合金	
ZCuSn10P1	10-1 锡青铜		ZAlMg5Si	ZL303 铝镁合金	
ZCuPb17Sn4Zn4	17-4-4 铅青铜		ZAlZn11Si7	ZL401 铝锌合金	
ZCuAl10Fe3	10-3 铝青铜		铸造轴承合金（GB/T 1174—1992）		
ZCuZn38	38 黄铜	"Z" 为铸造汉语拼音的首位字母，各化学元素后面的数字表示该元素含量的百分数	ZSnSb12Pb10Cu4 ZSnSb11Cu6 ZSnSb8Cu4	锡基轴承合金	各化学元素后面的数字表示该元素含量的百分数
ZCuZn40Pb2	40-2 铅黄铜		ZPbSb15Sn10 ZPbSb15Sn5	铅基轴承合金	
ZCuZn16Si4	16-4 硅黄铜		硬铝（GB/T 3190—2008）		
			LYl3	2Al3	含铜、镁和锰的合金

附表 33　常用高分子材料

材料名称	牌号	性能、特点及应用举例
耐油石棉橡胶板	—	有厚度 0.4~3.0 mm 十种规格。可用做航空发动机用的煤油、润滑油及冷气系统结合处的密封衬垫材料
耐酸碱橡胶板	2030 2040	具有耐酸碱性能，可在温度−30~+60 ℃的 20%浓度的酸碱液体中工作，用作冲制密封性能较好的垫圈
耐油橡胶板	3001 3002	可在一定温度的机油、变压器油、汽油等介质中工作，适用冲制各种形状的垫圈
耐热橡胶板	4001 4002	可在−30~+100 ℃且压力不大的条件下，于热空气、蒸汽介质中工作，用作冲制各种垫圈和隔热垫板
酚醛层压板	3302-1 3302-2	用作结构材料及用以制造各种机械零件

材 料 名 称	牌号	性能、特点及应用举例
聚四氟乙烯树脂	SFL-4~13	耐腐蚀、耐高温。用于腐蚀介质中,起密封和减摩作用,用作垫圈等
工业有机玻璃	—	耐盐酸、硫酸、草酸、烧碱和纯碱等一般酸碱以及二氧化硫、臭氧等气体腐蚀。可用作耐腐蚀和需要透明的零件
油浸石棉盘根	YS 450	适用于在回转轴、往复活塞或阀门杆上作密封材料,介质为蒸汽、空气、工业用水、重质石油产品
橡胶石棉盘根	XS 450	可用于蒸汽机、往复泵的活塞和阀门杆上作密封材料
工业用平面毛毡	112-44 232-36	厚度为 1~40 mm。用作密封、防漏油、防振、缓冲衬垫等。按需要选用细毛、半粗毛、粗毛
软钢纸板	—	厚度为 0.5~3.0 mm,用作密封连接处的密封垫片
尼龙	尼龙 6 尼龙 66 尼龙 610	具有优良的机械强度和耐磨性。广泛用作机械、化工及电气零件,例如轴承、齿轮、泵叶轮、风扇叶轮、高压密封圈、输油管、储油容器等
MC 尼龙 (无填充)	—	强度特高,适于制造大型齿轮、蜗轮、轴套、大型阀门密封面、滚动轴承保持架、起重汽车吊索绞盘蜗轮
聚甲醛 (均聚物)	—	具有良好的摩擦性能和抗磨损性能,尤其是优越的干摩擦性能。用于制造轴承、齿轮、阀门上的阀杆螺母、垫圈、鼓风机叶片等
聚碳酸酯	—	具有高的冲击韧性和优异的尺寸稳定性。用于制造齿轮、蜗轮、蜗杆、齿条、汽车化油器部件、节流阀、各种外壳等

参 考 文 献

[1] 中华人民共和国国家标准. 产品几何技术规范（GPS） 线性尺寸公差 ISO 代号体系 第 1 部分：公差、偏差和配合的基础. GB/T 1800.1—2020. 北京：中国标准出版社，2020.

[2] 中华人民共和国国家标准. 产品几何技术规范（GPS） 线性尺寸公差 ISO 代号体系 第 2 部分：标准公差带代号和孔、轴的极限偏差表. GB/T 1800.2—2020. 北京：中国标准出版社，2020.

[3] 中华人民共和国国家标准. 产品几何技术规范（GPS） 几何公差 形状、方向、位置和跳动公差标注. GB/T 1182—2018. 北京：中国标准出版社，2018.

[4] 李学京. 机械制图和技术制图国家标准学用指南. 北京：中国质检出版社，中国标准出版社，2013.

[5] 叶军，雷蕾，佟瑞庭. 机械制图. 6 版. 北京：高等教育出版社，2023.

[6] 孙根正，王永平. 工程制图基础. 4 版. 北京：高等教育出版社，2019.